科技强国建设之路

中国与世界

中国科学院

科学出版社
北京

内 容 简 介

本书以科技强国建设战略研究为主题，在回顾世界科技强国发展演进历程的基础上，重点研究了英国、法国、德国、美国、日本、俄罗斯等主要国家的科技发展战略和国家创新体系，总结分析了其经验教训；在研究归纳科技强国基本特征和关键要素的基础上，分析了我国具备的基础与优势、面临的形势与挑战，并根据党的十九大战略部署，从科技创新的战略目标、重点任务与政策举措等方面系统提出了一系列战略性、针对性意见建议；从新时代国家创新发展战略需求和世界科技发展前沿趋势出发，提出加快若干重大创新领域/平台发展的重点科技布局和路径、分阶段发展目标与相关政策措施。

本书对我国科技创新战略布局与发展有重要指导意义，可作为政府部门、科研机构、大学、企业等进行科技创新战略研究、决策与管理的重要参考，将对我国加快建设创新型国家和世界科技强国起到积极作用。

图书在版编目(CIP)数据

科技强国建设之路：中国与世界 / 中国科学院著 . —北京：科学出版社，2018. 2

ISBN 978-7-03-054784-2

Ⅰ. 科… Ⅱ. 中… Ⅲ. 科技发展-研究-中国 Ⅳ. N12

中国版本图书馆 CIP 数据核字（2017）第 247740 号

责任编辑：李 敏 张 菊 / 责任校对：郭瑞芝 桂伟利

责任印制：肖 兴 / 封面设计：黄华斌

科学出版社 出版

北京东黄城根北街 16 号

邮政编码：100717

http://www.sciencep.com

中国科学院印刷厂 印刷

科学出版社发行 各地新华书店经销

*

2018 年 2 月第 一 版 开本：889×1194 1/16

2020 年 1 月第三次印刷 印张：29 3/4

字数：510 000

定价：180.00 元

（如有印装质量问题，我社负责调换）

编　委　会

咨询专家

(按姓氏笔画排序，共57位)

研究编撰人员

（按姓氏笔画排序，共180位）

于　渌	于仁成	于建荣	于海斌	万　昊	万　勇
卫垌圻	马俊才	马洁华	马隆龙	王　山	王　凡
王　赤	王　鹏	王　溯	王　毅	王小伟	王天然
王东晓	王会军	王军辉	王红梅	王秀杰	王秀娟
王茂华	王树东	王彦雨	王彦椢	方在庆	方晓东
尹高磊	甘　泉	卢　柯	田志喜	白春礼	毕献武
曲建升	任　真	任丽文	刘　云	刘　立	刘　明
刘小龙	刘小平	刘小玲	刘双江	刘伟平	刘鸣华
刘细文	刘益东	安培浚	许洪华	许海燕	孙　松
孙　黎	孙建奇	孙晓霞	孙凝晖	杨　乐	杨　舰
杨　戟	杨长春	杨红生	杨维才	李　萌	李正风
李秀艳	李国杰	李泽霞	李宜展	李晓轩	李超伦
李锐星	李富超	肖立业	吴　季	吴园涛	吴树仙
吴家睿	邱举良	何京东	邹自明	冷　民	汪　洋
汪克强	汪凌勇	沙忠利	沈竞康	宋金明	迟学斌
张　宇	张　涛	张　琳	张可心	张丛林	张立斌
张兴旺	张林波	张柏春	张新民	陆朝阳	陈　刚
陈　伟	陈　勇	陈　峰	陈　雁	陈运法	陈凯先
陈和生	陈活泼	陈熙霖	范全林	林　旭	林东岱
罗晓容	金　铎	周　琪	周园春	赵　君	赵光恒
赵国屏	赵黛青	胡良霖	胡智慧	胡瑞忠	侯一筠
侯自强	俞志明	施建成	姜大膀	洪学海	祝宁华
袁志明	顾行发	顾逸东	徐　涛	徐志伟	徐振华
徐瑚珊	高小山	高学杰	郭　雷	郭丰源	郭华东
郭爱克	唐　清	浦　墨	陶斯宇	黄宏文	黄良民
黄晨光	龚　旭	阎永廉	逯万辉	彭良强	葛　菲
葛　蔚	蒋　芳	韩怡卓	傅小兰	储成才	曾　钢
曾静静	鲍　鸥	赫荣乔	蔡　榕	蔡长塔	蔡国田
廖方宇	漆小玲	谭　民	谭宗颖	熊　燕	樊　杰
樊永刚	樊春良	黎建辉	薛勇彪	穆荣平	戴松元

序　言

2016 年 5 月，习近平总书记在全国科技创新大会、两院院士大会、中国科学技术协会第九次全国代表大会上发出了建设世界科技强国的号召。2017 年 10 月，党的十九大从全面建成社会主义现代化强国、实现中华民族伟大复兴中国梦的战略高度，进一步强调把创新作为引领发展的第一动力，作为建设现代化经济体系的战略支撑，坚定实施科教兴国战略、人才强国战略、创新驱动发展战略，加快建设创新型国家和世界科技强国。

建设世界科技强国，是以习近平同志为核心的党中央在新时代坚持和发展中国特色社会主义的重大战略决策，是在我国发展新的历史方位适应社会主要矛盾新变化、贯彻新发展理念、深化供给侧结构性改革、决胜全面建成小康社会的重大战略部署，更是我国抢抓全球新一轮科技革命和产业变革历史机遇、建设富强民主文明和谐美丽的社会主义现代化强国的必然要求，也是中华民族加快迈向世界舞台中央、为人类文明进步和可持续发展做出更大贡献的根本基础。

主大计者，当执简以御繁；谋全局者，宜深思而远虑。建设世界科技强国是全局性、系统性、战略性国家工程，需要多方面协同发力、全社会长期努力；建设世界科技强国更是新时代我国科技创新发展的总目标、总任务、总要求，是科技界义不容辞的历史使命。作为国家战略科技力量，中国科学院牢记习近平总书记对我们提出的“三个面向”“四个率先”要求，深入实施“率先行动”计划，努力为建设世界科技强国做先锋，发挥核心骨干和引领带动作用。作为国家高端科技智库，中国科学院应围绕建设世界科技强国的一系列重大战略问题、路径问题、科技问题、政策问题等，及时组织国内外高水平专家、学者开展持续深入研究，为建设世界科技强国出谋划策、建言献策，提供科学、前瞻、及时、权威的咨询意见和建议。

2016 年全国科技创新大会后，中国科学院把开展建设世界科技强国的战略研究，作为贯彻落实全国科技创新大会精神的重要任务，及时部署、精心组织。来自众多研究单位的180位科技领域战略科学家和一线科研人员、科技战略与科技政策研究专家、科技文献情报专家、科技史研究专家、科技管理专家等参加了专题研究工作；院内外100多位不同领域和类型的高水平专家参与了咨询研讨和评议把关工作。党的十九大之后，又根据新时代我国建设富强民主文明和谐美丽的社会主义现代化强国的新要求，对标党的十九大对科技创新作出的新部署、提出的新任务，进行了系统修改和充实，力求以党的十九大精神统领新时代科技强国建设。

在历时一年半的研究编撰过程中，众多专家、学者着眼世界科技发展前沿趋势，立足国家创新发展战略需求，以全球视野和家国情怀，以战略思维和严实作风，以历史使命和时代担当，聚焦"建设世界科技强国"这一重大战略，进行了广泛的文献调研、深入的探幽发微、系统的研究构建，力求借他山之石谋划攻玉之策，从历史纵深瞻望未来发展，按时代使命规划目标任务，科学前瞻谋划我国新时代加快建设创新型国家和世界科技强国的战略路径。这一研究工作的阶段性成果，就成为本书的主要内容。

全书分上、中、下三篇。上篇在回顾世界科技强国发展演进历程的基础上，重点介绍了英国、法国、德国、美国、日本、俄罗斯6个国家的科技强国建设之路，旨在作为"他山之石"，为我国学习借鉴科技发达国家的先进经验与教训提供参考依据。中篇在研究世界科技强国基本特征与关键要素的基础上，梳理了我国近代以来，特别是改革开放40年来科技发展的历程，分析了我国建设世界科技强国具备的基础与优势、面临的形势与挑战，并按照党的十九大提出的新部署、新要求，从科技创新的战略目标、重点任务与政策举措等方面提出了一系列意见建议，旨在为我国建设世界科技强国提供战略选择。下篇从新时代国家创新发展战略需求和世界科技发展前沿趋势出发，选择信息、能源、材料、空间、海洋、生命与健康、资源生态环境、基础前沿交叉8个重大创新领域和重大科技基础设施、数据与计算平台两类科技创新平台，分别提出重点科技布局和路径、分阶段发展目标、战略举措和政策建议等。这些研究成果，特别是一系列具有战略性、系统性、针对性、可行性的咨询意见建议，对国家科技创新决策具有重要参考价值，对科技创新发展也具有重要指导意义，相信一定会对我国加快建设创新型国家和世界科技强国起到积极作用。

建设世界科技强国是一项伟大事业，围绕建设世界科技强国的战略研究也是一项长期任务。这项研究工作主题宏大、视野宏阔，历史跨度大、涉及范围广，既覆盖众多重大科技创新领域，也关系到国家战略选择、政府创新治理和经济社会可持续发展的方方面面。特别是新时代我国建设社会主义现代化强国的新目标和社会主要矛盾的新变化，对科技创新又提出了一系列新任务、新要求，加之当代科技发展日新月异，科技前沿不断深化拓展，国际科技竞争日趋激烈，全球创新格局加速演进、深刻变化，科技创新的不确定性、不可预见性特征日益凸显，这些都极大地增加了这项研究工作的艰巨性和挑战性。因此，本书的研究工作还是初步的，涉及的研究范畴也是有限的，特别是对前沿科技发展态势和一些国家重大战略需求的把握可能还需要进一步深化，一些研究成果和观点也许还值得进一步探讨和论证，也难免会有其他疏漏和不足之处，有待后续完善和拓展研究。中国科学院将把围绕“建设世界科技强国”的战略研究，作为国家战略科技力量的使命担当，作为国家高端科技智库建设的重点任务，持续深入开展下去，不断产出高水平研究成果，不断提供高水平创新思想，助力加快我国的世界科技强国建设。

世界科技强国建设之路源于伟大梦想，更始于坚实步伐。我们要以建设世界科技强国为统领，认真学习贯彻党的十九大精神，以习近平新时代中国特色社会主义思想为指引，全面推进科技创新各项工作，深入实施创新驱动发展战略，加快跻身创新型国家前列，为早日建成世界科技强国、实现中华民族伟大复兴中国梦而持续努力、不懈奋斗。

白春礼

2017年11月

目　录

上篇　代表性科技强国的发展路径

中篇　中国建设科技强国的战略选择

下篇　中国建设科技强国的重大创新领域

上篇

代表性科技强国的发展路径

科技兴则民族兴，科技强则国家强。近代以来的几次科技革命，引发大国兴衰和世界格局调整。英国、法国、德国、美国、日本等国抢抓机遇，相继崛起成为典型的世界科技强国。这些国家都因时而动、因地制宜，探索形成了各具特色的科技强国建设和发展道路。俄罗斯的发展更为曲折复杂，在巨变中继承了苏联的主要科技基础和创新资源，至今仍拥有相当完整的科技创新实力。

他山之石，可以攻玉。本篇回顾了世界科技强国的发展历程与演进史，特别是选择英国、法国、德国、美国、日本和俄罗斯等对我国有学习借鉴价值的6个国家，研究了其科技发展历程，重点梳理了第二次世界大战后其国家科技战略的变迁，解读了其现行国家创新体系的构成和特点，并分析总结了其成功经验和失误教训，旨在为我国建设科技强国提供参考和借鉴。

第一章　世界科技强国的发展演进

历史大潮浩浩汤汤，人类社会发展至今已经历了两次科学革命、三次技术革命及由此引发的三次工业革命的洗礼。一批科技兴盛、国力强大的世界科技强国先后应运而生，各领风骚。它们都曾经是世界科学中心或科技创新中心，主导或引领了不同历史时期的科学革命或技术革命，成为历次工业革命的倡导者、核心力量和主要受益者。

回顾世界科技强国的发展演进历程，总体呈现以下规律：从建设内涵来看，科学、技术、产业三者之间逐步从相对分立发展到相互促进直至融合并进，而作为科技强国标志的世界科学中心也逐步演化为世界科技创新中心；从创新主体来看，可以分为个体发现与发明、建制化科技力量主导的系统性创新、全社会协同创新 3 个主要阶段；从发展驱动力来看，经历了兴趣驱动为主、生产力发展与扩张为主导、可持续发展的要求，以及解决人类面临共同挑战的牵引等不同发展时期；从国家治理科技与创新的方式来看，先后采取了政府不干涉、组织制定规则与制度体系、直接介入、实施战略引导和组织实施等有针对性的策略。这其中，科学研究为技术创新①不断提供新的思想基础和方法，是触发下一代工业革命的根源。伴随着人类科学技术的不断发展，世界科技强国的格局也处于不断发展和演进之中（图 1-1）。

---

① “创新”作为经济学概念由美籍奥地利经济学家约瑟夫·熊彼特于 1912 年提出，其认为创新是把生产要素和生产条件的新组合引入生产体系，建立一种新的生产函数，可归结为产品、技术工艺、市场、原材料、企业组织管理 5 种创新形式。随着时间推移，创新内涵逐渐泛化，包括了技术创新、知识创新、制度创新、理论创新等。“技术创新”一般是指由技术新构想，经过研究开发或技术组合，到获得实际应用，并产生经济、社会效益的商业化全过程的活动。技术创新已经打破了基础研究—应用研究—技术开发的线性模式，呈现非线性特征。本书中“创新”和“技术创新”的使用在不同场合具有不同的时代内涵。

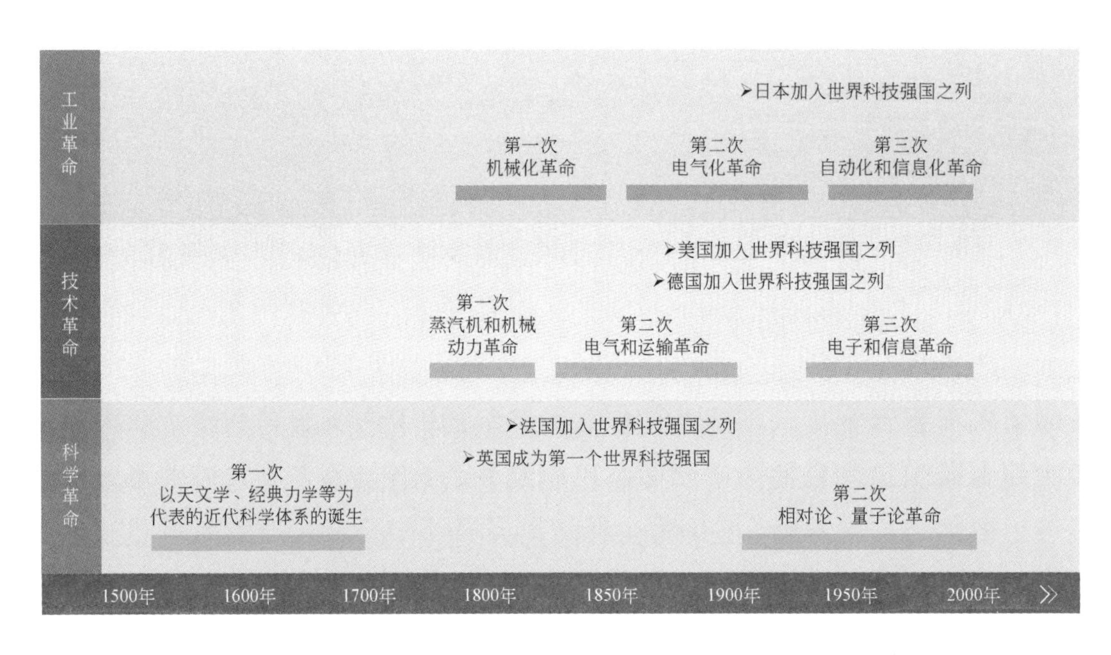

图 1-1　科技革命、工业革命与科技强国崛起的历史进程[1]

一、16 世纪到 19 世纪中期，科学革命、技术革命、工业革命相对并行发展，英国成为第一个世界科技强国，法国继而进入科技强国之列

早在 14–15 世纪，欧洲封建社会就产生了资本主义萌芽。文艺复兴给欧洲带来了人文主义和宽容探索的社会氛围，为近代科学和技术的发展扫清了障碍，并创造了有利的条件。其后，近代唯物论和科学归纳法等兴起，激发了人类对真理、知识和科学规律的矢志探求，并以艾萨克 · 牛顿的《自然哲学的数学原理》为代表，奠定了近现代科学的基础和基本范式。在此过程中，17–18 世纪，英国、法国成为代表性的世界科学中心。

（一）系统认识自然现象和规律，学科细分发展，形成多元化的科学中心

近现代科学是在革命的社会环境中诞生的，在崇尚理性和科学的人文主义思潮指导下，近代科学先驱打破神学对人类思想的束缚，不断探索自然，形成了追求和捍卫真理的科学文化。“日心说”“血液循环理论”等一系列开创性重大成果开启

了近代自然科学争取独立的序幕，极大地改变了人们对客观世界的认知。科学大师和科学成果首先聚集在文艺复兴运动的发源地——意大利，使其成为第一个世界科学中心[2-4]。此后，科学在阐释天体、运动、生命、物质、声光电等自然现象和规律方面取得巨大成功，分析工具（数学）和观测装置不断发展，科学活动开始分门别类，逐渐分化形成天文学、物理学、化学等学科，最终形成了以实验观察、归纳总结、理论分析为主线的科学研究范式和机械唯物主义自然观。

英国的艾萨克·牛顿在伽利略·伽利莱、约翰尼斯·开普勒、克里斯第安·惠更斯等的研究基础上，完成了经典力学体系的构建，将第一次科学革命推向高潮。法国的勒内·笛卡儿创立了解析几何学，安托万-洛朗·德·拉瓦锡推行了“化学革命”，皮埃尔-西蒙·拉普拉斯集天体力学之大成。德国的戈特弗里德·威廉·莱布尼茨独立于艾萨克·牛顿，创立了微积分理论。英国、法国、德国也由此相继成为世界科学中心[5-8]。

世界科学中心转移现象

世界科学中心转移，又称为汤浅现象。这一概念最早出现在英国科学学学者贝尔纳的《历史上的科学》一书序言中。日本科学史学家汤浅光朝和中国科学计量学家赵红州采用计量统计方法，分析论证了16世纪到20世纪50年代之间的世界科学中心转移，并给出了定量化描述：一个国家的科学成果数量占全世界科学成果总量的25%，就可以称之为世界科学中心。成果占比超过25%所持续的时间称为科学兴隆期，平均值为80年。汤浅光朝将历史上的5次世界科学中心转移顺序划分为意大利（1540–1610年）、英国（1660–1730年）、法国（1770–1830年）、德国（1810–1920年）、美国（1920年之后）。

目前，学术界对世界科学中心转移的定量标准、数据基础、影响因素及与世界经济中心、世界制造中心等的关系等还存在一定争议，对现象的理解也在发展变化之中。

（二）集群式技术发明带来生产力的提高，英国引爆第一次工业革命

技术作为生产力的重要因素，一直伴随着人类的生产活动不断发展。18世

纪，飞梭、珍妮机等纺织机械工具的革新，拉开了近代第一次技术革命的序幕。到18世纪60年代，以蒸汽机的改良和广泛应用为标志，集群化的创新将技术革命推向高潮[9]，形成了以蒸汽动力为核心的技术体系，机械代替手工劳动带来生产力的巨大变革和飞跃，直接引爆了第一次工业革命。动力设备的持续革新和发展也促使机械制造、采矿、冶金、交通运输等领域涌现出一系列以蒸汽为动力的加工机床和曳运、凿掘机械。特别是蒸汽机车、蒸汽船的出现，极大地提高了运输效率，拓宽了人类活动的范围，增强了各类资源的流动与调配。随着机械化进程的不断加速，英国成为世界上第一个工业强国。工业革命也伴随着生产技术的传播、先进机械的流通、工程技术人员的流动，扩展至法国、德国等欧洲国家，并开始影响北美。

这一时期的技术创新大多是渐进式的，灵感主要来源于工匠技能的积累和生产经验的总结与改进，科学理论并没有直接作为技术创新的理论指导[10]，因此第一次技术革命和工业革命与科学发展之间的关联并不密切。例如，蒸汽机就是在生产需求的直接推动和生产实践的长期孕育下产生的。但如果没有第一次科学革命开辟的科学革新思想和形成的科学研究氛围，也许就不会有技术革命的出现。而英国正是凭借其作为第一次技术革命和工业革命的发源地的优势，迅速成为世界科技和经济强国。

（三）科学研究活动得到政府和社会的认同，逐步实现组织化、制度化、职业化

16–17世纪，科学家之间自发的学术交流和协作，催生了一批科学社团，科学活动开始组织化。意大利猞猁学院（1603年）、英国皇家学会（1662年）、法国皇家科学院（1666年）、德国柏林科学院（1700年）分别聚集了伽利略·伽利莱、艾萨克·牛顿、皮埃尔·德·费马、戈特弗里德·威廉·莱布尼茨等科学大师。虽然早期英国皇家学会并未得到“政府”的直接资助[11]，但其成立标志着科学活动的价值开始受到认同。1795年，法国拿破仑政府创建法兰西科学院（前身为法国皇家科学院），直接给予引导和资助，以“提高法国的科学能力并使之与政府机器嵌合起来”[12]。科学家在法兰西科学院内进行小规模的集体研究，并制度化地培养学生，科研活动开始呈现职业化。

英国皇家学会

英国皇家学会（Royal Society），全称为伦敦皇家自然知识促进学会，是当今世界上历史最为悠久且从未中断运行的科学学会之一。

它的前身是“无形学院”（Invisible College）。学者自发聚集到学会中，通过茶话座谈或书信往来，交换科研成果和想法，并不定期举办科学讨论会。1660 年 11 月，著名建筑师克里斯托弗·雷恩在格雷山姆学院召开会议，倡议建立一个新的学会，以促进物理和数学知识的增长与发展，并拟出了第一批 41 名会员名单。1662 年，学会得到英国皇室正式批准，改名为“皇家学会”，贯彻弗朗西斯·培根的学术思想，以促进自然知识为宗旨。

初期，英国皇家学会属于独立的民间科学组织，并未得到英国皇室资助，经费主要来源于会费和富商赞助。1850 年，英国国会第一次投票同意给予皇家学会拨款，资助科学研究。

这一时期，科学团体、科学院是科学研究活动的中心，其组织形式从较为松散的社团逐步发展演变为制度化、职业化的小规模科研机构。而此时欧洲的大多数大学经院哲学气氛依然浓厚，对自然科学研究还处于逐步接受和认同的过程中。

二、19 世纪中期到 20 世纪上半叶，技术创新依赖科学理论知识，科学与技术逐渐交融，德国、美国引领第二次工业革命，加入世界科技强国行列

自 19 世纪 50–60 年代起，随着电磁学、热力学、化学等研究的推进，出现了电解、电热、电声、电光源等一系列崭新的技术领域，促进形成了以电力技术为主导技术，内燃机、新通信手段及化学工业为主要标志的工业技术体系。德国、美国率先发起了以电力技术和内燃机技术为标志的第二次技术革命，并迅速扩展到英国、法国等国家。历史资料表明，到 1900 年，美国、德国、英国、法国四国的工业产值，已占全世界工业产值的 72%[13]。在亚洲，日本通过“明治维新”完成资本主义改革，跟上了第二次工业革命的步伐，崛起并进入世界强国之列。与第一次工业革命主要限于英国、绝大多数科技成果均由英国创造所不

同，第二次工业革命具有新技术应用范围广、传播速度快等新特点，且呈现参与各国相互竞争、互促共进的局面。在此进程中，这些国家先后建立并发展形成了先进的科技创新体系，促使科学、技术、产业积极互动、交叉融合，现代科技强国的科学基础、战略牵引、发展方式、动力机制、科技治理与社会环境等日益清晰。

（一）科学理论知识成为技术创新的基础，支撑了工业革命

19 世纪常被誉为科学的世纪，经典科学的各个门类相继趋于成熟，逐步建立起了严密的自然科学体系。物理学、生物学、天文与地球科学等学科理论不断发展，光学、磁学、热力学、化学等新兴学科和应用科学不断涌现。

电磁感应现象和电磁理论是人类发明电动机、发电机、电报、电话等的科学理论基础，也赋予了第二次工业革命典型的电气化特征。燃料与空气进行混合并燃烧以获取动力的概念，为发明内燃机提供了基本原理途径。元素周期表、气体化合体积定律、氧化学说、碳氢分析法、有机化学等化学理论，支撑了化学工业的建立。

（二）科学成就支撑电力内燃机技术革命，德国、美国引领第二次工业革命

与第一次工业革命不同，第二次工业革命凸显了科学、技术、产业之间的重要互动关系，知识创造、技术发明、技术商业化形成了较为完整的链条。在工业化进程中，掌握先进科学技术并迅速商业化的国家，便占据了实现经济发展及国家强大的先机。

德国依靠电力、内燃机技术及化学工业的迅速崛起，建立了强大的电力、汽车、发动机、化学、钢铁、煤炭等工业体系，经济实力逐渐超越英国[13][14]。

美国基于电力技术发明及电力工业体系的迅速兴起，实现了经济腾飞和赶超。1894 年，美国的工业总产值跃居世界首位，占世界工业总产值的 1/3[13]。

英国虽然是第一次工业革命的发起国，但在第二次工业革命期间，却因现有工业体系的惯性和巨大的变革成本，导致缺乏技术创新动力而被美国、德国赶超。法国因受普法战争落败的影响，失去了引领第二次工业革命的历史机遇。

（三）形成了植根于工业应用的技术发明模式

在第二次工业革命中，技术发明不再单纯依靠个人兴趣，或是小范围内的技

术革新，而是直接受规模化的工业生产的牵引。这是一种将技术发明与工业生产、市场化关联起来的科技创新模式。许多技术发明家在研制新技术之前，便预测到技术的可能应用及潜在利益，并在新技术研制成功之后，通过各种途径将其商业化及规模化。在市场和利益的直接驱动下，技术发明家和企业家相互依存，乃至相互转换，使得人类的技术发明与创新达到了巅峰。

1875 年，亚历山大·贝尔发明了第一部可实用的电话，1877 年建立贝尔电话公司，并于 1885 年成立了一个专门从事长途业务的独立公司——美国电话和电报公司（AT & T）。1879 年，托马斯·爱迪生研制出世界上第一只可实用的白炽电灯泡，3 年后在纽约建立了世界上第一座正规的、商业化的大型火力发电站以解决电器工作的电力来源问题，并在同年与汤姆-休斯顿电气公司合并，成立了通用电器公司。此后，为克服直流供电法电压太低、电力输送距离短的缺陷，1887 年，尼古拉·特斯拉发明了交流发电机和交流电运输方式，并于 1888 年将专利转让给可生产交流发电机、变压器等设备的西屋电气公司。

三、20 世纪以来，科学理论和技术创新加速融合，形成了科技—产业—制度创新的互动发展机制，新技术革命催生"一超多强"的世界科技强国新格局

20 世纪，第二次科学革命展现出广泛而深刻的渗透力，带动第三次工业革命不断发展。尤其是 20 世纪 60 年代至今，是人类社会发生重大变革、科学发现与技术突破加速发展的全新时期，全球竞争格局经历了"冷战"的强势对立和消亡、"全球一体化"进程升温、发展中国家快速崛起的历史进程。其中，国家整体科技战略的成败和全社会对科技创新的参与程度，逐步成为科技强国建设和制胜的关键，在此过程中，基本形成了美国整体领先、多个国家实力不俗的"一超多强"世界科技强国新格局。

（一）基础科学研究成果群体性爆发，全面拓展了人类对自然的认知范围，提高了认知深度

20 世纪初，相对论与量子力学的建立打破了绝对时空、连续性、确定性等基本前提和限制，使物理学理论和整个自然科学体系都发生了重大变革，开启了第

二次科学革命；同时，催生了新的科学范式和科学研究方法论，带动了电子显微镜、同步辐射光源、大型天文望远镜等一大批新科学研究工具的产生。这些都为世界科学研究与技术创新带来了新的繁荣局面。物质结构、宇宙起源、生命演化、脑科学与认知科学等基础科学领域的研究不断深化，并取得巨大进步。

基础科学的突破有力推动了技术创新，并引发产业变革。DNA 双螺旋结构模型的提出打开了人类认识生命遗传规律的大门，使人类社会进入了分子生物学时代，加之生物工程的兴起，引发了医药、农业、健康研究的变革与繁荣。电子管、晶体管、超大规模集成电路、大型计算机、个人计算机、智能终端、互联网等的发明，有力推动了信息技术产业的蓬勃兴起和发展升级，将人类社会带入数字化、信息化时代。此外，原子能、微电子与通信技术、空间科技等众多领域实现了重大科学技术突破，催生了体量巨大的新兴产业。这些科技成就引发了规模空前的第三次工业革命。

（二）以美国为代表的科技强国汇集全球科学知识和技术创新成果，掀起全球性高技术革命浪潮

在基础科学发现和社会需求的驱动下，世界科技强国大力推动，促使技术发明和革新呈现爆发式、群体性增长，造就了以电子技术和信息技术为核心的第三次工业革命。世界科技强国的经济实力进一步增强，有利于其保持并巩固在全球的领先地位。社会全面而深刻的信息化、数字化和智能化及其与新生物技术的逐渐融合，可能触发第四次工业革命。

美国作为新技术革命的主要倡导者、推动者，在航空航天、信息技术、生命科学与技术、海洋科技、新材料研究与开发、先进制造和智能制造等方面全方位突破，整体创新优势显著。特别是推动了半导体产业、大型计算机产业、个人计算机产业、软件产业、数据库产业、信息内容产业、通信产业等新兴产业的发展，并通过实施“信息高速公路计划”和大数据发展计划，推广和应用互联网。这造就了 IBM、仙童、英特尔、微软、苹果、思科、亚马逊、谷歌、脸书、特斯拉、优步等一代又一代知名创新型企业，给美国带来一轮又一轮经济繁荣。

法国在航空航天、核能、汽车与精密机械等领域取得关键进展，在世界舞台占据一席之地。日本在半导体与集成电路、光电子、核能、高铁、汽车、机器人等领域，也实现了技术整体突破。德国在生命科学、材料制造、重离子等领域的

科研水平国际领先，并在化学和药物研究、航空、汽车和机械制造等工业技术方面建立了领先优势，使“德国制造”享誉全球。

苏联在学习西欧科学技术和工业化经验的基础上，以国家战略需求为牵引，形成了国家主导、组织科学技术发展的模式，在数学、核物理、电气、机械、自动控制和空间技术等领域取得了重大成就。

（三）各国为促进高技术发展，竞相构建与调整国家创新战略和体系，建立支撑工业发展的新机制

在推进科技革命与工业革命的同时，各科技强国纷纷加强创新战略部署，积极探索体制机制创新和制度变革，为科技革命和工业革命保驾护航，以有效支撑、促进、催化科技创新的重大突破，催生技术创新集群。

第二次世界大战结束后，美国大规模支持科学研究[15]，逐渐形成以国家目标和解决人类面临的共同问题为导向的“大科学”与以自由探索为导向的“小科学”协调发展的国家科研体系。英国、法国、德国等科技强国充分发挥科学传统浓厚和基础研究扎实健全的优势，不断调整、完善国家创新体系①，以适应当今科技发展和产业应用的需求，力争巩固在世界科学和技术创新舞台中的重要地位。

同时，这些科技强国都高度重视、大力支持高技术产业集群发展和科技创新区域高地建设。通过积极推动科学和技术创新深度交叉融合，创新产业发展机制，形成产业创新集群或者产业科技创新活动中心，强化竞争优势。例如，美国圣地亚哥、波士顿及旧金山湾区是生物技术产业最为发达的地区[16]；德国斯图加特汽车产业集群聚集了奔驰、保时捷等著名汽车制造商以及世界第一大汽车技术供应商——博世集团。

时至今日，科技日益成为决定大国兴衰和世界格局演变的主要力量。抓住科技革命和工业革命历史机遇的国家方能趁势崛起为科技强国；不断前瞻思考、持

---

① 国家创新体系（NIS）目前还没有统一定义。早期的国家创新体系是指公共和私营机构围绕新技术的研究与开发、吸收、改进和扩散等所形成的交流与协作网络，主要单元包括企业、大学、公立研究机构。广义的国家创新体系是由影响国家创新活动的各类社会单元（包括经济、政治、社会机构等）组成的整体，主要有政府、科研机构、大学、企业等。政府是国家创新体系的重要组成部分，主要承担制度和体制的供给，提供和管理投入经费，组织绩效评估等。本书采用广义的国家创新体系内涵，侧重于政府的职能与作用，以及与国家创新体系中其他单元的互动关系。

续布局引领、调整制度优化环境，方能巩固先发优势，稳固科技强国地位，增进人民福祉。

四、世界科技强国发展演进的主要趋势

鉴古知今，继往开来。通过梳理近现代以来世界主要科技强国建设及科技、产业变革发展脉络，在分析总结规律的基础上进行适度外推，可以预判世界科技强国演进的新趋势。

（一）以解决人类共同挑战和国家经济社会发展重大问题为牵引，科学研究、技术创新和经济社会发展深度融合，交叉科技领域布局成为大趋势

科学研究按自身发展规律在发现新现象、解决自身矛盾和学科交叉中不断深入，增进知识积累并取得突破；而后逐渐与技术创新结合，相互交织，共同推进；进而通过科技突破催生工业革命，逐渐与产业发展融合共进。科技发展的多点突破、交叉汇聚，与产业社会发展的深度融合、渗透互动，是未来科技强国建设和发展的一个主要趋势。

依靠科技创新驱动经济社会发展、保障国家安全和应对全球挑战，已成为世界主要国家共同的战略选择。21 世纪以来，为应对老龄化、全球气候变化、生态环境恶化、粮食安全、能源资源可持续发展和社会面临的其他重大问题，美国、英国、德国、日本等纷纷制定新创新战略，组织开展实施生命与健康、先进材料与制造技术、数字技术与智能技术、清洁与先进能源技术等领域的科技计划。其中，以解决重大问题为牵引，促进科技与经济社会深度交叉融合，按照融合领域布局科技创新，系统推进跨学科、共性、复杂的重大科学问题突破，实现解决方案和技术体系的重大变革，成为世界科技强国的共同发展理念。

（二）建立开放创新机制，推动科研范式向开放式创新模式转变，成为顺应时代发展趋势的必然选择

从人类社会所经历的历次科技革命、工业革命历程看，思想解放、学术自由、制度与体制创新等在促进科学发现与技术突破、支撑新兴学科建立、新学派

形成与完善、科技强国建设的过程中发挥着重要作用。

以数字化科研模式为特征的第四科研范式的兴起，为开展协同科研和技术创新提出了要求，也提供了条件。科技创新呈现出开放、协同、共享的趋势。科技创新活动将不再仅仅局限于建制化的推动，而将更多来源于社会群体智能的碰撞与汇聚，来源于建制化和非建制化的科技创新活动参与者的融汇与互动。

建立开放包容的学术环境，完善鼓励开放创新的体制机制，是顺势应时之举。在信息基础设施和数字化运行的科技基础设施之上，建立协同开放科研模式，整合全社会创新智慧，充分调动全社会群体的创新能动性，将使科学研究能力实现扩散和倍增，是科技创新发展的必由之路。同时，加强国际交流合作，广泛吸纳国内外科技创新要素，也成为提升国家整体科技创新能力的大方向。

（三）深度信息化、智能化技术应用以及与生命体的融合，将成为下一次工业革命的趋势性方向，建立包容性社会发展模式日益迫切

全球新一轮科技革命方兴未艾，颠覆性技术不断涌现，科技创新加速推进，并深度融合、广泛渗透到人类社会的各个方面。以新一代信息技术、人工智能、新能源技术、新材料技术、新生物技术为主要突破口的新技术革命，正在从蓄势待发进入群体迸发的关键时期，信息、智能、机械、生命等领域的融合创新将成为新一轮科技革命的主题，并将引发新一轮工业革命。

智能及其相关技术的创新和应用，将使得国家之间的竞争以全新的方式、在更深入的层面变得更加激烈，并对社会治理和人们的生产生活方式等产生颠覆性的影响，需要从国家政策和法律法规上作出新的制度安排，建立新的人与人、人与企业、人与自然、人与社会的关系。例如，无人驾驶汽车的运营需要建立新的交通管理法规，服务机器人的应用也会对很多行业规则提出变革需求等。智能技术革命可能加剧创新能力的不均衡，进一步扩大贫富差距，或对社会结构、就业等产生重大影响等。因此，需要更加关注研究制定新的规则，平衡创新能力差距、贫富差距和健康福利等，实现智能社会的包容性增长。

（四）适时调整完善国家创新体系，完善人才吸收与培养措施，提升整体创新效能成为主要潮流

在世界科技创新活动的演进过程中，以自发、分散性的自由探索为主的科研

模式逐步发展，形成了适应于“大科学”“转化研究”的集中建制化为主导和牵引、“小科学”“大科学”协调发展的科研形态。主要科技强国逐步加大了对科技创新发展的干预力度，先后建立了符合时代特点和本国发展战略的国家创新体系，并根据科技和产业发展的前沿与趋势，及时调整优化国家创新体系各主体的关系。

建设科技强国，人才和团队是根本。绿色、健康、智能成为引领科技创新的主流方向，深空、深海、深地、深蓝成为影响世界格局的科技创新战略制高点。发达国家纷纷据此调整、完善创新体系，培养和延揽创新人才，推进创新教育，提升全社会的核心创新能力，以适应科技和产业发展的新需求，巩固其在世界科技创新中的强国地位。例如，在市场和国家需求的共同牵引下，一些科技强国不断调整和重构国家大型科研机构（国家实验室、国立科研机构等）、研究型大学、企业研究与开发中心、社会集智创新（创客等）之间的协同关系，围绕新的战略目标，以新的模式和机制，实现人才教育、科学研究、技术创新、产业应用的协同发展。

（五）“一超多强”的世界科技强国格局将长期存在，全球科技创新中心呈现多元化趋势

随着经济全球化进程加快和新型经济体崛起，科技创新资源配置全球化竞争加剧，全球科技创新力量对比正逐渐发生变化。传统科技强国依然具备雄厚的科技创新实力，但科技创新能力快速增强的新兴经济体也正在崛起，成为新的创新增长极。

目前，全球科技创新格局已呈现由欧美地区向亚太地区、由大西洋区域向太平洋区域、由发达国家向发展中国家扩散的趋势，正在形成“一超多强”的多元化格局。美国的绝对领先地位短期内仍难以撼动，英国、法国、德国、日本等传统科技强国依然具备雄厚的科技创新实力，在世界科技创新格局中具有举足轻重的地位。同时，中国、印度、巴西等新兴经济体已成为科技创新的活跃地带，在全球科技创新“蛋糕”中所占份额持续增长，对世界科技创新的贡献率也快速上升。在此情况下，可以断言，全盘复制传统科技强国的“成功之道”，并不意味着一定会建设成为新兴世界科技强国。在学习和借鉴传统科技强国成功经验的基础上，准确把握世情、国情变革大趋势和新方向，加强战略谋划，走出一条适合

自己的科技发展之路，才有可能成就未来的世界王者。

回望历史，英国、法国、德国、美国等科技强国在其建设与发展的过程中，充分利用科技革命和工业革命的机遇与互动效应，探索出了各具特色的发展道路。在此期间，日本、俄罗斯等国的兴衰演变，为科技后发国家建立科学文明基础、构建创新体系、实施有效的战略牵引与科技治理等，提供了鲜活的经验和教训。

进入21世纪以来，新一轮科技革命和工业革命孕育兴起，在全球一体化发展趋势和共同应对人类面临重大挑战的大背景下，世界科技强国格局出现再次调整的重大历史机遇。

需要说明的是，世界历史舞台上还有诸如瑞士、以色列、丹麦、韩国等一些科技创新实力很强但经济体量规模不大的国家。它们在建设科技强国和促进科技创新方面，也有很多探索与经验值得我们学习借鉴。但综合考虑，我们选择主导或参与了历次科技革命、工业革命，在战略选择和发展路径上与我国更可比照的英国、法国、德国、美国、日本和俄罗斯6个国家作为案例，对其科技发展历程、国家创新战略举措、国家创新体系展开深入分析，希望能为中国建设科技强国的战略路径选择提供一些借鉴和参考。

研究编撰人员（按姓氏笔画排序）

王彦雨　甘　泉　刘细文　刘益东　李宜展　汪克强　张柏春　黄晨光　蒋　芳
谭宗颖

参考文献

[1] 何传启. 第六次科技革命的战略机遇期（第二版）. 北京：科学出版社，2012.

[2] 约翰·贝尔纳. 历史上的科学：科学萌芽期. 伍况甫，彭家礼译. 北京：科学出版社，2015.

[3] Yuasa M. Center of scientific activity：its shift from the 16th century to the 20th century. Japanese Studies in the History of Science，1962，(1)：57-75.

[4] 赵红州. 科学能力学引论. 北京：科学出版社，1984.

[5] 刘鹤玲. 科学活动中心形成的综合环境与中国科学的未来. 科学学研究，1998，(4)：44-49.

[6] 林学俊. 从科学中心转移看科研组织形式的演变. 科学技术与辩证法，1998，(4)：53-56.

[7] 刘则渊. 贝尔纳论世界科学中心转移与大国博弈中的中国. http：//www.casted.org.cn/channel/newsinfo/6281 [2017-06-26].

[8] 刘波．科技中心转移与社会发展诸中心转移的连锁效应．科学·经济·社会，1984，(1)：32-34.
[9] 张柏春．科技革命及其对国家现代化的推动刍议．科学与社会，2012，(1)：22-32.
[10] 李勇．重审英国工业革命的科学基础．科学技术哲学研究，2013，(5)：99-103.
[11] 曾国屏．世界科学中心的四次转移．中国社会科学报，2009-12-22（第006版）.
[12] 理查德·尼尔森．国家（地区）创新体系比较分析．曾国屏等译．北京：知识产权出版社，2012.
[13] 吕宁．工业革命的科技奇迹．北京：北京工业大学出版社，2014.
[14] 金碚．世界工业革命的缘起、历程与趋势．南京政治学院学报，2015，(1)：41-49.
[15] 樊春良．美国是怎样成为世界科技强国的．人民论坛·学术前沿，2016，(16)：38-47.
[16] 创新集群建设的理论与实践研究组．创新集群建设的理论与实践．北京：科学出版社，2012.

第二章　英国的科技强国之路

英国是近代科学和技术文明的主要贡献者之一，曾是世界科技、工业和经济最发达的国家，具有深厚的科学传统和科学文化，拥有众多享誉世界的科学大家，取得了举世瞩目的科技成就。英国通过第一次工业革命率先实现了从农业国向工业国的转变，但从 19 世纪末开始，尤其是两次世界大战之后，英国的工业和经济实力逐渐衰退，科技领域的优势地位被德国和美国超越。近年来，英国政府针对科技与产业发展脱节、科技创新乏力等问题，逐渐加强了对科技发展的引导和支持，布局关键科技领域，促进科技教育，推动国际科技合作，建立科技与产业之间的长效协调机制，以创新推动经济社会发展。

一、英国的科技发展历程

（一）17 世纪英国成为世界科学中心，率先建立了现代科学体制，培育了追求卓越的科学传统，奠定了深厚的科学根基

文艺复兴运动和宗教战争推翻了封建经典理论对思想的束缚，为近代科学的发展奠定了基础。英国的资产阶级革命推动了议会君主制度的建立，自由主义思想、和平稳定的环境为科学的发展提供了宽松的条件，伴随着封建经济向资本主义经济转变的过程发生了科学革命[1]。海外贸易和制造业的扩张使机械发明受到重视，航海业刺激了天文学和物理学的发展。英国率先建立了专利制度，保护和激励了技术发明者的热情。英国皇家学会的成立标志着科学组织的建制化形成，促进了科学家的聚集、科学的进步和科学价值观的普及。

这一时期，英国许多著名的哲学家和科学家为近代科学理论体系的建立做出了奠基性贡献。例如，弗朗西斯 · 培根作为唯物主义哲学、实验科学、近代归纳

法的创始人，深刻影响了英国科学思想和文化的形成；艾萨克·牛顿建立了经典力学理论体系，主导了17世纪、18世纪的物理学发展；罗伯特·波义耳阐述了化学元素的定义并将实验法引入化学研究，确立了化学作为科学的独立地位等。

弗朗西斯·培根（Francis Bacon，1561–1626年）：英国哲学家、政治家、科学家、法学家、演说家和散文作家。他是新贵族的思想代表，反对君权神授和君权无限，主张限制王权；继承了古代唯物主义传统，承认自然界是物质的，认为科学的任务是发现事物运动的规律，从而获得行动上的自由；提出“知识就是力量”的口号，为人类认知和科学发展清除了思想障碍；创建了科学归纳法，把实验和归纳看成相辅相成的科学发现工具，强调实验对认识的作用。

艾萨克·牛顿（Isaac Newton，1643–1727年）：英国物理学家、数学家、天文学家，人类历史上最具影响力的科学家之一。1687年发表《自然哲学的数学原理》，提出了力学三大定律和万有引力定律，建立了经典力学体系，标志着近代科学体系的形成。在数学领域，发现了广义二项式定理，创立了微积分学；在光学领域，发明了反射式望远镜，并基于对可见光色谱的观察提出了颜色理论。

罗伯特·波义耳（Robert Boyle，1627–1691年）：英国化学家。1661年出版《怀疑派化学家》，确立了化学作为科学的独立地位；推翻了化学元素的“四元素说”和“三要素说”，提出了科学的元素概念；1662年提出了人类历史上第一个化学定律——波义耳定律，揭示了特定条件下气体的压强和体积之间的关系；发现了花草受酸或碱作用能改变颜色，在此基础上发明了化学实验中常用的酸碱指示剂——石蕊试纸。

（二）18 世纪中叶至 19 世纪中叶，以蒸汽机为代表的技术革命催生了英国工业革命，科技与生产结合促使英国成为引领世界的工业强国

发生在英国的第一次工业革命被认为是资本主义经济制度成长和内部变革的过程，以蒸汽机为标志的技术革命是推动其发生和兴起的重要力量。工业革命开始于纺织业，飞梭、珍妮机、水力纺织机等技术发明陆续产生。詹姆斯·瓦特对蒸汽机的重大改良解决了关键的动力问题，蒸汽机被广泛应用于纺织业并进一步扩散到采矿、冶金、机械、交通等工业部门，机器代替手工劳动，极大地提高了生产力，推动工业革命走向高潮[2]。

第一次工业革命初期的技术发明主要依靠经验丰富的工匠群体，几乎不直接依靠任何科学，但第一次工业革命期间，英国的科学事业却生根于伯明翰、曼彻斯特、利兹等制造业发达地区。尤其是月光社的成员均重视科学知识的应用及工艺技术的革新，在一定程度上促进了科技与工业的发展及相互结合[3]。

詹姆斯·瓦特（James Watt，1736–1819 年）：英国发明家。1763 年，发现气缸内冷凝蒸汽导致热能大量浪费，1765 年产生了分离冷凝器和气缸的设想，解决了蒸汽机热效率低的关键问题；1769 年制造了第一台蒸汽机样机，并获得冷凝器专利；1776 年，他改良的蒸汽机在煤矿开始运行；1781–1790 年，先后发明了带齿轮和拉杆的机械联动装置、双向气缸、离心调速器、节气阀等，进一步完善了蒸汽机，并广泛应用于工业领域。

月光社

月光社（Lunar Society）是一个由科学家、工程师及制造商组成的非正式学会/俱乐部，由伊拉斯莫斯·达尔文和约书亚·威治伍德创立（他们分别是进化论的提出者查尔斯·达尔文的祖父和外祖父），成员还包括詹姆斯·瓦特、约瑟夫·普利斯特利、马修·博尔顿等，他们经常在月圆之夜聚会，因而取名月光社。月光社在 1765–1813 年活跃于英国伯明翰，其成员

具有强烈的创新意识和创业意图，热爱新知识、新技术的学习和交流，极富创造力和行动力，重视科学知识与技术发明在制造业的应用，对科学、技术与工商业的结合做出了重大贡献。

（三）19世纪中叶以后，英国在电气技术革命中错失发展良机，科技和工业优势地位逐渐被德国和美国取代

19世纪的英国在物理学、化学和生物学等领域的科技成就依然突出。例如，约翰·道尔顿提出原子理论（1803年）、迈克尔·法拉第发现电磁感应现象并发明圆盘发电机（1831年）、詹姆斯·焦耳提出能量转换与质量守恒定律（1845年）、查尔斯·达尔文提出进化论（1859年）、詹姆斯·麦克斯韦建立电磁理论（1873年）等。19世纪中叶，英国通过工业革命实现了财富和生产力的高度汇聚后却逐渐呈现了科技与生产相分离的趋势。例如，电机、变压器、二极管等第二次技术革命的关键性技术发明起源于英国，但却最终在德国和美国得到完善和大规模产业应用[4]。第一次工业革命给英国带来了高度发达的经济，但多种因素导致了这一时期科技发展动力不足。此时英国有大量国家资本用于海外投资，社会生活呈现贵族化和绅士化，企业家安于现状，惧怕技术革新带来损失，科技发展主要依靠个人活动，教育相对滞后，国家对科技的支持十分有限。

19世纪下半叶，英国科技与产业相分离的问题依然没有得到改善，政府在科技和教育方面也缺乏系统连贯的政策指导和合理投入。而美国和德国则抓住机遇，大力发展以电力、化学和汽车为核心的技术与产业，生产制造能力大幅提升，两国的工业总产值分别在19世纪90年代和20世纪第一个10年超过英国[5]。

迈克尔·法拉第（Michael Faraday，1791-1867年）：英国物理学家、化学家。1831年发现电磁感应现象，并发明了人类历史上第一个发电机——圆盘发电机；还发现了电解定律，证明了电荷守恒定律，先后引入了电场、磁场、电感线、磁感线等概念。他在电磁学及电化学领域具有重要贡献，为经典电磁学奠定了基础。

詹姆斯·麦克斯韦（James Maxwell，1831–1879 年）：英国物理学家、数学家。对电磁现象进行了系统全面的研究，建立了麦克斯韦方程组，预测了电磁波的存在，提出了光的电磁说。1873 年出版《论电和磁》，系统阐述了电磁理论，被认为是继牛顿《自然哲学的数学原理》之后最重要的物理学经典著作。电磁学理论为电气革命奠定了基石。他负责建设的剑桥大学卡文迪什实验室成为举世闻名的科研中心。

查尔斯·达尔文（Charles Darwin，1809–1882 年）：英国博物学家、生物学家。历经了五年的环球航行，从而在动植物和地质结构等方面形成了深厚积累。1859 年出版《物种起源》，提出了以自然选择为核心的生物进化论，推翻各种唯心的神造论、目的论和物种不变论，为生物学领域乃至人类社会带来了重大变革。

（四）两次世界大战改变了英国政府对科技的态度，与军事和国家竞争力相关的科技领域在政府的大力支持下发展迅速

第一次世界大战暴露出英国在科技、教育以及工业领域长期存在的弊病，促使英国政府认识到支持科技的重要性，意识到现代工业国家的发展必须依靠系统组织的科技活动。因此，英国开始积极投入科技与教育事业。尤其是第二次世界大战期间，政府投入的研究与开发经费快速增长。英国的科技开始服务于战争，一些重要的科学发现和技术发明对战争的进程产生了重要影响。例如，欧内斯特·卢瑟福提出原子的核式结构模型（1911 年）并实现人工核反应（1919 年），亚历山大·弗莱明发现青霉素（1928 年），罗伯特·瓦特发明雷达（1935 年），弗兰克·惠特尔发明喷气式发动机（1930 年），等等。此外，英国在物理学、天文学、数学和生物学等传统优势领域也取得了许多突出成就。

20 世纪下半叶，在冷战对峙和以信息技术为代表的第三次技术革命兴起之时，英国重点投入了原子能、航空航天等领域，飞机、雷达等制造技术达到欧洲领先水平。同时，英国也注意发展电子信息、生物、新材料等战略科技领域以促

进经济振兴。其中，分子生物学及生物技术领域的成果较为突出，如 DNA 双螺旋结构的发现（1953 年）、单克隆抗体技术的发明（1975 年）、世界上第一个试管婴儿（1978 年）及克隆羊“多莉”的诞生（1997 年）。不过，英国的电子信息技术从 20 世纪 70–80 年代开始落后于美国、日本和德国。

欧内斯特 · 卢瑟福（Ernest Rutherford，1871–1937 年）：原子核物理学之父。首先提出放射性半衰期的概念，证实放射性涉及从一个元素到另一个元素的嬗变，1908 年获得诺贝尔化学奖。1911 年，提出了卢瑟福原子模型（行星模型）。1919 年，用 α 粒子轰击氮原子，使得氮原子变为氧原子，不但发现了质子，还第一次成功实现了人工核反应。

亚历山大 · 弗莱明（Alexander Fleming，1881–1955 年）：英国生物学家、药学家。1923 年发现溶菌酶，1928 年首先发现了青霉素。后经霍华德 · 弗洛里和恩斯特 · 钱恩的进一步研究改进，青霉素成功实现量产并用于治疗感染性疾病。凭此，3 人于 1945 年分享诺贝尔生理学或医学奖。青霉素的发现和应用开创了抗生素研究领域，结束了传染病几乎无法治疗的时代，人类进入了合成药物的新时代。

弗朗西斯 · 克里克（Francis Crick，1916–2004 年）：英国生物学家、物理学家及神经科学家。1953 年，美国科学家詹姆斯 · 沃森与弗朗西斯 · 克里克在剑桥大学卡文迪什实验室共同发现了脱氧核糖核酸（DNA）双螺旋结构，开启了分子生物学的新时代。他们也因此与莫里斯 · 威尔金斯共同获得了 1962 年的诺贝尔生理学或医学奖。

（五）20 世纪末至今，英国加强科技与产业和经济发展之间的结合，利用卓越的科学基础促进知识经济的发展

英国的科技发展长期以来存在重科学但轻应用、科研成果应用与转化缓慢、科技与经济结合不紧密等问题。20 世纪 90 年代开始，英国政府增强了对科技发展的引导作用，将科技发展目标转向服务于经济发展。21 世纪以来，发展知识经济成为英国科技、工业和商业共同的目标。英国立足于深厚的科学基础和优良的科学传统，积极建设和完善国家科研与创新体系，努力保持高水平和高效率的科研产出，并着眼未来新兴技术领域和重点产业，积极促进技术开发和转化，加强科技、教育与产业之间的协调与合作。至今，英国仍保持世界科技强国地位。

二、英国的国家创新战略与举措

英国的科技政策在两次世界大战中建立并初步发展，在科学传统、社会文化、国家发展、国际竞争等因素的影响下，逐步进入国家层面战略布局的阶段（图 2-1），科技创新成为英国经济社会可持续发展的关键动力。

（一）两次世界大战促使英国政府大规模投入科技与教育事业，承担科技与教育发展重任

19 世纪末及 20 世纪初，英国的经济实力依然雄厚，但已显现出技术装备落伍、工业衰退、教育事业落后等问题。英国的许多战备物资长期依赖进口，科技人才短缺，战争的迫切需求使政府承担起投资和组织科技与教育事业的责任。例如，通过成立政府实验室、支持工业研究协会、增加对大学的拨款等举措支持研究与开发活动。英国政府主要关注军事战备和工业领域的科研，其次是卫生和农业领域。在军事领域，陆海空三军都设有独立的研究与开发部门，以开展工程、物理学、化学领域的研究与开发和武器装备试验。在工业领域，英国在 20 世纪初开始设立政府实验室（如 1900 年设立国家物理实验室），战争期间政府实验室不断建设和扩张，推动了核工业、航空工业等新工业的产生。在第一次世界大战末期，英国开始设立工业研究协会以支持企业开展应用研究，为企业投入的研究与开发经费匹配相同额度的政府经费，政府先后成立了 20 个工业研究协会，覆盖约 50% 的工业行业。

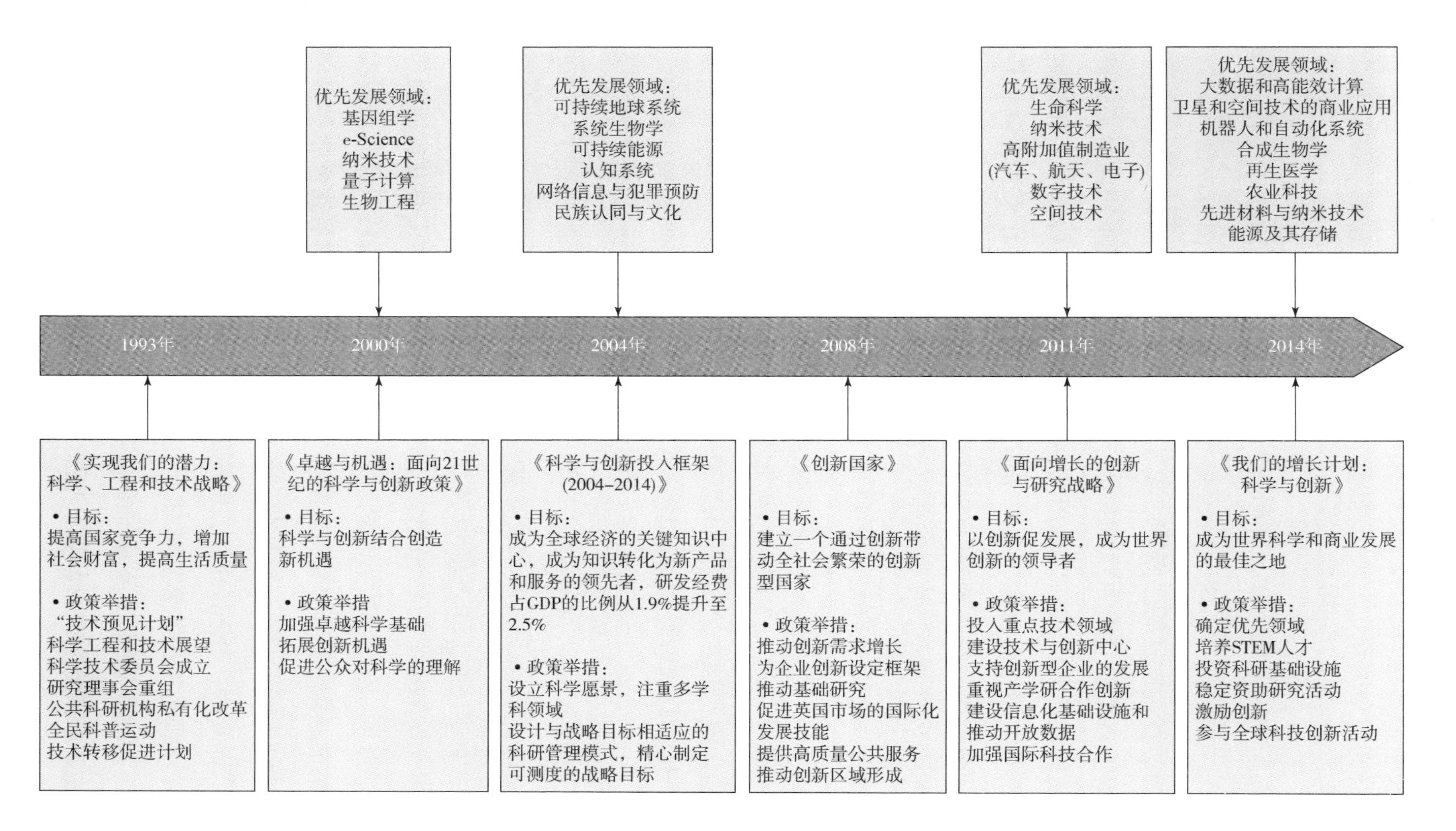

图2-1 英国的国家创新战略演进及科技优先领域变化

1915 年，英国成立科学与工业研究部（DSIR），主要管理政府实验室，支持工业研究协会的研究与开发活动，并为从事研究工作的学生提供津贴支持。1918 年，内阁大臣理查德·霍尔丹等提出有关政府如何组织科技活动的建议，认为科研工作应该具有独立性和自由性，研究经费使用应该由研究人员通过同行评议方式决定，不宜有过多的行政干涉和过度集中，“霍尔丹原则”深刻影响了英国政府的科技管理工作。1920 年，英国成立医学研究理事会（MRC），资助医学及相关生物领域的研究，这种独立于政府部门的研究资助模式之后也开始应用于农业、自然环境等领域。由于大学在基础研究中占有主要地位，1919 年英国政府改组成立了大学拨款委员会，主管政府对大学的资助。第二次世界大战期间，政府的资助力度大幅增加，大学承担了许多战时的研究与开发工作。战争结束后，原来依靠私人捐助的大学逐渐演变为由公共资金扶持的机构[6]。

（二）冷战对峙促使国防研究与开发占据主导，冷战后期历经数次政策调整，开始转向民用研究与开发并注重支撑经济发展

两次世界大战及期间的世界经济大萧条，严重削弱了英国在国力上的优势地位。第二次世界大战以后，英国的科技政策受到冷战对峙的影响，全面开启与美苏等国的科技竞争，重点发展原子能、航空、导弹等国防科技，研究与开发经费以政府为主导并持续增长。20 世纪 60 年代，英国殖民统治土崩瓦解，经济停滞不前，国际地位明显下降。伴随着冷战的缓和、国防技术研究与开发热潮的冷却，科技如何促进经济发展、科技投入优先领域的选择等问题日益受到重视。英国政府开始将科技发展的重点转向民用研究与开发，进行了一系列政策调整。

英国在 1964 年设立教育与科学部（DES），随后增设科学研究理事会、自然环境研究理事会和社会科学研究理事会；1965 年成立了技术部（撤销科学与工业研究部），负责工业现代化，主要推动原子能、航空、电子等工业的发展，积极将军事工业转向民用，技术部随后在 1970 年并入贸易与工业部（DTI）[7]。虽然国防研究与开发经费的比例在 20 世纪 60 年代有大幅下调，但在 20 世纪 70 年代中期又重新增长，至 20 世纪 80 年代初，政府研究与开发经费依然有 50% 左右用于军事目的，民用研究与开发投入不足[8]。

20 世纪 80 年代，英国重科学但轻技术的现象以及科技成果转化应用少、经济效益差等问题逐渐显现。撒切尔政府（1979–1990 年）进行了一系列改革促进

科技转化为生产力，形成以市场为导向、向私营企业倾斜的科技政策。一方面，政府推行国有企业私有化改革，减少对“近市场”的研究与开发工作的公共投资，鼓励企业增加研究与开发投资，企业逐渐在研究与开发投资中占据主导地位[9]。另一方面，政府积极促进大学与企业之间的合作，通过设立“联系计划”、发展大学科技园等举措，加强产学研之间的联系；调整基础研究布局，在大学建立交叉学科研究中心；顺应世界科技发展趋势，注重信息、生物和新材料等战略科技领域的发展以振兴经济，如制定“阿尔维信息技术研究与开发计划”“信息工程先进计划”等通用技术重点研究与开发计划。此外，还采取了削减国防研究与开发经费、推进政府科研机构私有化改革等举措。

联系计划

“联系计划”（LINK）设立于1986年，是英国政府鼓励大学和公共科研机构与企业合作的重要跨部门研究与开发计划。针对长期以来英国基础研究严重脱离产业技术开发的问题，政府推出各种鼓励产学研结合的政策。“联系计划”是其中最大的一项研究与开发计划，目标是架起科研与产业之间的桥梁，重点资助对国民经济可能产生重大影响的领域，包括电子通信、生物技术、农业、材料、能源等，并根据技术预见确立的优先发展领域进行相应调整。“联系计划”的研究项目一般持续3年左右，政府部门或研究理事会提供50%的经费，其余的由参与企业自筹。

（三）20世纪90年代，明确以科技推动经济振兴为目标，启动首个国家科技发展战略

20世纪末，英国政府反思了20世纪70年代以来的科技政策和科技发展状况：国家科研优势和科技成果应用于产业的弱势形成了强烈对比；政府缺乏清晰的科技政策主张和有效的执行机制；科技人才的培养也存在系列问题等。英国政府认识到，应该在保持英国卓越科学基础的同时，通过科技界、工业界和政府的紧密结合促进经济发展。为此，英国政府进一步改革分散的科技管理体制，1992年在内阁成立科学技术办公室（OST），由政府首席科学顾问负责科技政策与管理事务。为了科技政策与工业政策更加协调统一，1995年科学技术办公室从内阁

并入贸易与工业部，仍保持政府首席科学顾问的职能。

1993 年，英国发布了首个国家科技发展战略——《实现我们的潜力：科学、工程和技术战略》白皮书，明确提高国家竞争力、增加社会财富和提高生活质量是科技发展的战略目标。该战略强调科技发展是英国经济振兴的关键，英国要在保持科学领域优势的同时，加强科学、工程与产业之间的联系，发掘科技潜力并服务经济增长。该白皮书第一次明确了科技为国家创造财富的目标，改变了政府不介入“近市场”研究与开发的政策。由此，推动了一系列新政策和举措的实施，包括实施“技术预见计划”、编写科学工程和技术展望、成立科学技术委员会、重组研究理事会、私有化改革公共科研机构、开展全民科普运动、实施技术转移促进计划、支持大学科研和调整研究生培养计划、加强国际科技合作等[10]，其中，技术预见活动至今仍持续开展并产生深远影响，其面向科技和经济长期发展，凝聚政产学研各方智慧，识别战略性研究领域和新兴技术，着力支撑国家科技战略制定、优化领域布局和科研资助方向[11][12]。

技术预见计划

20 世纪 90 年代以来，英国的“技术预见计划”开展了三轮活动。

第一轮技术预见（1994-1998 年）聚焦于科技发展创造财富，预见活动按照国内经济部门划分为 15 个领域专家组，共提出 27 个科技优先领域（11 个关键领域、11 个中间领域和 5 个新兴领域）。

第二轮活动（1999-2001 年）去掉了“技术”一词，改称为“预见计划”（Foresight），目标从创造财富转向提高生活质量，更多考虑社会和环境发展，预见活动的领域专家组数量从 15 个调整为 10 个，增加 3 个主题小组（人口老龄化、预防犯罪、制造业 2020）和 2 个支撑性主题（教育、技能与培训，可持续发展）。

从第三轮活动开始（2002 年至今），“预见计划”转为每年 3-4 个主题项目滚动方式，如 2017 年进行的“未来交通系统”“未来技能和终身学习”和“未来海洋”项目。也有持续运行和更新的项目，如“技术与创新未来”项目分别在 2010 年、2012 年和 2017 年提出了未来 10-20 年可能对英国经济社会发展产生关键影响的新兴技术。

（四）世纪之交，以发展知识经济为核心优化国家创新体系

世纪之交，英国连续发布了多个以创新为主题的白皮书，反映出知识经济浪潮下国家竞争对科学与创新的依赖和需求。1998 年发布的《我们竞争的未来：建造知识驱动的经济》白皮书，将发展知识经济作为英国制定科技、工业和贸易政策的基石。2000 年发布的《卓越与机遇：面向 21 世纪的科学与创新政策》白皮书，是英国 21 世纪发展科学与创新的纲领性文件，强调科学是推动社会前进的动力，创新是知识经济的关键，两者结合是英国 21 世纪科技政策的核心[13]。该白皮书提出政府要充分发挥基础研究投资者、创新促进者和市场调控者的关键性作用。一是加强卓越科学基础，以基因组学、e-Science、纳米技术、量子计算和生物工程为优先发展领域；二是拓展创新机遇，创建有利创新活动的机制和环境，吸引大学和企业相互合作；三是促进公众对科学的理解，增加政策透明度以及建立管理者、科学家与公众的对话机制。此外，还有 2001 年发布的《变革世界中的机遇：创业、技能和创新》，2002 年发布的《为创新投资：科学、工程和技术的发展战略》，都体现了以创新促经济的战略思想。

为了推动知识经济发展，加强国家创新体系建设，英国 2004 年首次制定了中长期科技发展计划——《科学与创新投入框架（2004-2014）》（以下简称“十年框架计划”）。“十年框架计划”提出英国科学与创新的发展目标是建立英国的科学与创新体系，使英国成为全球经济的关键知识中心。科学与创新的投资目标是将研究与开发经费占国内生产总值（GDP）的比例从当时的 1.9% 提升至 2014 年的 2.5%。优先发展可持续地球系统、系统生物学、可持续能源、认知系统、网络信任与犯罪预防、民族认同与文化等多学科研究。设计与战略目标相适应的科研管理模式，精心制定可测度的战略目标[14]。2006 年，英国政府根据发展现状调整“十年框架计划”，发布《科学与创新投入框架（2004-2014）：下一步》，提出了建设创新生态系统的发展方向，并进一步将健康领域纳入国家研究与开发投入的总体框架，提出 5 项关键政策：让科学领域的公共投资通过创新路径对经济产生最大的影响；提高研究理事会的运作能力；支持卓越的大学研究；支持世界级水平的健康研究；加强科学、技术、工程与数学（STEM）教育[15]。从“十年框架计划”的实施来看，研究与开发经费在 2008 年金融危机之前保持了持续增长，带动了私营资本对研究与开发的投入，理工科学生和科技劳动力资源增长

迅速，创新对于英国劳动生产率增长的贡献在2000–2008年达到了63%[16]。

在全球化趋势日益增强和各国纷纷致力于国家创新体系建设的背景下，英国在2008年发布《创新国家》白皮书，提出建立一个通过创新带动全社会繁荣的创新型国家，在创新企业和公共服务方面成为最好的国家。该白皮书强调构建以政府为引导，企业、机构和个人等全社会参与的创新体系，关注创意设计、公共服务等"隐性创新"，强调开放创新和创新的国际化趋势[17]。

(五) 着眼未来新兴技术和优势产业，将科技创新作为复苏经济和应对社会重大挑战的利器

2008年世界金融危机爆发后，寻找新的经济增长点和经济社会可持续发展的动力，成为世界各国关注的焦点。受经济低迷的影响，英国实现"十年框架计划"中提出的科研投入目标变得困难重重。在各部门预算大幅削减的形势下，英国政府依然努力确保科研预算，将2011–2014年的资源预算①保持在每年46亿英镑的水平，只是对资本预算进行了大幅裁减[18]。

为促进经济复苏，2011年英国商业、创新与技能部发布《面向增长的创新与研究战略》，提出一系列完善英国国家创新体系建设、发挥创新生态系统作用、促进经济发展的重要举措。这一阶段重点投入生命科学、纳米技术、高附加值制造业、数字技术、空间技术等领域。例如，2011年推出"生命科学战略"，使生命科学成为经济发展的长期支柱；建设世界级的技术与创新中心（Catapult Centres），包括高附加值制造业中心、细胞治疗中心、近海可再生能源中心等，旨在促进产学研结合、科技成果的商业化，打造科技与经济紧密结合的技术创新体系；支持创新型企业的发展，出台财税、金融、知识产权等方面的优惠政策促进企业创新，重视产学研合作；关注信息化基础设施建设，推动数据开放获取，加强国际科技合作等[19]。

2012年，英国政府依据技术预见成果，结合科研优势和产业能力，提出了8项重要技术领域——大数据、卫星和空间技术、机器人和自动化系统、合成生物学、再生医学、农业科技、先进材料和储能技术[20]。英国已在上述技术领域具有

① 英国采用复式财政预算管理制度，预算分为资源预算（resource budget）和资本预算（capital budget）两部分。资源预算主要来自国家税收，用于机构活动和人员的经常性支出；资本预算主要来自国家债务收入，主要用于科研装备与基础设施建设。

一定的优势，为促进未来生产力发展和保持世界领先地位而进一步加强布局，如 2012 年提出“英国合成生物学路线图”，充分挖掘生物经济在经济增长和创造就业方面的巨大潜力；同年公布“英国再生医学战略”，投资建设再生医学平台，并与细胞治疗中心合作，突破基础研究、临床转化与商业应用之间的瓶颈，使英国成为再生医学领域最具竞争力的国家。同时，还结合科技重点布局制定工业战略，把知识密集型服务业和先进制造业作为英国的支柱产业，相继出台了 11 个重点产业的战略规划，包括航空航天、生命科学、农业技术、汽车、建筑、信息经济、国际教育、核能、风能、石油和天然气、商业服务。围绕上述领域，强调政府与产业界建立长期战略伙伴关系并共同培育商业发展机会[21]。

2014 年，英国发布了面向未来 10 年的科学与创新发展新规划——《我们的增长计划：科学与创新》。这是继“十年框架计划”后英国政府又一次提出的中长期科技发展规划。该规划指出，科学与创新一直以来都是英国长期经济规划的核心，保持科学与创新投资优先地位是英国面临经济困难和应对社会挑战时的重要选择。该规划将发展未来新兴技术（尤其是 2012 年提出的 8 项重要技术领域）作为优先领域，充分利用新兴技术促进科研和产业的发展；政府在继续保证英国的优势地位中扮演重要的角色，辅助建立科技和产业之间长期有效的投资与转化机制；2016–2021 年计划投资 59 亿英镑用于科研基础设施建设；强调科学、技术、工程与数学人才和教师的培养；支持开展卓越性研究活动，开展对高校和研究理事会的外部评估；持续激励创新活动，继续建设技术与创新中心（至 2017 年已建成高附加值制造业中心、近海可再生能源中心、细胞和基因治疗中心、数字化中心、未来城市中心、卫星应用中心、交通系统中心、能源系统中心、复合半导体应用中心、药物发现中心和精准医学中心），向企业提供金融、财税和知识产权等方面的帮助；积极参与全球科技创新活动，通过“牛顿基金”等方式发展全球科技伙伴关系[22]。随后，一些着眼新兴技术和产业发展的战略或路线图相继形成，如“新兴技术与产业战略 2014–2018”（2014 年）、“英国量子技术路线图”（2015 年）、“英国动物替代技术路线图”（2015 年）、“英国合成生物学战略计划”（2016 年）等，政府引导未来新兴技术研究与开发投入和商业化投资，以期形成新兴产业并快速占领全球市场。

“脱欧”背景之下，英国的科技创新面临着经费投入、人才流动、科研合作、产业发展等方面的新挑战，政府采取了一些改革举措应对变化。2015 年，以英国皇家学会会长保罗 · 纳斯为首开展了对研究理事会的评估并提出建议，英国政府据此改革了科研与创新资助体系，于 2017 年 4 月颁布《高等教育与研究法案》，并开始筹建新的资助机构——英国研究与创新署（UKRI），将政府从基础研究到商业创新的投资纳入清晰统一的战略框架[23]。为振兴“脱欧”后的英国经济，英国政府在 2017 年 1 月发布《构建我们的工业战略》绿皮书，为新工业战略的制定广泛征集意见。绿皮书将加大科研和创新投资作为 10 项核心政策之一，并提出要改革科研与创新存在的研究与开发投入强度较低、科技成果转化不足、试验开发阶段投入比例较低等问题[24]。绿皮书还提出了面向未来的行动举措：至 2020 年增加 47 亿英镑研究与开发投入（相当于研究与开发经费增长 20%）；设立“工业战略挑战基金”，将英国领先的科研优势与商业化应用相结合（已确立医疗保健与药品、机器人与人工智能、储能电池、无人驾驶汽车、制造与未来材料、卫星与空间技术 6 个关键资助领域）；至 2020 年增加 1 亿英镑投资支持大学的技术转移及产学研合作；评估促进研究与开发的税收政策和环境，推动企业增加研究与开发投入等。

三、英国的国家创新体系及特点

在英国的国家创新体系中，政府与企业、大学之间的关系在两次世界大战的推动之下变得越来越密切，政府通过资助大学和政府科研机构、委托开展研究与开发工作、引导和促进企业投入创新等制度建设，使原来松散的各单元紧密融入创新体系。两次世界大战及之后的冷战对峙时期，政府一直在研究与开发投入中占有主导地位，直至 20 世纪 80–90 年代，政府才逐步由主导研究与开发投入转向发挥引导、支持和服务功能，成为创新活动的协调和管理者，基础研究的主要投资者，大学、政府科研机构与企业合作的服务者；企业在研究与开发投入、产出和应用中都占据了主导地位，并形成独特的产业优势；大学一直在人才培养和基础研究中发挥主要作用，并逐渐与企业建立合作，加强应用研究，加快科研成果开发和转化，服务经济社会发展；政府科研机构从事高水平的科研活动，注重与大学和企业的合作，是科技创新的重要力量。当前英国的国家创新体系在保持基础研究领域的优势和特色的基础上，更加注重政府、企业与大学和政府科研机构之间的良性互动，以期充分发挥科技在促进经济社会发展方面的作用。

（一）英国国家创新体系的构架

英国的国家创新体系结构（图 2-2）按职能可划分为决策层、管理层、资助层、执行层共 4 个层面。

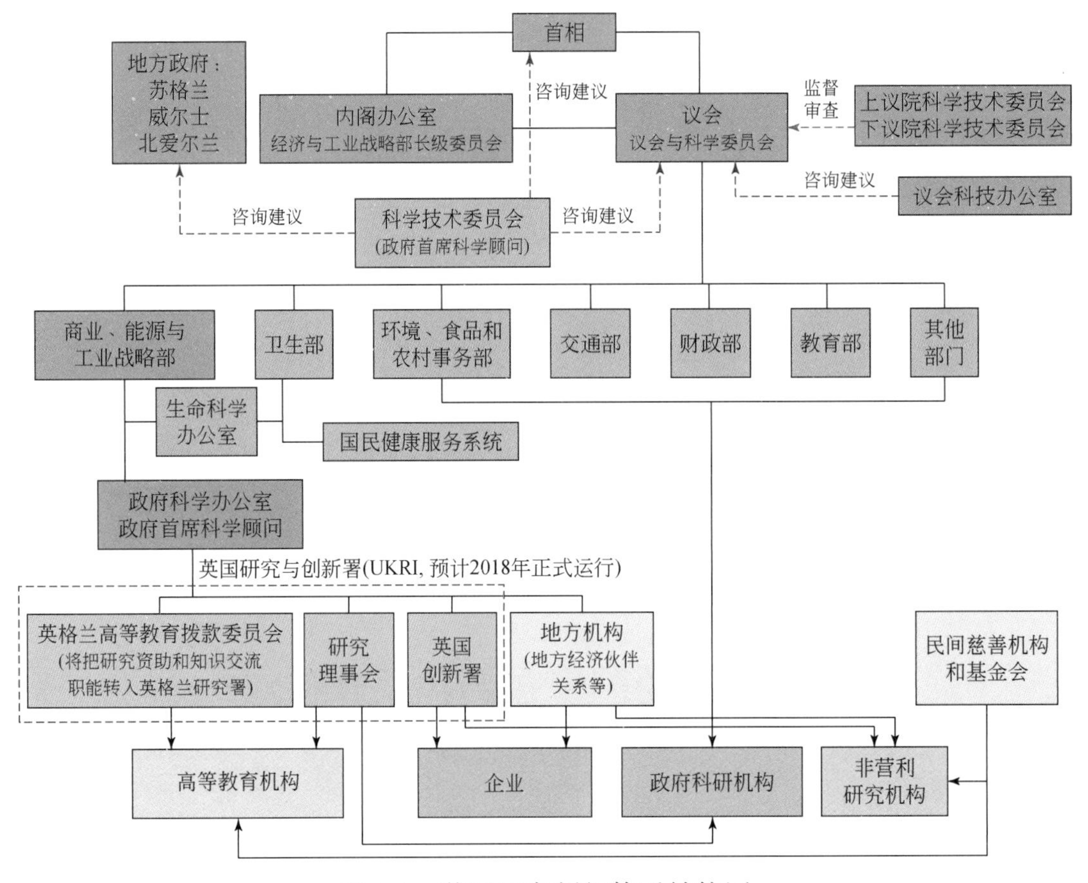

图 2-2　英国国家创新体系结构图

1. 决策层

英国议会是最高立法机构，对国家重要的科技改革予以立法支持。上议院和下议院设立科学技术委员会，主要监督和审查政府部门科技管理与政策制定工作，为政府科技决策提供建议。内阁在科技事务决策方面具有最高的权力，内阁设有商业、能源与工业战略大臣，负责商业、能源、科研、创新与工业战略等相关事务，其下设大学、科研与创新国务部长，辅助管理高等教育、科研创新等工作。

2. 管理层

商业、能源与工业战略部（BEIS）是英国政府宏观科技政策制定和科技管理机构，卫生、农业、国防等部门各自拥有所辖领域科研相关的管理机构和研究机构。科学技术委员会（CST）是政府层面最高的科技咨询机构，汇总政府及企业、大学和研究机构各方意见，向首相和内阁提出咨询建议。政府科学办公室（GO-Science）是商业、能源与工业战略部下属的“半自治”机构，由政府首席科学顾问领导，可直接为首相和内阁成员提供科技方面的建议，组织开展战略扫描和预见项目，为政策制定提供最佳依据。政府首席科学顾问是各部门首席科学顾问的领导者，在各部门的科技事务中起重要的横向协调作用，也是科学技术委员会的联合主席之一。

20 世纪 90 年代至今，随着国家科技创新战略的调整，英国政府不断优化科技管理机构（图 2-3），整合资源，协调科技、产业与教育之间的关系，从分散管理向集中宏观调控转变。

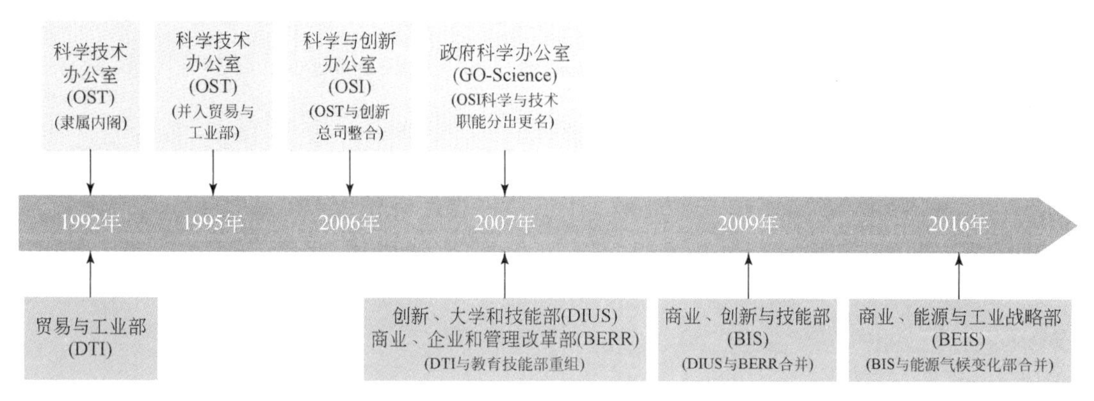

图 2-3　英国政府科技管理机构变迁

3. 资助层

英国政府对科研的资助主要通过“双重资助体系”进行分配。一部分稳定性科研资助通过 4 个高等教育拨款机构分配，包括英格兰高等教育拨款委员会（HEFCE）、威尔士高等教育拨款委员会（HEFCW）、苏格兰拨款委员会（SFC）和北爱尔兰经济部［DEL（NI）］。高等教育拨款机构主要根据大学研究绩效评估结果分配经费，支持大学的科学研究和基础设施建设。另一部分竞争性科研资助通过 7 个研究理事会分配，包括艺术与人文科学研究理事会（AHRC）、生物技术与生物科学研究理事会（BBSRC）、工程与自然科学研究理事会（EPSRC）、经济与社会科学研究理事会（ESRC）、医学研究理事会（MRC）、自然环境研究理事会（NERC）和科学与技术设施理事会（STFC），研究理事会遵循同行评议机制，以研究项目或计划为主要资助形式，支持各领域或跨领域的基础性、应用性和战略性研究[25]。

英国政府资助创新和商业化活动主要通过英国创新署（Innovate UK）实施，该机构负责制定重要新兴技术的发展战略，资助重大技术创新计划及产学研合作计划，如“技术与创新中心网络计划”“知识转移合作伙伴计划”和“小企业研究计划”等。

根据2017年4月议会通过的《高等教育与研究法案》，英国将成立英格兰研究署（Research England），承接英格兰高等教育拨款委员会的研究资助和知识交流职能①。英国还将成立新的科研资助机构——英国研究与创新署（UKRI）——由7个研究理事会、英国创新署和英格兰研究署共同组成，隶属商业、能源与工业战略部，形成科研与创新投入协调分配的统一框架，改变科研资助分属科技与教育两个部门管理的问题[26][27]。

此外，英国民间的慈善机构和基金会为大学和非营利科研机构提供资助，如惠康信托（Wellcome Trust）、英国癌症研究基金会（Cancer Research UK）等，它们是英国生物医学领域研究的重要经费来源。

4. 执行层

英国的国家创新系统以高等教育机构、政府科研机构和企业为创新执行主体。高等教育机构是创新系统知识生产和人才培养的主要力量，政府科研机构从事高水平的基础和应用研究，企业则通过应用和开发活动推动技术、工艺、产品及服务的产出，并实施推广。此外，英国的工业研究与技术组织（IRTOs）、技术与创新中心以及一些公私联合建立的研究组织等非营利科研机构也从事研究开发、技术转移、咨询服务等相关活动。

（二）英国国家创新体系各执行主体的定位及相互关系

在英国的国家创新体系中，政府通过制定科学与创新政策、优化科技管理、投入资金支持、营造创新环境，促进高等教育机构、政府研究机构和企业之间的交流和互动。高等教育机构、政府科研机构和企业作为研究与开发的主要执行者，在基础研究、应用研究和开发研究中具有不同的定位。高等教育机构和政府科研机构主要从事基础和应用研究，高等教育机构在基础研究经费中占有最大比例，企业则侧

---

① HEFCE的知识交流（knowledge exchange）职能主要资助大学的科技成果转化以及为经济社会发展提供服务等形式的知识转移活动，包括高等教育创新基金（HEIF）、能力连接基金（CCF）等资助形式。

重于开发研究，并与高等教育机构或政府科研机构合作研究开发（图2-4）。

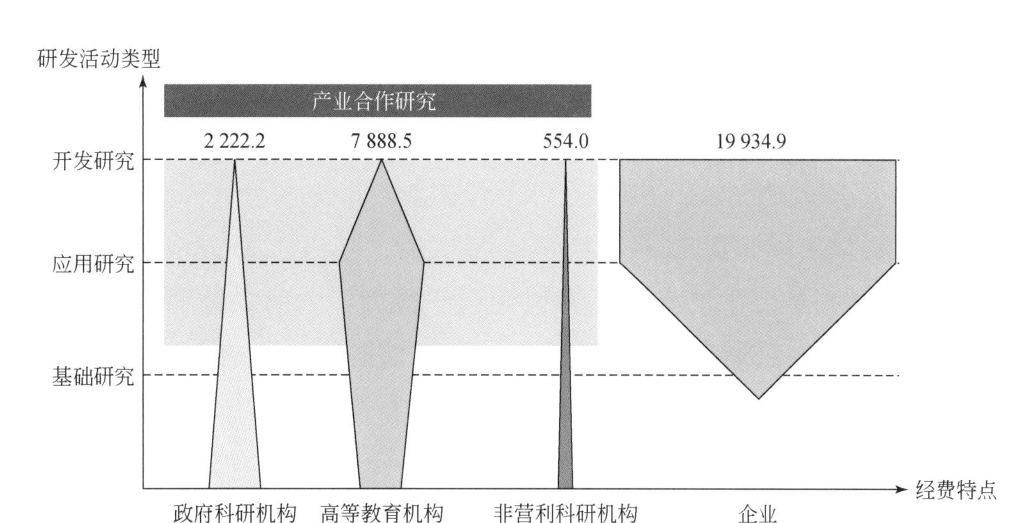

图2-4　英国国家创新体系各创新执行主体研究与开发经费和布局图谱（单位：10^6 英镑）

注：资料源自2014年经济合作与发展组织（OECD）研究与开发经费统计数据。

1. 政府科研机构

英国的政府科研机构主要由研究理事会所属研究机构和政府部门所属研究机构共同组成，统称公共部门研究机构（PSREs）。英国的7个研究理事会中仅工程与自然科学研究理事会未建立直属研究机构，其他理事会均拥有多家研究所或研究中心，如生物技术与生物科学研究理事会主要资助生命科学领域的研究，拥有巴布拉汉研究所等8家研究机构[28]。英国的工业、农业、卫生等部门各自拥有少量的研究机构，如商业、能源与工业战略部下属的国家物理实验室，环境、食品及农村事务部下属的环境、渔业和水产养殖中心等。

英国的政府科研机构在20世纪70–90年代经历了私有化改革，为提高政府资助研究与开发的效率做出了重要贡献。1972年，英国采纳罗斯切尔德提出的“雇主–承包者”原则，使得政府科研机构研究与开发经费的分配方式由以往完全依靠政府拨款变为“部分拨款，部分承包”。随后，英国政府在1987年决定将合适的政府科研机构改为执行机构，建立内部市场并实施竞争性招标。1993年，英国发布的《实现我们的潜力：科学、工程和技术战略》进一步推动了政府科研机构的私有化改革，将其从内部市场推向开放市场，形成3种产权管理模式，即政府所有–合同运营（GOCO）、转制为非营利机构（担保有限公司）和出售，如原来隶属贸易与工业部的国家工程实验室和政府化学家实验室通过出售方式私有化，国家物理实验室以 GOCO 方式由公司接管运营[29]。

英国的政府科研机构一直从事高水平科研活动，为科技发展做出了卓越贡献。例如，英国医学研究理事会下设 50 余个研究所及研究中心，长期从事生物医学及临床医学领域的高水平研究，其中许多设在著名的大学。例如，设在剑桥大学的分子生物学实验室是分子生物学的诞生地，发现了 DNA 双螺旋结构，并在 X 射线晶体结构测度等方面取得突破性科学成就[30]。又如，国家物理实验室百余年来将科学、工程与技术紧密结合，在飞行器、雷达、计算机、石墨烯等领域做出了卓越贡献，还作为国家测量基准研究中心，在高精度测量领域居世界领先地位，在 1955 年制造了世界上第一台精准的铯原子钟[31]。

2. 高等教育机构

英国拥有 160 多所高等教育机构，包含 110 多所大学和 50 余所涉及商业、医学、艺术等领域的高等教育学院或学校。英国的大学是培养卓越人才的摇篮，也是科学研究的胜地。它们历来重视基础研究，拥有大量研究所、研究中心和实验室，既进行自由的学术探索，也承担着政府委托的基础性和战略性研究任务。英国拥有剑桥、牛津等世界一流的大学，造就了众多卓越的科学家，产出了许多突破性的研究成果。例如，剑桥大学曾产生艾萨克 · 牛顿、查尔斯 · 达尔文等科学巨匠，迄今为止拥有 96 名诺贝尔奖获得者[32]。剑桥大学卡文迪什实验室、曼彻斯特大学国家石墨烯研究中心、伦敦大学学院穆拉德空间科学实验室等，在物理、材料、空间科学等前沿领域都分别取得过举世瞩目的成就。

英国大学的学科发展和科研工作与英国政府的科研评估制度联系紧密。英国大学历来有崇尚学术自由和学术自治的传统，但随着高等教育的大众化进程加快与高等教育的质量保障和提升等因素的影响，英国高等教育拨款委员会（HEFCs）自 1986 年开始采用“研究评估实践”（2014 年以“研究卓越框架”代替）组织实施对英国大学的科研评估，并根据大学科研评估结果，以学科为单位向大学分配科研经费，英国研究理事会的科研项目资助也将大学的科研评估结果作为重要依据。英国对大学科研工作的制度性评估不仅是高等教育机构了解自身研究质量的主要途径，更成为大学获取政府科研经费的重要衡量依据。

剑桥大学卡文迪什实验室

剑桥大学卡文迪什实验室（Cavendish Laboratory），即剑桥大学物理系，是原子物理学、核物理学和分子生物学的奠基之地。创立于1871年，由时任剑桥大学校长威廉·卡文迪什私人捐助筹建，1874年开始研究和教学。

实验室成立至今的140多年来，先后有9位科学成就卓著且拥有崇高声誉的科学家担任卡文迪什物理学教授（The Cavendish Professorship of Physics）兼实验室主任，包括詹姆斯·麦克斯韦、约瑟夫·汤姆逊、欧内斯特·卢瑟福、威廉·布拉格等，曾引领了世界科学研究的方向，推动了现代科学技术的进步。实验室产生了29名诺贝尔奖获得者以及核物理、凝聚态物理、射电天文学、分子生物学等多领域的突破性成就，吸引和培养出大量优秀科学人才，被誉为“世界物理学家的圣地”。

此外，享有盛誉的剑桥大学分子生物学实验室也源于1947年在卡文迪什实验室建立的“生物系统分子结构研究小组”。

3. 企业

企业是英国研究与开发经费最大的提供者和执行者。2015年，企业资助的研究与开发经费为155亿英镑，执行的研究与开发经费为209亿英镑，分别占国内研究与开发总经费的49%和66%。对英国400家研究与开发经费支出最多的企业进行统计，发现研究与开发支出大部分用于药品、汽车及零件、计算机及信息服务、航空航天、机械及设备等产品组别，支撑了先进制造业和知识密集型服务业的发展[33]。英国在制药业、航空航天业等先进制造业具有世界领先水平，拥有葛兰素史克、阿斯利康、罗尔斯·罗伊斯等一批世界知名企业。

英国企业的创新能力不断提升，不但重视技术创新，还关注设计、管理、组织等创新形式。与2010–2012年相比，2012–2014年英国的创新型企业比例从45%上升至53%，61%的大型企业和53%的中小型企业成为创新型企业。同期，技术创新型企业的比例从22%上升至24%，商业活动创新等形式的创新型企业的比例从37%上升至42%[34]。

（三）英国国家创新体系的特点

英国具有悠久的科学传统和深厚的科学基础，学科体系均衡完备、优势突出。英国在生物、医学、环境、物理、数学、空间科学，以及商业管理、社会科学等领域的研究的影响力处于世界领先地位。剑桥大学、牛津大学、伦敦大学学院、帝国理工学院等世界一流大学吸引了全球大量优秀人才。英国的诺贝尔奖获得者数量排名世界第二位，仅次于美国。同时，英国保持了较高的科研产出效率，根据2013年的科研绩效评价结果，英国以世界0.9%的人口、3.2%的研究与开发经费和4.1%的研究人员，产出了世界6.4%的期刊论文（世界排名第三位）、11.6%的引文（世界排名第三位）和15.9%的高被引论文（世界排名第二位）[35]。

英国国家创新体系具有高效的管理和协调机制。商业、能源与工业战略部作为政府科技管理部门负责制定科技政策和预算，在科技资源统筹上发挥着重要作用，协调各政府部门以及研究理事会、高等教育拨款机构、英国创新署、英国皇家学会等非政府部门的预算，提请议会批准，并由政府科学办公室和政府首席科学顾问协调科研经费配置。英国科研的双重资助体系强调稳定、协同和竞争并重，由非政府部门独立负责管理而与政府保持“一臂之距”，重视科研评估在研究与开发经费优化配置中的作用。研究评估框架、研究理事会的同行评议是拨款机构分配经费的重要衡量依据，这保障了科研资助的公平与高效。

四、主要经验与启示

（一）雄厚的科学基础是英国崛起和发展知识经济的原动力

作为世界科技强国，英国的崛起和长期引领与其深厚的科学积淀密不可分。实验哲学思想的产生以及众多经典学科的创立和发展为工业革命奠定了坚实的知识与文化基础。英国皇家学会的成立标志着科学组织的建制化形成，其重视科学实验和科学传播，极大地促进了科学发展及民众对科学的认知，使得科学精神成为一种文化和信仰并保持至今。月光社的建立促进了科学、技术与制造业的结合。这些科学基础与当时特定的政治经济条件、工业生产需求和技术发明相结合，助推了第一次工业革命的发展。

总体上看，英国政府对于保持卓越科学基础的重视，反映在不同时期的科技战略和政策中。英国的大学重视精英教育和基础研究，拥有高水平的研究队伍和实验室，科研活动受到政府双重资助体系的支持。这使得英国更利于产生基础性、理论性的重大原创成果，从而在基础研究领域保持高效率的产出和世界领先地位。英国在生命科学、空间科学、新材料等领域的卓越研究成果，有力地支撑了生物医药、航空航天等高技术与高附加值产业的发展，成为经济不断发展的原动力。

（二）专利制度的率先建立和现代知识产权制度的不断完善，是激励英国创新的必要条件

英国早在 1624 年就颁布了《垄断法》，是世界上最早实行专利制度的国家。法律保障了创新者的劳动能够得到经济回报，这极大地激发了人们对技术创新的热情，为繁荣市场、推动工业发展提供了良好的环境。这也是第一次工业革命在英国兴起的重要条件之一。1852 年，英国推出《专利法修正令》，成立国家专利局，此后逐渐将版权、设计、商标等管理职能纳入。2007 年，国家专利局更名为知识产权局，以更好地服务于广阔的知识产权领域，这促进了英国新兴经济产业尤其是创意产业的发展。

2011 年以来，英国为刺激经济增长、应对数字化时代的挑战，开展知识产权制度的独立评估并发布《数字化机遇：知识产权与增长评估报告》；公布知识产权立法改革一揽子计划，制定《英国国际知识产权战略》和《预防与对策：英国 2011 年应对知识产权犯罪战略》，更加重视知识产权的国际化和知识产权犯罪预防；在 2014 年修订和实施英国新知识产权法案，对设计产业形成更加直接、有效的保护，以期未来对经济产生更大的贡献。

400 多年来，英国形成了健全的知识产权法律、执法和司法体系，建立了便捷高效的综合性管理机构，使知识产权保护意识深入人心。同时，英国又能根据工业发展、商业环境变化及时调整知识产权制度，扩大保护范围，不断激发创新的积极性，从而有效促进了科技成果转化为生产力和社会效益。

（三）科技评估是保障英国高质量科研和高效率管理的重要环节

英国政府十分重视科技活动及科研成果的经济与社会效益评估，将科技评估

嵌入科研和创新管理的全过程，形成了较为成熟的评估体系。其中 3 类评估最具特色：第一类是由政府主导对国家科技政策或计划的评价，评估机构包括议会科技办公室、下议院科学技术委员会、政府科学技术委员会、国家审计署等，目的是为科技政策和计划的推进与调整提供依据。第二类是双重资助体系下由高等教育拨款机构和研究理事会开展的科研评估，其中高等教育拨款机构从 1986 年开始采用“研究评估实践”（RAE）对大学的科研质量进行评估，至 2008 年先后开展了 6 次评估实践，并以此作为大学绩效拨款的依据。2014 年起，采用新评估方案——“研究卓越框架”（REF），利用专家评议和定量评估相结合的方法对高等教育机构的成果、影响力和环境进行评价，促进高等教育机构的研究质量提升以及科研推动经济社会发展。研究理事会则以同行评议为主，形成了严格的评审系统，为科研资助的公平公正和择优支持提供了保障。第三类是独立的评估机构或评估公司受政府委托开展重大科技计划、项目或机构的第三方评估，这些机构为政府提供了高水平、客观的评估结果和政策建议，有力地支撑了科技管理活动。

（四）科技成果转化和应用不足、科技与产业发展结合不紧密是制约英国科技推动经济发展的重要原因

英国的科技成就尤其是基础研究一直处于世界领先水平，但相比其他世界科技强国，科技成果的转化和应用进展缓慢。原因在于，政府对新兴技术和产业的培育与发展重视不够，对新兴产业的支持力度有限；大企业创新动力不足，创新型中小企业、天使和风险投资相对缺乏；创新生态环境也不够完善等。这些因素影响了英国科技对经济发展的推动作用。

第一次工业革命期间，英国的技术开发始终面向实际的产业应用，发明家与企业家联系紧密，推动了工业革命的兴起。而到了第二次工业革命，英国的科研带有浓厚的个人主义色彩和偏重纯理论的倾向，工业界对新技术的应用缺乏动力，产业化相对滞后，诸如电磁学等领域的重要科技成果却在德国和美国转化为新兴优势产业。两次世界大战期间，新技术、新产品和新工艺快速涌现，英国科技与产业发展的协调问题却一直未得到有效解决，传统产业不断衰落而新兴产业未能崛起。

英国政府在第二次世界大战之后一直致力于调整科技政策，但由于国防研究与开发占用大量资源、技术教育和培训长期不足、轻视工程技术职业的文化等因

素的影响，科技振兴经济的道路步履维艰。高技术产业中仅有制药、航空等少数领域保持了明显的技术优势。如今，英国积极完善国家创新体系，布局新兴技术和产业发展，建立技术与创新中心网络，以促进科技创新和产业转化结合；依靠科技创新，重点推动金融服务、商业服务等知识密集型服务业，航空、汽车及生物医药等先进制造业，以及能源、建筑等支撑性产业的发展，力图打造支撑英国未来经济社会发展的重要动力。

此外，应该说明的是，殖民地瓦解造成的各方面总量与规模的不足，与美国过于紧密而又相对依从的关系所造成的产业体系不完整，同样是英国科技成果转化与应用不足的重要瓶颈因素。

（五）学术自由与国家干预之间的协调关系，一直是英国科技政策发展争论的焦点

英国在学术自由与政府强化管理相协调的道路上经历了矛盾重重、犹豫不决的过程。自由主义思想从 18 世纪后期开始深刻地影响英国的政治和经济发展，也对科技政策产生了深远的影响。自由主义思想反对国家干预公共事务，这导致 19 世纪英国政府忽视了科技与教育的发展。虽然 19 世纪后期英国曾掀起科学改革运动，在世界科技革命的关键时期从国家层面大力支持科技事业，但最终归于失败而错失了历史发展机遇。

两次世界大战使得英国的科技政策从自由放任转向国家干预，建立了科技管理机构和大批科研机构，投入大量经费等，但从政府对科学活动的组织看，依旧存在分散化和协调不畅等问题。自 1918 年提出“霍尔丹原则”以来，英国政府一直遵循这一原则，反对集中化管理和行政干预科学研究。虽然这有利于科学的自由探索，但造成了政出多门、分散重复、资源浪费等问题，并随着科技活动规模的增长日益加剧。

两次世界大战之后，英国忽视国力衰退的现实，而以维持大国声誉和军事优势为目标开启全面的科技竞争，但却在军事研究与开发过度消耗、经济增长迟滞的困境下不得不转向以科技促进经济发展为目标。问题在于，20 世纪 60–80 年代保守党与工党交替执政，科技政策在自由放任和计划干预之间反复变化，难以形成长期连续、行之有效的科技政策以支持科技发展。20 世纪 90 年代开始，科技政策出现重要转折。英国开始制定科技发展战略，强化政府领导，改革分散的科

技管理体制，以技术预见为科技决策依据等。21 世纪初，英国进一步加强科学与创新发展的中长期规划，调整政府在科研、创新、高等教育及技能培训等方面的职能与定位，将研究与开发预算与国家战略目标匹配。不过，这也加剧了科技界对“霍尔丹原则”与政府干预如何协调的争论。

学术自由和国家的宏观管理对于现代科技事业发展同样重要，英国政府在当前进行的改革中积极布局支撑未来经济社会发展的重点领域，并在科研资助机构改革中坚持“霍尔丹原则”，使资助机构与政府部门始终保持“一臂之距”。英国在学术自由和国家干预之间寻求平衡的过程值得我们思考与借鉴。

研究编撰人员（按姓氏笔画排序）

刘　云　刘细文　李正风　李晓轩　陶斯宇　黄晨光　谭宗颖

参考文献

[1] 约翰·贝尔纳. 历史上的科学：科学革命与工业革命. 伍况甫，彭家礼译. 北京：科学出版社，2015.

[2] 张先恩. 科技创新与强国之路. 北京：化学工业出版社，2010.

[3] 约翰·贝尔纳. 科学的社会功能. 陈体芳译. 桂林：广西师范大学出版社，2003.

[4] 李朝晨. 英国科学技术概况. 北京：科学技术文献出版社，2002.

[5] 阎康年. 三次技术革命和两次产业革命的历史经验. 世界历史，1985，(4)：1-9.

[6] 陈闯. 英国国家创新体系演变的历史脉络. 中国青年科技，2007，(10)：36-50.

[7] Cunningham P. Science and Technology in the United Kingdom. UK：Cartermill，1998.

[8] 吴必康. 权力与知识：英美科技政策史. 福州：福建人民出版社，1998.

[9] 理查德·尼尔森. 国家（地区）创新体系比较分析. 曾国屏等译. 北京：知识产权出版社，2012.

[10] 刘云，董建龙. 英国科学与技术. 合肥：中国科学技术大学出版社，2002.

[11] 孟弘，许晔，李振兴. 英国面向 2030 年的技术预见及其对中国的启示. 中国科技论坛，2013，(12)：155-160.

[12] Go-Science. Foresight Projects. https://www.gov.uk/government/collections/foresight-projects [2017-07-03].

[13] 樊春良. 全球化时代的科技政策. 北京：北京理工大学出版社，2005.

[14] DTI. Science & Innovation Investment Framework 2004 - 2014. http://news.bbc.co.uk/nol/shared/bsp/hi/pdfs/science_ innovation_ 120704.pdf [2017-07-03].

[15] DTI. Science and Innovation Investment Framework 2004 - 2014：next steps. http://webarchive.

nationalarchives. gov. uk/+/http:/www. hm-treasury. gov. uk/media/7/8/bud06_ science_ 332v1. pdf [2017-07-03].
[16] 黄军英. 后危机时代英国政府的科技与创新政策. 中国科技论坛, 2012, (4): 16-21.
[17] DIUS. Innovation Nation. https://www. gov. uk/government/uploads/system/uploads/attachment_ data/file/238751/7345. pdf [2017-07-03].
[18] 王仲成. 后金融危机时代英国科研经费投入的特点和趋势. 全球科技经济瞭望, 2011, 26 (7): 45-52.
[19] BIS. Innovation and Research Strategy for Growth. https://www. gov. uk/government/publications/ innovation-and-research-strategy-for-growth-2 [2017-07-03].
[20] BIS. Eight Great Technologies. https://www. gov. uk/government/publications/eight-great-technologies-infographics [2017-07-03].
[21] BIS. 11 Sector Strategies. https://www. gov. uk/government/publications/2010-to-2015-government-policy-industrial-strategy/2010-to-2015-government-policy-industrial-strategy [2017-07-03].
[22] BIS. Our Plan for Growth: Science and Innovation. https://www. gov. uk/government/publications/our-plan-for-growth-science-and-innovation [2017-07-03].
[23] The UK's National Academies. A Summary of the Proposals for UK Research within the Higher Education and Research Bill. https://acmedsci. ac. uk/file-download/41539-578cb8dbbeeb5. pdf [2017-07-03].
[24] BEIS. Building Our Industrial Strategy: Green Paper. https://www. gov. uk/government/uploads/ system/uploads/attachment_ data/file/611705/building-our-industrial-strategy-green-paper. pdf [2017-07-03].
[25] UK-IRC. Dual Funding Structure for Research in the UK: Research Council and Funding Council Allocation Methods, and Impact Pathways. https://www. gov. uk/government/publications/dual-funding-structure-for-research-in-the-uk-research-council-and-funding-council-allocation-methods-and-impact-pathways [2017-07-03].
[26] House of Commons Science and Technology Committee. Setting up UK Research & Innovation. https://www. publications. parliament. uk/pa/cm201617/cmselect/cmsctech/1063/1063. pdf [2017-07-03].
[27] Innovate UK. Welcome Appointment of UKRI Chief Executive Designate. https://www. gov. uk/ government/news/innovate-uk-welcome-appointment-of-ukri-chief-executive-designate [2017-07-03].
[28] BBSRC. Strategically Funded Institutes. http://www. bbsrc. ac. uk/research/institutes/strategically-funded-institutes/ [2017-07-03].

[29] 黄宁燕，周寄中．英国公共研究机构改革及对我国的启示．研究与发展管理，2003，15（5）：58-64.

[30] LMB. MRC Laboratory of Molecular Biology. http://www2.mrc-lmb.cam.ac.uk/ [2017-07-03].

[31] National Physical Laboratory. NPL's History. http://www.npl.co.uk/content/ConMediaFile/8360 [2017-07-03].

[32] University of Cambridge. Nobel Prize. https://www.cam.ac.uk/research/research-at-cambridge/nobel-prize [2017-07-03].

[33] ONS. UK Gross Domestic Expenditure on Research and Development：2015. https://www.ons.gov.uk/economy/governmentpublicsectorandtaxes/researchanddevelopmentexpenditure/bulletins/ukgrossdomesticexpenditureonresearchanddevelopment/2015#rd-expenditure-by-funding-sector [2017-07-03].

[34] BIS. UK Innovation Survey 2015：Main Report. https://www.gov.uk/government/statistics/uk-innovation-survey-2015-main-report [2017-07-03].

[35] BIS. International Comparative Performance of the UK Research Base. https://www.gov.uk/government/publications/performance-of-the-uk-research-base-international-comparison-2013 [2017-07-03].

第三章　法国的科技强国之路

法国是欧洲科技创新的先驱之一。迄今为止，法国的科技发展先后经历过两次辉煌和两次“衰落”。18 世纪下半叶至 19 世纪上半叶作为世界科学中心，法国在数学、物理学、化学、生物学等基础研究方面都取得了举世瞩目的重大发现。20 世纪 60 年代至 80 年代初，法国又在航空航天、军工制造、铁路、汽车与精密机械等制造业方面接连取得了引人注目的科技成就。然而，20 世纪 80 年代至 90 年代末以来，国家战略与策略的阶段性失误使得法国的科技创新逐步下滑。进入 21 世纪，特别是 2008 年金融危机之后，法国政府通过不断深化科技和经济体制改革，出台国家科研战略，加快推进科技成果转移转化平台搭建，着力提升法国科学技术的原创力和竞争力。

一、法国的科技发展历程

法国的科技发展发端于 17 世纪中后叶至 18 世纪末，兴起于 19 世纪初期，辉煌于 19 世纪上半叶和 20 世纪 60–80 年代，衰退于 20 世纪 90 年代，战略调整于 20 世纪 90 年代末，着力复兴始于 21 世纪初期[1][2]。

17 世纪早期，勒内·笛卡儿在《方法论》（1637 年）中系统阐述了科学研究方法，为近代科技的发展奠定了方法基础，更是促进了法国科学技术的发展。路易十四时期（1661–1715 年），为推动科学技术服务于皇室利益，让-巴普蒂斯特·柯尔贝尔于 1666 年负责创建了法国皇家科学院［ARS，法兰西科学院（AS）的前身］。早期，法国皇家科学院聚集了一批知名的天文学家、数学家以及物理学家，致力于开展与军用目的相关的基础研究，主要包括天文观测、海上经纬度测量、地图测绘、水力学计算等[3]。路易十四时期，法国皇家科学院成员经常给“制造企业”提供科学理论指导。1789 年爆发的法国大革命废除了传统守旧的君主专制体制，促使“自由、平等、博爱”观念深入人心，为推动资产阶级思想解放和早期高等教育改革，促进科学为工业和军事服务奠定了良好基础。自 18 世纪后半叶起，克劳德 · 贝托莱和让-安托万 · 沙普塔尔开始从事与哥白林纺织厂相关的染料化学研究，皮埃尔 · 约瑟夫 · 马凯开始从事与瓷器生产相关的研究，安托万-洛朗 · 德 · 拉瓦锡开始从事与火药生产相关的研究[4]。

安托万-洛朗 · 德 · 拉瓦锡（Antoine-Laurent de Lavoisier，1743–1794 年）：法国化学家、生物学家。在 1777 年的《燃烧概论》和 1778 年的《酸性概论》中，系统地阐述了燃烧的氧化学说，认为燃烧是物质和空气中约占 1/5 的氧气反应的结果。1789 年，他发表《化学基础论》，提出第一个现代化学元素列表，列出 33 种元素。因此，他被尊称为“化学之父”和“现代化学之父”。

到 1810 年，聚集在法国的科研人员数量达到了历史最高值。法国由此开启了其科学技术发展史上最具创造力的时代。19 世纪上半叶，法国成为名副其实的世界科学中心，而巴黎则成为“国际科学大都市”的代名词，法兰西科学院、巴黎综合理工大学（EP）等是当时世界上领先的科研机构[4]，全欧洲的科学家都向往与乔治 · 居维叶、安托万-洛朗 · 德 · 拉瓦锡、皮埃尔-西蒙 · 拉普拉斯等法国顶尖的科学家开展科研合作。这一时期被视为法国近代科技发展史上的第一个辉煌时期，法国在数学、物理学、化学、生物学等基础研究方面都取得了举世瞩目的重大发现。例如，1820 – 1827 年在对电磁作用进行研究期间，安德烈-玛丽 · 安培总结了载流回路中电流元在电磁场中的运动规律，推导出了电动力学的基本公式，建立了电动力学的基本理论，即安培定律。但好景不长，伴随着波旁王朝的复辟，以天主教为首的宗教残余势力又开始重新左右法国政治、经济、文化和教育的走向，导致法国科学水平不断下滑，并最终沦落为政治与宗教斗争的牺牲品。

19 世纪下半叶至 20 世纪初期，虽然法国作为世界科学中心的重要性有所减弱，但在浓厚的学术氛围和良好的科学传统熏陶下，在基础研究领域，以克劳德 · 伯纳德、皮埃尔 · 居里、玛丽 · 居里、路易斯 · 巴斯德等为代表的法国科学家始终坚持“自由探索、兼容并包”的学术理念，仍然在物理学、化学和生理学或医学领域取得了举世瞩目的成就。

皮埃尔·居里（Pierre Curie，1859－1906 年）和玛丽·居里（Marie Curie，1867－1934 年）：居里夫妇在物理学和化学领域取得了卓越的成就。1898 年，居里夫妇共同发现钋和镭，因此在 1903 年共同获得诺贝尔物理学奖。1902 年，玛丽·居里提炼出了 0.1 克极纯净的氯化镭，并准确地测定了它的原子量，于 1911 年获得诺贝尔化学奖。

路易斯·巴斯德（Louis Pasteur，1822－1895 年）：法国微生物学家、化学家，近代微生物学的奠基人。1843 年发表的论文《双晶现象研究》和《结晶形态》，开创了对物质光学性质的研究。1856－1860 年，提出了以微生物代谢活动为基础的发酵本质新理论。1880 年，成功地研制出鸡霍乱疫苗、狂犬病疫苗等多种疫苗，其理论和免疫法引起了医学实践的重大变革，被视为细菌学之祖。

20 世纪 30 年代起，特别是第二次世界大战结束后，戴高乐将军意识到科技水平已成为衡量一个国家生产力水平的重要客观尺度之一[5]。为促使战后经济迅速恢复发展，法国政府先后集中创建了一批国立科研机构，主要包括国家科研中心（CNRS）、原子能委员会（CEA）、国家空间中心（CNES）、国家信息与自动化研究院（INRIA）和海洋开发研究院（IFREMER）等。这使得法国形成了完备的科研体系和先进的科研机制，进而取得了辉煌的科学与技术成就。1926－1980 年，法国科学家在上述领域先后有 11 人次获得诺贝尔奖。在制造业方面，法国在航空航天、铁路、汽车与精密机械和军工制造领域重大成果频出，快帆商用飞机、超音速协和号飞机、空中客车系列飞机和高速铁路投入使用，阿丽亚娜火箭、导弹和一大批核武器研制成功。与此同时，法国还集中涌现了一大批以法尔曼、达索-布雷盖、雷诺等为代表的工业巨头。这个阶段被称为法国近代科技发展史上的第二个辉煌时期。

20 世纪 80 年代中后期至 90 年代初，随着信息技术成为全球第三次工业革命的核心驱动力，以美国为代表的发达国家形成了以信息技术为主导的产业，发展迅猛。但由于对关键信息技术的创新应用缺乏正确认识，法国没有及时把信息技术产业列为优先发展领域，导致法国与信息技术革命失之交臂（如 20 世纪 80 年代初期由法国发明和投入应用的“电话信息终端 MINITEL”，其建成早于现在通行的互联网，是法国互联网应用的先驱，但于2012年正式关闭）。同时，法国还下调了研究与开发经费投入，其中涉及国防领域的研究与开发经费更是骤然降至冷战后的最低点。这些战略与策略的失误使得法国的科技创新陷入衰退期。至20世纪90年代末，缺乏目标导向性的“自由探索”成为法国科技研究与开发体系的指导思想，多数科研项目与市场需求脱节，最终导致法国科技研究与开发水平跌入历史低谷，科研产出效益和国际竞争力持续低迷。

进入21世纪，特别是2008年金融危机之后，创新成为法国高等教育、科学研究与工业制造的核心理念。为保证科技经费投入的稳定增长，法国政府进行了自上而下的科技体制改革：新建公共科研资助机构，开展各种形式的产学研合作，推动以市场需求为导向的跨领域、跨学科的联合研究与科研成果转移转化。这些改革举措拉开了法国科技复兴的帷幕。经过十几年的不懈努力，法国的创新竞争力得到显著提升，重新跻身世界有重要影响力的科技强国行列。

二、法国的国家创新战略与举措

自18世纪资产阶级革命爆发以来，法国的科技事业历经多次重大变革。尤其是第二次世界大战以后，每一次国家科技创新发展战略的调整，都促使科技创新相关专属法律、优先科研方向和发展行动规划随之转变。

（一）国家科技发展观由全面统筹向重点引领过渡，确保科学创新与技术创新相融合

20世纪60–80年代，在经历短暂的科技辉煌之后，法国在生物技术和信息技术两个领域贻误了最佳发展时机，落后于欧美其他发达国家。为扭转局面，法国政府于1981年调整了国家层面的科技发展战略，提出了“振兴科技，摆脱危机”的口号[6]。

首先，法国政府于1982年和1985年先后颁布实施了《法国科研与技术发展指导与规划法》和《科学研究与技术振兴法》，以国家立法的形式明确了科研人员的法律地位、科研经费保障及重点领域布局。同时，提出构建战略思路清晰、运转高效的国家创新体系，以及通过增强原始创新能力来提高国际竞争力的发展

思路。主要举措包括：①协调基础研究和应用研究，使之相互紧密配合，推动科研总体布局均衡发展；②加强科研机构、高等院校及企业间的合作，构筑充满活力的研究与开发体系；③面向全球和立足长远战略，集成中央和地方力量，提高整体竞争能力。此后，1999 年颁布实施了《科研与创新法》，鼓励公共科学研究转型，确保优先布局重点领域，推动创新技术网络建设。

其次，为在激烈的经济竞争中保持优势，法国于 1997 年和 2007 年先后颁布实施生物与纳米领域相关的国家计划，将生命健康（基因测序与编辑、转基因技术与遗传工程）、农业食品工业（海洋生物、食品营养与安全技术）、环境（生物材料、生物降解、可再生能源生产技术）、纳米科技（纳米仪器、纳米材料、微纳米系统、纳米生物技术）确定为重点研究与开发领域。同时，部署了与之配套的措施，主要措施如下：①开发单基因与多因子疾病的诊断技术；②借助转基因技术，开发新疫苗、新设备与新治疗方法；③借助植物与动物转基因技术，开发药物与工业用途的蛋白质；④建立完善的流行病监测网等[7]。之后，法国在生物与纳米等科技领域展现出了强大实力。这引起美国、日本等国的关注，纷纷与法国建立联合研究伙伴关系，以共享法国处于国际领先水平的前沿技术成果[8]。

近年来，法国又围绕一些重点科技领域发布了若干科技战略，主要包括“2011-2020 年生物多样性国家战略”（2011 年）、“数字法国 2020 计划”（2011 年）、“法国核能的未来”（2011 年）、“法国绿色技术路线图”（2012 年）和“法国空间战略”（2012 年），旨在进一步鼓励科学技术创新，抢占世界科技创新战略制高点，提高法国的国际竞争力。

（二）打造区域创新集群，推进跨学科与多领域科研成果转移转化

21 世纪初期，法国工业在欧洲工业中的占比逐步降低。特别是金融危机以来，法国的失业率始终徘徊在 10% 的高位，青年就业尤其困难，即使法国政府持续给予中小企业财政扶持和政策优惠仍无济于事。为此，法国政府从国家层面出台多项战略举措，尽可能地动员国内优秀的科学家投身于新兴经济领域的创新研究与开发。

2009 年，法国政府首次发布为期 5 年的“法国国家研究与创新战略”[9]，将医疗卫生、健康生活、食品安全与生物技术、环境资源、能源交通、信息通信与纳米技术等确定为优先创新研究与开发领域。同时，制订了一系列配套措施，主要包

括：①长期监测公共人群的健康状况，努力研究与开发神经退行性疾病，特别是老年痴呆症的治疗方法；②加强食品可溯性研究与开发制度管理，确保公共食品和卫生安全；③借助卫星监测与计算机模拟仿真技术，建立一套旨在有效掌握气候与生物多样性演变的模型；④确保低碳能源中核能与可再生能源（水能、风能、太阳能与生物质能）之间的平衡，大力发展第四代核反应堆、核燃料循环、放射性废物处理与回收管理、新型有机材料等新技术；⑤推动发展集便捷与高效为一体的新互联网与物联网技术；⑥加强推广软件安全，尤其是涉及电子贸易与数字技术的广泛应用；⑦改革现有科研体系与机构，增加投资，促进资源合理有效分配。

此外，法国早在2006年就开始分批实施“卡诺研究所计划”与“伙伴研究计划”：一是分批次创建多种形式的技术推广机构、技术加速转化公司与创新催化空间，打破科研数据、资源与成果的公私隔阂；二是继续鼓励联合研究，加快推动国立科研机构的科研成果向大中型私有企业转化。

2013年，“卡诺研究所计划”与“伙伴研究计划”总投入57.39亿欧元[10]，并同步实施多样化税收信贷政策，以便为23 000家企业提供稳定的研究与开发资金保障。主要措施包括：①实施科研税收信贷政策。该政策是一种旨在鼓励创新型企业从事竞争性研究与应用性技术开发的税务手段。从2008年起，可抵免公司年所得收入30%的课税额，最高值达1亿欧元（可浮动5%）。②实施创新税收信贷政策。该政策起始于2013年，是科研税收信贷政策的补充，旨在鼓励尚处在原型设计、调试、试用等阶段的新产品的创新研究，可抵免创新研究成本20%的课税额，最高值达40万欧元。③实施纺织、服装、皮革领域设计税收信贷政策。该政策正式实施于2010年，也是科研税收信贷政策的延伸，旨在鼓励轻工业进行创新设计研究。

卡诺研究所计划

卡诺研究所（Instituts de Carnot，IC）计划始于2006年，是原国民教育、高等教育与研究部颁发给法国国内卓越研究所的标签，旨在鼓励公共科研单位与企业以满足国内外市场需求为导向进行合作。截止到2017年5月底，法国共有72家卡诺研究所。

在这一阶段，法国还立足地方特色，尝试以“竞争力集群”模式进行创新生

态体系建设。“竞争力集群”模式指的是在一定的地域范围内，依靠国家创新优惠政策，聚拢一批具有较高研究与开发与产出能力的大中型企业、高校实验室及研究与开发中心等，以自愿方式相互协作、相互支撑，共同开展以创新为主的活动，以提升区域创新竞争力。2005-2018 年，法国将打造 71 个涉及不同产业、不同领域的竞争力集群。每一个通过招标形式获批的集群内部项目或平台，可以得到 50% 的中央基金资助及 20% 左右的地方资金资助。此外，每个竞争力集群还会得到国家科研署、公共投资银行等资助机构的资金支持[11]。这一系列战略举措将萨克莱、格勒诺布尔等竞争力集群成功建设成为国际一流的信息通信与纳米技术中心。同时，这也为促使法国科研人员加快融入欧洲研究区技术研究与开发打下了良好的基础。

（三）统筹高等教育与科学研究协调发展，推动国家创新体系改革

2013 年 7 月，法国政府首次将高等教育与科学研究合二为一[12]，出台了为期 10 年的《高等教育与研究指导法案》，旨在更好地促进法国高等教育与国际接轨，推动法国高等教育、科学研究与科技创新体系的融合和变革，实现精英教育向普适性教育转变[13]。

根据该法案，法国国家高等教育战略委员会将课程改革、教育国际化水平、国民公平教育、数字化创新教学等列为优先发展领域，并提出了 3 条主要措施：①通过课程改革，增加继续教育与复合型人才教育的名额，增加法国留学生与外国留学生的名额，提高法国高等教育的国际化水平；②从未来投资计划中调拨 60 亿欧元用于鼓励数字化教学、联合培养、户外实习等自由、灵活与创新的教育教学模式；③力争到 2025 年将奖学金惠及率提高至 50%，大力改善学生的学习、生活与居住条件。该法案为法国各大高校优化现行教育体系、课程编排、奖学金分配等提供了法律保障与政策指引，并在培养创新型人才、提高高校毕业生社会适应力以及促进全社会创新能力提升等方面发挥着重要作用。

（四）制定新时期国家研究与创新发展战略，力图保持法国世界一流创新大国地位

为应对科技、环境等方面面临的一系列重大挑战，保持法国世界一流科技大国的地位，法国政府于 2015 年颁布实施“法国-欧洲 2020”[14]战略，成为继“法国国家研究与创新战略”之后出台的第二个国家级科学研究与创新发展战略。该

战略部署了五大主题行动计划，并明确了未来 5 年的优先科研方向。根据这一战略部署，法国国家科研署、国立科研机构与高等院校将重点聚焦于清洁能源、工业振兴、生命健康、食品安全、可持续交通、信息通信、空间开发与公民安全等领域的 41 个优先科研方向。同时，提出了一系列旨在改善法国国家整体科技水平的措施，主要包括：①完善国家级战略规划流程与协调机制；②深入推进技术研究；③大力建设数字化基础设施与培训设施；④促进创新，推广实施转移转化新政策；⑤推动科学文化传播等。

法国政府还颁布实施了新一轮“未来投资计划”[15]，以发行国债的方式，向知识产权运营基金、国家数字社会基金、启动信贷与创新启动信贷等注资 330 亿欧元（实际拉动 470 亿欧元财政资金）[16][17]，进而在全法境内，鼓励各行各业向应用和开发研究转移。

上述两项战略措施为法国科研人员提供了长期稳定的方向指引与资金支持，并为应对气候变化、实现可持续发展、调整能源结构等国家战略的实施提供了科技支撑。这为提高法国在欧洲乃至国际上的科技影响力、竞争力与创新力起到了重要的推动作用。除在不同时期都曾采用的经济规划、工业政策和科研基础设施公共投资等举措外，科学技术力量的建制化和大规模研究与开发投入，是推动法国实现科技复兴的最有力措施。

三、法国的国家创新体系及特点

（一）法国国家创新体系的构架

法国国家创新体系于第二次世界大战结束之后逐步形成，至今大致经历了 4 个阶段[4]：①雏形阶段（1945－1957 年）。主要表现在政府主导以军事为目的，重组并扩建法国国家科研中心、法国原子能委员会、法国航空航天研究院（ONERA）等国立科研机构。②建制化形成阶段（1958－1969 年）。该阶段的创新活动仍由政府主导，但技术研究与开发与推广则开始由国立科研机构和国有企业（寡头企业）共同完成，国立科研机构－企业联合研究与开发与生产的模式开始登上历史舞台。③成熟发展阶段（1970－1981 年）。主要表现在国家对用于整体研究与开发的资源进行了再分配与重点转移，企业也重新调整了自身的战略定位。大型军事－工业联合体得到迅速发展，“私有”企业的创新研究与开发能力逐步开始与国有企业并驾齐驱。④优化完善阶段。起始于 1982 年对国立科研机构内设实验室的私有化改革。改革后的实验室可以围绕特定项目或社会需求设立附属研究与开发机构，或与企业签订研究与开发合同，推动科技成果走向市场。

从国家创新体系的组成部分来看，历经几十年的发展演进，法国形成了当前主要由决策、咨询、资助、执行、评估构成的国家创新体系结构（图 3-1）。

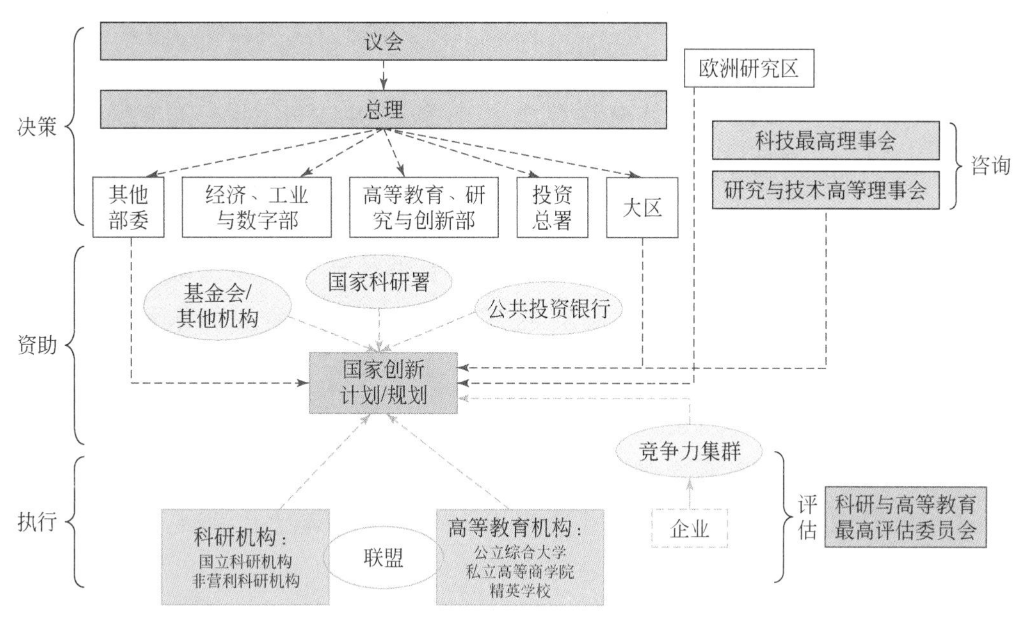

图 3-1 法国国家创新体系结构图

注：自 2017 年 5 月 18 日起，高等教育、研究与创新部替代原高等教育与研究部。

资料来源：OECD. Examens de l'OECD des politiques d'innovation FRANCE. http：//www. oecd. org/fr/innovation/examensdelocdedespolitiquesdinnovation. htm[2017-07-03]。

1. 决策层

议会是决策层的主体。从治理结构层面看，议会实行两院制，即国民议会和参议院。两院各下设 6 个常设专门委员会，法律委员会拥有立法议案审议权和批准权，政府享有立法提案权，议会通过的法律 90% 以上是由政府各部委提出并起草的。在吸纳来自科研机构、高等教育机构、企业等学术界、教育界、经济界多方意见的前提下，总理领衔的经济、工业与数字部和高等教育、研究与创新部主要负责起草与科技战略规划相关联的且具有重大导向性的法律、纲要、方针及政策措施，再经部长理事会讨论通过后提交给议会审议和批准。投资总署是战略规划投资政策的协调者，主要负责各投资项目的调查与方案编制、经费的管理与监督和项目年度报告编制等。

2. 咨询层

咨询层由科技最高理事会和研究与技术高等理事会组成，主要负责对国家宏观发展方向与目标、重点领域选定提供咨询，但其提出的优化建议不具备强制性。

3. 资助层

资助层由国家科研署、公共投资银行及其他基金管理机构组成，在法国国家创新体系中发挥着重要的作用，是连接决策层与执行层的重要纽带，是国家科技规划的推进者，主要负责制定、公开招标计划，以及为执行机构提供资金保障。此外，国家科研署还具体负责贯彻国家既定的优先或重点领域的研究工作。

4. 执行层

执行层是法国国家创新体系的基石，是推动科技成果向市场转移转化的最重要实践者，主要由科研机构、高等教育机构、竞争力集群中的创新型企业组成。分工不同、各有侧重和互为补充的特点使得它们在整个创新链条中均发挥着无可替代的作用。国立科研机构主要承担综合性交叉前沿与基础应用研究，以及重要科技领域的应用研究。高等教育机构主要承担基础研究和部分应用研究。此外，科研机构、高等教育机构和创新型企业通过项目合作、技术研究与开发联盟等形式建立合作伙伴关系。

5. 评估层

评估层是法国国家创新体系的重要组成部分，由科研与高等教育最高评估委员会作为第三方评估机构负责组织实施对国立科研机构、非营利科研机构、高等教育机构、竞争力集群等进行的项目评估和机构评估。

自 1982 年法国政府颁布实施《法国科研与技术发展指导与规划法》，首次以国家立法的形式要求对科研人员与团体、科技规划与成果定期进行全面评估以来，共先后创建了 5 家国家级科技评估机构，分别是法国国家科学研究委员会（CoNRS）、法国国家评估委员会（CNE）、法国国家科研评估委员会（CNER）、科研与高等教育评估署（AERES）和科研与高等教育最高评估委员会（HCERES）。经过 30 多年的发展与演变，CoNRS 和 HCERES 仍在运行，另外 3 家均已被

HCERES 取代。目前，CoNRS 主要承担法国国家科研中心科研人员及其研究项目、专题研究院、研究单元的内部评估工作。

（二）法国国家创新体系各执行主体的定位及相互关系

在法国国家创新体系中，政府在政策设计引导、经费支持、沟通协调和创新环境建设等方面发挥着重要作用，政府与国立科研机构、高等教育机构、企业及非营利机构等共同构成了有效互动、协同创新的国家创新体系的重要力量，法国的科学、技术与创新工作主要由创新体系中的执行主体进行，它们相互促进、相辅相成、形成合力[18]。

1. 国立科研机构：基础研究与应用研究的主要执行者

法国国立科研机构是政府资助科研机构的主体，主要由“科技型”与“工贸型”两大类机构组成。

“科技型”国立科研机构是“非定向综合型自由探索”的关键力量，承担各种综合学科或领域的前沿交叉与基础应用研究。法国国家科研中心是法国最大的综合型国立科研机构，在众多学科中，数学、生物学、物理学和化学等是其核心研究领域。

法国国家科研中心

法国国家科研中心（CNRS）创建于1939年10月，是法国最大的综合型国立科研机构，主要涵盖生物、物理、化学、数学、信息科学与通信技术、生态与环境、人文与社会、工程与系统、核能与粒子物理、地球与宇宙科学等相关领域的前沿交叉与基础应用研究活动，不仅推动基础性、长期性研究的发展，还培养了一大批科学技术精英，带动了法国科学事业的整体跃升，对法国和世界科技发展产生了深远影响。

CNRS 目前隶属于法国国家教育、高等教育与研究部，实行董事会决策、主席负责日常管理的体制。CNRS 年平均发表的出版物数量为 43 000 余份，2016 年出版物数量为 50 600 余份，其中 60% 是与国外科研人员合作完成的。截至 2016 年，CNRS 共产生 21 位诺贝尔奖获得者和 12 位菲尔兹奖获得者。

“工贸型”国立科研机构是“定向型应用研究”的核心力量，承担各种单一学科或领域的应用研究与开发研究。法国原子能与可替代能源委员会（前身是原子能委员会）、法国国家信息与自动化研究院及法国国家健康与医学研究院（INSERM）是3个最具代表性的分学科定向型研究机构，其优势学科分别为核能与天体物理学、信息科学与通信技术、认知科学与临床医学。

法国国家健康与医学研究院

法国国家健康与医学研究院（INSERM）是法国唯一专门致力于人类健康与公共卫生的国立科研机构，创建于1964年，受法国卫生部（Ministère de la Santé）与研究部（Ministère de la Recherche）双重领导。在生物医学领域，INSERM是欧洲最大的学术研究机构，也是排在美国国立卫生研究院（NIH）之后的世界第二大卫生研究机构。

2. 非营利科研机构：基础研究与应用研究的重要参与者

基金会形式的非营利科研机构在法国国家创新体系中起着不可替代的作用，是法国基础研究与应用研究的重要参与者。特别是以巴斯德研究所和居里研究所为代表的非营利科研机构，为法国乃至全球在生命科学和公共卫生领域的创新研究与开发与临床应用做出了巨大的贡献。

3. 高等教育机构：培养多样化创新人才的摇篮

法国的高等教育实行“三线并存”制，由公立综合大学及其科技学院、私立高等商学院与精英学校组成。在法国国家创新体系中，每条主线所聚焦的学科领域、承担的社会任务不尽相同。

截止到2017年初，全法国共有近90所公立综合大学，重点聚焦医学、理学、法学、经济学（行政管理与会计）、自然与社会科学等领域，主要承担传授科学文化知识、培养创新型科研人才的职责。巴黎第一大学、巴黎第二大学、巴黎第四大学、巴黎第五大学、巴黎第六大学等原巴黎大学的继承者均是公立综合大学中的佼佼者。通过与国立科研机构建立合作伙伴关系，公立综合大学还承担一部分基础性、前沿性研究工作。例如，约60%的法国国家科研中心研究人员都参与了与以公立综合大学为主体的高等院校的合作研究，并直接将众多专题和跨学科研究单元建在高等院校中。科技学院目前共有116所，属于公立综合型大学的一部分，注重以就业为导向培养学生的专业技能以及实际动手操作能力，优势学科是机械工程、土木工程和信息工程等。

巴黎大学

巴黎大学的前身是巴黎索邦神学院（Panthéon-Sorbonne），位于巴黎，始建于13世纪，迄今已有800多年历史，堪称欧洲乃至世界上最古老的大学之一，在西方学术界一直享有崇高地位。巴黎大学造就了大批世界顶尖的专家学者，如包括居里夫人在内的8位诺贝尔奖获得者，并创造了无数垂范后世的学术经典。

1968年法国学潮之后，为改善教育品质，法国政府将巴黎大学拆分成13所各自独立的大学。其中，巴黎第一大学（Université de Paris I）作为巴黎大学的最主要继承者，是一所以法律、政治、经济管理等人文科学为主的公立综合大学，继承了法国精英教育的传统，在欧洲乃至全球学术界有着重要影响，为法国和全世界培养了众多精英人才。

截止到2017年初，法国共有近90所私立高等商学院，重点聚焦金融、企业管理、国际贸易等经济领域，为企业培育与输送专业型管理人才。巴黎高等商学院、高等经济商业学院、欧洲高等商学院和里昂商学院是法国最顶尖的4所高等商学院。

精英学校一般采用以邀请大型企业高管、政府官员授课为辅助的授课模式，注重培养学生的个人独立领导力、创新力与团队合作精神，是法国培育卓越人才的摇篮。巴黎综合理工学校、巴黎高等师范学校、巴黎政治学院等精英学院为法国培养了一大批政治界领袖、理工界与数学界精英[3]。

4. 企业：应用与开发研究的主体

企业特别是中小企业，是承载国立科研机构与高等院校科研成果转移转化的核心主体，也是技术创新最活跃的力量。初创企业（也叫“创业中心”）具有“孵化器”性质，是促进科技成果转化、培养成功企业与企业家的摇篮，为法国的科技创新发展发挥了不可替代的作用。企业还是国立科研机构与高等院校的资助者，其资助投入比重分别为2.0%与6.1%[18]。2008-2009年，为重点支持中小企业参与创新活动，法国政府联合法国六大银行先后动用245亿欧元解决中小企业融资问题，支持其开展应用与开发研究活动[19]。

从研究与开发经费配置和研究类型来看，法国国家创新体系执行主体的侧重点也各有不同。其中，企业主要着眼于应用和开发研究，政府资助科研机构和高等教育机构则重点聚焦基础研究和应用研究（图3-2）。

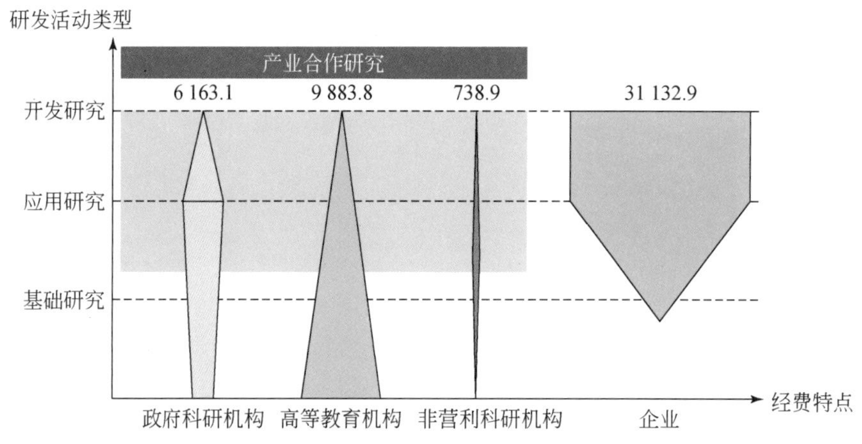

图3-2 法国国家创新体系各执行主体研究与开发经费和布局图谱（单位：10^6欧元）

注：资料源自2014年经济与合作发展组织（OECD）研究与开发经费统计数据。

（三）法国国家创新体系的特点

首先，以法国国家科研中心、法国原子能与可替代能源委员会（前身是原子能委员会）、法国国家健康与医学研究院、法国国家信息与自动化研究院和法国国家农业研究院为代表的国立科研机构，连同以基金会形式存在的巴斯德研究所和居里研究所等非营利科研机构，在国家创新体系中发挥着重要作用。绝大部分基础研究工作都是由法国国家科研中心的1100个研究单元（其中900多个是与高等院校、企业紧密合作的联合研究单元）来牵头组织、资助与执行的，另外一小部分则是由国家资助、领衔科学家管理的高等院校来承担。

其次，法国“三线并存”的高等教育体系结构，分类培育了一大批科学精英、高级工程技术人员与高级行政管理人员，有力支撑了法国科技创新能力的提升和发展。

再次，政府重视基础研究，但其牵头主导的科研项目往往并不单纯围绕基础性研究进行，而强调面向市场需求，注重专利申请与生产工艺和技术，致力于促进科研成果转移转化。在核能、高铁、航空航天、生命科学、生物医药等领域，法国也一直发挥领头羊的作用。

最后，在对研究单元的年度考核与评估中，各国立科研机构学术委员会往往采用“竞争”与“淘汰”机制，以保持科研方向的灵活性和较强的创新活力。例如，法国国家科研中心每年会撤销或整合60–70个研究单元，同时创建相同数量的新研究单元，以持续动态调整科研队伍和机构来适应科技发展，并维持长期的健康稳定发展。

四、主要经验与启示

（一）持续推动国家创新体系改革，加强创新技术转移转化平台建设

为推动科学技术健康、稳定发展并在国家强盛中积极发挥主导作用，自1901年、1915年分别设立科研基金、国防发明管理局之后[20]，法国不断改革优化主管高等教育、科学研究与工业创新的部门，旨在不断改善国家创新体系各主体之间的协同关系，促使各方更好地发挥各自优势与特长。法国还审时度势减少不必要的行政介入，致力于为科技创新型企业特别是中小企业营造相对宽松的创业与成长环境。

根据国情和经济社会发展趋势，法国还通过实施财税减免、税收信贷等系列财税政策，搭建技术加速转化平台，组建技术推广机构等，来鼓励公私机构的协同研究，并不断推动公共科学基础研究成果的转移转化。

（二）着力建设国家创新生态，促进竞争力集群发展

从宏观层面看，在创新生态建设过程中，法国政府切实发挥了主导作用。例如，注重联合国有银行、地方银行、社会发展基金会、风险投资机构、国有企业财团等金融机构，协调建立形成便捷、高效与稳定的资金资助体系，切实为中小型企业特别是创新型企业在结构调整、产品或服务升级等过程中排忧解难并保驾护航。

从微观层面看，在拉动内需、刺激经济发展、缓解地区发展不平衡的同时，法国政府以一线中心城市特别是省会城市为枢纽，以二三线中等城市为支撑点，根据“以大带小、以强带弱”的理念，在不同地域圈定了一批富有活力与创造力

的"竞争力集群""创新力集群""高新科技集群"，从而辐射并激活了全国各个地区、各个产业的发展动力，形成了全面创新发展的局面。可以说，科学、系统且具有创新活力的法国竞争力集群，为全球范围内的区域创新高地建设提供了示范。

（三）设立科研与高等教育最高评估委员会，建立具有特色的第三方评估体系

科研与高等教育最高评估委员会是法国政府指定的最具权威性的第三方评估机构。该委员会依据周期性的目标合同，采取同行专家集体评议的方式，定期对全法3000余家重点科研机构、高等教育机构、卓越中心和竞争力集群的科学研究活动进行评估。评估工作秉承公平、公正、公开与实事求是的原则，评估不同领域的研究单元、跨学科研究单元、公共科研机构、高等院校，以及这些研究单元下属的科研人员等。评估维度多元化，主要包括科研产出量、学术影响力、社会和经济影响力、领域协同性、单位日常组织管理、规划的特殊性与原创性、科研人员培训、未来"目标合同"的战略前景等方面。

（四）加强对科学研究的顶层设计，确保重大科学技术领域的持续稳定发展

迄今为止，法国的科技发展经历了两次辉煌和两次"衰落"。回顾这两次"衰落"，可以总结三点共性教训：一是决策层缺乏对关键技术领域的正确指引与宏观布局；二是资助层对科学研究特别是基础研究和应用研究给予定向、持续与稳定的财政、政策和技术支持不力；三是纯粹的"自由探索"理念使得国家创新体系的执行主体缺乏相互合作和创新应用的意识，与市场需求渐行渐远。

吸取上述教训，自20世纪90年代末以来，法国用不足20年的时间弥补了与其他科技强国的阶段性差距，甚至还在信息技术、生物技术方面实现了超越，主要原因如下：一是决策层审时度势，不断加强科学、技术与创新发展的顶层设计、统筹布局和重点引领；二是资助层顺时而动，不断优化调整未来投资计划中用于支持重点领域（绿色核能、航空、航天、数字化与人工智能等）发展的财政预算，旨在优先确保事关国家重大需求的科学技术领域的持续稳定发展；三是科技规划执行期间，法国各部委还纷纷与其管理的国立科研机构和公立综合大学签

订周期性目标合同（一般为 5 年），旨在确保其科学研究与技术创新活动的科学性和合理性。

研究编撰人员（按姓氏笔画排序）

方晓东　尹高磊　刘细文　邱举良　胡智慧　黄晨光

参考文献

[1] 李海南．法国科技创新历史对我国的启示．中国高校科技，2016，(12)：57-59.

[2] France Stratégie. Quinze ans de politiques d'innovation en France. http://www. strate- gie. gouv. fr/sites/strategie. gouv. fr/files/atoms/files/fs_rapport_cnepi_21012016_0. pdf[2017-06-08].

[3] 韩琦．"格物穷理院"与蒙养斋——17、18 世纪之中法科学交流：法国汉学（四）．北京：中华书局，1999.

[4] 理查德·尼尔森．国家（地区）创新体系比较分析．曾国屏等译．北京：知识产权出版社，2012.

[5] 霍立浦，邱举良．法国科技概况．北京：科学出版社，2002.

[6] 霍立浦，靳仲华．法国科技实用指南．北京：科学出版社，1989.

[7] 张梁之．法国 21 世纪科技发展战略和目标．全球科技经济瞭望，1999，(1)：7-8.

[8] 夏奇峰，孙玉明．法国纳米科技研究与开发及产业化概况．全球科技经济瞭望，2008，(23)：5-9.

[9] Ministère de l'Enseignement Supérieur et de la Recherche. Stratégie nationale de recherche et d'innovation. http://media. enseignementsup- recherche. gouv. fr/file/SNRI/69/8/Rapport_general_de_la_SNRI_-_version_finale_65698. pdf [2017-06-15].

[10] Ministère de l'Enseignement Supérieur et de la Recherche. Crédit d'impôt recherche. http://www. enseignementsup-recherche. gouv. fr/cid100622/le-credit-d-impot-recherche-en-2013. html [2017-06-22].

[11] Ministère de l'Enseignement Supérieur et de la Recherche. Pôle de compétitivité. http://www. enseignementsup-recherche. gouv. fr/cid22129/les-poles-de-competitivite. html [2017-06-22].

[12] Ministère de l'Enseignement Supérieur et de la Recherche. Pour une société appren-ante-propositions pour une stratégie nationale de l'enseignement supérieur. http://www. enseignementsup-recherche. gouv. fr/cid92442/pour-une-societe-apprenante-propositions-pour-une-strategie-nationale-de-l-enseignement-superieur. html [2017-05-20].

[13] 国际科技战略与政策年度观察研究组．国际科技战略与政策年度观察 2016. 北京：科学出版社，2017.

[14] Ministère de l'Enseignement Supérieur et de la Recherche. Stratégie nationale de recherche -France Europe 2020. http://www. enseignementsup-recherche. gouv. fr/cid86688/strategie-nationale-recherche-france-Europe-2020. html [2017-06-27].

[15] Ministère de l'Enseignement Supérieur et de la Recherche. Investissements d'Avenir. https://www. enseignementsup-recherche. gouv. fr/pid24578/investissements-d-avenir. html [2017-06-13].

[16] 周康民．法国及西班牙的科技创新体系．江苏地质，2005，29（2）：125-128.

[17] 筱雪．法国科技创新体系建设的最新进展．全球科技经济瞭望，2015，30（9）：27-32.

[18] OECD. Examens de l'OCDE des politiques d'innovation FRANCE 2014. https://www. oecd. org/fr/sti/inno/innovation-france-ocde. pdf [2017-05-18].

[19] 黄宁燕，杨朝峰，蒯强．金融危机下法国科技战略的应急调整及其成效．中国科技论坛，2010，（5）：139-144.

[20] Ministère de l'Enseignement Supérieur et de la Recherche. Historique de l'institution Recherche. http://www. enseignementsup-recherche. gouv. fr/cid20080/historique-de-l-institution. html [2017-05-20].

第四章　德国的科技强国之路

历史上，德国历经兴衰、一再崛起。从1806年耶拿战役的失败到19世纪与20世纪之交成为世界科学中心，从第二次世界大战后的废墟到迅速跻身世界科技大国和经济强国之列（联邦德国），德国①政府根据其独特的国情和所处的发展阶段，凭借深厚的历史文化底蕴和固有的缜密、严谨的作风，将内外压力转变为动力，进行教育改革，积极构建极具特色的国家创新体系，大力发展科技，促进工业发展，适时发布和实施一系列创新战略与举措，依靠科技实现了国家的跨越式发展。

一、德国的科技发展历程

（一）从1871年的德国统一开始至第一次世界大战之前，德国成为世界科学中心，并跻身先进工业国家行列

1806年耶拿战役失败后，普鲁士开始进行政治、经济、教育改革。施泰因男爵和哈登堡侯爵颁布一系列资本主义农业改革法令，建立实行城市自治的参议会和政府，组建统一管理国家事务的行政机构，推行关税改革等措施[1][2]。威廉·冯·洪堡大力实施教育改革，采取了建立新型柏林大学、推行小学义务教育、完

威廉·冯·洪堡（Wilhelm von Humboldt，1767－1835年）：普鲁士学者、外交官、政治家和柏林大学的创始者，德国文化史上影响最深刻和最伟大的人物之一。提倡教育应普及化而非贵族化，推动普鲁士教育改革，包括改革小学、中学、高级中学和大学的教程、教师培训与考试制度等。

① 德国在第二次世界大战后分裂为联邦德国和民主德国，于1990年再度统一。本书所提及的1949-1990年期间的德国、德国政府如无特别说明，均指联邦德国。

善中学教育等一系列革新措施[3]。这些改革为普鲁士奠定了现代国家的基础，为德意志的统一和经济与科技的发展做好了准备。

国家统一后至第一次世界大战之前，受惠于国家统一和教育改革，德国抓住了第二次工业革命的机遇，科技和工业进入高速发展时期[1][4]。德国政府采取各种措施，积极推动科技事业发展。在大学之外，组建了帝国物理技术研究所、威廉皇帝科学促进会［马普学会（MPG）前身］等一批从事基础研究的研究院所[5]。同时培养出一大批著名的科学家和工程师，尤斯图斯·冯·李比希、奥古斯特·威廉·冯·霍夫曼等著名化学家确立了德国化学在世界化学中的领导地位；以约翰·卡尔·弗里德里希·高斯、菲利克斯·克里斯蒂安·克莱因等为代表的数学家，将哥廷根大学打造为世界数学研究中心；马蒂亚斯·雅各布·施莱登、西奥多·施旺、鲁道夫·路德维希·卡尔·菲尔绍完善了细胞学说；乔治·西蒙·欧姆、赫尔曼·冯·亥姆霍兹、威廉·康拉德·伦琴、马克斯·普朗克、阿尔伯特·爱因斯坦等开辟了物理学的新纪元，引领了19世纪、20世纪之交的物理学革命。

在工业方面，德国注重科学、技术与生产的有机结合和专利保护，立法保护前沿应用技术，使德国实用技术位于世界前列，孕育了化学工业和电力工业等具有发展潜力的新兴工业[6]，同时，现代化学工业也带动了现代农业和染料工业的建立；德国著名工程师维尔纳·冯·西门子以一系列重要的科技发明并推进其工业化，促进了电气工业的蓬勃发展。

科技的发展和新兴工业的崛起，使德国迅速成为19世纪末期至20世纪初期的世界科学中心和工业化强国。

尤斯图斯·冯·李比希（Justus Freiherr von Liebig, 1803-1873年）：19世纪德国最著名的化学家，有机化学、农业化学和营养生理学的奠基人，其最重要的发现包括根理论、同分异构体、氯仿和三氯乙醛、过磷酸钙、矿物肥料等。同时发明了现代实验室导向教学方法，是第一个将实验引入自然科学教学的人。在最早的60名诺贝尔化学奖获得者中，有42人是他学生的学生。

约翰·卡尔·弗里德里希·高斯（Johann Carl Friedrich Gauss，1777－1855 年）：德国数学家、物理学家、天文学家、大地测量学家，被认为是历史上最重要的数学家之一。主要发现包括二项式定理的一般形式、数论上的“二次互反律”、素数定理、算数－几何平均数、正十七边形尺规作图理论与方法等。

威廉·康拉德·伦琴（Wilhelm Conrad Röntgen，1845－1923 年）：德国物理学家，其主要成就是发现“X 射线”。这一发现揭开了认识原子核内部结构的序幕，影响了 20 世纪许多重大科学成就，并于 1901 年获得诺贝尔物理学奖。

马克斯·普朗克（Max Planck，1858－1947 年）：德国物理学家，量子力学的创始人，20 世纪最重要的理论物理学家之一，其主要成就包括普朗克辐射定律、旧量子理论等，对物理学的发展做出了重要贡献，获 1918 年度诺贝尔物理学奖。德国著名的科研机构马普学会以他的名字命名。

阿尔伯特·爱因斯坦（Albert Einstein，1879－1955 年）：德国犹太裔理论物理学家，创立了现代物理学两大支柱之一的相对论，因发现光电效应获 1921 年度诺贝尔物理学奖。他被誉为“现代物理学之父”以及 20 世纪的“世纪之人”。由于受到纳粹德国对犹太人的迫害，于 1933 年移居美国。

维尔纳 · 冯 · 西门子（Werner von Siemens，1816–1892 年）：德国发明家、企业家，西门子公司创始人之一。主要发明包括电磁式指针电报机、发电机、电力机车的客运列车牵引应用、有轨电车、垂直升降电梯等。国际单位制中导纳的计量单位西门子因纪念他而命名。

（二）第一次世界大战结束之后的教育改革和科技发展，造就了 20 世纪 20 年代科技的短暂繁荣

第一次世界大战的失败使德国在政治、军事和经济上几乎陷于全面瘫痪，遭遇割地赔款、严重通货膨胀等困局，但科学却仍保持着世界领先地位。新成立的魏玛共和国政府对教育进行改革，恢复洪堡原则，实行大学自治，推进教育民主化进程，促进科技和科学文化的发展。同时，政府增加科技投入，引进美国、英国等国的先进科技，激发了德国学者巨大的创新热潮，使德国在材料、电气、有机化学、制药以及诸多的工程领域都取得了巨大成就，造就了 20 世纪 20 年代短暂的繁荣。

从 1933 年开始，希特勒政府在德国建立法西斯专政，推行种族主义，对内残酷迫害犹太人和反政府力量，迫使阿尔伯特 · 爱因斯坦、马克斯 · 玻恩等 2000 多名科学家流亡国外，其中大部分去往美国。同时，希特勒政府推行摧残科学文化事业的政策，使得和战争无关或短期内难以见效的科学研究得不到必要的支持。

马克斯 · 玻恩（Max Born，1882–1970 年）：德国犹太裔物理学家，量子力学发展的重要推动人之一。因对量子力学的基础性研究，尤其是对波函数的统计学诠释，与瓦尔特 · 博特共同获得 1954 年度诺贝尔物理学奖。1933 年纳粹上台后，被迫移居英国，1939 年加入英国国籍，晚年回到德国定居。为纪念玻恩的贡献，德国物理学会与英国物理学会于 1973 年起每年轮流颁发“马克斯 · 玻恩奖”，奖励在物理学领域做出卓越科学贡献的英国和德国科学家。

这严重破坏了德国科技的发展，德国科技迅速陨落，加速了世界科学中心从欧洲向美国的转移。

（三）第二次世界大战后到20世纪70年代末，德国采取一系列措施促进战后科技快速恢复发展，推动了经济腾飞

第二次世界大战结束时，德国社会与经济再度濒临崩溃，大部分高等院校和科研设施遭到严重破坏。但在此后的五六年间，联邦德国凭借良好的经济基础和科技文化水平，再加上“马歇尔计划”的援助，迅速恢复和重建了科技基础设施和大学研究中心，为德国的科技复兴奠定了坚实基础。

1955年联邦德国成立，政府加强了对科技的调控作用：重新调整科技主管部门，成立科学、空间等领域研究委员会，以及专司科技政策与规划的联邦教育与研究部等部门；进一步完善科研体系，在物理、生物技术等主要领域组建大型国立研究中心；大力扶持工业企业创新，建立工业企业自身技术革新和研究与开发机构；鼓励工业企业研究机构开发新产品和新技术，建立多个科技园区和创新中心，推动联邦德国技术创新和成果转移转化[1]。这一系列措施，使联邦德国创造了20世纪50年代的“经济奇迹”，实现了经济腾飞。到20世纪70年代，联邦德国在生物学、材料科学、重离子研究等科学领域已具有国际先进水平，在化工和医药、航空、汽车和机械制造等工业技术方面更是全球领先。同一时期，民主德国一直将提高劳动生产率作为经济政策的核心和关键问题：大力发展材料、煤矿、化学工业，扩建重型机器制造、农业机械制造和造船工业，新建电子计算机技术、微电子技术、科学仪器制造和自动化技术等现代工业部门，以较平稳的速度向前发展[1]。

（四）20世纪80年代到90年代，在两德统一、和平与发展的国际大环境中，德国科技进一步发展

1990年两德统一后，德国政府以联邦德国模式重塑东部新州教育，从国家层面实现教育一体化；继续扩大发展高等专科学校，合并和新建大学，从政府层面结构性调整高等院校；通过《高等教育总法》修正案，从法律层面保障政府对教学科研的经费资助；引进学分转换制和国际通行的学士硕士课程，保障学生在欧洲范围内求学和继续深造的权利[7]。

从1984年德国政府科研工作报告将“扩大和深入科学知识”列为新科技政策三大目标的首要目标开始，以大学和马普学会为代表的基础研究机构的经费比重持续上升；两德统一后，德国政府快速精简和重组科研体制，继续提高科研机构的基础研究经费，组建新科研机构和大研究中心，改善大学基础研究设施，推动德国基础研究快速发展；成立科学研究与技术创新委员会，推进科技成果向商品的转化，加强政府与科技界、教育界和经济界的合作；发布生物、信息技术等专业领域计划，调整重点基础研究领域，加强生物、基因、信息技术等高技术开发，使德国在生物技术、微电子技术等领域逐渐领先。

在这一阶段，德国政府还大力扶持中小企业创新：通过改革税制免征部分中小企业营业税，向个性化投资中小企业提供财政补贴，对科研型企业和技术创业中心实施贷款优惠援助，加强技术人才培训提高中小企业科研技术革新能力，向中小企业推送生产和市场信息，提供信息咨询服务等。这一系列举措使德国中小企业在促进经济发展、提供就业机会、推动科技创新等方面的地位显著提升，成为国家创新体系的重要部分。

从科尔政府起，德国还竭力推进国际合作：侧重资助环保技术、生物技术、信息通信技术等欧洲技术创新和关键研究领域，加强与美国等科技强国在航天科学、材料科学和能源等重点领域的合作，重视与中国等第三世界国家开展环境科学、海洋科学等领域的双边合作等。

这一系列的举措，进一步促进了德国科技的发展，提升了德国在世界科技和经济中的竞争力。

（五）伴随21世纪的世界科技发展变化及全球一体化进程，德国再次跻身于世界科技强国和经济强国之列

进入21世纪，德国政府加速培养科研后备力量。继续实施由企业和职业学校共同负责的“双元制”教育，培养实用人才；启动“卓越计划”“学术后备人才促进计划”及“创新型高校计划”，打造一流大学；设立英才资助机构，实施“青年教授席位计划”和一系列高额资助计划，重点资助各科研创新领域的后起之秀，大力吸引国际优秀年轻人才[3][7]。

在科技方面，加大科技体制整合力度：德国政府整合直属科研机构，提高决

策咨询服务的能力；重组国家应用自然科学研究协会，加强军用与民用研究；新建或合并一流研究机构，组织在基础研究和尖端科技领域的攻关。同时，出台大型研究中心经费改革方案，引入科研项目竞争机制，强化基础研究大型设备装置建设，发布多个科技战略和领域单项规划，加强重点领域科学研究，提高科研经费使用效益与效力，推进基础研究成果的转化[1]。

德国政府高度重视企业创新，制定了一系列促进创新的政策及资助计划，进一步改善创新环境，扶持创新型中小企业；加速产业集群建设，制定产业政策，调整产业结构，发展新经济；以市场竞争为前提适时调整产业发展重点，推动科技创新，促进产业结构升级。

默克尔政府积极推动建设欧洲研究区，逐步实施欧洲科技联合总体战略，主导欧盟生物、信息技术等领域的科研计划与合作，强化欧洲在该领域的研究优势；加强与美国、日本、俄罗斯、中国、印度等国家的合作，扩大德国科学和研究系统的国际竞争能力[8]。在教育方面，积极推动能实现欧洲高等教育一体化的“博洛尼亚进程”，建立统一的欧洲高等教育区，推动欧洲高等教育国际化；主导制定欧洲统一教育和培训规章，鼓励自由求学和跨国研究，消除“本土化”倾向；组建欧洲技术研究院，为创建欧洲研究区培养创新型人才。

重视科研后备人才的培养和资助，保证了德国科研能力的可持续发展；通过科研体制的整合和经费改革，扩大基础研究领域和明确重点支持方向，推动基础研究成果到工业应用的转移转化，提升了德国在世界科技中的竞争力；同时，对中小企业创新的扶持和推进，促进了德国经济的快速发展；广泛的科技和教育的国际合作，确保了德国在国际竞争中的优先地位。随着世界科技和经济全球化的发展，德国正凭借强大的科技和经济实力，立足于欧洲，跻身于世界科技强国和经济强国之列。

二、德国的国家创新战略与举措

第二次世界大战后，德国百废待兴，为尽快从废墟中恢复和发展起来，德国政府根据国际形势和本国国情，适时对国家科技政策进行了 4 次调整，并相应重新部署国家优先科研方向、重点领域及战略规划（图 4-1）。

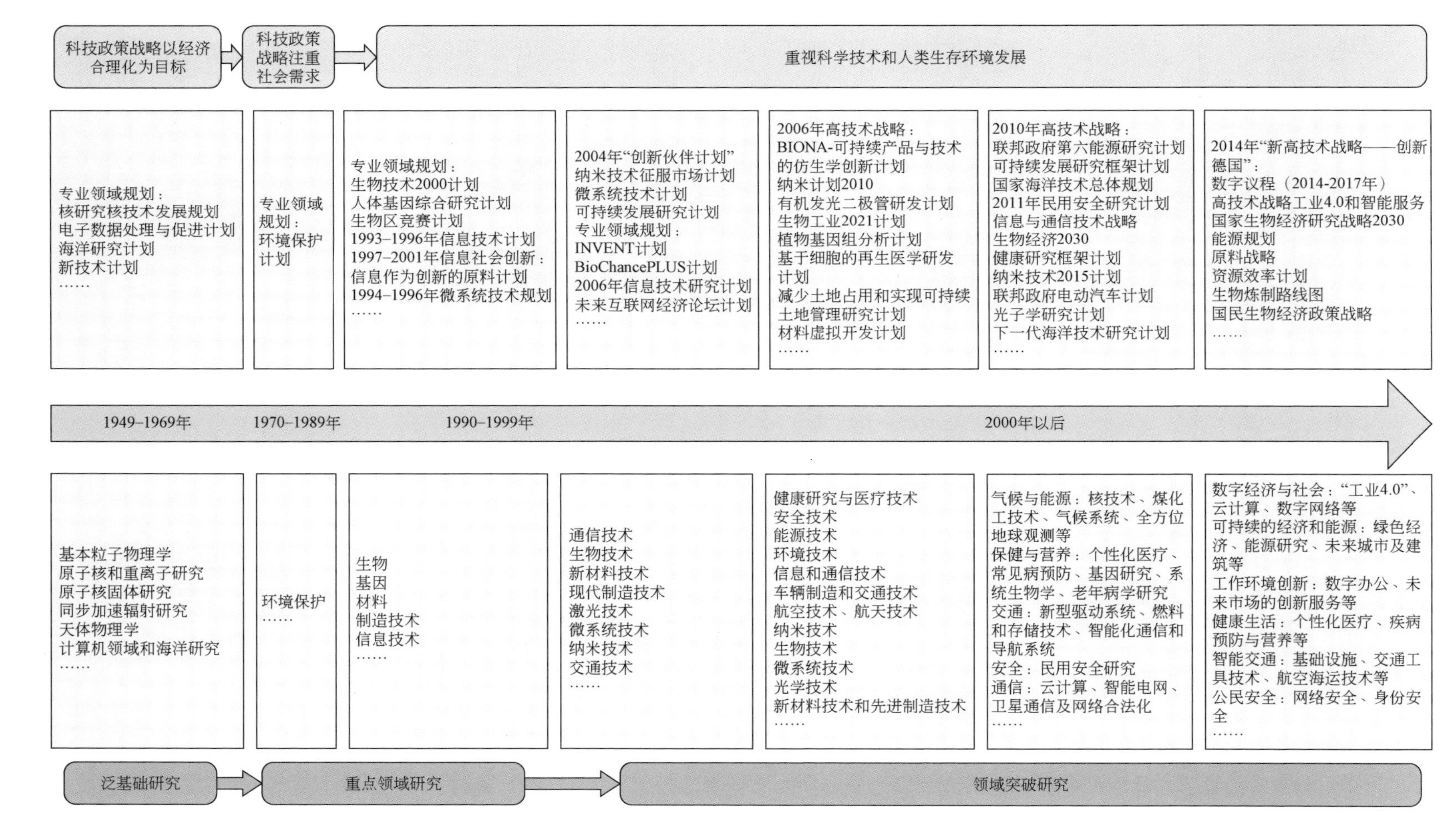

图4-1　德国创新战略时间脉络

（一）联邦德国政府的科技战略以美国为追赶目标，大力振兴科学研究，促使经济快速复苏

第二次世界大战结束后的 10 年间，联邦德国的科技研究与开发与经济发展基本脱节，政府一直无力集中制定统一的科技规划，且无法开展尖端科技研究。直到 1955 年恢复主权后，联邦德国政府才开始制定一系列专业领域计划。例如，"核研究核技术发展规划"（1956–1962 年），"电子数据处理与促进计划"（1967 年），"海洋研究计划"（1968 年）和"新技术计划"（1969 年）等。研究重点是基本粒子物理学、原子核和重离子、固体物理学、同步加速辐射以及天体物理学等，并开始涉足计算机和海洋领域[9]。这一阶段的科技战略对德国经济的迅速复苏具有不可替代的作用。同时，也出现了环境污染严重、生态环境破坏等一系列新的挑战。

（二）调整科技政策，提出科研要与经济社会可持续发展相结合，加强环境保护、生物医学等民生相关领域的研究

从 1969 年开始至 20 世纪 80 年代，联邦德国大量增加科研经费提振科技发展水平，侧重支持民用产品研究；实施环境保护计划，建立环境保护部和科学顾问委员会及各州部长环境会议机制，切实保护自然资源，保持生态平衡[9]。这一时期，联邦德国的科学研究不仅提高了国民经济的生产力发展水平和竞争能力，也有效改善了人民的生活与工作条件。

（三）以科技优化人类生存环境为目标，注重发展高技术，加强国际合作，确保德国在国际竞争中的领先地位

20 世纪 90 年代后，德国科技政策更加注重社会需求，以解决社会问题为目标，逐步加强对环保、生物、医药、能源、交通等与改善人民生活质量有密切关系的领域的研究。例如，政府先后出台并实施"生物技术 2000 计划""人体基因综合研究计划"和"健康 2000 年计划"等一系列计划，将生物和基因研究、临床研究与医学实践等作为重点领域；制定"信息技术计划"（1993–1996 年）、"信息技术计划"（1997–2001 年）和"微系统技术规划"（1994–1996 年）等，确定信息领域的重点发展方向；制定"第四个能源研究计划""环境研究计划"和"智能化交

通系统计划”等，将可再生能源、能源合理再生利用，以及核能研究、生态环境技术和大气研究、智能化交通系统等作为重点。

（四）不断加大科研体制改革力度，制定国家层面战略规划，重点发展面向未来的关键高技术

21世纪以来，伴随世界科技发展及全球一体化进程，德国科技政策适时调整为向有利于高技术创新的方向发展，并利用国际大环境的资源和人才优势，有侧重地开展国际合作，对一些重点领域加强技术突破研究。

2004年，德国各界联合倡议“创新伙伴计划”及其重大研究计划和专业研究计划。“创新伙伴计划”将信息与通信技术、生物技术、新材料技术、现代制造技术、激光技术、微系统技术、纳米技术和交通技术作为确保21世纪德国经济增长、福利与就业的重点创新领域[1][10]。围绕以上重点创新领域制定了一批新的研究开发计划，包括“纳米技术征服市场计划”“微系统技术计划”“可持续发展研究计划”等重大计划。同时，针对能源、地球与环境、生物医学等领域部署专业研究计划，如“INVENT计划”“BioChancePLUS计划”等。德国政府还采取成立“创新与增长咨询委员会”等多项举措，推动“创新伙伴计划”的实施，促进科技创新，进一步推动科技界和经济界的紧密合作。

2006年，德国联邦教育与研究部（BMBF）发布了“高技术战略”——德国政府推出的第一个国家科技发展总纲领，力争使德国在关键的前沿技术领域成为全球领先者[1][11]。该战略规划了下述17个重点领域：健康研究与医疗技术、安全技术、面向农业和工业应用的植物研究、能源技术、环境技术、信息和通信技术、车辆制造和交通技术、航空技术、航天技术、海洋技术、现代服务业、纳米技术、生物技术、微系统技术、光学技术、新材料技术和先进制造技术。政府围绕这些重点领域，还启动了一系列行动计划，以推动国家战略的实施。

德国相继在上述“高技术战略”的基础上，分别发布了相应的升级版“高技术战略2020：创意 · 创新 · 增长”（2010年）和“新高技术战略——创新德国”（2014年）[12-14]。“高技术战略2020”将气候与能源、保健与营养、物流与交通、安全和通信等确定为五大国家重点领域，并在其行动计划中确定了11个未来项目：建设无碳、注重能源经济效率和气候适宜的城市，能源供应的智能化改造，作为石油替代的可再生资源，个性化的疾病治疗方法，针对性的营养措施保障健康，老龄

社会的独立生活问题，2020年电动汽车保有量达到100万辆，通信网络的有效保障，信息和通信技术领域降低能源消耗，全球知识的数字化及体验，未来的工作环境和组织。同时围绕这些领域方向，启动了一系列高技术创新计划。“新高技术战略——创新德国”进一步部署了六大优先领域，并提出了相应的重点发展目标。

经过社会各界的协同努力，这一系列高技术战略在德国的科技发展和经济振兴中取得了可喜成绩，政府和经济界研究与开发投资大幅提升，研究与开发强度明显增大，科研人员数量显著增长，创新氛围得到进一步改善。特别是“工业4.0”战略，不仅成为德国科技和工业的新标签，而且迅速引领了全球范围内新一轮工业转型竞赛。

“新高技术战略——创新德国”部署的六大优先领域

- 数字经济与社会：创新重点包括“工业4.0”、智能服务、云计算、数字网络、科学、教育和环境等；
- 可持续的经济和能源：创新重点包括能源研究、绿色经济、可持续农业生产、未来城市及建筑等；
- 工作环境创新：主要发展数字办公、未来市场的创新服务等；
- 健康生活：创新重点包括对抗重大疾病、个性化医疗、疾病预防与营养、护理行业创新、加强药物研究、医疗技术创新等；
- 智能交通：重点发展智能交通基础设施、交通工具技术、航空海运技术等；
- 公民安全：聚焦公民安全、网络安全和身份安全等。

德国“工业4.0”

为重振德国工业的竞争力，在新一轮工业革命中占领先机，德国工程院、弗劳恩霍夫协会（FhG）、西门子公司等联合推出“工业4.0”，由德国联邦教育与研究部、联邦经济技术部联合资助，目标是建立一个高度灵活、个性化、数字化、智能化产品与服务的生产模式，在国际社会引起广泛重视。其内涵包含三大主题。

• “智能工厂”：重点研究智能化生产系统及过程，以及网络化分布式生产设施的实现；

• “智能生产”：主要涉及整个企业的生产物流管理、人机互动以及3D技术在工业生产过程中的应用等；

• “智能物流”：主要通过互联网、物联网、物流网，整合物流资源，充分提高物流资源供应方和需求方的效率。

该战略被纳入“新高技术战略——创新德国”，并于2013年4月在汉诺威工业博览会上正式推出。

三、德国的国家创新体系及特点

德国之所以能在19世纪末20世纪初成为世界科学中心，能够在两次世界大战后的废墟上重建并迅速跻身世界科技强国之列，主要得益于其建立了一套行之有效的国家创新体系及国家支持科技活动的机制，而培育这一国家创新体系的土壤是德国在19世纪所进行的社会创新[4][15]。从威廉·冯·洪堡改革教育模式，首创教学和研究相结合的研究型大学，创建世界第一座现代大学——柏林大学，到“阿尔特霍夫体系”的形成；从综合性大学单纯强调“为科学而科学”，到研究与应用并重；从高等技术学院扩充升格到“工业大学”，拥有与综合性大学同等地位，到国家为了社会需求专门设立满足实际需要的独立研究机构，形成学术界与产业界完美结合的学术资助体系；从威廉皇帝学会及各类帝国研究机构的成立，到重视国际合作的“大研究”模式的建立；从早期的技术转移与简单模仿，到通过自主研究与开发形成完整的工业体系，这一系列创新活动的推进，不仅让德国在20世纪初就初步形成了相对完整的国家创新体系，也为当前德国国家创新体系的完善奠定了体制和制度基础[4]。

（一）德国国家创新体系的构架

德国现行的国家创新体系结构由角色丰富且功能边界定义清晰的多元创新行为主体构成，按职能可大体上分为5个层次：决策层、咨询与协调层、管理与监督层、经费管理与分配层以及创新执行主体层[16]（图4-2）。

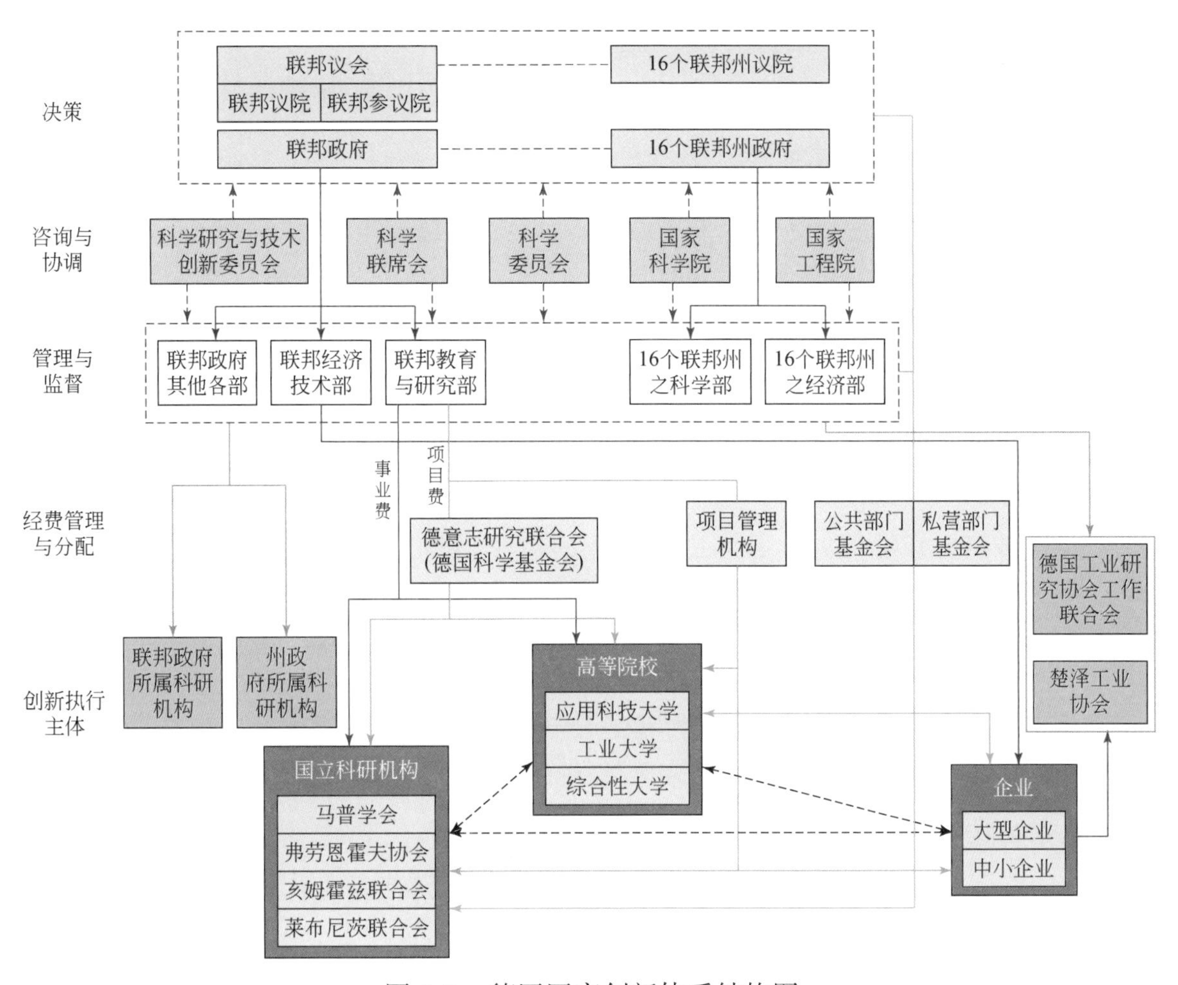

图 4-2　德国国家创新体系结构图

1. 决策层

联邦议会（由联邦议院和联邦参议院组成）是德国的最高决策机构，主要提供创新的框架条件，负责审核创新经费预算、决算。联邦政府与州政府是国家创新体系的政策、制度制定者和重要投资者。

2. 咨询与协调层

咨询与协调层主要包括科学研究与技术创新委员会、科学联席会、科学委员会、国家科学院以及国家工程院等机构，主要负责为联邦和州政府及其相关政府部门提供与科学政策相关的建议，协调科技界、教育界和经济界间的合作[1]。科学研究与技术创新委员会的主要职责是为联邦政府提供科学建议，定期提交研究报告，并直接参与有关科技发展重大问题的决策。科学联席会主要研究并解决科研活动中出现的经费、编制等具体问题。科学委员会是科学与教育领域重要的政策咨询和评估机构。国家科学院、国家工程院主要担负提供有关科学与社会、工程与技术的政策咨询的使命[1][17]。

3. 管理与监督层

管理与监督层由联邦教育与研究部、联邦经济技术部及联邦政府和州政府其他各部等政府部门组成，负责制定国家创新纲要与规划，决定创新经费使用方向和配额，建设外部创新环境。联邦教育与研究部负责制定科技政策、科技规划，协调联邦各部门及各州的科技活动。联邦经济技术部负责能源、航空等领域的政策制定和研究与开发计划，并为中小企业的研究与开发计划提供财政支持[1]。

4. 经费管理与分配层

德国联邦政府每年除以事业费的形式向国立科研机构和高等院校固定拨付科研经费和以科研项目申报的形式为创新主体提供竞争性经费获取渠道外，还允许承担研究任务的联邦机构将其研究经费以合同研究的方式支付给第三方[16][18]。其中，项目经费主要由德意志研究联合会和 12 个专业的项目管理机构管理分配。德意志研究联合会是独立的全国性科学资助机构，负责资助高等院校和公共研究机构的科学研究。项目管理机构是政府委托、非营利的社会化组织，具体负责相关领域科研项目的申报咨询、立项拨款、过程管理等。此外，许多由政府部门资助设立的公共部门基金会和由个人或企业资助设立的私营部门基金会也是各创新主体经费的来源[1][19][20]。

德意志研究联合会

德意志研究联合会，又称德国科学基金会（DFG），是德国最大的研究资助机构。1951 年成立，其合作成员包括多家大学、研究机构及地方科学院和科学协会，几乎囊括了全德最有影响力的高等院校和公立研究机构。联合会的经费主要来自联邦政府和州政府。作为一家不隶属于政府部门、享有高度自治权的公立研究机构，它实际上分担了政府对部分科研项目的学术审查、资源分配的权力与责任。联合会重视对高等院校的科研资助，一方面致力于推进大学的科研活动（包括社会科学领域），另一方面加强后备科研力量的培养。

---

5. 创新执行主体层

创新体系的执行主体层是德国国家创新体系的骨干力量，是科学研究和创新工作的执行主体，主要由三部分组成：①科研机构，包括联邦政府和州政府所属科研机构、国立科研机构（包括马普学会、弗劳恩霍夫协会、亥姆霍兹联合会和莱布尼茨联合会）以及产业研究与开发机构等；②高等院校，包括综合性大学、工业大学和应用科技大学等；③企业研究机构。创新体系的各执行主体侧重不同的研究重点，各司其职，在整个创新体系中都发挥着不可替代的作用。

总而言之，政府在整个国家创新体系中发挥了重要作用。德国政府是研究和创新活动的主要资助者，承担1/3左右的国内研究与开发总经费。主要通过机构拨款、科研项目资助以及合约性研究3种方式为德国创新执行主体提供稳定的经费支持，确保科学发现与原始创新持续保持世界领先地位[16][21][22]；德国政府在引入政府、企业界、科技界以及其他社会力量等多元主体共同决策机制的基础之上，还建立了咨询、管理、协调、评估等种类众多的中介机构，架起了整个创新体系的沟通“桥梁”[18]。这种安排一方面规避了政府独断、错误引导的风险，解决了各界“信息不对称”的问题；另一方面也加强了政府、高等院校、科研机构与企业之间的交流与互动。在简化政府职能的同时，提升了技术转移和成果转化效率[19]；除制定、执行与创新相关的政策和实施细则之外，德国政府还负责外部创新环境的建设，为创新主体提供优质服务。

（二）德国国家创新体系各执行主体的定位及相互关系

在整个国家创新体系中，德国政府通过政策引导、资金支持和沟通协调等手段，将高等院校、科研机构、企业联结为紧密的创新合作伙伴，建立了一套政产学研用协同创新的国家创新体系，成为德国经济腾飞的“稳定器”[19][21]。

1. 科研机构

（1）联邦政府和州政府所属科研机构

德国联邦政府和州政府所属的科研机构由联邦政府和相应州政府提供研究与开发经费，主要开展所属部门领域相关的研究与开发工作并提供必要的科学决策依据。

（2）国立科研机构

国立科研机构是由联邦政府和州政府共同资助的非营利科研机构，代表了德国科学研究的核心力量，是德国成为世界科技强国的重要基石。主要从事基础研究、应用研究及一些跨学科的前瞻性、战略性研究，为经济建设和社会发展服务。代表性国立科研机构包括马普学会、弗劳恩霍夫协会、亥姆霍兹联合会和莱布尼茨联合会等。

马普学会

马普学会（MPG）是德国最重要的基础研究机构，目前设有84个研究所，拥有强大的创新能力和完善的科研体系，主要从事自然科学和社会科学的国际前沿与顶尖的基础性研究工作。经费来源有3个渠道——联邦政府和州政府拨款、政府科技计划与项目经费、私人捐助，其中绝大部分来源于联邦政府和州政府拨款（1∶1）。自1948年成立以来，马普学会已经有18位科学家获得诺贝尔奖。

弗劳恩霍夫协会

弗劳恩霍夫协会（FhG）是德国最重要、欧洲最大的应用研究机构。目前共设有69个研究所，主要从事卫生与环境、安全与保护、流动与运输、能源与资源、服务和通信及知识的生产与供应等5个领域的应用研究。协会主要以合同研究方式完成工业界、服务性企业和公共部门委托的科研项目，提供技术信息与技术服务，目标是把研究成果转换成新产品、新工艺以服务产业发展。约2/3的研究经费源于企业和公共研究计划，1/3源于德国联邦政府和州政府资助。

亥姆霍兹联合会

亥姆霍兹联合会（HGF）是德国最大、最重要的科研机构之一，也是德国政府投入经费最多的公立研究机构，主要特征是围绕重大科技基础设施开展国际一流的“大科学”研究。成立于2001年，目前设有18个自然科学技术和生物医学研究中心，主要致力于解决社会和经济发展所面临的重大和急迫挑战，并在能源、地球与环境、生命科学、关键技术、物质结构以及航空航天与交通等6个领域从事具有应用前景的高技术基础研究。其约70%的研究经费来源于联邦政府和州政府（9∶1），其余30%的经费由各研究中心争取第三方经费。该联合会每年约有500项新专利登记，在各研究中心每年发生约30起知识产权交易，每年专利许可收入超过1200万欧元。

莱布尼茨联合会

莱布尼茨联合会（WGL）是一个拥有众多研究实体的综合性研究机构。成立于1901年，其研究介于基础研究和应用研究之间，主要开展知识驱动和应用基础研究，同时也提供基于研究的咨询与服务，并维护科学基础设施和研究博物馆。该联合会所涉研究领域广泛，大致包括人文科学与教育研究、经济与社会、生命科学、数学、自然科学与工程学、环境科学等，致力于解决社会、经济和生态相关的问题。其经费来源一是通过竞争得来的项目经费，占总经费的1/3；二是联邦政府和州政府拨款（1∶1），占总经费的2/3。截至2016年，莱布尼茨联合会已拥有88个成员机构，分布于德国各州。

（3）产业研究与开发机构

德国产业研究与开发机构主要包括德国工业研究协会工作联合会和楚泽（Zuse）工业协会，它们是资助中小企业进行学术研究和市场化之前的技术研究的重要机构。德国工业研究协会工作联合会的主要职能是组织、跟踪、促进以企业需求或利益取向为导向的工业研究与开发活动，以期为整个团体开发新技术，并共享研究成果。该联合会在德国创新体系中起着“桥梁”作用，并在促进科研成果转化和产业化等方面发挥着重要作用。楚泽工业协会代表独立私人组织科研机构的利益，在全德范围内有76个主要着力解决中型企业实际问题的研究所。

2. 高等院校

高等院校在国家创新体系中具有双重属性，既是基础研究和应用研究的重要力量，也是培养后备科研队伍、保障科研可持续发展的重要基地。按学科设置情况，德国高等院校大致分为大学（综合性大学、工业大学）、应用科技大学（或高等专科学校）和职业院校（如艺术学院、电影学院）等类型[23]。其中，前两类在德国国家创新体系中地位举足轻重。综合性大学是德国高等教育体制的核心和支柱，专业设置较为齐全，以教学和科研为主，主要从事基础理论研究和部分企业委托的应用研究，重点培养科学研究型人才。应用科技大学非常注重同企业之间的合作以及技术应用和知识商业化，通常设置比较热门或应用性比较强的专业，学习内容紧跟时代科技发展趋势和企业的需求，并十分注重学生实践能力的培养，为企业发展提供了重要的人才保障和智力支撑。

3. 企业

企业是德国技术创新活动的主体，是应用和开发研究的重要力量，在科研经费投入和科研任务承担方面，均占到总量的2/3。在德国工业界中，80%的大企业进行自主开发，而中小型企业中有54%也进行研究与开发活动。其中，德国在化学工业、医药工业、机械工业领域的一些大企业，研究与开发积极性更高。例如，2013年这些领域的研究与开发投入，大企业占据了整个产业体系的85%以上，而中小企业仅占约10%[17]。不论是西门子、拜耳和奔驰等大型企业，还是富有活力的中小企业以及部分新兴企业，都非常重视技术创新，在推动科技成果的转化方面发挥了非常重要的作用[1]。

另外，在企业独立从事创新活动之外，合约研究机构与合作性工业协会成为德国企业实施技术创新的两个主要的渠道。合约研究机构将专业知识用于特别的工业应用研究项目。合作性工业研究协会由各工业部门组织，具有两项功能：确认成员企业（通常是中小型企业）的需求，提出解决方案并进行协调；安排合约研究机构完成研究，并且将研究成果转移给成员企业。通过合约或合作研究，德国企业之间、研究机构与企业之间实现互惠。

从研究与开发经费的配置和研究与开发活动的布局来看，德国国家创新体系中的各创新执行主体的职能定位清晰明确、互为补充。其中，马普学会、亥姆霍兹联合会、莱布尼茨联合会以及高等院校主要从事基础研究，联邦政府和州政府所属科研机构、弗劳恩霍夫协会、德国工业研究协会工作联合会和企业则主要从事应用和开发研究（图4-3）。

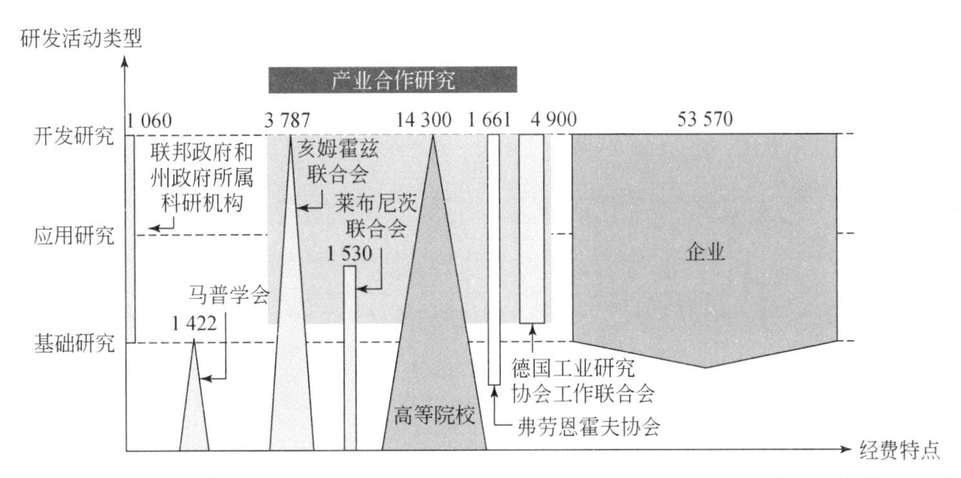

图 4-3　德国国家创新体系各创新执行主体研究与开发经费和布局图谱（单位：10^6 欧元）

注：资料源自德国联邦政府 2016 年的研究与创新报告；http：//www. mpg. de/en；http：//www. fraunhofer. de/en. html；http：//www. helmholtz. de/en；http：//www. leibniz-gemeinschaft. de/en/home。

（三）德国国家创新体系的特点

德国国家创新体系由政府、高等院校、科研机构及企业四者有机构成，形成了政产学研协同创新的格局[23]，在德国的科技竞争、教育改革和经济发展中处于极其重要的地位，且越来越受到重视。在战略上，这一创新体系从现实和国际竞争出发，瞄准前沿、着眼未来、谋求一流。在结构上，创新体系呈各单元彼此高度连接、相互补充的形式。在分工上，该体系覆盖了基础研究、应用研究和产品开发，而且能够有效促进各环节之间和包括政府在内的各创新主体之间的良性互动：科研人员出成果，企业出资本，政府出政策并且负责协调企业界和科技界[4][19]。

其次，德国国家创新体系中的各创新主体定位清晰明确、特色鲜明。高等院校、马普学会、亥姆霍兹联合会以及莱布尼茨联合会是德国基础研究的主力军，但职能定位、研究领域却互为补充，有效避免了重复研究[17]。弗劳恩霍夫协会和企业则主要从事应用和开发研究，致力于科研成果转化。其中，企业是研究与开发成果向产品转移的成形阵地。

同时，德国国家创新体系中，各创新主体获得资助的渠道很多，形成了全方位的科技投入体系。这些资助渠道包括联邦政府和州政府、企业、各种非营利性基金组织以及欧盟研究计划等[18]。

四、主要经验与启示

（一）注重建设和优化国家创新体系，助力经济和科技持续发展

德国国家创新体系定位清晰、较为稳定，并且结构完整、分工明确，能够将基础研究与应用开发有效紧密结合，推动经济持续快速增长。其中，政策决策和管理层制定各项经济政策和法律法规，定期组织政府、企业、科技部门的创新对话，推进各大研究中心与企业及其他主体的基础研究和应用研究与开发合作，发挥协同效用，增强科研体系灵活性。咨询与协调层促进科研机构技术成果转化和应用，为企业提供法律、上下游企业配套支持、全球市场评估等全方位的创新创业服务。在创新主体层中，高等院校主要开展基础理论及应用研究，并为德国科学研究和经济建设培养后续人才；国立科研机构主要从事基础技术研究与开发与推广应用研究，提升国家与区域科研竞争力，为科技发展、技术推广应用和经济建设服务；企业重视技术创新，加速科技成果转化，提高产业的生产力和市场竞争力。

（二）高度重视教育体制创新，助推德国实现现代化

第二次世界大战后一度窘迫的经济和社会状况并未使德国放弃优先发展科技与教育，相反却将科教兴国作为重振经济和促进文化转型的基石，高度重视科学、技术和教育对经济增长的贡献。从初等教育普及到公共教育与教会分离，从中等教育由贵族阶层向普通群众扩大，从科学家群体职业化的形成到洪堡与现代大学的建立，以及从高等教育的“大众化改革”到“双元制”职业教育体系的确立等一系列创新得以确立，德国向世人诠释了科技与教育对一个现代化国家的极端重要性，为后发国家跨越发展做出了表率。

德国通过改革高等教育办学模式，推动精英教育逐步转向大众化教育，扩大学校和在校学生数量；重视科学与工程技术学科，为科学与工程领域培养了大量专业人才；同时实施“卓越计划”与“精英计划”，培养大批高质量研究型人才，促进了德国大学的科技研究与学术创新。

为了培养产业技术人才，德国以法律法规的形式规范和保护“双元制”教育模式，形成以应用为导向、由企业和职业学校共同负责的格局，为德国的科技和

经济建设培养大批实用型人才，得到广泛认可。“双元制”教育由初中等职业学校和高等专科学校承担，前者以企业为主导，强调学习内容与企业实际相结合，教学模式以实践为主，并与其他教育模式互通，培养多样型人才；后者由学校主导，以应用为取向，紧密联系企业实际，采取灵活短学制模式，文凭与普通高校互通，教师教学能力强且实践经验丰富，重视国际交流与合作，积极资助学生出国研究和实习。

在德国的现代化过程中，教育发挥了重要作用。全民教育为德国培养了高素质的国民，特色鲜明的职业教育被誉为创造德国“经济奇迹”的“秘密武器”，高等教育给德国带来了创造和发明，智力成为这个国家最重要的资源。

（三）着力加强创新环境建设，支撑学术创新并扶持企业创新

希特勒政权时期，纳粹政府抛弃了德国大学自威廉·冯·洪堡以来奉行百余年的“科学、理性、自由”的原则，对学术界犹太人进行清洗，严重阻碍了德国基础研究和高等教育的发展，加速了世界科学中心向美国转移。第二次世界大战以后，德国政府汲取历史经验和教训重新开始注重创新环境建设。在学术创新氛围建设方面，德国秉承研究独立、学术自由的精神，保证大学和科研机构管理与学术上的自由性；支持科研人员和教职人员流动性任职，重视科研机构和大学的资源整合，保证科研活动的流动性和开放性；实行推动创新的收入分配政策，鼓励科研人员创业和科研成果转移转化；注重科学的有机性和整体性以及基础科学与应用科学的结合，强调多学科交叉和国际合作。

在企业创新扶持政策方面，政府将扶持中小企业提升到国家战略高度，注重完善中小企业公共服务体系；积极促进产业技术创新联盟及创新集群的发展，逐步扩大创新产业空间；重视区域协调均衡发展，制定出台一系列推动区域平衡发展的法律法规和多项针对性资助计划，支持东西部研究与开发合作发展；加速企业科研机构研究与开发成果市场化进程，帮助无研究与开发机构的企业能够迅速进行技术和产品创新；执行持续稳健的货币政策及全能银行制度，推出创新基金，为中小企业发展提供强大资金支持；制定国际合作综合配套措施，鼓励各科研主体与国际科研机构建立双边或多边合作关系，充分利用全球智力资源和重视国际科技合作成果的产业化，提升自身的创新效益和效率。

（四）弘扬精益求精的“工匠精神”，为“德国制造”品牌提供科技支撑

德国政府秉持质量第一的理念，引导塑造德国“工匠精神”，注重创新升级，将“德国制造”打造为当今享誉全球的高品质代名词和工业品牌。其主要措施如下：政府通过专利保护、知识产权制度以及企业私有化政策等，支持技术创新，使“德国制造”具有持续不断的技术优势；制定标准制度和组建标准部门，规范企业的规模化生产，保持“德国制造”产品质量的国际领先地位；运用投资和税收激励措施，为小企业提供融资集资便利和优惠；制定一系列的高技术发展战略，奠定德国科技和环保型制造业的发展方向；投入大量研究与开发资金和补贴，建立从基础理论到应用研究的一体化科研体系，支持产学研紧密结合；组建“德国制造”企业社会责任部门和行业协会，进一步指导和规划企业经营行为，监督企业社会责任的落实。

德国“工匠精神”的核心内容是精益求精，对德国 GDP 贡献率达 52% 的中小企业将这种精神发挥到极致。中小企业凭借自身优势，能够快速接近用户和市场，敏锐洞察市场需求，深入挖掘空白产业领域；重视技术创新和质量提升，提高产品的科技含量；积极与科研机构及大型企业合作，塑造“德国制造”品牌知名度，共同促进德国制造业的发展，推动“德国制造”品牌走向世界。

在精益求精的态度与准则之外，德国对理性与科学始终如一的充分尊重，日渐丰富成熟的人文精神与社会发展大局观，促使德国在跌宕起伏的历史进程中不断强化、巩固科技强国的地位。

研究编撰人员（按姓氏笔画排序）

王小伟　方在庆　刘　立　刘细文　张　琳　浦　墨　黄晨光

参考文献

[1] 德国科技创新态势分析报告课题组．德国科技创新态势分析报告．北京：科学出版社，2014.

[2] 方建文，李啸尘．科教文卫、体育、宗教与环保国际交流．国际事务领导全书·第5卷．北京：国际文化出版公司，2002.

[3] 方在庆．教研结合、同行评议与大科学规划——简论德国科学中的制度创新．科学文化评

论，2004，1（6）：56-74.
[4] 张先恩. 科技创新与强国之路. 北京：化学工业出版社，2010.
[5] 樊春良. 19 世纪德国的科学体制化. 自然辩证法研究，1996，(5)：45-50.
[6] 齐世荣. 精粹世界史——推动历史进程的工业革命. 北京：中国青年出版社，1999.
[7] 胡庆芳. 六大国教育趋势. 上海：华东师范大学出版社，2010.
[8] 赵柯. 德国在欧盟的经济主导地位：根基和影响. 国际问题研究，2014，(5)：89-101.
[9] 黄群. 联邦德国科技政策的演变. 科学管理研究，1989，(3)：13-17.
[10] 中华人民共和国科学技术部. 国际科学技术发展报告 2005. 北京：科学出版社，2005.
[11] 中华人民共和国科学技术部. 国际科学技术发展报告 2007. 北京：科学出版社，2007.
[12] 中华人民共和国科学技术部. 国际科学技术发展报告 2011. 北京：科学技术文献出版社，2011.
[13] 中华人民共和国科学技术部. 国际科学技术发展报告 2015. 北京：科学技术文献出版社，2015.
[14] 王喜文. 从德国工业 4.0 战略看未来智能制造业. 中国信息化，2014，(15)：8-9.
[15] 理查德·尼尔森. 国家（地区）创新体系比较分析. 曾国屏等译. 北京：知识产权出版社，2012.
[16] Wanka J. Federal Report on Research and Innovation 2016 (short version). https://www.bmbf.de/en/information-material.php? E=30987 [2017-07-03].
[17] 梁洪力，王海燕. 关于德国创新系统的若干思考. 科学学与科学技术管理，2013，(6)：52-57.
[18] 黄素芳. 关于德国科研及科研经费管理体制的思考. 经济师，2013，(01)：64-65.
[19] 梁洪力，王海燕. 创新体系：德国经济的“稳定器”. 中国对外贸易，2013，(5)：42-44.
[20] 克罗发，祖广安. 德意志研究联合会简介. 中国科学基金，1988，(1)：67-69.
[21] 孙殿义. 政府在国家科技创新体系中的作用——德国创新体系建设对我国的若干启示. 中国科学院院刊，2010，(2)：191-194.
[22] 吴建国. 德国国立科研机构经费配置管理模式研究. 科研管理，2009，(5)：117-123.
[23] 张明龙. 德国创新政策体系的特点及启示. 理论导刊，2008，(2)：108-109.

第五章　美国的科技强国之路

美国是当今世界第一科技强国，几乎在所有重要科技领域都保持全球领先。美国科技的全面崛起和长期领先与国家战略和经济支持密不可分。在国家战略的指导下，美国依靠强大的科技投入，吸引和培养大量的优秀人才，建立卓越的国家创新体系，不断取得世界一流科技成果，成就了其数十年来稳如磐石的世界第一科技强国地位。

一、美国的科技发展历程

美国建国只有短短200多年，却演绎了经济和科技发展的罕见奇迹，在不断变革和调整中，抢抓两次工业革命的历史机遇，走出了一条自己的发展道路。与德国共同引领第二次工业革命，成为世界头号经济强国，科技发展进入世界领先行列；抓住第二次世界大战的历史机遇，独领第三次工业革命和新科技革命的风骚，科技全面崛起，成为世界第一科技强国，并长期保持全球领先地位。

（一）1861年以前：科技事业奠基时期

1861年美国内战爆发以前，影响美国科技发展的重要事件主要包括按照英国大学的模式建立美国早期高校，学会体制奠基和专利制度建立等。

美国的高等教育发端于哈佛学院（1636年，哈佛大学的前身）。从哈佛学院创建到美国独立前的100多年中，又有耶鲁大学（1701年）等8所大学相继按照英国大学的模式建立，但主要以培养绅士和牧师为目的。1776年的独立战争为美国高等教育的发展开辟了新的前景。《独立宣言》的起草者托马斯·杰斐逊指出：必须扩大人民受教育的机会，增加人民对公共利益的理解和对社会政治生活进行有效参与的必要素质准备，从而把教育同美国这一新兴国家的建立与发展联系在一起[1]。

1742 年，美国杰出科学家本杰明·富兰克林在费城创办“科学爱好者俱乐部”，后扩大改称“美国哲学学会”，其学术活动奠定了美国学会体制的基础。1848 年，在地质学家和自然学家协会的基础上，杰斐逊政府首次组织了大规模科学考察计划，为科学活动拨专款，承认科学研究的自主性，为政府①组织和开展科学活动打下了基础[2]。

科学爱好者俱乐部

1742 年，美国杰出政治家、外交家、物理学家及发明家本杰明·富兰克林（Benjamin Franklin）在费城创办“科学爱好者俱乐部”。“科学爱好者俱乐部”人才济济，如乔治·华盛顿、托马斯·杰斐逊等伟大人物和一些著名科学家都曾是该学会会员。该俱乐部后扩大并改称“美国哲学学会”（American Philosophical Society，APS）。APS 作为美国的最高学术研究机构，多年充当了事实上的全国科学院的角色。

把建立专利制度促进技术进步作为政府的职责写入宪法，是美国最早的科技政策。1787 年《美国宪法》规定：“通过保障作者和发明者对他们的作品和发现在一定时间内的专有的权利，来促进科学和有用艺术的进步。”根据宪法，1790 年 4 月制定了第一部保护专利权的法律《美国专利法》，并于 1802 年 10 月成立了联邦专利局[3]，从而保证了创新者的基本权益，提高了科研人员创新的动力和积极性。

（二）1861–1914 年：科技事业初步崛起时期

从内战到第一次世界大战爆发，美国科技事业初步崛起[4]。这一时期的重要事件包括《莫里尔法案》[5]出台，美国迎来高等教育发展的第一次大跨越；依法建立了国家科学院和国家标准局；在政府系统内建立了以农业部下属机构为代表的研究单位；出现了将科学应用于技术的美国早期工业研究实验室；援助研究的私人基金会兴起。

① 美国政体为联邦制，各州有相当大的独立性和自主权，但在科学技术活动中，州政府所起的作用与联邦政府远远不能相比。本章下文中出现的“政府”如无特别说明均指“联邦政府”。

莫里尔法案

为了使教育适应农业经济发展的需要，美国国会1862年颁布《莫里尔法案》（又称《赠地学院法案》），规定由政府赠地支持美国各州兴办一两所高校（又称“赠地学院”，依照每州参加国会的议员人数每人拨给3万英亩①土地），除了经典的文理教学之外，还应至少包含面向农业和工业的新学科。1890年，国会通过第二个《莫里尔法案》规定，政府对已建立的赠地学院提供年度拨款（每年对每所赠地学院拨款最低限度为1.5万美元，以后逐年递增，最高限额为2.5万美元），以保证其具有充足财力正常运行。

《莫里尔法案》的出台，使美国开始出现州立大学、学院和研究机构等各类机构共存，政府、企业、民间等多种科研经费共同投入的新局面，为美国的未来发展奠定了科学、技术、工程和教育基础。

1865–1910年，在《莫里尔法案》的影响下，美国数百所大学如雨后春笋般涌现。例如，以农工学院为特色而起家的康奈尔大学（1865年）；美国第一所研究型大学——约翰·霍普金斯大学（1876年），在保留大学本科部的同时设立了研究生院，加开研究生课程，设立博士学位；还有克拉克大学（1889年）、斯坦福大学（1891年）和芝加哥大学（1892年）等借鉴约翰·霍普金斯大学的办学经验相继在这一时期建立。

1863年，美国依法建立国家科学院，主要职能是应美国政府各部门要求，对科学和艺术的各学科领域进行调查并提出报告。1901年，依据《国家标准局机构法案》，美国建立国家标准局（后来为国家标准与技术研究院），旨在通过制定标准来促进本国工业的发展和阻止可能影响本国利益的进口，并最终在全国统一了合法的度量衡。

这一时期，政府系统内开始建立研究单位。1862年，成立联邦政府农业司（1889年更名为农业部），主要职能之一就是开展科学研究活动。19世纪末至20世纪初，农业主管部门逐步建立附属研究机构。例如，1890年成立气象局，1891年成立林务局，1901年成立化学局，1910年成立贝尔茨维尔农业中心[6]。

① 1英亩≈4046.86平方米。

从 1872 年托马斯·爱迪生建立第一个工业研究实验室开始，工业研究实验室在美国陆续出现，与当时少数大学实验室以及政府实验室共同构成这一时期的国家创新体系，但这些不同类型的实验室较为分散且不受政府权力约束。第一次世界大战后，主要由独立法人实验室组成的体系有所发展，并成为在第二次世界大战期间建立的国家创新体系的基础[7]。

托马斯·爱迪生（Thomas Edison，1847－1931 年）：美国著名发明家、企业家。他一生的发明共有 2000 多项，拥有专利 1000 多项。他发明的留声机、电影摄影机、电灯对世界产生了极大影响。他还是“发明工厂”体制模式的创建者。1872 年，他在明洛公园建立了美国第一个工业研究实验室，从而把科学研究与生产技术从组织上统一起来。其留下的这一“发明工厂”体制进一步发展形成后来得到普遍推广的“工厂中心实验室”体制。

19 世纪末 20 世纪初美国兴起私人基金会，较大的有 20 多个。其中，钢铁大王安德鲁·卡内基 1902 年建立的卡内基研究院，旨在广泛资助探险、研究、发明及知识的应用，以改善人类生活。1913 年在纽约注册成立的洛克菲勒基金会，则以“促进全人类的幸福”为宗旨[8]。

（三）1914–1940 年：科技事业的短暂低潮与迅速恢复时期

从第一次世界大战到第二次世界大战前，科技的军事意义在美国得到高度重视，政府建立了国家航空咨询委员会［国家航空航天局（NASA）的前身］和海军咨询委员会，强化军事科研，扩大政府组织科学研究的权限。

第一次世界大战暴露出美国航空业明显落后于法国、德国等国的状况。为了国家安全和发展航空技术，国会于 1915 年批准建立国家航空咨询委员会，这是美国政府建立的第一个军事研究机构。同年，海军也建立了海军咨询委员会。

1929 年，华尔街股灾引爆经济危机，美国科技经费大幅削减。1935 年，富兰克林·罗斯福总统推出罗斯福新政，开始援助科技事业。政府成立了科学顾问委员会，加大了对医学、农业科技、经济学等研究领域的支持，还以紧急援助的形式向大学学生提供了多种援助。罗斯福新政成功化解困境，政府和工业界科技经费回升，挽救了新兴的全国科技体系。此时，第二次世界大战逼近，军方也要求强化军事科研。政府大规模组织和动员全国科技力量，为美国应对第二次世界大战做准备[4][9]。

（四）1940 年至今：科技全面崛起与保持强盛时期

以第二次世界大战为契机，美国科技全面崛起并一直保持强盛至今。第二次世界大战及战后初期是美国科技发展的黄金时代。依托前期积累形成的强大经济实力、雄厚科技与教育根基以及基本成型的科技创新体系，在第二次世界大战的影响下，美国迅速成为世界第一科技强国。这主要源于三方面因素：战争给美国带来大量财富，美国得以投入巨资进行研究与开发，特别是军事研究与开发，启动了以“曼哈顿计划”等为代表的一批大型研究计划；战时美国的人才战略（对知识难民提供优先入境、“阿尔索斯突击队”① 等）和自由民主的环境，吸引了大批科技人才涌入美国；吸收国外先进科技成果，包括大量获取和吸收德国科技成果，以军援换取英国原子弹研制技术、雷达技术和青霉素技术等。

曼哈顿计划

第二次世界大战期间，美国政府启动了以制造核武器为目标的大型研究计划——“曼哈顿计划”。该计划历时 3 年，耗资 20 亿美元，共集聚了 15 万名科技人员，涉及从基础物理到制造加工的各个领域，其中做出重要贡献的科学家以阿尔伯特 · 爱因斯坦、恩里科 · 费米、尼尔斯 · 波尔、理查德 · 费曼、冯 · 诺依曼、罗伯特 · 奥本海默、吴健雄等为主要代表。1942 年 12 月，在恩里科 · 费米的指导下，芝加哥大学建成世界上第一个实验型原子反应堆，成功地进行可控的链式反应；1943 年春，在罗伯特 · 奥本海默的领导下，洛斯阿拉莫斯实验室开始研制原子弹；1944 年 3 月，橡树岭工厂生产出第一批浓缩铀 235；1945 年 7 月，第一颗原子弹装配完成并试验成功。

“曼哈顿计划”标志着现代科学和教育背景下的“大科学”时代的真正来临。该计划的实施，意义重大，影响深远，不仅成功制造出人类历史上第一颗原子弹，而且也为美国留下了一笔宝贵的财富，即由大学或企业代管的国家实验室，同时还促进了第二次世界大战后系统工程的发展。

---

① 第二次世界大战后期美国成立的一支间谍部队，是美国最早的猎头组织，其任务是抢在其他国家特别是苏联之前寻找德国、意大利的优秀科学家，同时收集技术情报。

冷战期间，美国政府对科技的投入主要集中在国防科研和基础研究上。政府更为重视发展科技，科研经费大幅度提高，尤其是与国防有关的科研项目备受重视。美国国防部1960年的科研经费几乎是当时世界所有国家研究与开发经费总和的1/3[10]。为与苏联争霸而提出的“阿波罗计划”投入空前，创造出了许多影响人类社会的重大科技发明。总而言之，这一时期美国对国防科研的大规模投入，带动了国家整体科技水平的提高，民用科技作为副产品也获得了长足发展，形成了典型的军转民科技政策[11]。

阿波罗计划

20世纪60年代，由美国国家航空航天局（NASA）实施的迄今为止执行的最庞大的月球探测计划，耗资240亿美元，高峰时期动员40万人。1969年7月，阿波罗11号载人飞船实现了人类首次在月球上着陆并成功返回地球，成为人类科技发展史上的伟大壮举。“阿波罗计划”详细揭示了月球表面特性、物质化学成分、光学特性，并探测了月球重力、磁场、月震等。

“阿波罗计划”导致美国在当时前后10年间研究与开发投入达到前所未有的高度，并带动了太空生物医学、核技术、系统工程学、计算机模拟技术等的巨大进步。该计划留下的巨大遗产——国家航空航天局下辖的航天研究与开发中心，成为美国主要的科研国家队。

冷战后期开始，美国的科技政策从主要服务于军事目的转为强调科技与经济的结合。政府进一步加强与企业界的联系，组织产业合作研究与开发并建立新型合作研究与开发体系；先后出台了“人类基因组计划”（1990年）、“信息高速公路计划”（1993年）和“国家纳米技术计划”（2000年）等重大综合性研究与开发计划。美国的科技事业再一次取得大发展。

人类基因组计划

“人类基因组计划”是人类为了探索自身奥秘所迈出的重要一步。该计划由美国首先发起，美国能源部和美国国立卫生研究院联合主持，总体目标是通过国际合作在15年内投入30亿美元、完成人类全部24条染色体的核苷酸序列分析。

1990 年，“人类基因组计划”正式启动，美国、英国、法国、德国、日本和中国共同参与了这一计划。2003 年 4 月，六国协作组联合宣布人类基因组序列图绘制成功，该计划的所有目标全部实现。

金融危机之后，同全球其他主要发达国家做法类似，美国更加强调面向创新和经济增长的科技发展战略。贝拉克·奥巴马总统首次正式提出“美国创新战略”概念，并于 2009 年、2011 年和 2015 年 3 次发布《美国创新战略》，持续强化科学、技术与创新服务经济增长和就业的宗旨。贝拉克·奥巴马当政时期，美国建立了能源前沿研究中心、能源高级研究计划局和能源创新中心等创新的能源研究与开发机构和体制，大力推进制造业创新研究所建设，在新能源和先进制造等领域实现了更快、更高的跨越发展[12]。

美国制造业创新研究所

2008 年全球金融危机爆发以后，奥巴马政府提出了“再工业化”和“重振美国制造业”战略目标，以重点培育发展高端先进制造业新增长点，抢占新一轮科技发展的制高点。2012 年 3 月，政府出台了与企业、大学、社区共建“国家制造业创新网络”的计划，由联邦政府出资 10 亿美元，在 10 年内建立 15 个制造业创新研究所（IMI）。2013 年，政府根据形势发展又提出 10 年内建立 45 个制造业创新研究所、组成国家制造业创新网络、布局未来制造业创新增长点的倡议。

制造业创新研究所的主要职能包括进行先进制造领域新技术的应用研究和示范；在各层面开展教育和培训工作；发展创新的手段方法，以提高供应链的整合能力和扩大整个供应链的容量；鼓励中小型企业参与；共享基础设施。

在项目启动后的 5–7 年，各制造业创新研究所将获得联邦政府7000万–1.2 亿美元不等的资金支持，但联邦政府的资金支持将逐年递减，之后这些机构必须完全依靠自筹资金运行，以便尽早摆脱对联邦基金的依赖。

2017 年初，唐纳德·特朗普入主白宫后发布了他的第一份联邦政府预算，经费分配与优先领域调整贯彻了其所强调的“美国优先”原则（重点表现在重国防、轻民用，重国内、轻国际），不但削减应用研究与开发计划，而且大幅裁减基础研究、新能源、环境和气候变化等领域的经费。特朗普科技政策对美国未来的科技发展会产生什么影响，尚有待观察。

二、美国的国家创新战略与举措

第二次世界大战以前，美国的科技发展以政府不干涉为特征。科技主要由企业或私人机构推动，政府没有出台国家科技计划，研究与开发投入也很少。从第二次世界大战开始，为适应当时的国内外政治、经济、社会和科技环境，美国才开始出台国家科技发展战略，推动科技创新不断发展。

分析和梳理第二次世界大战以来美国科技政策和创新体系演变的历史轨迹，可以看出：美国的科技与创新战略选择虽然在一定程度上受到不同总统个体偏好及其所代表的利益集团的影响，但总体而言，从政府为军事目的进行规划，到开始支持民用技术的发展，到为增强经济竞争力进一步强化技术政策，再到全面设计科技与创新政策，政府的作用不断扩大和强化。从资助策略看，美国经历了从初期的军需主导、为国防而科学（民用技术作为副产品效应）和以基础研究为主，逐步演变为致力于发展军民两用技术，乃至强化民用技术、发展关键核心技术这样一个总体演化方向和路径。

（一）军需主导的科技政策及政府支持基础研究责任的确立

美国的科技政策以第二次世界大战为历史转折点。战争将科技特别是研制新式战略武器提升到重要地位，加之科技规模日益扩大，逐步发展形成“大科学”，迫切需要从国家层面对科技进行宏观规划和调控，因此形成了与此前基础研究以民间支持、自由发展为主明显不同的特点。政府开始重视对科技研究与开发特别是军事研究与开发和基础研究的支持，并加强对科技的规划和投入。

由于战争需要，美国政府新设许多研究与开发机构，并开始建立任务导向的军事和国防技术研究与开发体系。1940 年，美国建立了国家防务研究委员会（NDRC），旨在征召科学、工程研究和工业的力量。NDRC 开辟了“合同制联邦主义”（federalism by contract），其实质就是政府自己不设立研究机构，而是通过签订研究合同的方式，把科学研究任务下放到大学或私营公司。这一政策对美国后续的科技发展产生了很大影响。1940 年，美国政府 70% 的科研工作由政府所属研究机构完成，而到 1944 年，70% 的政府科技项目由政府之外的机构承包完成[13]。1941 年，美国成立了由万尼瓦尔·布什担任主任的科学研究与开发办公室（OSRD）——美国在第二次世界大战期间的全国科学研究的总指挥部，领导完成了著名的“曼哈顿计划”。1950 年，美国建立国家科学基金会（NSF），承担政府对基础研究的资助职责[14]，成为美国科技决策管理体系形成过程中的又一重大事件。在上述机构筹建的过程中，万尼瓦尔·布什居功甚伟，其在 1945 年发布的著名报告《科学——没有止境的前沿》中所阐述的科技管理理念，长期成为美国科技政策的重要指导思想。

这一时期美国政府的主要科研领域为国防技术、空间技术和卫生研究。除了增加对基础科学的投资外，政府还开始实行将核能转向民用的技术政策。国会设立了原子能联合委员会以监督核政策，随后政府建立了原子能委员会（能源部前身）以执行核政策。国家实验室得以快速发展壮大。到第二次世界大战结束时，美国已基本形成了以在洛斯阿拉莫斯、新墨西哥、奥克里奇和田纳西等地的国家实验室为主体的国家实验室体系。

科学——没有止境的前沿

1944 年 11 月，第二次世界大战即将结束，美国总统富兰克林·罗斯福向时任国家科学研究与开发办公室主任的万尼瓦尔·布什写了一封信，提出战后如何将服务战争的科技转为民用、如何继续通过科学研究提高人类向疾病做斗争的能力、政府如何帮助公立和私立机构的研究活动、如何发现和培养美国青年的科学才能等 4 个问题，希望其给出建议。

1945 年 7 月，由于罗斯福总统已经辞世，万尼瓦尔·布什向继任总统哈里·杜鲁门提交了著名报告《科学——没有止境的前沿》，成功回答了罗斯福总统的问题，系统阐述了科学的重要性，总结出 3 条历史经验：其一，基础研究是为实现国家特定目标而进行应用研究和发展研究的基础，在美国最适宜基础研究开展的是大学体制。其二，与工业界和大学签订研究合同与提供研究资助金的制度，是政府支持科技行之有效的手段。其三，政府吸收科学家作为顾问和在政府中设置科学咨询机构，能使总统和政府作出准确有效的科技决策。报告同时建议成立国家科学基金会以承担政府对基础研究的资助职责。该报告对美国及世界其他国家制定科技政策产生了重要和深远的影响。

（二）强化科技决策、管理与咨询机构建设，扩大政府作用

第二次世界大战以后，美国政府对科技发展的促进作用继续扩大，政府既支持基础研究，又通过政府部门和机构实施国家科技计划，还以工业界为主体促进实现产业化[15]。政府研究经费急剧增加，1957–1967 年增长了 4 倍。企业和大学的研究与开发都有突飞猛进的发展，逐渐在美国科技创新体系担任重要角色。

美国政府通过设立相关部门进一步强化了科技决策、管理与咨询机构建设[9]。1957 年 11 月，德怀特·艾森豪威尔总统任命了直属总统的科技特别助理，并成立了由其领导的总统科学顾问委员会（由原隶属于国防动员局的科学咨询委员会改组而成）。1958 年，成立国防高级研究计划局（DARPA）[16]，同年根据《航空宇宙法》将国家航空咨询委员会及其研究所合并为国家航空航天局。1959 年，成立以政府各部首脑为成员的科技最高决策与协调机构——联邦科技委员会（FCST）。1962 年，成立内阁级别的科技办公室（后于 1976 年更名为科技政策办公室），同年增设专门对重要科研活动进行权威性评价的机构——政府关系委员会（一年后更名为科学与政府委员会）。1964 年，成立美国国家工程院（NAE），负责为全国重大的工程技术问题提供咨询和制定科技政策。1970 年成立国家医学院（NAM）。同期，不少政府部门还专门设立部长级科学官员，来统筹领导本部门的科研工作。

国防高级研究计划局

美国国防高级研究计划局（DARPA）成立于 1958 年，当时名称是高级研究计划局（ARPA），负责研究与开发用于军事用途的高新科技，负有保持美国军事科技处于领先的使命。1972 年 3 月改为国防高级研究计划局，成为

国防部长办公室下辖的一个相对独立的机构。1993 年 2 月，威廉·杰斐逊·克林顿总统在其战略白皮书中又将国防高级研究计划局改回高级研究计划局，理由是技术发展必须为增强经济和商业竞争力服务，以塑造经济更为强劲发展的技术基础。1996 年 2 月，又被重新改名为国防高级研究计划局。

国防高级研究计划局虽归属于国防部，但却独立于各军种，与美国陆、海、空三军都是客户关系，并不以满足军方的现实需求为目标，而是以感知军方的未来潜在需求而著称，在牵头组织多军种联合科研计划，安排、协调和管理跨军种科研项目方面发挥重要作用。凭借着独立评估需求所收获的对前沿技术的高度敏感性，辅之以科学的管理模式、高效的执行机构及严格的评审机制，国防高级研究计划局锁定了许多高风险、高价值、高收益的项目，产出了互联网、UNIX 操作系统、激光器、全球定位系统等一大批颠覆性技术和重要创新成果。

鉴于中小企业在技术创新和经济发展中所起的特殊作用，美国 1953 年通过《小企业法》，并建立小企业管理局，承担对高科技中小企业银行贷款提供担保的职责。1958 年颁布《中小企业投资法》，并出台“小企业投资计划”，一些小型投资公司可以向小企业管理局借到 3 倍于自身资产的贷款，并享受低息及税收优惠。

这一阶段的政府采购政策在培养创新产品市场和推动技术商业化方面起到重要作用。通过大量政府采购，从供给和需求两个环节支持了一批重大技术的开发，带动了产业发展。在集成电路开始发展的 20 世纪 60 年代，政府购买集成电路产品数量一直占企业全部产量的 37%－44%。另外，在硅谷成立初期，其订单约有 1/4 来自政府[17]。这一时期政府用于国防的研究开发投资占 50%－60%，用于空间技术的占 10%－15%，用于原子能开发的占 5%－10%，15%－20% 则在非目的性基础科学、农业和卫生等领域进行分配[18]。

这一时期，美国国家创新体系的结构和任务基本成型，并被置于政府权力之下，主要包括如下几方面：①数百个大型工业研究实验室开始为本公司或为支持政府在防御和应用技术方面的任务而开发技术。②几十个大型国家实验室支持武器系统、原子能及其相关领域的科技开发。③成千个以技术为重点的小实验室或公司试图开发新的突破性技术。④数百个联邦实验室在执行采矿、农业等领域的应用研究任务。⑤数百所研究型大学承担了数千个研究项目，主要是研究者的个人研究兴趣或科学、工程与医学等基础领域的研究任务。

（三）以增强经济竞争力为目标，促进政府与工业界形成合作关系，加快技术成果的转移转化

20世纪70年代的石油危机和70年代末的经济下滑让美国开始认识到，日本和欧洲已成为其在经济竞争方面的真正对手。美国朝野开始对战后科技政策进行反思，从而迎来了以增强经济竞争力为目标的科技政策修正时期。

这一时期美国科技政策的重要变化如下：将科技政策作为振兴美国经济的政策要点之一，强调科技与经济的结合；政府致力于组织产业合作研究与开发，并建立新型合作研究与开发体系，如半导体制造技术科研联合体（SEMATECH）；强化竞争力目标，积极推动政府资助的研究开发成果向市场转化。

产学研合作和技术转移在密集出台的法律、法规的刺激与引导下得到增强。1980年颁布的两个里程碑式的法案——《大学与小企业专利程序法》（即《拜杜法案》）和《史蒂文森-怀德勒技术创新法》，试图建立公共与私人部门之间的合作伙伴关系，以促进研究成果商品化。前者的核心是将政府资金资助的科研成果的专利权归属于成果所在研究机构；后者则将技术转移明确规定为联邦实验室的任务，要求在联邦实验室内成立研究与技术应用办公室来评估技术的商业潜力，并要求商务部和国家科学基金会成立相关工业技术机构，以支持技术和工业发明。

美国半导体制造技术科研联合体

20世纪70年代后期开始，日本公司在半导体市场所占份额不断增加，逐渐威胁到美国的全球地位。1987年，美国仿效日本组织大规模集成电路技术合作研究的经验，由美国国防科学委员会和美国半导体协会共同牵头建立了半导体制造技术科研联合体，开启了政府组织产业合作开发的模式。该联合体经费一半由成员公司提供，另一半由联邦政府提供，研究成果由各成员公司和政府共享。联合体由13家美国公司组成，到1995年，帮助美国半导体企业重新夺回世界第一的市场地位。

1982 年美国国会通过《小企业创新发展法案》，以鼓励中小企业提高技术水平，加大创新力度，推进技术创新成果的转化。根据该法案，政府有关部门相应设立了“小企业创新研究计划”，要求年度研究与开发经费超过 1 亿美元的所有政府机构须将研究与开发经费的一定比例（该比例当时定为 0.2%，执行到第 6 年时提高到 1.25%，1997 年以后提高到 2.5%）竞争性地授予雇员人数少于 500 人的小企业[19]。通过激励小企业的技术创新，调动小企业参与创造、发明、研究和开发的积极性，从而推动政府资助的研究开发成果向市场转化。

1986 年美国《联邦技术转移法》授权联邦实验室与公司、大学和非营利机构达成合作研究与开发协议，将技术转移规定为联邦实验室科学家及工程师的一项责任，并将其纳入绩效评价范畴。

政府在整个 20 世纪 80 年代持续增加了对研究与开发的投资，并对所支持的项目开始采用新的评价标准，主要考虑对工业的影响和对竞争力的贡献。工业界为了提高自身的竞争力，也加强了对研究与开发的投入。80 年代初，工业界用于研究与开发的支出自 1939 年以来首次超过了政府。同期，国家科学基金会明确资助重点转向国家应用需求背景的基础研究，以促进国家经济、科技和各项事业发展。随着这种转变，国家科学基金会预算有了显著增长，其在政府行政部门和立法部门中的地位大大提高。

（四）发展军民两用技术和民用技术，并致力从顶层建构基于国家目标的统一科学、技术与创新政策

20 世纪 80 年代末以来，美国科技与创新政策的主要特征是，促进军民两用技术和民用技术（以往是军转民，强调民用副产品效应），特别是关键技术的发展，以满足国家需求，提高美国工业竞争力；以服务于国家目标为宗旨，出台若干联邦政府级的跨部门、综合性大型研究与开发计划，并强化对科技与创新政策的顶层设计和部门间协调。

1. 促进军民两用技术和民用技术的发展

在国会的推动下，1988 年罗纳德 · 里根总统签署《综合贸易与竞争法案》，授予商务部管理民用技术的权力，将国家标准局改名为国家标准与技术研究院，赋予其“协调工业技术政策和鼓励私营部门技术创新”的使命[20]。同时，决定

由商务部组织实施政府和产业界共同投入、旨在促进高技术产业化的“先进技术计划”（ATP），以进一步密切政府与产业界的合作伙伴关系，增强企业的技术竞争力。《综合贸易与竞争法案》的出台，迈出了支持通用工业技术发展的第一步，标志着美国技术战略雏形的出现。

在美国经济出现衰退的背景下，布什（老布什）政府（1989－1993 年）开始将技术战略落实到政策和行动上。1990 年，老布什政府正式启动“先进技术计划”，推行关键技术发展战略，重点支持那些能够促进美国经济增长、提高美国工业竞争力，但技术风险较高、仅靠私营企业本身难以独立承担的技术研究与开发项目。1992 年又推出“技术再投资计划”（TRP），成为美国发展军民两用技术的重要里程碑。该计划要求每年从国防研究与开发预算中拨出 10% 用于民用研究，逐步把军事研究和民用研究经费比例调整到 1∶1；明确政府和私营企业共同出资来开发军民两用技术，促进国防技术向民用技术的转移。许多原本专门从事国防研究的国家实验室转而加强与工业界的合作，共同研究开发民用产品和技术。

克林顿政府（1993－2001 年）更加重视民用研究，主要采用的促进措施如下：提高政府用于民用技术研究与开发的经费比例，大幅度增加对“先进技术计划”的投入；将五角大楼所属国防高级研究计划局改名为高级研究计划局，使其工作侧重民用研究。1993 年，政府在《促进美国经济增长的技术，增强经济实力的新方向》报告中提出，将政府的研究与开发预算重新集中，系统地加强美国的产业竞争力，在电子、汽车、能源和环境、先进运输等部门建立与工业界的合作伙伴关系。1994 年 4 月，政府决定在 5 年内重点扶持 5 个特定技术领域的发展，从而首次将技术扶持重点由以往的具体项目扩大到整个技术领域。

奥巴马政府（2009–2016 年）继续支持关键核心技术的研究与开发，以推动技术创新，实现可持续增长和高质量就业目标。2011 年政府提出“21 世纪大挑战”计划，对美国关键技术创新目标进一步细化，试图通过新一轮技术革新实现产业升级。

2. 以科技服务于国家目标为宗旨，强化科技与创新政策的顶层设计

老布什政府 1990 年公布《美国的技术政策》，是政府制定的第一项全面技术政策，首次把加强和支持工业研究与开发纳入国家技术政策[21]。克林顿政府 1994 年发布《科学与国家利益》[22]、1996 年发布《技术与国家利益》[23]，强烈

体现了科技服务于国家目标的宗旨，成为政府对新时期美国科技政策的总体设计。

2006年1月，乔治·沃克·布什（小布什）总统在其国情咨文中公布“美国竞争力计划”(ACI)，以通过科技促进美国经济发展及提升国家竞争力为目标，大幅度提高了支持物质科学研究的关键联邦机构的预算[24]。该计划是美国国家层面对其总体科技政策和发展战略的又一次宏观设计。

美国竞争力计划

数十年来，美国在生命科学领域已形成强大的优势，相比之下物质科学则相形见绌。美国过去对物质科学的投入不足造成物质科学进展缓慢并成为束缚其他学科（生命科学、半导体、先进材料、能源）进一步发展的瓶颈。2005年10月，美国科学院发表《站在正在聚集的风暴之上》报告，建议通过加强美国的研究和教育系统来确保国家经济的健康发展，同时呼吁联邦政府加大对科学研究特别是物质科学和工程的投入。2006年1月，小布什总统在国情咨文中宣布“美国竞争力计划”（ACI），10年累计投入超过1360亿美元，主要用于增加研究与发展投资、强化教育，以及鼓励创业者和创新。该计划的具体目标和内容是，大幅度增加资助物质科学与工程领域基础研究的关键联邦机构（国家科学基金会、能源部科学办公室、商务部国家标准技术研究院）的研究拨款，10年内达到预算翻番；改革研究与实验税收信贷，使其具有永久性；强化K–12数学与科学教育；支持满足增长经济所需要的移民制度的全面改革，增强美国吸引和留住全球优秀高技能劳动力的能力。

注：K–12是美国基础教育的统称，是指从幼儿园到12年级的教育。K–12中的“K”代表kindergarten（幼儿园），“12”代表12年级（相当于中国的高三）。

奥巴马政府进一步加强了对科技与创新政策的顶层设计，于2009年、2011年和2015年三次出台《美国创新战略》，持续强化科学、技术与创新服务于促进经济增长和就业保证目标的宗旨。其中，第三次创新战略在以往创新战略基础上，将移民政策纳入创新要素，提出放松对高技术人员在“绿卡等待期”的管制，清除国外创业者在美国创业的路障，以留住优秀留学生和工程师。同时，提出了先进制造、精准医疗、脑科学计划、先进汽车、智慧城市、清洁能源和节能技术、教育技术、太空探索和高性能计算等九大优先领域。

3. 克服科学研究战略目标和研究计划的部门分割

冷战时期，美国政府各部门都有各自的预算优先领域和发展重点，相互之间缺乏沟通，科学研究战略目标管理存在严重的部门分割现象。为此，克林顿政府一方面于1993年建立国家科学技术委员会（NSTC），由总统亲任主任，集中了副总统、总统科学顾问以及政府与科技有关的各主要部门的全部首脑，以加强政府每年研究与预算的管理，统一调度政府各部门的科研经费，协调所有部门在研究与开发方面的工作；另一方面，在各部门研究计划的基础上，增加了若干政府级的跨联邦政府部门、跨学科、综合性大型研究与开发计划，以克服研究计划的部门分割，如“国家纳米技术计划”[25]“网络与信息技术研究与开发计划”“气候变化科学计划”等。这些计划的实施，标志着冷战结束后真正意义上的美国国家级研究计划的正式确立，对于满足国家重大需求、统筹和强化国家优先领域发展、补充政府各部门的常规研究与开发预算，起到了很好的作用。

三、美国的国家创新体系及特点

随着政府和企业不断加大研究与开发投入，以及《拜杜法案》《史蒂文森-怀德勒技术创新法》《联邦技术转移法》《小企业创新发展法案》等的相继出台，美国逐步建立和完善了支持军民融合、技术转移和促进中小企业发展的制度体系，形成了联邦研究机构、大学、企业和非营利科研机构四大创新执行主体有效协作，政府加以积极规范和有效引导的先进国家创新体系（图5-1）。

（一）美国国家创新体系的构架

美国实行三权分立制度，立法、司法、行政对全国的科技活动都有着程度不同的干预和影响。政府没有对科研活动进行统一决策的管理机构，但政府各个部门大都有涉及科技的管理机构。作为立法机构，国会两院也有相应的科技决策与咨询机构，影响有关科技立法工作[26]。

美国宪法规定，行政权属于总统。在科技发展方面，总统具有国家科技活动的最高决策权与领导权。总统下设总统科技顾问和白宫科技政策办公室

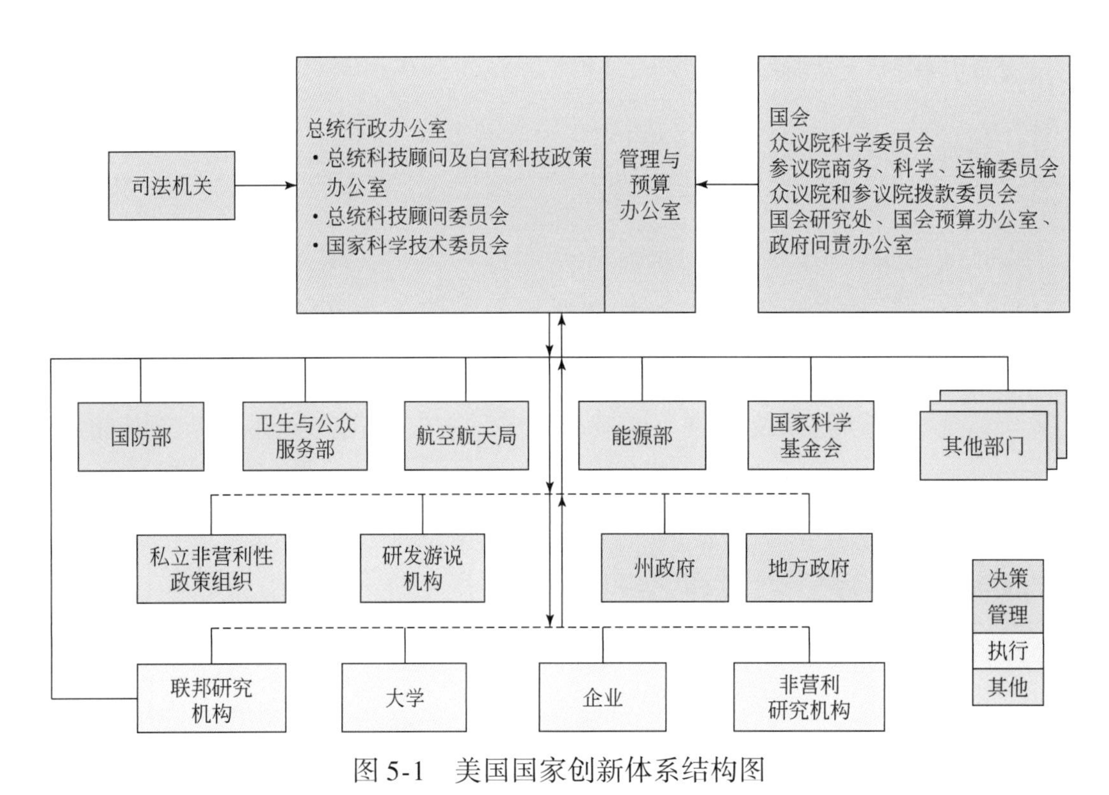

图 5-1　美国国家创新体系结构图

注：资料源自 ERAWATCH Country Report United States 2012，https：//rio. jrc. ec. europa. eu/en/library/erawatch-country-report-united-states-2012。

（OSTP），协助总统处理全国科技工作。由总统科技顾问兼任主任的白宫科技政策办公室，在政府制定科技政策、计划和项目时向总统提供分析判断，并提出经费分配的建议。

由总统直接任命的总统科技顾问委员会（PCAST）的成员主要来自产业界、教育界、研究院所及非政府机构。除了负责向总统提供科技咨询，其在与私营部门协调过程中也发挥重要作用。国家科学技术委员会（NSTC）是总统协调政府科学和技术政策的机构，其重要使命之一是明确国家科技发展目标，并负责制定跨部门的研究与开发战略，制定相应的综合投资计划。总统科技顾问委员会与国家科学技术委员会在推动科技发展方面相辅相成。国家科学技术委员会从政府的角度制定符合国家利益的科技发展计划，而总统科技顾问委员会则从民间、私营及非政府的角度提供关于这些科技计划的反馈意见，并就事关国家发展的重大科技问题提出建议。

美国政府共有 14 个部和 130 多个独立机构。其中有一些与科技关系非常直接和密切，包括国防部、能源部、国家航空航天局、国家科学基金会、国立卫生研究院、农业部、商务部（国家标准技术研究院）和国家环境保护局等。由于研究部门众多，如何确定政府的研究与开发预算和优先领域显得极为重要。管理与预算办公室（OMB）就承担这一重要使命。管理与预算办公室和白宫科技政策办公室通常会在制定年度科研预算时与各政府部门及科学界会商，确定优先领域和研究计划。

总体而言，政府从多个角度为创新执行主体提供条件、制度和环境支持：一方面积极投入研究与开发资金，另一方面从政策上对科技和创新进行扶持与引导。通过出台各种激励政策和计划为四大创新执行主体营造良好环境，积极推动互利合作，促进技术转移。

（二）美国国家创新体系各执行主体的定位及相互关系

美国国家创新体系中，四大创新执行主体相互之间形成分工互补的关系，其各自的职能如下：①联邦研究机构。包括政府直接管理的研究机构和政府出资委托大学、企业或非营利机构采取合同方式管理的研究机构。其中，前者主要从事一些重要技术的应用研究和少量的基础研究，后者主要从事国家战略需求领域的研究。②大学。主要在基础研究和自由探索领域发挥重要作用。③企业。开展应用研究和技术开发，也从事某些与技术前沿有关的基础研究。④非营利科研机构。包括州政府、地方政府、非政府组织或私人建立的研究机构，独立于政府、大学和企业之外，从事不以营利为目的的自然科学研究和政策研究，并对全国研究与开发起填补空白的作用。其中，联邦研究机构与企业、大学一起构成了美国科技创新的三大主力。

1. 联邦研究机构

联邦研究机构是美国创新的重要基地，包括联邦内部实验室（如 NIH 和 NIST 实验室）和各类联邦资助的研究与开发中心（FFRDCs）。它们在经费上主要依赖联邦政府支持，与政府的关系最为直接，并主要服务于国家目标，政府对其科研方向具有较强的引导和控制能力。

国家实验室是美国联邦研究机构体系的重要组成部分，是联邦政府在特定历史时期，根据当时的国家战略目标与导向建立的肩负“国家使命”的科研场所和设施，主要隶属能源部、国防部和国家航空航天局。美国国家实验室既包括由联邦政府及其组织机构统筹投资管理的实验室，也包括由其投资但委托大学或其他组织管理的实验室。委托管理国家实验室的模式，有效促进了联邦研究机构和大学、企业等的合作，实现了合作各方的互利共赢。国家实验室体系自其建立以来，一直扮演着美国国家创新体系的战略力量和核心角色，为美国科技与经济的发展做出了巨大贡献。

美国国家实验室

美国的国家实验室系统是世界上最大的科研系统之一，是美国抢占科技创新制高点的重要载体，是围绕国家使命，依靠跨学科、大协作和高强度支持开展协同创新的研究基地。具有以下主要特征。

- 目标定位：以国家使命为导向、以多学科交叉和集成为特征的大型综合性研究实体，重点开展重大科学前沿问题的攻关探索，并利用科学技术应对国家安全和经济社会可持续发展所面临的重大挑战。在国家创新体系中发挥着独特的“集团军”作用，填补大学研究和企业创新之间的鸿沟。
- 资助方式：一般都有主要来自联邦政府的长期稳定、高强度的科研经费支持。
- 人员队伍：拥有相当规模、高水平、跨学科、密切合作的科研队伍。美国能源部大多数国家实验室的科研队伍都在2000人以上，有的高达4000多人。例如，橡树岭国家实验室的正式员工为4500人，此外每年还有3200多名来自全世界的客座研究人员。
- 科研设施：往往以大科学工程（装置）群的建设和运行为基础，开展复杂科学问题研究和前沿技术研究与开发。以美国能源部为例，其17个国家实验室拥有30多个大科学装置。大科学装置作为用户设施往往面向国内外大学、产业界和社会公众开放。
- 协同创新：与大学、企业等形成互补合作关系。例如，劳伦斯伯克利国家实验室与加利福尼亚大学伯克利分校互聘教授和科研人员，共享科研资源。阿贡国家实验室与芝加哥大学、波音公司等当地大学和企业形成紧密的伙伴关系。此外，国家实验室国际化程度高，发挥着国际交流合作中心和枢纽的作用。
- 管理模式：管理模式具有多样性。既有政府所有、合同运营的管理模式（GOCO），也有政府所有、政府运行的管理模式（GOGO），美国能源部下属的国家实验室多为政府所有、合同运营的管理模式。无论哪种管理模式，都要确保国家实验室拥有较大自主权和采取专业化的管理方式，减少不必要的行政干预。国家实验室多是独立运行的法人机构，实行理事会领导下的主任负责制。

随着时代发展和科技进步，发端于第二次世界大战时期的美国国家实验室体系也面临与时俱进改革完善的任务。实验室科技目标和科研布局需要适应时代需求不断调整、拓展和优化，并建立积极高效的机制；实验室需要建立更加广泛、强劲和可持续的资助渠道，以维护其在核心使命上创新能力的领先性；实验室需要建立更加灵活的用人机制，以吸引和聚集国际一流科学家，并实现持续更新。

2. 企业

美国企业拥有雄厚的研究与开发实力，具有高度的创新活力。以工业研究实验室为代表，它们在寻找科学和技术的结合，开发能占领市场的新技术、新产品方面发挥着重要作用，是诸多技术发明和创新的重要贡献者与主要推动力量。企业遵循市场规律和原则运作，按企业自身需要发展，在科研选题、立项等方面有完全的自主权。

一些大公司通过与其他企业和国家实验室组成联合体，开发和促销新技术新产品。许多大公司实验室建立了技术转移办公室，有效跟进大学和国家实验室的研究进展。各大公司之间往往还通过战略联盟或伙伴关系建立密切的联系，发挥各自优势共同研究一些靠一己之力难以有效、低成本、迅速解决的问题。

美国的工业研究实验室

美国的工业研究实验室研究与开发资金雄厚，研究与开发实力强大，特别是一些大公司实验室，如IBM公司、杜邦公司和贝尔实验室等，它们是美国国家创新体系的重要组成部分。

IBM始终以超前的技术、出色的管理和独树一帜的产品领导着全球信息工业的发展。IBM是计算机产业长期的领导者，在大型/小型机和便携机方面均取得了令人瞩目的成就。IBM在超级计算机、UNIX、服务器等方面领先业界。IBM是软件界的领先者或强有力的竞争者。IBM还在材料、化学、物理等领域有突破性发明与创新。硬盘技术即为IBM所发明，扫描隧道显微镜（STM）、铜布线技术、原子蚀刻技术也为IBM所发明。

杜邦公司早期是制造火药的工厂，在20世纪引领聚合物革命，并开发出了不少极为成功的材料，如氯丁二烯橡胶（neoprene）、尼龙、有机玻璃、特富龙（teflon）、迈拉（mylar）、凯芙拉（kevlar）、可丽耐（corian）及特卫强（tyvek）等。杜邦公司还在冷冻剂工业中担当重要角色，开发生产了氟利昂系列及其后对环境保护性更高的冷冻剂，并在颜色工业领域成功研制了合成色素及油漆。

从20世纪50年代开始，贝尔实验室就一直在不断创造奇迹——晶体管、激光器、太阳能电池，第一颗通信卫星的研制成功，有声电影的问世，射电天文学的创立……许多成果都深刻影响了人类社会的发展和文明的进步。

3. 大学

美国拥有世界上数量最多、水平最高的研究型大学。大学科研以满足好奇心的自由探索型研究为主，近年来也逐步成为满足国家目标、促进技术进步的重要研究与开发力量。美国大学允许科技人员自由流动，科研人员可自由选择适合个人发展的工作，大学可按照其教学和科研的需要面向全球物色优秀人才。美国大学的教育体制与科研环境适宜于培养科学家的独立性和创造性。

在历史发展过程中，美国的大学和政府、企业之间也形成了密切的合作关系。例如，演化形成于20世纪初的研究公司曾经在学术界和产业界之间扮演重要的中介角色；第二次世界大战结束后，斯坦福大学探索建立了与政府和企业需求直接对接的教学科研与人才培养体制，使硅谷的企业和斯坦福大学实现了深层次融合。

从研究与开发经费的配置和研究与开发活动的布局看（图5-2），联邦研究机构（含联邦资助的研究与开发中心①）的主要资金来自政府。企业研究与开发资金主要来自企业和政府。大学研究与开发资金来自政府、企业、大学、非营利机构以及地方政府。非营利科研机构研究与开发资金则主要来自政府、企业和非营

① 部分联邦资助的研究与开发中心接受少量来自私人部门的委托研究经费和私人机构捐赠。

利机构。企业是研究与开发经费的最大使用者，其所使用的应用研究经费和试验开发研究经费均远大于其他创新执行主体；大学是基础研究经费的最大使用者[27]。

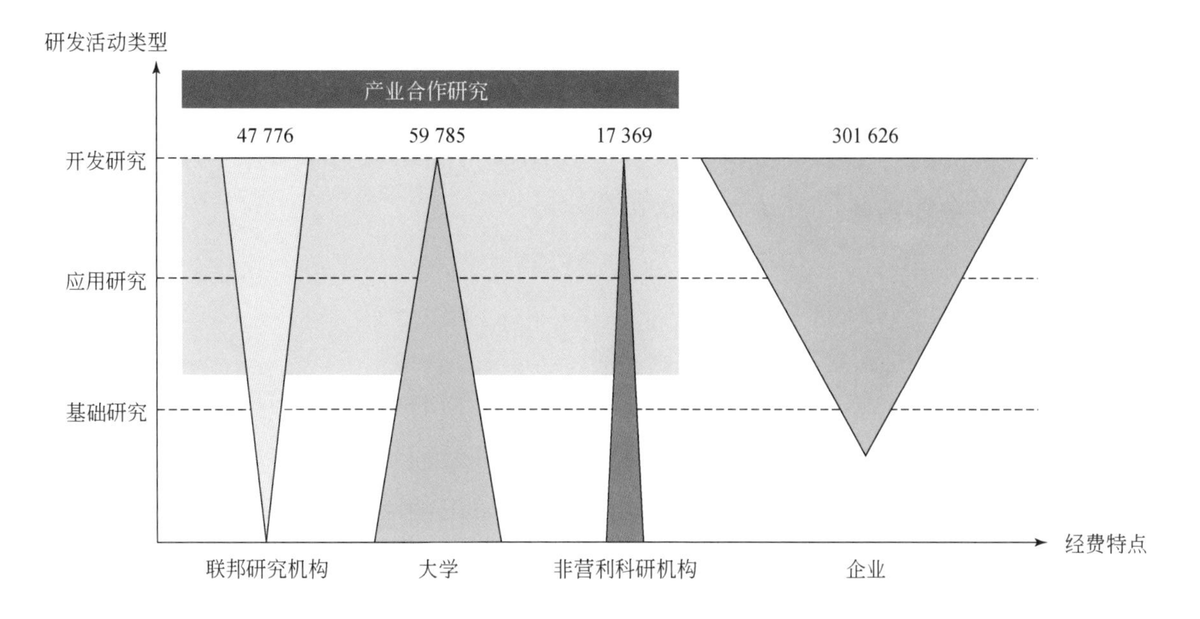

图 5-2 美国国家创新体系各创新执行主体研究与开发经费和布局图谱（单位：10^6 美元）

注：联邦研究机构经费 47 776×10^6 美元，其中联邦内部经费 31 241×10^6 美元，联邦资助的研究与开发中心（FFRDC）经费 16 534×10^6 美元（FFRDC 三类经费比例为基础研究 25%，应用研究 35%，开发研究 40%）。资料源自 2013 年美国国家科学基金会（NSF）研究与开发经费统计数据。

（三）美国国家创新体系的特点

美国国家创新体系的最主要特点是多元分散。其完善的研究与开发管理和协调体制、分工互补的科研执行体系、稳定且强大的科技投入，使美国国家创新体系高效灵活运转，持续保持强大动力和活力。

1. 多元分散的科技决策管理体系

美国多个政府部门都拥有自己的科技研究与开发计划，研究与开发项目的立项、执行、评估也自成体系。以多元分散的科技决策管理体系为主要特征的美国，没有设立统管全国科技事务的科技部，政府自上而下对科技的一揽子、整体性规划是有限的[①]。美国没有像中国、印度、日本那样有定期制定全国科技发展规划的传统，也不在国家层面搞大规模或长期技术预见活动[②]。

为避免重复研究，政府组织实施了一些耗资大、学科广、参与部门众多的大型研究与开发计划。同时，建立多层次协调机制，并通过立法对协调机制予以保障。国家科学技术委员会是总统协调各联邦研究与开发部门预算和计划的最高机构；除国家科学技术委员会的总体协调外，还通过开展跨部门对话，产生更大合力。通常在跨部门计划牵头机构设置负责具体执行的协调办公室，协调各部门共商计划优先领域和预算，并确定战略规划。

2. 分工互补的科研执行体系

联邦研究机构、大学、企业、非营利科研机构有着不同的职能，在研究方向和任务上互为补充。美国一流大学林立，其科学研究活动多在研究型大学进行，主要从事探索性基础研究；企业研究工作的主要目标是开发能占领市场的新技术、新产品；联邦研究机构具有力量集中、反应快速等特点，在应用基础研究、应用研究，特别是执行政府设立的重大研究项目方面起着不可替代的作用。

联邦研究机构是美国创新产出的一个重要基地，特别是以能源部、国防部和国家航空航天局为代表所管理的国家实验室，如阿贡、洛斯阿拉莫斯、劳伦斯伯克利等国家实验室，在国家创新体系中发挥着重要的引领作用，主要围绕国家使命组织开展长周期、大团队、高强度、跨学科的协同创新，在创新链条上与大学和企业具有不同的战略定位和不可替代性。国家实验室实行委托大学、企业和非营利机构进行管理的模式，使国家实验室与其所依托的机构优势互补、相得益彰。以委托大学管理模式为例：一方面，大学为国家实验室提供了源源不断的优秀人才；另一方面，国家实验室的大科学装置和目标定位也促进了大学的发展，从而成就了像麻省理工学院、斯坦福大学、加利福尼亚大学伯克利分校这样的顶尖大学。

---

① 例如，克林顿政府的《科学与国家利益》和《技术与国家利益》政策文件虽具有较强的战略指导性，但内容比较笼统，不设定量指标，对战略目标、政策措施及支撑条件等均以定性目标作为一般原则和指导方针。

② 虽然美国的政府部门，如国防部、前国会技术评估办公室（OTA）从 20 世纪 60 年代就开始了技术预见工作，但与其他国家比起来，美国的前瞻活动都是较短期的，以未来 5-10 年为主要范围。

3. 全社会稳定、强大的研究与开发投入

美国国内研究与开发总经费（GERD）占国内生产总值（GDP）的比重多年稳定保持在2.5%以上，投入总量更是全球第一。其中，企业投入占GERD的2/3左右，政府投入占GERD的近1/3。企业庞大的应用研究与试验开发投入，政府对大学、国家实验室从事基础研究和高技术前沿探索的高强度支持，保证了美国长期保持科技领先优势，并始终处于知识创造和技术创新的前沿。

四、主要经验与启示

除了大量研究与开发经费投入，美国科技发展的成功经验主要在于围绕国家竞争力目标，借助成熟的科技体制，能够根据不同时期的需求适时调整科技战略、科技与创新政策，吸引全球一流人才并充分发挥其作用，激发不同创新主体的活力，有效促进知识创造和技术创新与转移。

（一）军转民向军民两用技术战略的切换使国防研究与开发的强大投入有力助推国家竞争力发展

在过去半个多世纪中，美国联邦研究与开发支出中与国防相关的研究与开发支出所占比例一直很高，20世纪60年代冷战高峰期曾达到80%，而在90年代苏联解体、冷战结束后也一直占50%左右。

从第二次世界大战结束后到冷战结束之前，美国政府侧重国防科研和军事技术的开发和应用，同时将国防科研和发展军事技术的副产品应用于民用工业。联邦政府在这一时期提出的重大科技计划以维护国家安全为最高目标，如“曼哈顿计划”“阿波罗计划”“星球大战计划”等都具有明显的军事色彩。同时，这些科技计划的成功实施，在科技上，取得了航天科技、材料科学、通信技术等方面的系列重大突破，也为美国的经济发展提供了强大的技术支撑和储备。冷战结束后，美国适时地将军转民战略调整为军民两用技术战略，以更好地促进高技术和民用工业的发展。联邦政府制定的重大科技计划也日益突出高技术发展，力图全面抢占新时期科技制高点，以保持前沿科技的世界领先和新兴产业的优势地位，如“信息高速公路计划”“国家网络与信息技术研究与开发计划”“人类基因组计划”“国家纳米技术计划”“国家制造业创新网络计划”“国家人工智能研究与发展战略计划”等。

不同时期军转民和军民两用技术战略的成功实施，充分利用了政府对国防研究与开发的庞大投入，这些科技计划的成功实施及其取得的重大成就和科技储备，使美国在众多领域始终处于全球领先水平。

（二）文化开放，教育先进，崇尚创新，并通过多种政策措施吸引全球人才

“包容多元文化、提供平等机会”是美国保持强大创新力的重要原因。包容多元文化使得来自不同种族、不同国家的创新理念和思想相互碰撞与激荡。而提供平等机会则激励着具有冒险和创新精神的人乐于竭力创造价值。

同时，美国拥有最多的世界一流研究型大学[28]，十分重视创新精神的培育，并已成为吸引全球人才的有利条件。美国大学以培养具有创新意识、创新精神和创新能力的人才为目标，强调培养学生的创新思维、冒险精神、创造能力以及敏锐的市场洞察力等品质。美国创新创业教育迄今已有60年历史，很多大学都颁布了支持创新创业的政策，鼓励开展创新创业实践活动，源源不断培养大批创新创业人才。例如，斯坦福大学和麻省理工学院，与硅谷和128号公路地区的高技术企业充分融合，实现了共赢发展[29][30]。

美国成为全球人才聚集高地，还得益于其人才政策的助推。历届美国政府都重视人才政策，并将引进外国科技专业人员、网罗全世界最优秀的科技人才作为基本国策之一。具体措施如下：放宽移民限制；增加签证名额；优厚的留学待遇和宽松政策；以充足的科研经费和良好的工作环境留住人才；激励精英人才的特殊奖励制度；注重重大科技基础设施建设，为创新人才提供良好条件等。

（三）全方位扶持企业创新，催生世界级企业持续产生，不断赢得竞争新优势

美国注重通过培育创新资本体系、健全创新法治环境、引导形成分工明确的产业体系、迭代重大任务组织方式等手段，全方位扶持企业（特别是中小企业）研究与开发创新，培育形成一个又一个世界级企业，持续引领产业发展方向，铸就经济持续增长动力。

培育打造完善的创新资本体系。一是以市场为主导的风险投资体系。世界上第一家正规的风险投资公司就诞生于美国，即 1946 年成立的美国研究与开发公司（ARD）。时至今日，美国已经拥有凯鹏华盈（KPCB）、德丰杰（DFJ）、红杉资本（SC）等全球顶级风险投资公司。这些风险投资公司资本实力雄厚，在科技研究与开发资助、初创企业培育等方面扮演着极为重要的角色。苹果、谷歌、脸书、特斯拉等世界级 IT 企业的不断涌现，主要得益于以市场为主导的风险投资体系。二是政府资助体系。20 世纪 50 年代，美国就出台“小企业投资计划”，为中小企业直接通过政府获取融资、享受低息及税收优惠等创造积极条件。事实上，美国已经形成了资助形式多样、资助政策灵活、资助范围广泛的政府资助体系，包括直接的研究开发资助、技术创新资助，间接的税收支持、信贷支持、政府采购，面向产业的产业发展资助等。波士顿的生物医疗等新产业的蓬勃发展，就有赖于政府资助。

注重健全、完善法律法规直接为企业创新保驾护航。早在 1953 年，美国就颁布实施了《小企业法》，以促进和规范企业的创新活动。此后，又持续出台《中小企业投资法》《大学与小企业专利程序法》《小企业创新发展法案》等法律法规，鼓励中小企业加大创新力度。这极大激励了企业积极投身于新产品新服务的研究与开发，从而不断培育出新产业新业态，有效促进了科技与经济、创新与商业的紧密结合。尤其需要指出的是，美国于 1890 年制定了世界上第一部反垄断法《谢尔曼法》，旨在打击垄断行为、规范市场秩序、鼓励公平竞争。这在兼顾资本集中获得规模效益的同时，也使具有创新精神的中小企业获得良好的生存土壤，从而为美国的经济发展提供了源源不断的强大动力。

通过产业政策调控、政府采购支持、技术创新鼓励等多个层面扶持引导，打造分工明确的产业体系，保证研究与开发及相关活动高效率、研究与开发成果高水平。思科、苹果等拥有核心技术、创新能力、先进服务模式的创新型企业专事技术和产品研究与开发，而捷普（Jabal）等规模大、制造能力强的外包企业主要从事产品加工生产，中小企业则主要向外包企业提供零部件和服务。其他如物流等生产性服务也由各种专业化公司承担。由此形成完整高效、分工细化、互利共赢的产业链和价值链[31]。目前，全球共有 53 家千亿美元级企业，仅美国就占据 22 家，且全部覆盖信息通信技术（ICT）、能源、汽车等支柱性产业。

迭代重大任务组织实施方式，助力新型创新企业涌现，引领创新潮流。当前，随着创新范式和模式发生巨大变化，美国已经不再局限于利用传统方式组织实施重大研究与开发项目，而开始支持具有极高创新效率的新型“小精尖”企业承担项目任务。例如，鼓励太空探索技术公司（SpaceX）、蓝色起源（Blue Origin）等在航天领域对国家航空航天局（NASA）发起挑战。这些具有全新创新方式的新型创新企业，将可能决定着美国的未来核心竞争优势、生命力和活力。

（四）注重小科学与大科学、政府与企业创新平衡协调发展

政府既支持小科学，也支持大科学，基础研究和重大科技工程在美国并行发展。在基础研究方面，自万尼瓦尔·布什在《科学——没有止境的前沿》明确了政府支持基础研究的职责以来，基础研究成为历届美国政府始终如一高度重视的优先主题。政府不干涉科学家的自由探索活动，而由科学家自主决定研究方向。在重大科技计划与工程方面，美国政府会根据国家不同时期的军事目标或国家重大需要启动大科学工程，或引领大科学计划的国际合作。

除了政府对大科学和小科学的重视与支持，企业强大的研究与开发实力和投入也是美国持久保持第一科技强国地位的重要原因。政府主导的创新与企业研究与开发各自定位明确并优势互补。政府是基础研究和大科学工程的主要实施者，企业则作为技术创新活动的主体，在促进技术转移和成果商业化方面起着重要和不可替代的作用。

（五）完善的法律与法规渗透科学、技术与创新的各个环节和方方面面

一是依法建立和管理、评价联邦政府部门（包括政府机构和联邦实验室）。例如，1901 年依法建立了国家标准局；1953 年依据《小企业法》建立小企业管理局；1993 年根据《国立卫生研究院复兴法案》，在卫生部设立研究诚信办公室；1993 年出台《政府绩效与结果法案》，对所有联邦机构提出评估原则和要求等。

二是依法设立科技计划，使其具有权威性和很高的执行效力。美国年度科技计划一经通过，其经费就由总统提请国会批准拨予，以《年度科技拨款授权法》的形式下达政府各有关部门。1958 年，美国颁布《中小企业投资法》并出台“小企业投资计划”；根据 1982 年的《小企业创新发展法案》，联邦政府有关部门相应设立了“小企业创新研究计划”；1988 年，由国家标准技术研究院负责组织实施的“制造技术中心计划”在《技术竞争法》授权下实施；1990 年，美国

“全球变化研究计划”由《全球变化研究法案》正式确立为国家级研究计划等。对跨联邦政府部门的重大科技计划的实施，颁布专门法案，依法管理和予以经费保障，如《21 世纪纳米技术研究与开发法案》。

三是注意立法的细节和可操作性。例如，美国《21 世纪纳米技术研究与开发法案》确定了对“国家纳米技术计划”的两种评估机制，指定了评估执行者，明确了评估周期，即由国家纳米技术咨询组（由总统指定总统科技顾问委员会承担这一角色）和国家研究理事会分别对“国家纳米技术计划”进行独立评估。前者至少每两年评一次，后者每三年评一次。

研究编撰人员（按姓氏笔画排序）

尹高磊　甘　泉　刘　云　刘细文　冷　民　汪凌勇　黄晨光　谭宗颖　樊春良

参考文献

[1] 闵维方. 美国大学崛起的历史进程与管理特点分析. 山东高等教育，2015，(1)：5-16.

[2] 汪凌勇. 美国科技体制的历史演变及特点. 科技政策与发展战略，1995，(3)：1-4.

[3] 刘志高，李奇明，刘家国. 美国科技政策的历史沿革. 世界科技研究与发展，2001，23 (6)：86-89.

[4] 吴必康. 二战与美国科技“黄金时代”. http：//www.cssn.cn/lsx/ywsx/201510/t20151020_2502179.shtml [2015-10-20].

[5] 杨克瑞. 美国高等教育与经济的腾飞——1862 年《莫里尔法》再探. 内蒙古师范大学学报（教育科学版），2003，16 (4)：1-4.

[6] 汪凌勇. 美国联邦科研机构的历史、变革与启示. 科技政策与发展战略，1999，(9)：17-29.

[7] 夏源. 国外科技体制的历史演变. 科学学研究，1996，14 (1)：73-77.

[8] 朱锐. 美国私人基金会对科学的资助——对其历史、经验的考察. 大自然探索，1988，(2)：119-126.

[9] 张先恩. 科技创新与强国之路. 北京：化学工业出版社，2010.

[10] 约翰·阿利克，刘易斯·布兰斯科姆，等. 美国21 世纪科技政策. 华宏勋等译. 北京：国防工业出版社，1999.

[11] 谢治国，胡化凯. 冷战后美国科技政策的走向. 中国科技论坛，2003，(1)：137-140.

[12] 汪逸丰. 美国国家制造创新网络计划（NNMI 计划）及其最新进展. http://www.istis.sh.cn/list/list.aspx? id=8457 [2017-07-27].

[13] 王键. 美国科研体制对中国的启示. 科学文化评论，2016，3 (6)：87-96.

[14] 万尼瓦尔·布什，等. 科学——没有止境的前沿. 范岱年等译. 北京：商务印书

馆，2005.

[15] 中国科学院 . 2000 高技术发展报告 . 北京：科学出版社，2000.

[16] 朱启超，黄仲文 . DAPRA 及其项目管理方略与启示 . 世界科技研究与发展，2002，24（6）：92-99.

[17] 陈柳钦 . 美国风险投资业的发展及其借鉴 . 上海行政学院学报，2005，6（1）：86-97.

[18] 汪凌勇 . 美国科技政策的历史演变 . 科技政策与发展战略，1995，（2）：1-12.

[19] 夏孝瑾 . 美国"小企业创新研究计划"（SBIR）经验与启示 . 科技经济市场，2011，（12）：40-42.

[20] 王乃粒 . 美国技术战略的出现 . 世界科学，1992，（5）：41-43.

[21] 中国科学院 . 2000 科学发展报告 . 北京：科学出版社，2000.

[22] 威廉 · J. 克林顿，小阿伯特 · 戈尔 . 科学与国家利益 . 曾国屏，王蒲生译 . 北京：科学技术文献出版社，1999.

[23] 美国国家科技委员会 . 技术与国家利益 . 李正风译 . 北京：科学技术文献出版社，1999.

[24] 汪凌勇 . 美国竞争力计划 . 科学观察，2006，1（2）：43-44.

[25] National Research Council（US）Committee for the Review of the National Nanotechnology Initiative. Small Wonders, Endless Frontiers：A Review of the National Nanotechnology Initiative. http://www.nap.edu/openbook.php?record_id=10395&page=11 [2017-06-20].

[26] 发达国家科技计划管理机制研究课题组 . 发达国家科技计划管理机制研究 . 北京：科学出版社，2016.

[27] NSF. National Patterns of R&D Resource. https://www.nsf.gov/statistics/2017/nsf17311/#chp2 [2017-06-25].

[28] 沈桂龙 . 美国创新体系：基本框架、主要特征与经验启示 . 社会科学，2015，（8）：3-13.

[29] 郝杰，吴爱华，侯永峰 . 美国创新创业教育体系的建设与启示 . 高等工程教育研究，2016，2（4）：7-12.

[30] 梁士朋 . 美国创业教育的研究及启示——以美国斯坦福大学和百森商学院的创业教育为例. 医学教育探索，2006，5（6）：493-494，497.

[31] 张泰 . 美国创新生态系统启示录 . 中国经济周刊，2017，（8）：72-74.

第六章 日本的科技强国之路

日本处于亚洲东部，是孤悬于太平洋之中的岛国。历史上，日本曾向中国唐朝学习进行“大化改新”，带来历史巨变。明治维新开启了日本向欧美学习的“全盘西化”之路，国家实力不断增强。第二次世界大战战败后，得益于冷战时期美国的扶持与帮助等原因，日本科技水平突飞猛进，迅速振兴崛起成为世界第二大经济体，并成功跻身世界科技强国之列。

一、日本的科技发展历程

（一）明治维新开启了日本近代改革和发展的序幕，通过学习借鉴西方科技，日本成为亚洲第一个走上工业化道路的国家

自1853年美国“黑船”叩关，在欧美列强的坚船利炮面前，日本开始认识到开放变革的重要性。为赶超欧美发达国家，日本进行明治维新，开启了日本近代向西方学习的潮流。日本以“文明开化”“殖产兴业”和“富国强兵”三大政策为主轴，展开了对西方制度、技术的全面学习和移植。作为直接主导者，政府以国家力量强制引进西方制度和科技，形成了以模仿和改良为主的科技发展方式，尤其重视发展可快速提升国家实力的技术。本着“拿来主义”思想，日本充分利用他国科技成就，并在此过程中逐步实现了设备、技术和人才的国产化。

此外，日本在引进西式教育体系时，尤为重视工学教育，不仅提升了全民教育水平，更增强了消化和吸收西方技术的能力。西方科技的成功导入，使得日本在明治维新后短时间内实现工业化，经济和军事实力都大幅提升，迅速进入世界强国行列。

明治维新与日本科技发展

1868年开始的明治维新是日本历史的重要转折点，扫除了封建时期制约科技发展的各种制度障碍，为日本的科技发展奠定了社会、政治、经济、文化等基础。

1871年，日本政府派遣伊藤博文、大久保利通等官员组成的使节团前往美欧，进行了长达两年的考察，充分学习各国的发展经验。同时，日本涌现出了以福泽谕吉为代表的众多启蒙思想家，提出“脱亚入欧”并引进了诸如英国功利主义、法国天赋人权等思想文化，为全盘西化奠定了思想基础。

更重要的是，日本积极发展教育和产业，在大量雇佣外国专家的同时，也开始有意识地以本国新培养的人才逐步替代外国专家，提高了自主创新能力，实现了可持续发展。

通过这些变革措施，明治维新成功地开启了日本近代化的进程，彻底改变了社会面貌，使日本从一个落后的封建小国崛起成为世界列强之一。

（二）从第二次世界大战结束到20世纪90年代初期，以经济发展为目标和导向，实现科技快速发展，助推经济振兴

虽然军国主义导致日本在第二次世界大战中失败，但战后借助冷战带来的特殊机遇和美国的扶持，依靠科技发展和制度创新，日本迅速实现了经济腾飞，到20世纪60年代末已成为世界第二大经济体。日本在这期间的科技发展模式更多是经济导向的，以“引进+改良”为主，促使应用技术迅速发展，进而有效助推经济增长。之后又在产业发展需求下，反过来拉动新一轮的技术引进及研究与开发。

同时，日本还在实践过程中逐步形成了企业、大学、国立科研机构与政府各自发挥比较优势、分工合作的“产学官”模式，以企业为主要研究与开发投资主体的特征开始凸显。这使日本构筑起了科研与产业部门之间的综合性互动网络，从而有效地促进了知识的产生、扩散和应用，提高了日本的产业技术和经济竞争力。

这一时期日本政府对科学基本采取了“自由放任”的态度，即科学上的事情由科学界决定，政府仅提供经费支持，加上企业对短期内难以产生经济效益的基

础研究缺乏兴趣，造成了日本“小发明”不断、“中发明”缺乏、“大发明”趋零的科技发展特征[1]。虽然日本在应用技术上具有较强的模仿和改进能力，但基础研究的薄弱使之难以产生重大突破性创新和新的产业引擎。

（三）20 世纪 90 年代中后期，日本提出了“科学技术创造立国”的基本国策，开始注重科学、技术与创新全面发展，提高自主创新能力

冷战结束改变了世界的竞争格局，原来保障“引进+改良”模式成功运行的政治和经济条件消失了。同时，随着生产系统复杂化、学科发展和跨学科领域的兴起，“科学”与“技术”的边界逐渐模糊。日本一直以来重视技术而轻视科学的恶果开始凸显，基础研究相对落后造成了日本的技术优势缺乏后劲，对经济的拉动作用下降。这两方面共同作用，使日本在泡沫经济破灭后难以翻身。

为应对新挑战，日本全面改革科技创新体制，制定并出台一系列专门的科技法律、战略、计划，从短、中、长期推进“科学”与“技术”综合发展。同时，还大力推动科技国际化，充分利用国际平台提升其大学和人才水平。这些举措使日本的科技发展呈现出新的特征：自主创新成为主基调，“科学”与“技术”并重，各主要领域一起发力，齐头并进。在政府强力支持和规划引导下，大学、国立研究机构、企业积极参与，科学的国际影响力和技术出口都开始呈现出显著增长趋势，基础研究的发展尤为引人瞩目。

（四）21 世纪以来，日本科技发展更多地同应对社会挑战联系起来，科技由着重促进经济发展转向全面推动经济社会进步

这一时期，日本的发展越来越受制于由国内老龄少子化等趋势引发的劳动力短缺、消费需求不足等问题。2011 年东日本大地震更使得社会组织、防灾、救灾、能源等方面的紧迫问题凸显出来。日本政府反思了 20 世纪 90 年代以来为应对基础研究和自主创新能力不足而制定的“为科技而科技”的政策，强调科技要成为解决新的社会挑战的有力工具，要服务于国家长远的可持续发展目标。为此，政府开始越来越多地引导研究的重点方向由产业领域向医疗、养老、基础设施、智能社会等领域转移。日本科技发展的特征又从之前科学与技术并重的各领域综合发展，转变为面向社会挑战，以解决问题为导向，在重点领域集中深入

发展。

综上所述，近代以来，日本科技发展经历了几个方面的转换：从经济主导逐渐过渡到科技主导；从政府以经济政策间接引导，到以独立的科技政策直接影响科技发展；从复制明治维新时期的“引进+改良”模式，以及注重技术、轻视科学，到科学与技术全面综合发展，再到以应对社会挑战为导向。正是由于日本政府根据不同时期经济社会发展的需要，推动这一系列科技改革举措，才使日本科技逐步实现了从模仿到创新、从低端到高端、从吸收到合作、从引进到输出的转变，走上了科技强国之路。

二、日本的国家创新战略与举措

第二次世界大战以后，日本科技发展与创新战略的变化，清晰地体现了国家意志及政府干预科技发展方式的变化。初期以“贸易立国”，20 世纪 70 年代以“技术立国”，90 年代以“科学技术创造立国”，今天则强调科技在应对社会挑战中的作用。这些战略演变的轨迹不仅体现了不同历史阶段国家发展需求和路径的变化，更体现了从经济导向到科技引领创新的变化。

（一）“贸易立国”：经济导向下的科技战略推崇“引进+改良”模式，政府间接干预科技发展

第二次世界大战后初期，基于国内市场狭小、资源紧缺、技术落后等问题，为实现现代化和赶超世界先进国家，日本在相当长一段时期内奉行了“贸易立国”的国家发展战略。该战略强调发展对外贸易，通过引进技术和进口原料重建工业，发展加工制造业，以制成品出口换取外汇后，再投资进行新一轮引进，循环往复，不断扩大生产规模[2]。这种国家战略使得该时期的科技发展主要依赖贸易出口需求拉动，具有产业需求导向和技术引进、改良等突出特点。

“贸易立国”战略之所以能顺利推行并拉动科技发展，既是美国占领时期政策作用的结果，又和第二次世界大战后初期遇到了冷战这个“历史契机”有关。美国重塑了日本的科技体制，使日本走上以民生为主的科技发展路线，加之解散日本财阀，进一步促进了自由市场竞争，激活了企业活力，为企业成为产业技术引进、改良的主体打下基础[3]。冷战的开始则使日本具备了引进美国技术的政治

和经济条件。朝鲜战争为日本企业带来了生产美国战争物资的“特需”，它们在积累了大量资本的同时学习掌握了美国的先进管理理念。为对抗苏联，美国与日本签署的一系列防卫条约，更使日本得以迅速大规模引进美国军事技术并转为民用[1][4]。

在美国支持和本国经济政策引导下，日本企业大量引进美国的煤炭、电力、钢铁、化工等产业技术，迅速恢复了战前的工业化水平，更实现了产业的重工业化。这期间，企业作为经济主体，在科技方面发挥了重要作用，以企业为主导的科技发展模式开始形成。20 世纪 50 年代，企业以“拿来主义”直接购买外国设备和图纸进行生产，60 年代后企业大量设立“中央研究所”，引进外国专利技术，进行分析、改造、再出口，走出了“一号机引进、二号机国产、三号机出口”的道路[1][5]。相较于企业活跃的技术引进及对科技发展产生的重大影响，同时期政府的注意力则主要集中在经济上，以经济政策来影响和促进企业技术引进与产品出口，而直接针对科技的措施仅限于重建高等教育体系，设立基于各都道府的公立大学，成立研究生院和新的国立研究机构等[6][7]。

总之，日本战后的迅速重建，主要在于成功地引进、改良和应用了美国的产业及军事技术。这期间所谓的“科技战略”并非真正意义上的科技战略，而是配合产业政策的发展战略，科技的发展更多是经济政策溢出效应下的副产品，而非专门科技政策刺激的结果。政府在该时期并不直接介入科技事务，主要以经济政策影响科技。所以，“贸易立国”战略时期，日本的科技在经济政策引导下，作为实现经济重建的工具而逐渐发展起来。

（二）“技术立国”：内外压力倒逼下自主创新意识觉醒，政府强化对科技发展的干预

作为国家战略，“技术立国”于 1980 年由通产省在“80 年代的通商产业政策”中正式确立[8]。“技术立国”本质上仍然以经济为导向，并非完全意义上的科技战略。一方面，该战略是由主管产业与贸易发展的通产省提出，而非科学技术厅出台的独立科技政策；另一方面，其根本目标是推动日本产业转型和提高出口竞争力，科技发展的贸易驱动导向并未从根本上改变。因此，“技术立国”实质上是对“贸易立国”的发展和升级，是在经济发展的转型需求下提出的战略。

20 世纪 70 年代，由于长期以重化工为主导型产业，日本开始面临严重的环境问题，加上石油危机造成的能源短缺等，内外两方面的压力迫使政府将重心从战后重建时期的全面宏观经济发展，转向了以环保、能源等为代表的更加具体和有针对性的局部发展领域。1971 年，日本成立国家环境厅并推出了一系列环保法律政策，推动产业重心从过去高能耗、高污染的钢铁、炼铝等“厚重长大”的基础材料产业，转向汽车、微电子等“短小轻薄”的加工组装型产业，提高了产业竞争力[1]。到 80 年代初，日本半导体集成电路、节能低排轿车、核能发电等高科技产业都得到很大发展，甚至一度被称为“世界工厂”[6]。

日本政府在经济导向的基础上，逐渐加大了政策中的科技成分，强化了政府对部分科技事务的直接介入力度，加大了技术研究与开发的投入。1971 年，科学技术厅开始组织技术预见[9]；1976 年，政府开始组织开发超大规模集成电路技术；1977 年，政府规划并加大了对原子能技术的研究与开发力度；1984 年，日本“科学技术会议”（CST）正式确立“产学官”多方科技合作体制；1986 年，日本推出《科学技术政策大纲》，确定了电子信息、航天、海洋、地球、生命、材料、软件等七大重点研究与开发领域。此外，还采取了一系列加强基础研究的措施，如增加对基础研究的重要主体——大学的经费投入、成立新的国立研究机构、推行针对基础研究活动的减税政策、出台促进基础研究的新制度等[6][10]。但是，政府对科技的干预也并非都成功，如第五代计算机计划就因技术预测的重大失误而宣告失败[9]。

在“技术立国”战略下，政府从以经济政策引导企业引进和改良技术，逐步转变为以环保、能源等具体产业领域作为切入点，促使科技在产业升级和精益化发展过程中起到更大的助推作用。同时，出台鼓励科技本身发展的政策，在一些局部领域加大对科技的直接干预。虽然这一时期的科技政策仍以产业应用为导向，但科技成分逐渐增加，政府对科技事务的介入力度逐渐加大，并从间接影响向直接介入转变。不过，政府增大对科技事务的干预是一把双刃剑，形势判断准确则极大促进科技和经济发展，判断失误则造成严重资源浪费，贻误发展机遇。

（三）“科学技术创造立国”：科学和技术结构性矛盾爆发，政府与科技综合全面互动

进入 20 世纪 90 年代后，欧美重新致力于经济发展，与日本的竞争和技术保

护摩擦加剧；日本产业在由工业化向信息化转型中决策失误，导致其竞争力难以提振。这些挑战使日本基于引进和改良的旧科技发展模式难以为继[11]。在此背景下，日本基础研究能力仍然相对薄弱的现实与环境变化压迫下提高自主创新能力的要求之间形成了结构性矛盾。日本政府开始意识到提高基础研究能力与保持经济可持续发展之间的密切关系，并为进一步加强基础研究能力而开始直接、全面、综合地介入和指导科技发展，推动科学与技术综合协调发展，实现“两条腿走路”。

1995 年，日本出台第二次世界大战后第一部独立科技政策——《科学技术基本法》，提出“科学技术创造立国”的新战略，使政府从间接的引导者变成了直接的全面指挥者。作为对“技术立国”的进一步深化，新战略的发展目标从支持有利于产业转型的技术扩展到促进总体与全面的科学，创新方式从自主开发走向了更加深入的独立创造[12]。之后，日本又分别提出了“IT 立国”（2000 年）、“知识产权立国”（2002 年）、“生物立国”（2002 年）、“创新立国”（2007 年）等，作为“科学技术创造立国”内涵的扩展和深化[6]。

为推进实施新战略，提高政府对科技直接、全面、综合支持和管理的能力，日本政府采取了加强制度供给等一系列措施。

一是改革科技体制与政策架构，适应科技决策和创新需要。2001 年开始，日本重构科技管理体系，整合了各省厅职能，将“科学技术会议”（CST）改组为“综合科学技术会议”（CSTP），强化其科技政策“司令部”地位，加强科技事务管理的集中程度。2002 年开始，先后对国立科研机构和大学进行独立行政法人化改革，减轻由各省厅各自支持科研所导致的过度分散等问题[13]。2015 年，进一步推出新型研究开发法人制度，从独立行政法人中划分出“国立研究开发法人”，并明晰了国立科研机构进行大学及民间科研机构不愿涉足的基础技术、共性技术研究与开发的定位，使公共科研投资的对象和领域更明确清晰[14]。

二是常态化地出台中短期科技规划，加强基础研究。基于《科学技术基本法》，日本 1996–2006 年共出台了 3 期“科学技术基本计划”，确定了科学与技术综合、全面发展的理念，由政府确定了生命科学、通信、环境、纳米与材料四大重点研究领域，并逐年提高对基础研究的公共投入[6]。

三是强化平台建设与人才培养。日本 2002 年推出“21 世纪卓越中心计划”，2007 年又分别推出了“全球卓越中心计划”和“世界顶级国际研究中心计划”，由政府直接规划，建立世界领先水平的研究、教育平台，以吸引海外人才，提高大学的国际竞争力[15-17]。

四是推进科技国际化。为适应世界科技发展多极化趋势，提高日本以科技应对世界面临的共同挑战的能力，日本采取国际共同研究、互派留学生和研究人员、对发展中国家进行技术援助等措施积极推进国际科技合作[18]。

“科学技术创造立国”战略实施以来，日本逐渐克服了过去对基础研究投资不足的问题，科学得到了较大发展，开始实现科学与技术的全面协调发展，并对经济形成了新的助力。1995–2009 年，日本的技术贸易收支比（出口/进口）从 1.44 增长到了 3.77，技术贸易顺差持续增大，这表明其原创科技能力显著提升，科学发展对技术的推动作用开始显现[8]。更引人瞩目的是，1995–2016 年，日本涌现出 17 位诺贝尔奖获得者（含 2 位在日本接受高等教育后移民美国的美籍日裔科学家），其中物理学奖得主 8 位、化学奖得主 6 位、生理学或医学奖得主 3 位。从时间跨度上看，这些获得诺贝尔物理学奖和化学奖的大都是 20 世纪 60–80 年代中期的科研成果，而获得生理学或医学奖的成果则主要是 80 年代到 21 世纪第一个 10 年期间产出的。

日本诺贝尔奖井喷现象

自 1995 年《科学技术基本法》出台后，日本的诺贝尔奖获得者人数开始出现井喷。2000 年 1 位（化学奖得主白川英树）、2001 年 1 位（化学奖得主野依良治）、2002 年 2 位（物理学奖得主小柴昌俊，化学奖得主田中耕一）、2008 年 4 位［物理学奖得主小林诚、益川敏英、南部阳一郎（美籍日裔），化学奖得主下村脩］、2010 年 2 位（化学奖得主铃木章和根岸英一）、2012 年 1 位（生理学或医学奖得主山中伸弥）、2014 年 3 位［物理学奖得主赤崎勇、天野浩、中村修二（美籍日裔）］、2015 年 2 位（物理学奖得主梶田隆章，生理学或医学奖得主大村智），2016 年 1 位（生理学或医学奖得主大隅良典）。

2001 年出台的日本第二期“科学技术基本计划”专门提出了“诺贝尔奖计划”，力争在 50 年里使诺贝尔奖获得者达到 30 人。为此，日本政府采取了以下措施。

- 大力支持基础研究，对科研项目提供充分的经费保障。

- 特别关注优势领域，进行集中突破。
- 特别关注年轻科研人员，使他们能更充分、独立地发挥自身能力。
- 努力使日本成为世界优秀人才的聚集地，创造平等竞争环境等。
- 研究诺贝尔奖的评奖机制，在热点领域上加强研究。

不过，目前日本诺贝尔奖获得者的科研成果多数是20世纪60-80年代完成的，主要是在大学或者通过国际合作取得的成果。

（四）社会挑战导向新战略：科技支撑国家、社会、国民等多方面发展

21世纪第一个10年以来，日本面临越来越严重的社会挑战。为此，日本对科技战略和政策进行了新一轮调整，更多强调国家和社会需求，不再以推动经济转型或科学与技术本身的发展为主。日本政府对创新的重视进一步增强，对科技的支持力度持续增大，政策出台的频率不断提高，科技政策的重心从推动知识生产转向了知识的扩散和应用。

1. 定期更新发布“科学技术基本计划”，引领发展新思路

2011年8月，日本发布第四期“科学技术基本计划”，以制度形式提出新的判断与原则——科学技术政策的目的并非振兴科学技术本身，而应该与其他社会经济政策有机结合。基于此，第四期计划提出“要实现未来可持续发展与科技社会进步、推进绿色科技创新以及推进生命科技创新”三大目标，并确定了可持续能源供给、低碳环保、高效智能的能源利用等重点研究领域[19]，反映了新的科技发展思路，象征着战略调整的开始。2016年1月，日本发布第五期“科学技术基本计划”，提出以制造业为核心创造新价值和新服务、以应对经济和社会发展面临的挑战为导向、强化科技创新的基础实力及构建人才、知识和资金的良性循环体系等四大政策方针。技术层面上，该计划提出超智能“社会5.0”概念，提出将推动物联网系统、大数据解析、人工智能等共性技术，同时重点发展机器人、生物技术、纳米技术和材料、光量子等在创造新价值上有重大潜力的核心优势技术[20]。

超智能“社会 5.0”

2016 年 1 月 22 日，日本发布第五期“科学技术基本计划”，首次提出这一概念。“社会 5.0”着力推进继狩猎社会、农耕社会、工业社会、信息社会之后的第五个社会发展阶段，所以称其为“5.0”。

第五期“科学技术基本计划”中将“社会 5.0”定义为，能最大限度应用信息通信技术，融合网络世界和现实世界，细分社会的种种需求，可以根据需要在必要的时候提供必要的产品和服务，让人人都能享受优质服务，创造出超越年龄、性别、地区和语言差异，生活快乐舒适的社会。

随后 2016 年和 2017 年的“科学技术创新综合战略”，重点围绕超智能“社会 5.0”目标分别设计了具体改革和发展举措，加大了推进力度，希望早日把日本建成世界领先的超智能社会。

2. 密集出台“科学技术创新综合战略”，贯彻落实新思路

2013 年 6 月，日本基于对新的社会经济形势的分析首次发布“科学技术创新综合战略”，重点提出实现清洁、经济的能源系统，加强建设领先世界的下一代科技基础设施等五大政策课题[21]。“科学技术创新综合战略 2014”的政策课题与 2013 年版相同，进一步明确了信息通信技术、纳米技术、环境技术三大重点技术领域[22]。“科学技术创新综合战略 2015”制定了“推动连锁创新的环境整顿工作”与“解决经济、社会课题的重要举措”两大政策课题。“科学技术创新综合战略 2016”特别强调各种制度、机制和环境的塑造，并基于第五期“科学技术基本计划”重点提出深化推进“社会 5.0”、加强大学与研究经费的改革等 5 个方面的科技创新项目和政策措施[23]。同时，还提出要稳步扩大科技创新投资，到 2025 年实现企业向大学和国立研究开发法人的投资增长 3 倍的目标，使总研究与开发投入达到 GDP 的 4%（政府 1%，企业 3%）[24]。

3. 重新改组科技管理机构，强化组织保障

2014 年 5 月，日本将最高科技决策机构“综合科学技术会议”（CSTP）改组为“综合科学技术创新会议”（CSTI）。新机构在过去名称中增加了“创新”两

字，关注的事务升级为科学、技术与创新，并进一步强化了日本科技体系的“司令部”职能[25]。

综合科学技术创新会议

综合科学技术创新会议（CSTI）是日本最高科技决策机构，其成员包括与科技创新相关的大部分内阁成员，主要职能体现在5个方面。

- 制定国家科技政策，每五年的“科学技术基本计划”和每年的“科学技术创新综合战略”都必须经过其审定。
- 在政府的科技创新预算编制中发挥主导作用，对所有相关经费进行审定和统筹规划。
- 重点推进战略性、变革性项目，如“跨部门战略性创新推动项目”和“变革性研究开发推进项目”等，以提高日本创新体系的有效性和影响力。
- 评价科技项目和机构，制定科技创新评议准则，以提高科技创新成果的产出和转化能力，促进科研资源的优化配置。
- 推动日本的科技外交，促进与外国科技合作，构筑开放性的全球创新互动网络。

综上可见，相较于20世纪90年代中期以来，21世纪第二个10年开始的日本科技新战略充分反映了新形势的需要，在政策思路、重点领域、政策供给、政府作用等方面与以往大不相同。但总体上看，新战略并没有偏离“科学技术创造立国”中的科学与创造两大要点，基础研究和自主创新的思路贯穿始终，政府作用也进一步加强。可以说，新战略本质上是“科学技术创造立国”方针在新世纪和新条件下的延伸与扩展，以使其更好地服务于社会进步、人民幸福这一根本性的目标。

三、日本的国家创新体系及特点

日本国家创新体系的一个显著特征是把经济需求作为科技发展的核心驱动力，企业作为经济领域的主力军，在技术创新过程中扮演重要角色。如国家创新体系理论的提出者弗里曼所说，日本形成了一种适应新的“技术-经济范式”的制度安排，其创新活动的成功很大程度上受到经济活动和制度的影响[26]。在以企业为核心主体这个总体方向不变的情况下，第二次世界大战后日本国家创新体系的发展，总体上经历了一个合作性、互动性不断加强的过程。20 世纪 70–80 年代正式确立“产学官”合作制度，20 世纪 90 年代以后加大了对其政策的支持力度，进入 21 世纪后进一步鼓励企业与大学和科研机构合作。在这个过程中逐步平衡科学与技术，将更多的科技创新与服务单元纳入国家创新体系以促进深入高效合作，同时改革国立科研机构和大学体制以激发活力，促进基础研究的产出以支持应用技术，推动国家创新体系不断完善和高效运行。

（一）日本国家创新体系的构架

日本的国家创新体系结构（图 6-1）总体上呈现出一种政府主导型的格局，按职能可以分为 4 级。第一级是以“综合科学技术创新会议”（CSTI）为核心的最高决策层，负责对科技创新事务进行统一规划和管理。第二级是由文部科学省（MEXT）、经济产业省（METI）等各政府相关部门组成的科技行政管理层。第三级是以日本学术振兴会（JSPS）、日本科学技术振兴机构（JST）、新能源及产业技术综合开发机构（NEDO）等为代表的经费管理与资助层。第四级是包括政府

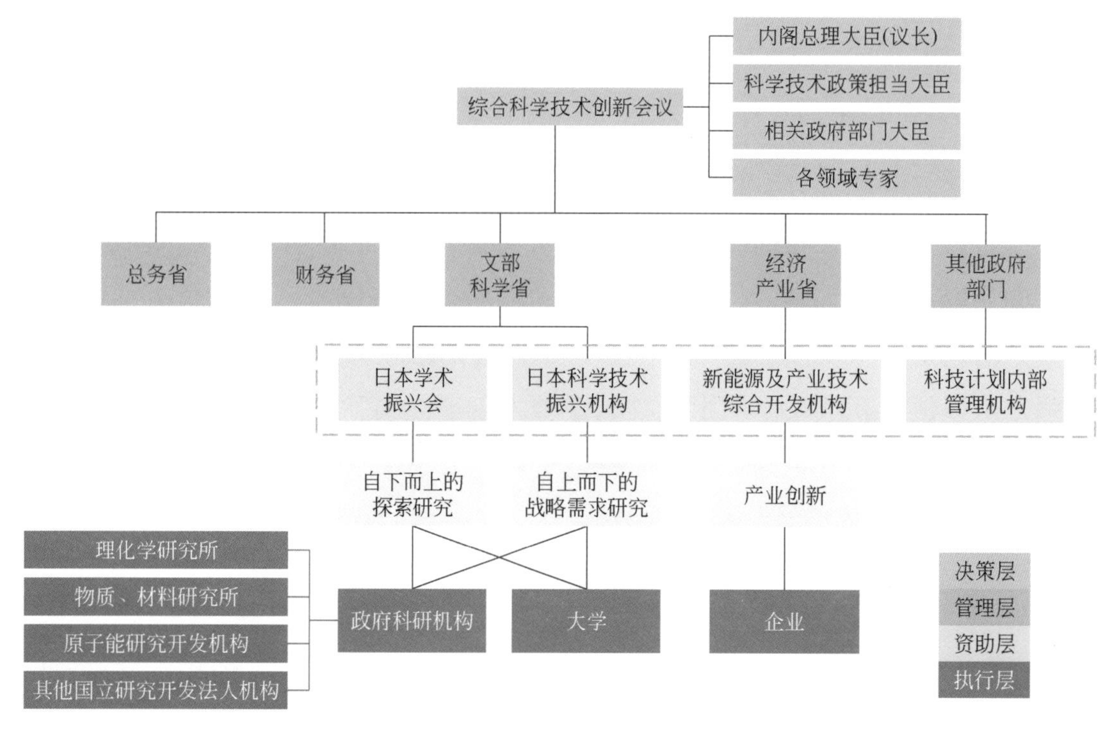

图 6-1　日本国家创新体系结构图

科研机构、大学、企业在内的科技创新执行层。国家创新体系各个层级的主体在明确的制度安排下相互作用，分工合作，在协同作用下形成合力，共同促进日本的科技发展。

日本政府在国家创新体系的有效运行中起着重要的作用，担负着制定创新政策、优化创新环境等职责。以综合科学技术创新会议为政策制定机构，文部科学省和经济产业省为主要执行机构，日本政府制定政策鼓励技术引进，积极组织技术预见，根据各时期国家发展重大需求选定重点技术领域、扶植相关产业等。其中，由内阁总理大臣任议长，由科学技术政策担当大臣、其他相关政府部门大臣和领域专家共同组成的综合科学技术创新会议作为科技工作的“司令部”，负责规划和起草综合性科技政策，并统筹协调相关省厅的政策[27]。文部科学省是主要的科技政策实施和推进机构，负责培养研究人员、改善研究环境、推进尖端技术开发[13]。经济产业省则主要面向产业界，通过制定和实施政策推动企业的研究与开发活动[28]。此外，总务省、国土交通省、环境省等政府部门也都各自负责本系统下的科技创新管理工作。正是有了良好的制度安排与创新生态环境作为保证，政府科研机构、大学、企业等才能顺畅地开展基础研究、技术引进与改良、自主研究与开发等创新活动。

资助机构主要承担支持科研相关活动的职责，以全方位夯实日本的科技基础。目前，日本主要的科技资助机构有3家，分别是隶属于文部科学省的日本学术振兴会（JSPS）和日本科学技术振兴机构（JST），隶属于经济产业省的新能源及产业技术综合开发机构（NEDO）。它们主要资助大学和政府科研机构的科学家，部分项目面向博士后人才和企业研究人员。其中，日本学术振兴会负责执行文部科学省的科研补助金项目，全力资助处在萌芽状态的研究领域以及青年科学家的研究项目，还负责资助、推进文部科学省“全球卓越中心计划”等人才和平台项目及国际科技合作等。日本科学技术振兴机构致力于推进从基础研究到企业应用研究的全面研究与开发和技术转移、开展科普活动、支持科技情报流通等工作。新能源及产业技术综合开发机构则主要针对日本工业技术、能源与环境等领域的基础科学研究进行资助，还帮助科研人员实现技术转化，负责项目规划、管理和评价等工作。

（二）日本国家创新体系各执行主体的定位及相互关系

1. 国家创新体系各执行主体的作用

在国家创新体系中，日本政府在政策引导和激励、营造有利于创新的环境、多种经费支持等方面发挥着重要作用，进而使得日本国家创新体系各执行主体形成了明确的职能定位，可以各司其职并互为补充。各执行主体的研究与开发经费配置和研究与开发活动的大致定位如图6-2所示。

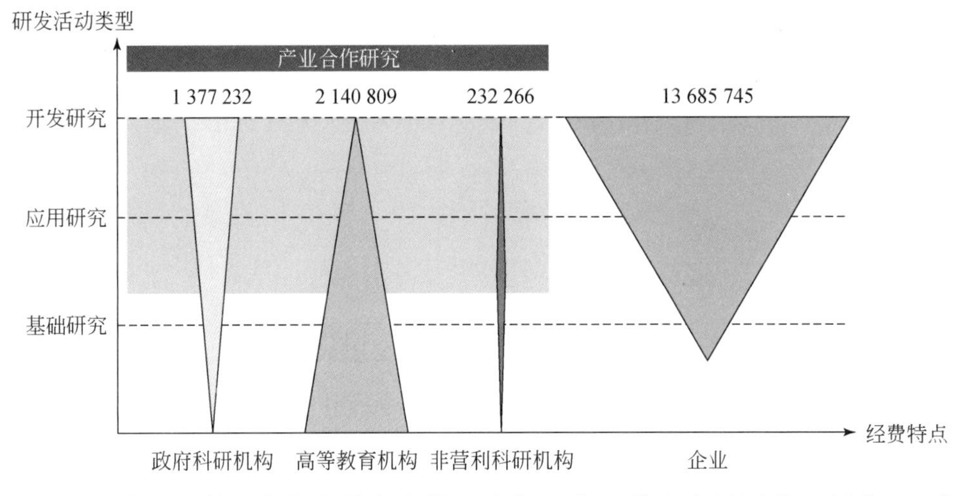

图6-2 日本国家创新体系各创新执行主体研究与开发经费和布局图谱（单位：10^6 日元）

注：资料源自2015年经济合作与发展组织（OECD）研究与开发经费统计数据。

（1）政府科研机构：承担基础性、前沿性和战略性研究工作

政府科研机构代表了日本的科技水平，是实现国家科技目标的主要力量。日本政府科研机构所承担的任务，主要来自政府的指令性计划，是国家急需、民间企业不愿承担或无力承担的，大多是跨学科、时间长、投资多、风险大的研究项目。目前，日本有超过100个政府科研机构，其中包括31个国立研究开发法人，特别是其中的理化学研究所、产业技术综合研究所和物质材料研究所这3个特殊国立研究开发法人最为重要，其研究与开发活动直接体现国家意志[29]。

日本理化学研究所

理化学研究所（RIKEN）是由日本近代“实业之父”涩泽荣一创建于1917年的大型自然科学研究机构，隶属于日本文部科学省，2003年10月改革成为“独立行政法人”，2015年4月再次转变为“国立研究开发法人”。

本部位于埼玉县和光市，另在茨城县筑波市、兵库县佐用郡、神奈川县横滨市、兵库县神户市、宫城县仙台市、爱知县名古屋市及东京都板桥区设有分所。研究所有3400多名员工，包括聘任制研究员、客座研究员、博士后及外籍研究人员等。政府每年为其提供超过900亿日元（约合人民币52亿元）的经费。

作为日本唯一的以基础科学研究为主的综合研究所，拥有重离子加速器、超级计算机、同步辐射加速器（Spring-8）等研究设施。其研究领域包括物理、化学、生物学、工学、医学、生命科学、材料科学、信息科学等，涵盖了基础研究和应用开发。

（2）大学：承担基础研究，培养创新人才

日本的基础研究多集中于大学，大学研究力量的80%左右都从事基础研究。政府除了支持传统上教学、科研并重的国立和公立大学外，还大力支持过去以教学为主的私立大学进行研究与开发活动[7][30]。日本国立和公立大学一般都附设研究所，专门从事研究工作。另外，除了培养人才之外，大学还通过与政府科研机构以及产业界合作来培养综合性人才。一方面，由于日本实行“流动性研究与开发体制”，法律允许大学教授与国立研究机构的科研人员双向流动；另一方面，日本将产学合作作为重要的教育模式，大学结合产业界需求来培养创新型人才是一种传统，从教育、研究过程到人才输送各个层面都与产业界紧密联系[30]。

（3）企业：开放创新，推动产业变革

企业是日本技术创新的主体，尤其是资本金大于10亿日元（约合人民币5880万元）、员工超过300人的制造业大企业是最主要的技术研究与开发投资主体。第二次世界大战后日本产业技术革新和高速发展的原因之一，正是企业积极投入研究与开发活动，企业研究与开发机构也经历了一个职能与规模不断升级壮大的过程。战后初期，企业主要适应技术引进的需要，其“研究与开发部门”其实是强化的产品设计部门。直到20世纪70年代，企业在未实质调整其职能的情况下持续加大研究与开发投入。80年代以后，企业开始兴建专门的“基础研究所”，加强专业化的应用和基础领域研究与开发活动。90年代以来，企业开始建立以基础研究为中心的研究与开发机构，并与世界顶尖企业合作，一些大企业还到海外设立研究与开发机构[30]。可见，与国家创新战略的演进相适应，日本企业研究与开发机构同样经历了一个从引进、吸收、改造逐步向自主化创新发展的过程，从而推动了新技术的产生和应用。

2. 国家创新体系中各主体间的合作互动机制

日本国家创新体系的功能和运行机制主要体现在“产学官”合作制度中。各主体都围绕这个机制进行互动，开展科技决策、技术研究与开发以及人才等方面的合作，形成了一个综合性的体系，提高了国家创新能力。

（1）围绕政策的设计、实施和评估展开科技决策合作

科技决策方面的合作互动主要体现在政策制定与政策实施评估两个阶段，政府科研机构、大学和企业等分别通过非正式与正式渠道参与政府的决策[30]。在政策早期制定阶段，它们主要通过旁听和咨询等非正式形式参与科技政策和项目的设计。同时，作为产业界代表的日本经济团体联合会也定期发布白皮书或组织圆桌会议，推动与政府和相关机构的沟通。另外，还可通过向综合科学技术创新会议和文部科学省提供建议的方式来非正式地参与决策。在政策实施和评估阶段，企业可以通过合作研究与开发和合作成立新机构来影响政府科研机构或大学的研究与开发战略。此外，科研项目评估委员会的成员中一般都有企业等各方的代表。

（2）以共同研究和委托研究及协调员制度为特征的技术研究与开发合作

在“产学官”合作中，技术研究与开发合作主要包括共同研究和委托研究两种形式。前者主要针对“产”和“学”，后者针对“官”和“学”[31]。为了保证合作的顺畅，政府推行“产学官”合作协调员制度，选聘协调员配置在技术转让机构、高科技市场等中介机构中，为企业、政府科研机构和大学之间构建起沟通与协调的桥梁[32]。

（3）贯穿引进、培养、流动、激励全流程的人才共享与合作机制

“产学官”合作吸引了大量国外人才进入日本科研机构、大学和企业就职。政府和企业都委托大学为其培养急需的人才，政府还设立了“共同研究中心”作为大学与产业界的合作平台，以“产”“学”合作等方式培养人才[33]。“产”“学”之间人才可以畅通流动，企业的科研人员在产业界工作一段时间后，可获正式编制到大学任教；双方共同研究项目允许大学向企业派驻教师或研究人员。“产”“学”“官”及各类技术转移机构可以联合评价科研人员和科研成果。日本出台了专门的法律和政策，放宽大学教师到企业兼职的限制，明确发明创造的权利归属，允许研究与开发人员保留专利权，并可最多获得专利收入的

50%–80%。另外，技术转移机构也会将从企业收取的专利权使用费作为研究费返还给研究与开发人员。

（三）日本国家创新体系的特点

1. 分工明确、协调有效、动态调整的“产学官”合作模式与机制

日本“产学官”合作模式最大的特点是，政府直接主导干预、三方密切联合。一方面，该模式分工明确——“产”类机构促进产业应用和技术创新，“学”类机构实施基础科学研究，“官”类机构推进大型、前沿、高风险、长周期、综合性的项目。另一方面，强调协同与合作，以“产”为中心，“学”“官”共同支持，注重长期性和基础性研究与开发[6]。“产学官”模式既有助于提高决策代表性，又有利于发挥各方优势，使国家创新体系中的不同单元形成合力。同时，“产学官”合作模式一直在动态调整，日本政府自1996年以来不断通过“科学技术基本计划”周期性、动态性地对该模式进行修正和完善，以消除旧体制中不适应新环境的部分。

2. 顺畅高效的协调机制

日本“产学官”合作模式中的协调员制度、各类资助与科技中介服务机构，在创新活动中起到了重要的桥梁和润滑剂的作用。它们帮助克服科研合作中的信息不对称、投资不足、官僚机构的繁文缛节等问题。不论是政府科研机构、高校与企业参与政府决策，三方之间的研究与开发合作，还是联合人才培养，各种科技中介服务机构都积极协调，对接各方在制度、技术、经费等方面的需求与供给，实现资源的高效匹配。

3. 独特的企业文化与组织机制

注重技术与市场紧密结合的企业文化，是日本企业创新活动活跃的重要原因。日本企业的主管中50%以上来自于产品和技术部门，这加深了企业对研究与开发项目的潜力与局限性的理解，同时也提高了企业把握市场需求的能力[34]，可以有效地部署和推进符合市场需求的研究与开发项目。企业研究与开发和市场部门彼此熟悉对方的情况与需求，利于相互协调。生产部门在研究与开发的早期阶段就参与其

中，使技术研究与开发同生产需要协调起来，从而提高了研究与开发成果向产品转移的顺畅性和平稳性。

四、主要经验与启示

日本从明治维新开始向西方学习，后来又在战后重建与冷战的风云变幻中，积极发展科学技术，经过不断探索，走出了一条符合本国发展要求、具有显著本国特色的发展道路，实现了科技快速发展，跻身世界科技强国之列。

（一）教育为基，产业为本，成功本土化西方科技制度

日本近代以来的第一次崛起，正是根植于其对西方科技文明的本土化移植。究其原因，对这种外来文化的成功导入，固然有民间因素的作用，但更多有赖于政府发挥积极作用，主要体现在 3 个方面。第一，保持开放的心态。明治维新期间，1871 年出使美欧的使团在全面考察了西方各国的发展成就后，真正认识到了日本与列强差距之大，从而完全摒弃了守旧心态，坚定了全面改革的决心。第二，基于发展需求设立明确的目标。明治维新之初，为了迅速实现工业化，以摆脱落后挨打的窘境，日本主要以“富国强兵”为首要目标，明确了以重工业和军工业为优先发展领域。第三，强有力的领导。围绕着“富国强兵”的目标，日本推出了“文明开化”和“殖产兴业”政策，政府在文化改造、教育体系建立、产业发展中扮演了重要的角色。

正是在政府有力的领导作用下，通过实施有效措施，近代科技文明在日本被成功导入并实现本土化。此外，日本政府在积极推进先进文化、制度、技术移植的同时，始终围绕着教育和产业这两大核心。其中，前者是文化基础，后者是持续发展的保障，两方面共同构成了这种移植成功的重要条件，从而保障了日本明治维新以来的一系列重大成功。

（二）准确判断发展形势，主动调整国家科技战略

第二次世界大战后日本国家发展战略经历了从“贸易立国”“技术立国”到“科学技术创造立国”的演进，不同时期的发展战略造就了不同的科技战略。纵观历史，日本第二次世界大战后的科技战略，起初并非真正意义上的科技战略，

而是经济导向的，战略与政策中的科技成分是随着形势变化逐渐增加的。第二次世界大战后初期，科技战略与科技政策是以政府的宏观经济政策的样貌出现的，更多是在市场机制的作用下，激发和引导企业进行技术引进与改良的科技活动。

随着产业发展升级，政府在宏观经济政策的框架下，开始出台一些具体的产业、环保等政策，逐步地引导科技特别是产业技术发展。此后，随着经济、产业政策作为“准科技政策”已经不足以引导科技整体均衡发展，政府才更进一步地参与进来，出台真正意义上的科技政策，加大对特定科技领域的引导和干预，使科技更好地服务国家目标。可见，在不同发展阶段，政府应根据形势变化，因势利导调整科技发展战略和自身职能，积极推动科技引领经济社会发展。

（三）逐步重视基础研究，推动科学与技术平衡发展

在日本政府经济政策的作用下，企业成为第二次世界大战后日本技术引进和改良等科技活动的主体，在推动技术发展的同时也产生了很多弊端。一方面，企业单方面强大，使日本技术发达，但科学投资不足和落后的问题凸显出来；另一方面，日本政府对科技事务长期以间接引导为主，不直接干预，从而使科技公共投资缺位，基础研究经费不足。在企业“强大”、政府“弱小”的情况下，技术的发展逐渐因为缺乏科学支撑而变得不可持续，并最终导致经济发展后继乏力。房地产泡沫破灭后，日本政府积极采取措施，直接干预科技与创新活动，大力支持科学的发展。在政府与企业的共同支持下，科学与技术的发展得以重新平衡，经济发展再次得到了有力支撑。日本在这方面的经验和教训都值得我们借鉴。

（四）加强科技立法，为科技发展保驾护航

随着政府介入科技的力度加大，方式更加直接，日本开始重视通过科技立法加强对科技资源使用的组织引导，对科技事业依法进行管理。

1995 年出台的《科学技术基本法》是日本科技发展的根本大法。该法的颁布实施使科技成为独立的政府管理事务，标志着日本科技政策开始独立于产业政策。日本以《科学技术基本法》为法律依据，每五年出台专门的“科学技术基本计划”作为中短期的发展规划指导，每年更新“科学技术创新综合战略”作为兼顾长期和短期规划的行动指南，灵活地根据形势变化动态调整科技发展路径。这样，就形成了一个系统而协调的制度框架——一个长期有效的总思路、五年中短

期科技规划以及年度科技发展方案，共同形成一个有机整体，兼顾了稳定性和动态性、战略性和针对性，提高了环境适应性和满足国家需求的能力。这种以法律为根基的制度安排对长期坚持、分段实施、及时调整、协调推进国家科技发展战略和政策，具有重要意义。

（五）不断改革科技管理体制，适应科技发展新要求

为适应“科学技术创造立国”的新要求，日本从 2001 年开始针对公共研究与开发投入不足、经费管理和使用分散、事务协调困难等制约自主创新能力提高的问题，推行科技管理体制改革。

一是改革政府科技管理机构管理模式和职能。2002 年，改组“综合科学技术会议”为科技政策“司令部”，形成综合统筹协调各省厅相关政策的管理模式。2014 年，又将“综合科学技术会议”调整为“综合科学技术创新会议”，加大对创新的推动力度，进一步强化其在政策、经费、项目、评估等方面综合协调管理的职能。在新体制下，各省厅政策减少了矛盾和重复，部门间形成了合力，共同推动科技和产业的发展。

二是革新国立科研教育机构管理体制。2002 年开始，日本分别对国立科研机构和国立大学进行独立行政法人改革，实施去行政化，将它们从各自所属的省厅分离出来，给予独立的决策权，从而使管理更加灵活，消除了过去终身雇佣制下人员缺乏流动和竞争的问题，激活了创新活力。2015 年又开始新一轮的国立研究与开发法人制度改革，进一步对独立行政法人进行了分类管理，使国立科研机构的职能定位清晰明确，管理更加有序。

这些改革措施既解决了政府机构对科技管理分散、协调困难的问题，又增加了科研机构和大学的灵活性，兼具集中有力与灵活有序两方面的特点，很好地适应了“科学技术创造立国”战略提高基础研究水平和自主创新能力的要求。

（六）针对国情前瞻性布局重点领域，积极应对经济社会发展新挑战

20 世纪 70 年代，在环境公害和能源危机等问题刚显露征兆时，日本就开始布局半导体集成电路、核能发电等高科技产业，积极推动产业转型。90 年代，日本加大对生命科学、通信、环境等领域的支持力度，增强了自主创新能力。21 世纪以来，在老龄少子化、灾后重建等问题的驱动下，除将研究重点更多地转向安全、能

源、环保、医疗、防灾等领域外，日本更超前地提出了“社会5.0”概念，试图以信息、物联网等技术改变社会结构、减少对劳动力的需求。日本这一系列重点领域布局很具前瞻性，虽然可以看成一个资源稀缺的岛国固有的危机意识的体现，但无疑也是助力其在第二次世界大战后迅速崛起并长期保持科技强国地位的重要原因之一。

研究编撰人员（按姓氏笔画排序）

王　溯　刘细文　杨　舰　胡智慧　黄晨光　龚　旭　蒋　芳

参考文献

[1] 冯昭奎．战后70年日本科技发展的轨迹与特点．日本学刊，2015，(5)：76-97.

[2] 朱家良．日本的“贸易立国”和“技术立国”．浙江经济，1988，(11)：44-46.

[3] 冯平．战后日本科学技术的出发点．日本学刊，1996，(5)：121-135.

[4] 冯昭奎．日本的拿来主义．世界经济与政治，1996，(9)：5-9.

[5] 张先恩，等．科技创新与强国之路．北京：化学工业出版社，2010.

[6] 昌成亮．战后日本科技政策演变及启示．武汉：中国地质大学硕士学位论文，2009.

[7] 郑礼．日本公、私立大学之比较．高等教育研究，1996，(5)：90-95.

[8] 季风．日本科技发展研究．大连：东北财经大学博士学位论文，2012.

[9] Kuwahara T. Technology forecasting activities in Japan. Technology Forecasting & Social Changes, 1999, 60 (1): 5-14.

[10] 王镜超．日本科技创新政策发展的历史演进与经验借鉴．北京：北京交通大学硕士学位论文，2016.

[11] 冯昭奎．战后日本科技发展与“科学技术创造立国”(续). 亚非纵横，1996，(3)：11-13，29.

[12] 刘昌黎．论日本新世纪初的立国战略体系．日本学刊，2008，(4)：61-72.

[13] 国际科技合作政策与战略研究课题组．国际科技合作政策与战略．北京：科学出版社，2009.

[14] 薛亮．日本强化研究与开发实施体制探索新型研究与开发法人制度．科学发展，2017，(5)：32-37.

[15] 姜新军．日本科技发展战略研究．企业科技与发展，2007，(16)：7-8.

[16] Japan Society for the Promotion of Science. Global COE Program. http://www.jsps.go.jp/english/eglobalcoe/ [2017-06-23].

[17] Japan Society for the Promotion of Science. World Premier International Research Center Initiative. http://www.jsps.go.jp/english/e-toplevel/ [2017-06-23].

[18] 闫莉．日本科技走向国际化．日本研究，1994，(4)：6-11.

[19] 閣議決定．科学技術基本計画．http://www8. cao. go. jp/cstp/kihonkeikaku/4honbun. pdf [2017-06-15].

[20] 閣議決定．科学技術基本計画．http://www8. cao. go. jp/cstp/kihonkeikaku/5honbun. pdf [2017-06-15].

[21] Cabinet Decision. Comprehensive Strategy on Science, Technology and Innovation-A Challenge for Creating Japan in A New Dimension. http://www8. cao. go. jp/cstp/english/doc/20130607cao_sti_strategy_provisional. pdf [2017-08-07].

[22] Cabinet Decision. Comprehensive Strategy on Science, Technology and Innovation - Bridge of Innovation toward Creating the Future. http://www8. cao. go. jp/cstp/english/doc/2014stistrategy_provisonal. pdf [2017-08-07].

[23] 閣議決定．科学技術イノベーション総合戦略 2016. http://www8. cao. go. jp/cstp/sogosenryaku/2016/honbun2016. pdf [2017-08-07].

[24] 閣議決定．科学技術イノベーション総合戦略 2017. http://www8. cao. go. jp/cstp/sogosenryaku/2017/honbun2017. pdf [2017-08-07].

[25] 黄吉，张虹．大力塑造科技创新决策的“司令塔”——日本综合科学技术创新会议的发展经验与启示．http://www. hebstd. gov. cn/web/news/tszs/gzzj/68077/index. html [2017-08-11].

[26] 克里斯托弗·弗里曼．技术政策与经济绩效：日本国家创新系统的经验．张宇轩译．南京：东南大学出版社，2008.

[27] 尹晓亮，张杰军．日本科技行政管理体制改革与成效分析．科学学与科学技术管理，2006，(7)：14-18.

[28] European Commission. Private Sector Interaction in the Decision Making Processes of Public Research Policies-Country Profile: Japan. http://ec. europa. eu/invest-in-research/pdf/download_en/psi_countryprofile_japan. pdf [2017-06-08].

[29] 胡智慧，等．世界主要国立科研机构管理模式研究．北京：科学出版社，2016.

[30] 王承云．日本企业的技术创新模式及在华 R&D 活动研究．上海：华东师范大学博士学位论文，2008.

[31] 刘彦．日本以企业为创新主体的产学研制度研究．科学学与科学技术管理，2007，(2)：36-42.

[32] 邓元慧．日本产学研的合作推进与评估．科技导报，2016，(4)：81-84.

[33] 宋姝婷，吴绍棠．日本官产学合作促进人才开发机制及启示．科技进步与对策，2013，(9)：143-147.

[34] 理查德·尼尔森．国家（地区）创新体系比较分析．曾国屏等译．北京：知识产权出版社，2012.

第七章 俄罗斯的科技强国之路

科技在俄罗斯的发展历史中一直发挥着重要作用。沙俄帝国时期引入西欧近代科技，奠定了近代以来的科技发展基础。之后，苏联时期的科技发展成就比肩美国，在基础研究、工程技术、人文和社会科学的各个领域都取得过辉煌成就，成为超级大国。苏联解体使其科技事业遭受了巨大打击，但俄罗斯在数学、物理等基础研究领域依然保持传统优势，国防科技、航天科技、核能等高技术领域在国际上仍占有重要地位，其研究与开发人员数量位列世界第二梯队。近年来，俄罗斯制定了一系列科技战略和政策，明确优先发展的科技方向，对传统科技体制机制进行改革，在技术引进受到限制的情况下推进自主创新，着力提升本国科技的国际竞争力。

一、俄罗斯的科技发展历程

（一）沙俄帝国时期初步建立了现代科学体制，成就斐然

18 世纪以前，沙俄帝国的科技水平相对落后。18 世纪初至 50 年代，西欧近代科技被引入沙俄帝国。1724 年，彼得一世在圣彼得堡创建“科学与艺术研究院”（也称“彼得堡研究院”，即后来的俄罗斯科学院），遴选了来自西欧的知名科学家担任该院首批院士，从而开辟了沙俄帝国近现代科学发展的道路。18 世纪 50 年代至 20 世纪初，经历了以引进外国科学家为主体、以留学归国科学家为主体、强化科技人才自主培养等几个阶段，俄罗斯科学逐渐发展起来，出现了包括米哈伊尔·瓦西里耶维奇·罗蒙诺索夫等在内的首批俄籍院士，科学学派不断涌现，一批俄罗斯学者享誉世界。例如，发现化学元素周期律的化学家德米特里·伊万诺维奇·门捷列夫，免疫学创立者、诺贝尔奖获得者埃黎耶·埃黎赫·梅契尼科夫，神经生理学创立者、诺贝尔奖获得者伊万·彼得罗维奇·巴普洛夫等。

到十月革命以前，沙俄帝国已经建立了与欧洲其他国家水平相当、较为完整的科学院体系和国民教育体系，跻身世界先进行列[1]。

米哈伊尔·瓦西里耶维奇·罗蒙诺索夫（Михаи́л Васи́льевич Ломоно́сов，1711－1765 年）：俄罗斯科学家、语言学家、哲学家和诗人，俄国科学院第一个俄籍院士。创办了俄罗斯第一个化学实验室和第一所大学——莫斯科国立罗蒙诺索夫大学，并担任第一任校长。在自然科学方面的贡献范围非常广泛，涉及化学、天文学、物理学、地质学等。1756 年，最早发现了“质量守恒定律”。

德米特里·伊万诺维奇·门捷列夫（Дми́трий Ива́нович Менделе́ев，1834－1907 年）：俄罗斯科学家。发现了化学元素周期律，制作出世界上第一张化学元素周期表，并据此预见了一些尚未发现的元素。他的代表作《化学原理》在 19 世纪后期和 20 世纪初被国际化学界公认为标准著作，被译成多种文字出版，影响了一代又一代化学家。

（二）十月革命胜利以后，苏联的科技事业进入全新发展阶段

苏维埃政权对苏联的科技事业发展产生了深远影响。1918 年，列宁在《苏维埃政权的当前任务》一文中明确提出“没有具备各种知识、技术和经验的专家来指导，便不能过渡到社会主义”的论断，第一次把发展科学技术提高到了与建设社会主义制度同等的政治高度。从这一时期开始，苏联政府高度重视科技发展，制定了一系列旨在发展科技的政策。20 世纪 30 年代初期，苏联政府提出了“苏联是世界科学的中心”的口号，并采取了一系列措施以实现斯大林提出的“在短期内迅速提高苏联整体科技水平”的目标。苏联的科技事业进入了全新的发展阶段，对政治和社会经济的进步做出了巨大贡献，国家综合国力得到显著提升。

（三）第二次世界大战以后，苏联科技实力不断增强，成为世界第二超级大国

第二次世界大战结束后，苏联将西方科技领先国家作为赶超对象。冷战中断了苏联和西方国家之间的大规模合作，苏联对科学技术提出了更高的要求——“建立强大的科学机构，能研究一切问题，发展西方所拥有的一切技术，不仅赶上而且要超过西方国家科学技术的水平”。在与以美国为首的西方国家展开竞争的同时，苏联建立了门类齐全的科研机构和科研队伍，从事几乎所有现代科技领域的研究，科技事业取得了迅猛发展，并依靠国防技术支撑起世界军事强国的地位。在20世纪70年代，苏联发展成为超级大国，不仅是经济大国、军事大国，也是科技大国：科技人员数量占全世界的1/4，科研成果占全世界的1/3；从整体上看，科技水平仅次于美国，居世界第二位；在航空、航天、造船、核能、电子领域处于世界领先水平，创造了诸多世界第一，包括1953年第一颗氢弹试验成功、1954年第一座核电站落成发电、1957年第一颗人造卫星上天、1961年加加林首次环绕地球飞行、1986年第三代大型空间站“和平”号升空等。

“和平”号空间站

1986年，苏联建造的第三代大型空间站“和平”号升空，并在接下来的10年间不断运送新的模块在空间组装，1996年建成了由6个模块组成的“和平”号空间站。该空间站服役至2001年，期间包括美国在内的许多国家的航天员拜访过这个世界著名的空间站。

（四）20世纪90年代初，随着苏联解体及国家经济衰退，俄罗斯的科技事业进入衰退期

20世纪90年代初，苏联解体及俄罗斯独立以后，因国家整体经济衰退、政局不稳，在严峻的社会环境中，俄罗斯科技事业遭受了巨大打击，主要表现在以下几方面：科研经费急剧减少，政府对民用科技的拨款占联邦预算总支出的比例、占GDP的比例均呈总体下降趋势，且科研预算拨款到位率得不到保障；科技基础设施条件差，一些科研试验生产机构为了求生存而脱离科研系统；科学家收入水平低下，科研人员甚至处于半失业状态，科研人员的平均年龄日益老化，青

年人才数量明显减少，科学研究后继乏人。总之，科研经费短缺和人才流失问题严重制约着俄罗斯科技的发展。

尽管如此，凭借苏联时期蓄积的雄厚科技基础和国家所采取的一系列保存科技潜力、促进科技发展的政策措施，俄罗斯基本仍保留了一支在质量上居世界前列的科研队伍，并在众多科技领域保持了世界领先地位[2]。自 1991 年俄罗斯独立以来的 20 余年间，共有 4 位俄罗斯科学家获得了诺贝尔物理学奖，显示了俄罗斯在物理学领域的优势地位。1991–2010 年，全世界共有 18 位杰出数学家获得菲尔茨奖，其中有 6 位来自俄罗斯，获奖人数超过美国和法国，排名第一。

在高新技术方面，俄罗斯在许多领域始终保持着世界领先地位，如航空航天工业、核工业、船舶制造、特种冶金、动力机械、武器和军事技术等，在某些研究领域甚至走在世界前列。总体上看，俄罗斯仍是一个科技实力雄厚的国家，其科技发展潜力不可低估。

（五）新世纪以来，俄罗斯再次把科学技术作为国家复兴的支撑

近年来，为了增强企业在国家创新体系中的作用并促进产学研合作，提高科研机构的效率与产出，解决科研经费来源渠道短缺、科研队伍结构不合理等问题，俄罗斯在遴选科技优先发展方向、制定科技发展战略与规划、改革科技管理体制和科研资助体系、重组国家级科学院系统和稳定科技队伍等方面做出了积极的尝试。

以网络信息技术为依托的数字经济蓬勃发展，给俄罗斯经济加快复苏带来新动力，信息技术产品的出口额增速较快，该指标正在接近俄罗斯国防产品出口收入。总统弗拉基米尔 · 弗拉基米罗维奇 · 普京在 2016 年国情咨文中强调将推进俄罗斯向数字经济转型；2017 年 5 月，他签署了“2017–2030 年俄罗斯联邦信息社会发展战略”第 203 号总统令；2017 年 7 月俄罗斯政府公布了 2018–2024 年的“俄罗斯联邦数字经济规划”，未来将重点开发大数据技术、神经网络技术、人工智能、分布式存储系统、量子技术、先进制造技术、工业网络、机器人技术、无线通信技术、虚拟现实与增强现实技术，旨在推动俄罗斯从资源依赖型经济向创新导向型经济转型。

二、俄罗斯的国家创新战略与举措

与其他世界科技强国显著不同的是，在不同的历史时期，俄罗斯（苏联）政

府对科技事业的主导作用都很明显，科技活动主要满足国家战略性需求，计划性、组织性特点突出，而市场对科技创新的牵引不足，满足市场需求的科技创新活动比例小，企业的创新积极性发挥不够。

（一）将科学技术作为国家崛起的动力

1996 年颁布的题为“俄罗斯科学发展学说”第 884 号总统令，是叶利钦时期提出的具有代表性的纲领性文件之一。文件指出，在历史上，俄罗斯科学的发展奠定了俄罗斯世界大国的地位。当今，科学是使俄罗斯再次复兴的最重要的资源。国家应该把这种潜力当成决定国家未来的宝贵财富和坚强支柱，支持科学发展应列为俄罗斯的首要任务。

1999 年底，弗拉基米尔·弗拉基米罗维奇·普京出任俄罗斯总统，主张实行“富国强民，恢复俄罗斯世界大国地位”的政策，倡导科技体制改革，把振兴科技作为发展经济的手段，将投资高科技作为俄罗斯跻身全球化、占领国际市场份额的路径。2000 年初，他颁布命令把每年的 2 月 8 日（俄罗斯科学院创建日）定为国家“科学日”，旨在弘扬俄罗斯民族尊重知识、尊重科学的传统，促进科学技术对发展国家经济做出贡献。由此，俄罗斯开始了顺应时代发展潮流的科技和经济复苏之路。

2012 年 5 月 7 日，他在第二任总统就职当天签署了题为“关于落实国家教育与科学政策的措施”的第 599 号总统令[3]，提出了俄罗斯教育、科学领域的新任务，要求从创新的角度进一步完善科学领域、专业人才培养领域的国家政策，并增加科研经费，体现了俄罗斯政府对教育与科技发展的重视。其中，还提出了科学领域未来发展的目标：2015 年之前，将国内研究与开发支出占 GDP 的比重提高到 1.77%，将高等院校在国内研究与开发支出中的份额提高到 11.4%，将俄罗斯论文在 Web of Science 数据库收录的全球科技期刊论文总数中的比例提高到 2.44%。但是近几年来，由于国际环境变化和俄罗斯科技政策落实不到位，当时提出的很多愿景目标并没有实现。例如，俄罗斯研究与开发支出占 GDP 比例一直在 1.0%–1.3% 徘徊，没有达到 1.77% 的目标（图 7-1）。科研经费投入不足造成科研产出相对较少，科技论文发表数量、专利申请数量也不尽如人意。2014 年和 2015 年，高等院校在国内研究与开发支出中的份额均为 9.9%，也没有达到 11.4% 的设定目标。

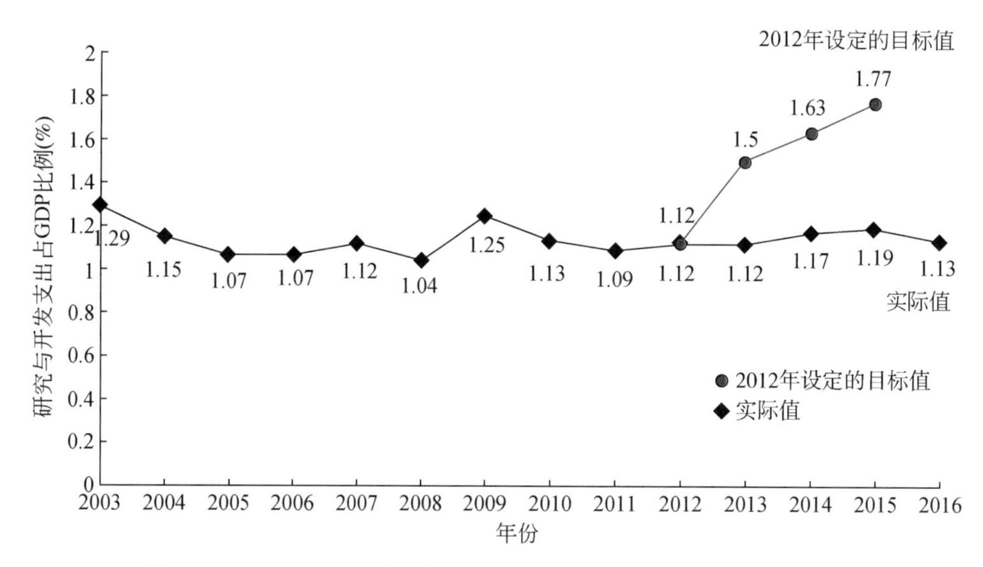

图 7-1　2003-2016 年俄罗斯研究与开发支出占 GDP 比例

资料来源：Российская академия наук，ДОКЛАД о состоянии фундаментальных наук в Российской Федерации и о важнейших научных достижениях российских ученых в 2016 году，2017 年。

俄罗斯政府将确定科技优先发展方向作为国家创新战略的重要组成部分，并于 2002 年规定了遴选国家战略优先发展方向的原则——提高居民生活质量、依靠创新发展取得经济增长成就、加强基础科学、改革教育体制、保障国防和国家安全，并由此确定了 9 个科技优先发展方向和 54 项关键技术。在此基础上，联邦政府批准了“2002-2006 年科技优先发展方向研究与开发规划”，对实施科技优先发展方向给予了进一步明确的目标认定[4]。

2011 年 7 月，俄罗斯总统德米特里·阿纳托利耶维奇·梅德韦杰夫批准了新的“俄罗斯科技优先发展方向”和“关键技术清单”[5]。这两份文件在充分考虑全球科技发展新趋势、俄罗斯科研机构所取得成果的基础上，覆盖了俄罗斯最具潜力的科技领域，重点放在最终有可能成为创新产品并形成新市场的科技成果上。2015 年 12 月，俄罗斯总统弗拉基米尔·弗拉基米罗维奇·普京签署第 623 号总统令[6]，批准将军事机器人、专用机器人与两用机器人技术增添到 2011 年公布的“俄罗斯科技优先发展方向”清单中。至此，俄罗斯政府确立了科技优先发展的 9 个方向和 27 项关键技术（表 7-1）[7]。

表 7-1 俄罗斯的科技优先发展方向和关键技术

项目	具体内容
科技优先发展方向（9 个）	安全与反恐；纳米系统产业；信息通信系统；生命科学；先进武器装备、军事和特种技术；自然资源合理利用；交通运输系统与航天系统；能源效率、节能与核能；军事机器人、专用机器人与两用机器人技术
关键技术（27 项）	新式武器、军事和特种设备所需的基础与关键的军事技术和工业技术；电力电子基础技术；生物催化、生物合成和生物传感技术；生物医学与兽医技术；基因组、蛋白质组和后基因组技术；细胞技术；纳米材料、纳米器件和纳米技术的计算机模拟；会聚技术；核能、核燃料循环、放射性废物与核废料安全处理技术；生物工程技术；纳米材料和纳米器件诊断技术；宽带多媒体接入技术；信息系统、控制技术和导航系统技术；纳米器件与微系统技术；新能源与可再生能源技术；结构纳米材料的制备与处理技术；功能纳米材料的制备与处理技术；分布式计算、高性能计算系统技术与软件；环境监测与预测、环境污染防治与消除技术；矿产勘探、开发与开采技术；自然与人为紧急情况的预防、应对技术；减少社会性疾病损失的技术；高速车辆制造技术和新型交通智能控制系统；航天火箭制造技术和新一代运输设备；电子元件与节能照明设备制造技术；能源运输、分配和利用的节能系统制造技术；高效的能源生产与能源转换技术

（二）加强科技发展战略规划，优化国家创新体系建设

能源和原材料一直是俄罗斯的支柱产业，而这种资源依赖型的经济结构很大程度上阻碍了俄罗斯国际竞争力的提升和经济的可持续发展。俄罗斯政府希望借助于完善国家创新体系、加强创新来转变经济结构，实现经济发展模式从资源依赖型向创新型经济的转变。近年来，俄罗斯政府基本上每五年制定一次面向未来十年的科技创新发展战略（表 7-2），明确国家创新体系建设的中长期战略目标，着眼点在于规划重点创新领域，增加投入、培养人才，并采取多种措施推动科技创新，鼓励企业研究与开发和采用创新技术，从而促进经济社会全面高效发展。

为实现科技创新发展战略所提出的目标，俄罗斯政府还相应制定实施了国家科技发展规划、基础科学研究长期规划、国家技术倡议等中长期规划（表 7-3），来发展科学技术、逐步优化国家创新体系。

表 7-2　近年来俄罗斯制定的科技创新发展战略

年份	文件名称	主要内容
2006	至 2015 年科学和创新发展战略	总结了俄罗斯科技面临的系统性问题并提出了解决问题的方法，同时确定了实施原则和主要任务
2011	至 2020 年创新发展战略	明确了国家创新政策的目标系统、优先领域、政策工具，并提出要改革俄罗斯的科技与教育，发展人力资源，鼓励企业创新，以保障俄罗斯经济的竞争力
2016	至 2025 年科学技术发展战略	旨在为应对国家和社会所面临的各种“大挑战”提供技术保障，提升高技术产业在 GDP 中的比重，将知识密集型的本土技术推向新市场，通过提高科研效率建设能够充分发挥俄罗斯智力潜能的创新体系，推动俄罗斯未来可持续发展，从而保障国家独立和提升其国际竞争力

表 7-3　近年来俄罗斯制定的科技发展规划

年份	文件名称	主要内容
2012	2013–2020 年国家科技发展规划	俄罗斯中长期科技发展总规划，从国家层面协调联邦权力执行机构、国家级科学院、重点大学、国家研究中心等的科研活动，整合基础研究项目、国家科学基金、联邦专项计划等方面的国家资源，建设高效、有竞争力的研究与开发体系，保障其在俄罗斯经济技术现代化中的主导作用
2012	2013–2020 年基础科学研究长期规划	旨在协调全国与基础研究相关的所有参与方的各类活动。重点任务：建设能够保障俄罗斯经济可持续增长、保持其全球科技竞争力的基础研究部门；推动能够在经济现代化优先领域产生科技突破的跨学科研究与开发；培养科教人才；使俄罗斯的基础科学与全球科技界接轨
2015	国家技术倡议	属于公私合作长期计划。预测了未来 20–25 年将成为世界经济与俄罗斯经济主导产业的能源、食品、安全、健康、航空、海洋、汽车 7 个具有市场发展潜力的领域，并选择了数字建模、新材料、增材制造、量子通信、仿生学、基因组学与合成生物学、神经网络、大数据、人工智能与控制系统、新能源等作为优先发展的技术群

此外，在俄罗斯其他的联邦计划和部门发展战略中，也对专门领域的科技创新发展有所规划。例如，“俄罗斯2020年前能源战略”“至2015年化学及石油化学工业发展战略”“联邦航天计划”“民用航空技术发展计划”“国家技术基础计划”“2013-2025年国家航空工业发展规划”“2013-2020年国家航天活动规划”“2013-2020年林业发展规划”“生物技术和基因工程发展路线图”“2013-2018年信息技术领域发展路线图”等。

（三）调整科研资助体系

俄罗斯政府分别于1992年和1994年建立了俄罗斯基础研究基金会与俄罗斯人文科学基金会，为基础研究和应用研究按竞争机制获得资助铺平了道路，使多元化的科技投入体系得到迅速发展。为促进人文科学与自然科学的跨学科研究，2016年3月，俄罗斯政府决定将俄罗斯人文科学基金会并入俄罗斯基础研究基金会，但合并后的年度财政拨款将不低于原有两者之和。

为提高自下而上竞争性科研项目经费在政府科技预算中的比重，2012年5月，弗拉基米尔·弗拉基米罗维奇·普京签署总统令，要求完善科研项目资助体系，进一步提升科学基金在国家创新体系中的地位和作用并提高联邦科技研究与开发预算的使用效率与研究与开发产出。据此，俄罗斯政府于2012年和2013年分别成立了前景研究基金会与国家科学基金会。前者类似于美国国防高级研究计划局（DARPA），该基金会组织的基础研究和探索性研究旨在促进俄罗斯军队的大规模重新装备，确保俄罗斯国防和安全利益。后者以公开竞争的形式资助俄罗斯科研团队开展基础科学研究和探索性研究，包括在科研和高等教育机构成立世界一流的实验室与教研室，培育在特定领域占据领先地位的科研团队，建设科技基础设施，研究与开发与生产高技术产品，开展国际合作，并参与国家科技与高等教育发展政策的制定。这两家新成立的基金会在年度经费规模和每个项目平均资助力度方面，都远远超过了之前的俄罗斯基础研究基金会和俄罗斯人文科学基金会。

（四）稳定科技队伍

苏联解体后，俄罗斯科研人才大量流失，科研人员数量下降趋势明显，2010年达到最低点（36.9万人）。针对这一突出问题，俄罗斯政府在2002年发布的“2010年前和未来俄罗斯科技发展政策原则”中强调，提高科学劳动者的社会地位是保障和发展人才潜力的必要条件，要创造条件使有才能的青年人留在科技领域；完善科研人员聘用制度；提高科技人员的收入；创造条件使那些已经移居到国外工作的人返回俄罗斯，使他们能在科技领域内充分发挥自己的专长；建构培养创新型人才的体制，创造条件使他们能自由流动。

2013 年 5 月批准的“2014-2020 年科研与科教人才联邦专项计划”旨在建立高素质科研与科教人才的高效培养体系，提升俄罗斯人才的国际竞争力。联邦政府为该计划拨款 1535 亿卢布（约 49 亿美元），以吸引并留住投身科学、教育和高技术领域的青年人才；支持知名学者领导的科研团队开展高水平的研究；支持有才华的青年科技人才充分发挥其创造力，鼓励年轻的副博士自主组织研究与开发项目；完善相关机制以提高科教人才的成果产出，激励其创新积极性；促进科教人才的国内流动和国际交流；进一步发展国立研究型大学网络[7]。在政府各类人才政策的作用下，俄罗斯科研人才流失现象有所遏制，科研人员数量有所回升（图 7-2）。

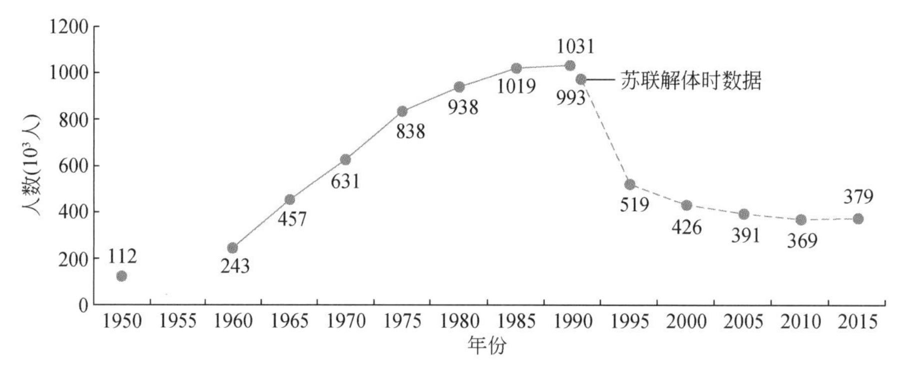

图 7-2　1950-2015 年苏联和俄罗斯的研究人员数量变化

注：1955 年数据缺失，资料源自 2016 年 Фонд ЦСР，СПРАВКА Кадровый потенциал научно-технологического развития России。

如何在有限的人才储备条件下，充分发掘现有人才潜力、减少人才流失、缓解人才队伍老龄化现象成为俄罗斯不得不面对的重要命题。近年来，俄罗斯将支持青年科研人员作为政府工作的重中之重，并为此采取了多种政策措施。例如，2010 年启动的“大项目计划”吸引知名外籍科学家在俄罗斯的大学、国立科研机构、联邦科学中心组建了约 200 家世界一流的实验室，在 5000 位项目成员中，半数以上均为 35 岁以下的青年科学家，包括在读的 700 余位大学生和 1000 余位研究生。此外，政府还为青年科学家和在读研究生提供 1000 个奖学金项目，每月资助 2.28 万卢布。在符合国家现代化和科技优先发展方向的专业领域，为 4500 位在读大学生和 500 位研究生分别提供每月 5000 卢布和 1 万卢布的奖学金。

为了长期稳定支持更多的青年科学家和知名科学家在基础研究与探索性研究领域开展世界一流的研究，培养基础研究领域的青年领衔科学家，2016 年 12 月，俄罗斯总统委派俄罗斯国家科学基金会专门设立“总统研究项目计划”[8]，作为实施“至 2025 年科学技术发展战略”的重要组成部分。

俄罗斯政府公布的 2016 年全国重要科技成果与统计指标显示[9]，在各项支持青年人才脱颖而出的政策鼓励下，39 岁以下的青年科研人员占全国科研人员的比例已经从 2011 年的 37.5% 提高到 2015 年的 42.9%。

（五）重组国家级科学院系统

俄罗斯科学院是俄罗斯近代科学的发源地，在俄罗斯众多科研机构中占主要地位，曾为俄罗斯科学技术发展做出了巨大贡献。但随着时代变迁，俄罗斯科学院作为当今世界上规模最大的国家级科学院，存在着机构庞大、分工过细、管理效率低下、专业人才相互交流不足、科研经费短缺、科技成果难以商业化等问题，难以及时、充分发挥支撑国家发展主力军的作用[10]。此外，由于近年来科研人员数量萎缩，科研队伍“老龄化”，创新活力和产出能力愈显不足，导致其在国家创新体系中的地位与前景越发黯淡。因此，俄罗斯政府与科技界都意识到俄罗斯科学院的改革势在必行。

2013 年 9 月，俄罗斯颁布实施《关于俄罗斯科学院、国家级科学院的重组及修订相关联邦法律条款联邦法》，将俄罗斯医学科学院、农业科学院并入俄罗斯科学院后，成立新的俄罗斯科学院[11]。俄罗斯政府希望通过“三院合一”，将三院的下属机构进行迁移、重组、关闭、裁员等改革，以减少科研机构和领域方向设置的交叉重复，重点支持那些符合联邦政府评估标准的科研机构，使得重组后的俄罗斯科学院所获得的人均联邦年度预算经费能够有所增加，并实现院士队伍的年轻化[12]。

截至 2017 年 4 月，原俄罗斯科学院下属的 732 家研究所中，已有 128 家重组为 29 家。其中，国防与安全领域 7 家，农业与生物技术领域 11 家，医学领域 4 家，能源领域 1 家，电子学与光子学领域 2 家，跨领域 4 家。2017-2018 年还将有约 300 家研究所参加分类重组改革。目前，俄罗斯科学院仍处于渐进式分类重组改革进程中，新的科研布局体系和管理运行机制尚待建立健全，整体改革成效还难以估计，一些学者所担心的俄罗斯科学院人才流失问题还需持续关注，其深远影响也有待进一步观察。

三、俄罗斯的国家创新体系及特点

从1724年彼得一世成立科学与艺术研究院、1755年米哈伊尔·瓦西里耶维奇·罗蒙诺索夫倡议并创办莫斯科国立罗蒙诺索夫大学起，俄罗斯的国家创新体系建设开始起步。苏联解体以后，俄罗斯政府充分认识到，从国情出发恢复和加强国家创新体系是迅速振兴俄罗斯的关键措施。2002年制定的“2010年前和未来俄罗斯科技发展政策原则”指出，建立国家创新体系是最重要的国家任务，是国家经济政策不可分割的部分，并规定俄罗斯国家创新体系必须具备良好的经济、法制基础与创新结构，完善国家的科技研究与开发与成果转化相结合的机制，加强国家管理部门与科研机构、企业的协调，加速科技成果转化，不断提高居民生活质量和推动国家经济发展[4]。

（一）俄罗斯国家创新体系的构架

俄罗斯的国家创新体系按职能可以分为5级（图7-3）。

第一级为最高决策层，包括总统、联邦议会和总理。俄罗斯总统确保国家权力各实体之间的协调运转和相互配合，决定科技与创新政策的主要方向。俄罗斯联邦议会由联邦委员会（上院）和国家杜马（下院）组成。

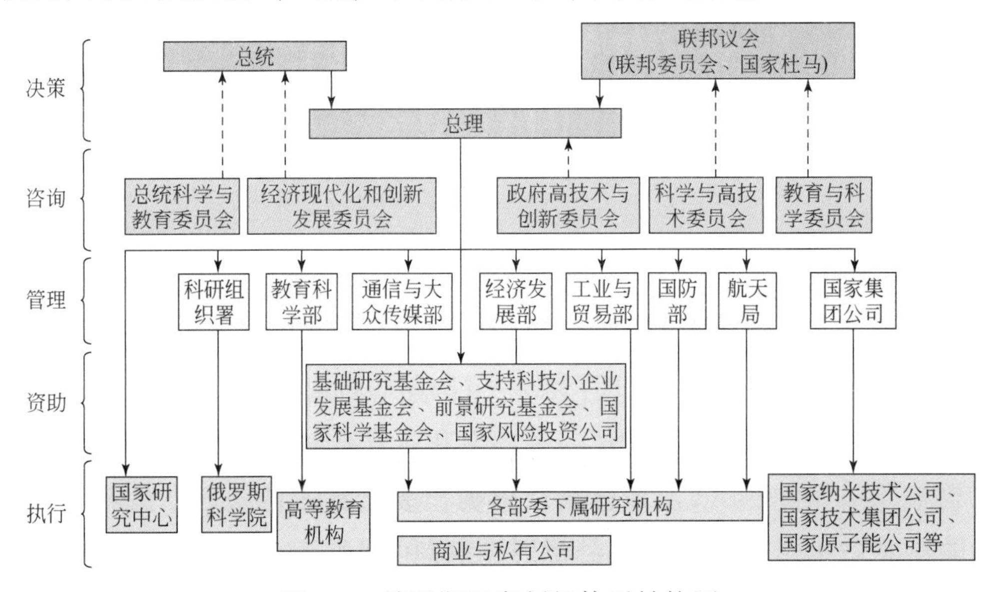

图7-3　俄罗斯国家创新体系结构图

第二级为决策咨询机构。其中总统科学与教育委员会、经济现代化和创新发展委员会直接向总统负责，就科技问题提供咨询和建议。联邦委员会（上院）下设教育与科学委员会，国家杜马（下院）下设科学与高技术委员会，两个委员会都参与提议和审核有关科技政策的立法。政府高技术与创新委员会负责协调联邦政府各部委层面的科技政策。

第三级为联邦政府的科技政策制定和科技管理部门。其中教育科学部负责俄罗斯科技政策和战略的制定及其执行监督，科研组织署负责由原俄罗斯科学院、俄罗斯医学科学院和俄罗斯农业科学院支配的联邦资产及下属机构的管理工作。其他一些部门负责管理相关领域的研究与开发和预算，如国防部控制着国防研究与开发的绝大部分支出；工业与贸易部控制着大量与工业研究与开发和国防研究与开发相关的预算；经济发展部对国民经济领域的应用研究进行资助；通信与大众传媒部负责信息技术领域研究与开发预算的分配。研究与开发领域的主要管理者还包括俄罗斯联邦知识产权、专利和商标局、联邦技术管理和计量署、联邦反垄断局等。

第四级是竞争性经费管理与资助机构。俄罗斯政府的科技投入一部分是从国家预算直接通过第三级的政府部门分配至科研执行机构，一部分是通过几家基金会间接分配。竞争性研究与开发经费的分配工作主要由前景研究基金会、国家科学基金会、基础研究基金会等机构负责。

第五级为具体从事科学研究的各创新单元。包括国家级科学院系统、各部委下属研究机构、高等教育机构和企业等。

（二）俄罗斯国家创新体系各执行主体的定位及相互关系

在俄罗斯，研究与开发工作大部分是由公共部门开展，特别是国家级科学院系统和部委研究机构，以及部分企业。国家创新体系中的各研究主体分工明确、相对独立，分为 4 类：①政府科研机构。主要包括国家级科学院、国家研究中心，2015 年拥有全国 76% 的基础研究经费，是基础研究的主力军，也从事少量应用研究和开发研究。政府科研机构 2015 年的研究与开发总经费占全国的 31. 1%，拥有全国 65. 2% 的博士级科研人才。②企业。根据企业发展需求开展技术开发，2015 年拥有全国 79% 的开发研究经费，应用研究比重很低，更少从事与技术前沿有关的基础研究。企业的研究与开发人员、研究与开发经费支出占全国的半数以上，但是拥有的高级科研人员只占全国的 12. 2%。③高等教育机构。

既是培养高级专业人才的场所，也是一支重要的科研力量，尤其是一批名牌大学在科学研究方面卓有建树。④非营利科研机构。科研人员和科研经费的规模更小（图7-4、表7-4）。

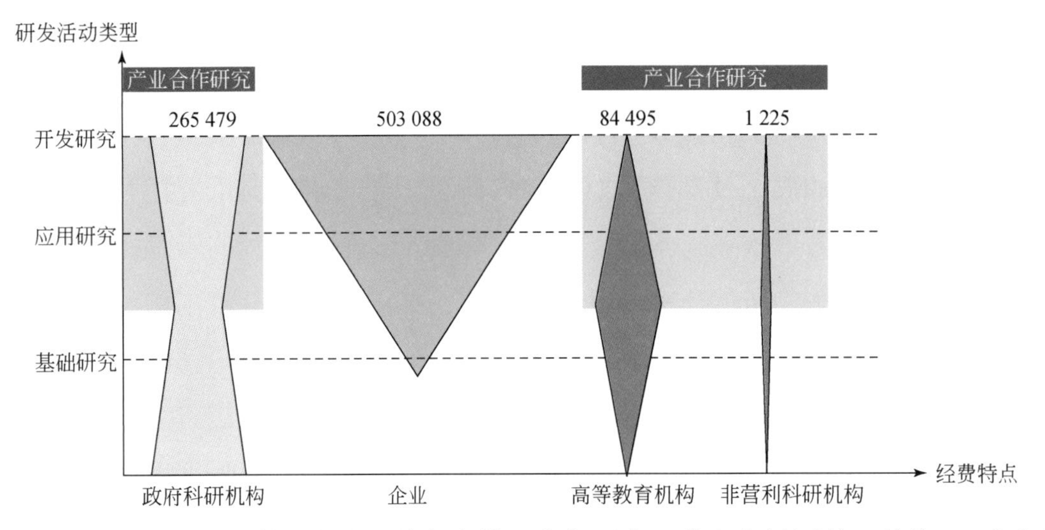

图7-4　俄罗斯国家创新体系各创新执行主体研究与开发经费和布局图谱（单位：10^6 卢布）

注：资料源自2015年经济合作与发展组织（OECD）研究与开发经费统计数据。

表7-4　2015年俄罗斯政府科研机构、高等教育机构、企业的基本情况

类别		政府科研机构		高等教育机构		企业		小计
		数量	比例（%）	数量	比例（%）	数量	比例（%）	
机构数量（个）		1 560	38.2	1 124	27.5	1 400	34.3	4 084
研究与开发人员（人）		265 429	36.0	63 870	8.7	408 802	55.4	738 101
其中	研究人员（人）	134 794	35.6	45 967	12.1	198 123	52.3	378 884
	具有博士学位的人员（人）	18 264	65.2	6 318	22.6	3 413	12.2	27 995
研究与开发经费（10^6 卢布）		265 479	31.1	84 495	9.9	503 088	59.0	853 062
科研仪器设备价值（10^6 卢布）		268 270	39.7	87 369	12.9	320 372	47.4	676 011

注：资料源自2017年 Российская академия наук，ДОКЛАД о состоянии фундаментальных наук в Российской Федерации и о важнейших научных достижениях российских ученых в 2016 году。

1. 政府科研机构

俄罗斯的基础科学研究总体上以国家级科学院为主力。国家级科学院是政府批准成立的国立科研机构。俄罗斯现有 4 个国家级科学院，除俄罗斯科学院外，其余 3 个是按领域设立的，分别为俄罗斯教育科学院、俄罗斯建筑科学院和俄罗斯艺术科学院。

俄罗斯科学院

俄罗斯科学院前身是于 1724 年在圣彼得堡成立的科学与艺术研究院，是俄罗斯最具影响力的国立科研机构，是主导全国自然科学和社会科学基础研究的中心。俄罗斯科学院历史悠久、规模庞大、研究实力雄厚，长期以来在自然科学、工程技术、社会科学和人文科学的基础研究中取得了众多世界一流的成果。至今已有 19 位学者先后获得诺贝尔奖，其中自然科学领域有 11 位。

截至 2016 年 12 月，俄罗斯科学院共有院士 940 人，通讯院士1160人，全院职工 12.7 万人，其中科研人员 4.7 万人。2016 年经费总收入为 1399 亿卢布（约合 158 亿元人民币），其中 78% 的经费用于基础研究。

俄罗斯科学院设 3 个分院——远东分院、西伯利亚分院、乌拉尔分院，并设有 13 个学部，分别为数学学部；物理学部；纳米技术与信息技术学部；能源、机械制造、力学与管理过程学部；化学与材料科学学部；生物学学部；地球科学学部；社会科学学部；历史与哲学科学学部；全球问题与国际关系学部；生理学学部；农业科学学部；医学学部。

为解决原子弹研制任务，1943 年苏联成立了苏联科学院原子能研究所，专门从事核能和核武器的研究与开发工作，先后研制了原子弹、氢弹以及世界上第一座核反应堆，在供潜艇以及破冰船使用的核反应堆的建造中发挥了关键作用。苏联解体后，原子能研究所于 1991 年更名为库尔恰托夫研究所，直接归联邦政府管理，是不隶属于任何科学院或部门的、独立运行的法人机构。经过多年发展，该所研究范围已涉及军用、民用、实用性、基础性研究等，成为囊括核能、热核聚变、纳米、生物和信息技术在内的多学科研究机构。该研究所建立了庞大的科学试验和设计基地，拥有许多大型科技装备，如等离子体热核装置、多种类型的核反应堆、多种型号的加速器、超级计算机、试验平台以及一些独有试验设备等。

2008 年，该研究所更名为库尔恰托夫研究所国家研究中心。这是俄罗斯第一家国家研究中心，也是俄罗斯最大的国家实验室，共有员工 8000 余人。俄罗斯组建国家研究中心的主要目的是整合俄罗斯核物理研究领域的相关优势资源，统筹该领域的科研工作和试验设施建设，在科技管理与组织上应用现代方法，集中力量形成技术突破，将基础研究成果高效地转化为有前景的工业化技术。2014 年，俄罗斯又组建了第二家国家研究中心——茹科夫斯基研究所，以巩固俄罗斯在军用和民用航空领域的地位。

俄罗斯继承了苏联 70% 的军工企业和机构，核心企业和机构有 1400 多个。其中，55% 的机构从事研究与开发、设计和试验，涉及核武器、航天航空、枪炮武器、舰船、装甲车、无线电电子等行业。在经济转型过程中，这些企业和机构一方面得不到政府充足的拨款，另一方面也未能解决自身在市场经济条件下运行和管理的问题。多数企业和机构设备老化、人才断档，面临发展困境和生存危机。

1995 年，部分骨干军工企业通过国家“联邦科学与生产中心计划”获得了相应支持。2001 年以来，俄罗斯政府通过实施针对国防工业体系的专项发展计划、扩大军购规模等措施，加强了对军工企业和机构的支持力度。为保护本国军工企业和机构，俄罗斯政府还公布了战略企业（机构）名单，限制外国资本介入。政府希望军工企业和机构能更多地吸引并借助本国社会资本，更新设备，引进先进技术，提高自身创新和发展能力。

2. 高等教育机构

俄罗斯高校历来以教育为主，优势学科多集中于社会科学、人文科学和自然科学，技术科学、医学和农学的研究力量相对薄弱。近年来，受到政府科技政策的激励和推动，高等教育部门日益重视科研工作，加强了对医学和农学研究的投入。

推进科教一体化一直是俄罗斯政府工作的重要方向。2000 年以来，政府推出一系列计划，如“俄罗斯科学和高等教育一体化专项计划”“俄罗斯高校自然科学和人文科学基础研究计划”“高校科技优先方向科学研究计划”“高校创新活动计划”“高校科学潜力发展专项计划”等，大力支持高等院校的基础学科建设，提高其科研和创新能力。此外，俄罗斯还鼓励高校与生产企业开展合作，与重要科研机构共同进行项目研究，吸引知名科学家来高校工作，并加强高校创新基础设施建设。

为提高高校科研教育现代化水平，满足经济发展对高技术人才的需求，俄罗斯政府于 2008 年实施了“国家研究型大学计划”。至 2010 年，教育科学部通过竞争选拔，确定了 29 所大学进入国家研究型大学支持序列。为加大资助力度、打造世界一流大学，2015 年 11 月，俄罗斯政府决定将资助重点大学提升在科学与教育领域国际竞争力的计划期限从 2013–2017 年延长至 2020 年，且受资助大学的数量与经费均有所增加。

3. 企业

目前，俄罗斯从事创新活动的企业数量有限，主要集中在少数垄断性大企业，私有企业的研究与开发活动非常有限。相比其他国家，俄罗斯企业的研究与开发经费和投入力度都较低，仅极少数企业能够成为国际创新领军者。俄罗斯军民之间的知识与技术转移工作存在不足，妨碍了军民两用技术的开发与利用[13]。企业界和社会对创新缺乏敏感性，妨碍了研究与开发成果在新产品和新服务中的应用，更难以形成国际竞争力。

4. 非营利科研机构

俄罗斯的非营利科研机构是从 1996 年 1 月俄罗斯《非营利组织法》正式生效之后开始形成的。该法规定了非营利机构的法律地位、组建程序、活动、重组和清算、创始人与参与者的权利和义务、政府机构和国际组织对其可能的支持方式。科技领域的外国非营利机构主要包括那些为俄罗斯境内科学家提供资助的外国非政府基金会，此类基金会从 20 世纪 90 年代开始发挥了积极作用。2006 年《非营利组织法》被修订之后，高等院校和政府科研机构同样可以采取非营利科研机构的形式，使得此类机构的吸引力明显上升，非营利科研机构的数量、人员总数和研究与开发支出呈现大幅增加的态势。但是，此类机构在国家创新体系中所占的份额仍然比较小[14]。

（三）俄罗斯国家创新体系的特点

俄罗斯国家创新体系最突出的特点就是政府对全国科技创新的主导作用明

显，政府每年的科技预算拨款占全国研究与开发经费总支出的比例约为 70%（图 7-5），而该比例在其他发达国家一般为 20%–50%。随着科研资助体系的改革，竞争性科研项目经费逐年增加，但所占比重仍然较低。大部分政府科技预算仍是根据各科研机构和大学的人员数量、上一年度的经费水平，通过自上而下的渠道进行调控分配的。政府负责集中制定国家科技优先发展方向、科技发展战略、联邦专项计划，以提升国家科技竞争力，保障国家安全，促进国民经济发展。

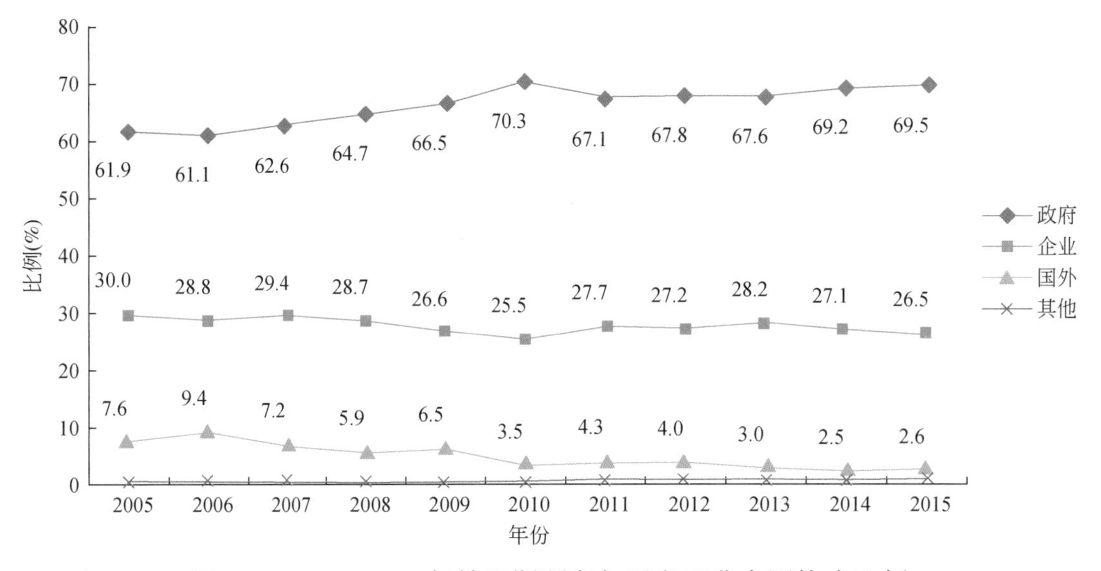

图 7-5　2005–2015 年俄罗斯研究与开发经费来源构成比例

俄罗斯的国立科研机构是基础研究的主要力量，由于其国有制、计划式的治理形式，任务和经费主要来自政府等，明显阻碍了其与市场经济环境进行高效互动的水平与积极性。

俄罗斯只有 15%–20% 的高等院校参与科技创新活动，其主要原因有财政赤字、与所在区域企业的合作伙伴关系尚未有效建立、政府对高等院校中小型创新组织支持机制不完善等。近年来，俄罗斯为了促进高等院校科技成果转移转化，也出台了鼓励高等院校办企业的措施。

俄罗斯经济仍然由大企业占主导地位，一些行业的市场集中度很高，以至于小企业根本无法立足。受外部经济环境恶化、人才短缺等因素的影响，俄罗斯从事创新活动的企业数量仍然有限，只有 30%–35% 的俄罗斯企业为研究与开发投入资金，且创新活动主要集中在少数企业和领域。大企业在创新活动和创新产品等方面的力度较弱，创新积极性有待提高。

四、主要经验与启示

俄罗斯目前虽然在基础研究的某些学科领域依然保持着雄厚实力，但整体科技实力的世界排名早已不复当年，尤其是在论文、专利产出和高技术出口方面普遍低于美国、日本、中国等国家。然而，俄罗斯科技兴衰的历史经验，以及近年来为再次崛起而在科技立法、跨学科布局、支持青年科研人才成长等方面采取的一系列重要举措，值得我国在建设科技强国进程中思考或借鉴。

（一）国家重大需求是科技进步的动力，而高度集中的计划式科研管理模式和军事化导向的科技发展战略是双刃剑

苏联主要依靠计划式的科研管理模式分配和协调全国的科技资源，并坚持军事化导向的科技发展战略，以满足国家重大需求。20 世纪 30 年代初，苏联采取将国防和军事技术类的研究所并入苏联科学院等一系列措施加大对军事科研和军工生产的管理力度，以军事科研带动国家整体科技水平的提高。第二次世界大战时，苏联更是运用了“动员式”科研管理模式，使党政机关、科研机构与军工企业形成“管理-科研-生产”联合体，举全国之力促进科研与军工生产直接结合，在军事工业、核工业等领域形成了较强的科技实力。冷战时期，苏联进一步巩固军事化导向的科技发展战略，将约 85% 的工业投资用于军工生产，成为世界头号军工生产大国。苏联解体、冷战结束，和平与发展成为时代主题，但为确保国家安全与独立，俄罗斯政府继续坚持军事优先的国家发展战略，军事工业的需求仍然是俄罗斯高科技发展的主要动力。借助苏联时期积累的雄厚基础，俄罗斯在核能、航空、航天、激光、新材料等方面取得新进展，尤其是军民两用技术的发展也带动了机械工业、冶金工业、化学工业等工业以及能源生产的增长[15]。

苏联的这种科研管理模式和科技发展战略，在短期内集中调配有限资源用于国家规划的重大或紧急项目，曾积极促进了科技发展。在苏联成立初期和第二次世界大战结束后，使其仅用几十年的时间就赶超了有着悠久科学文化传统的欧洲发达国家，在很多尖端科技领域达到了世界领先水平。但在后期已经弊端丛生，思想僵化和体制固化导致产生严重的“创新惰性”。军事化导向极大地影响对民用科技的投入，先进成果集中于军工领域且向民用技术转化不足[16]。俄罗斯独立

后着力推动建立新的、有竞争力的和高度市场化的科技创新体制。但由于长期实行计划模式和军事化导向的惯性作用，企业创新积极性不高、民用科技投入不足、民用产品竞争力不强等沉疴痼疾未得到有效改观。加之俄罗斯经济发展偏于资源依赖，对科技成果需求程度低，导致至今还没有建立起行之有效的科技研究与开发同市场需求紧密结合的机制，科技成果与转化应用严重脱节[17]。当前，俄罗斯的科技与经济仍缺乏良性互动，科技尚未成为俄罗斯经济增长的驱动力，而低水平的研究与开发投入又拖累了国际科技竞争力的提升。

（二）尊重知识、崇尚科学、注重自主创新融入国家治理各方面

300 年前，沙皇政府积极兴办文化、教育和科研事业，吸引了国际知名的数学家莱昂哈德 · 欧拉等一批外籍科学家，而且培养了诸如米哈伊尔 · 瓦西里耶维奇 · 罗蒙诺索夫等一批本土科学家，以使俄国迎头赶上当时欧洲的文明进步，也为近代俄国的文化、教育、科技的发展奠定了良好基础。

十月革命胜利以后，苏联把发展科学技术提高到了与建设社会主义制度同等的政治高度，为实现国家的工业化，通过大力发展教育培训迅速造就了大批急需的管理人才、科技人才和技术工人。科学家们得到政府的高度重视，即使在苏联建国初期物质条件极为艰苦的情况下，政府也为科研人员创造了良好的工作条件和生活条件，设法给科技工作者以优厚的待遇，让老专家充分发挥作用，并培养了一大批科学新秀。

第二次世界大战期间，为了使苏联强大而不被西方国家的先进技术超越，一批苏联科学家们背负着使命感而献身科研，并做出了卓越的科研成果，形成了阵容强大的科研队伍。20 世纪 50 年代，全世界 34% 的发明是苏联科学家完成的，该比例在 20 世纪 60 年代上升到了 46%，苏联当时的专利申请数量超过了美国，凭借其强大的原始创新能力跻身于发明大国之列。

苏联解体以后，俄罗斯面临科研经费短缺、科研人才大量流失、科研队伍老龄化、科研水平下滑的问题。为了恢复其科技大国地位，并通过自主创新能力的提升推动俄罗斯从资源依赖型经济向创新型经济、数字经济转型，俄罗斯政府定期修订国家科技发展战略、规划与优先发展方向，实施了一系列的联邦专项计划，在建设科研资助体系、培育世界一流研究型大学、发展拥有传统优势的学术流派、稳定科研队伍等方面取得了一定进展。近年来的统计数据显示，有越来越多的俄罗斯青年

投身科研，科研队伍的规模不断壮大，年轻化的程度也越来越高。

此外，苏联时期忽略科学价值观、政治严重干预科学的错误和教训也值得总结和反思。例如，20 世纪 30–40 年代是苏联意识形态对科学技术事业的负面影响最严重的时期，一批被揭发为“反苏维埃”的杰出科研人员被清洗或者被迫流亡国外。相对论、量子力学、孟德尔遗传学等被贴上“资产阶级”标签，以李森科获得性遗传理论、勒柏辛斯卡娅“新细胞学说”为代表的伪科学受到苏联当局的推崇，一部分优秀科学家遭到排挤和迫害，其负面影响造成的后果短期内不能消除，使得苏联在生物学、农学等多个领域遭受了毁灭性打击，特别是在计算机、遗传工程等技术领域明显落后于许多发达国家。

（三）科技法制建设为创新发展提供了坚实保障

俄罗斯通过科技立法把一批重大科技政策上升为法律，从而巩固科技体制改革的成果，以促进科技事业长期繁荣和稳定发展。1996 年颁布的《科学与国家科技政策联邦法》是苏联解体后俄罗斯第一部有关科技政策的联邦法律，是其科技政策的总纲领[4]，为俄罗斯科技事业的稳步发展奠定了坚实的法律基础。该法明确规定，国家科技政策实施原则之一就是保障优先发展基础研究，并对科学活动的主体、组织原则、科技政策的制定与实施等都作出了规定。

为鼓励研究人员创造新技术，消除在技术商业化方面的行政和资金障碍，2008 年开始生效的《俄罗斯联邦民法典》在第四部分作出了相关规定，后又通过《单一技术所有权转让法》对其进行详细解释。《俄罗斯联邦税法典》中的“增值税”“企业所得税”以及“简化税收体系”等条款也提供了多项激励创新活动的法律规定。

2013 年，俄罗斯政府在改革国家级科学院时采取的首个举措就是制定《关于俄罗斯科学院、国家级科学院的重组及修订相关联邦法律条款联邦法》。该法在起草审议过程中遭到多方反对，但在充分吸收科技界意见、多次修改后，最终由总统签字批准生效，保障了国家级科学院系统的重组改革有法可依。

（四）促进跨学科交叉和学科整合成为新时期科研机构调整的主要方向

俄罗斯独立之初，政府为了强化对人文科学的支持，从俄罗斯基础研究基金会资助体系中剥离设立了独立的俄罗斯人文科学基金会。2016 年，俄罗斯政府又决定将人文科学基金会并入基础研究基金会，以促进人文科学与自然科学的跨学科研究。可见，跨学科交叉研究是新时期俄罗斯政府调整科技布局的重要方向。

由于俄罗斯科学院、俄罗斯农业科学院、俄罗斯医学科学院在部分研究方向和研究内容上存在交叉重复，所以，在俄罗斯科学院改革进程中重视通过学科整合进行科研布局[12]，通过合并研究方向类似的研究机构，充分整合科技资源、促进交叉融合、优化布局、避免重复研究和资源浪费。例如，2015 年，俄罗斯科学院西伯利亚分院细胞学与遗传学研究所、俄罗斯农业科学院作物与育种研究所与俄罗斯医学科学院西伯利亚分院下属的生理学与基础医学研究所、临床与实验淋巴学研究所、治疗医学与预防医学研究所，重组为“细胞学与遗传学联邦研究中心”，以促进农业、医学和生物技术等领域研究的交叉融合，并助力解决俄罗斯在受到欧美国家严厉制裁下相关领域的进口替代问题[18]。

俄罗斯科技兴于世界顶尖科学家的引入及持续百余年的高端人才本土化，盛于战争及冷战时期强烈的国家意志与国防科技工业的统领，衰于国家的分裂、科技体制机制的僵化，以及与发达国家的相对隔离。昔日群星璀璨的科技大国，其复苏还有待于全球一体化进程的深度融入、经济的加速振兴，以及高水平青年科学家群体的再度勃兴。

研究编撰人员（按姓氏笔画排序）

尹高磊　甘　泉　任　真　刘细文　汪克强　黄晨光　鲍　鸥

参考文献

[1] 阎康年，姚立澄．国外著名科研院所的历史经验和借鉴研究．北京：科学出版社，2012.

[2] 程如烟．世界科技格局的新变化．科技管理研究，2008，(7)：77-79.

[3] Администрация Президента РФ. Владимир Путин подписал Указ О мерах по реализации государственной политики в области образования и науки. http://www. kremlin. ru/news/15236 [2017-06-09].

[4] 鲍鸥．转型期俄罗斯科技政策分析．科学学研究，2005，(5)：629-634.

[5] Правительство Российской Федерации. Утверждены приоритетные направления развития науки, технологий и техники в Российской Федерации. http://www. kremlin. ru/news/11861 [2012-12-30].

[6] Администрация Президента РФ. Указ Президента Российской Федерации от 16. 12. 2015 № 623. О Национальном центре развития технологий и базовых элементов робототехники.

http://www. kremlin. ru/acts/bank/40306 [2017-06-09] .

[7] Правительство Российской Федерации. О Концепции федеральной целевой программы Научные и научно-педагогические кадры инновационной России на 2014-2020 годы. http://правительство. рф/gov/results/24283/ [2012-12-31] .

[8] Российский научный фонд. Президентская программа исследовательских проектов. http://rscf. ru/ru/documents [2017-06-09] .

[9] Правительство Российской Федерации. Наука: некоторые важные результаты и показатели 2016 года. http://government. ru/info/27232/ [2017-05-07] .

[10] 鲍鸥 . 俄罗斯科学界缘何遭遇“强震”. 中国科学报，2013-10-08（第6版）.

[11] Администрация Президента РФ. Указ《О Федеральном агентстве научных организаций》. http://www. kremlin. ru/news/19301 [2012-12-31] .

[12] Федеральное агентство научных организаций. ФАНО России подвело предварительные итоги реструктуризации академических институтов. http://fano. gov. ru/ru/press- center/card/? id_4=37984 [2017-06-12] .

[13] Администрация Президента РФ. Подписан Указ о Стратегии научно- технологического развития России. http://www. kremlin. ru/catalog/keywords/39/events/53383 [2017-06-09] .

[14] Министерство образования и науки Российской Федерации. Национальная инновационная система и государственная инновационная политика Российской Федерации. http: //mon. gov. ru [2010-05-08] .

[15] 钟亚平，张国凤 . 苏联-俄罗斯科技与教育发展 . 北京：人民教育出版社，2003.

[16] 宋兆杰. 苏联-俄罗斯科技兴衰的制度根源探析 . 北京：中国社会科学出版社，2012.

[17] 程亦军 . 俄罗斯科技现状与创新经济前景分析 . 欧亚经济，2005，(11)：7-11.

[18] ТАСС. Ученые: объединение двух научных институтов СО РАН ускорит импортозамещение в АПК. http://tass. ru/sibir-news/1962639 [2015-06-18] .

中篇

中国建设科技强国的战略选择

我国古代科学技术居于世界领先水平，但近代与几次科技革命失之交臂。1949 年以后，我国在短时间内构建起了现代科学技术体系。经过近 40 年的改革开放与发展，我国科技水平实现了整体跃升，整体居发展中国家前列，与主要科技发达国家的差距正在迅速缩小。

2016 年，习近平总书记在“科技三会”上发出了建设世界科技强国的号召，并提出我国建设世界科技强国的“三步走”战略。党的十九大进一步提出要加快建设创新型国家和世界科技强国。我国科技事业正在新的起点上，朝着更高的目标扬帆远航。

本篇在分析世界科技强国基本特征与关键要素的基础上，系统梳理了我国近代以来科技发展的历程，总结了我国建设世界科技强国的基础与优势，客观审视了面临的形势与挑战。在此基础上，根据党的十九大战略部署，结合我国建设世界科技强国的“三步走”战略目标，就相关重点任务进行研究分析，归纳思路与举措，提出政策建议，希望能够对我国建设世界科技强国产生积极影响。

第八章 科技强国的基本特征与关键要素

通过上篇对世界科技发展脉络和代表性世界科技强国发展路径的梳理分析，我们发现，英国、法国、德国、美国、日本等为代表的世界科技强国都注重发展先进科技，打造强大科技实力，并将此作为满足国家重大需求、实现国家战略目标、服务国家经济社会发展、促使国家全面强盛的根基。同时，这些世界科技强国也逐渐开始注重利用科技的发展来解决人类社会持续发展所面临的重大问题和共同挑战。总结分析世界科技强国的基本特征和关键要素，对于正在向世界科技强国迈进的中国具有重要的理论价值和实践指导意义。

一、世界科技强国的基本特征

世界科技强国，以科学技术的整体领先为基础，支撑国家的全面强盛，在科技、经济、产业、教育、人才、社会、文化等方面都体现出一系列鲜明特征。

（一）科学与技术特征

世界科技强国的科技实力整体领先主要表现在重大科学发现集中发生、关键技术创新集中爆发、科学与技术大师集中涌现等方面。

1. 科学研究实力国际领先，取得一批影响世界科学发展进程的重大科学发现和原始理论创新，形成里程碑式的理论体系和学派

世界科技强国能主动顺应科学发展的时代趋势，产出占世界较大比例的科学研究成果，取得一批影响世界科学进程的重大科学发现，开拓科学发展的新领域、新方向，并在此基础上形成具有国际影响力的理论体系和学派，引领世界科学的发展。

科学研究的重点是认识事物的本质和规律，构建理论体系。科学发展的一个

特点是随着重大科学发现和理论创新，研究领域不断细分，学科逐渐增多，继而日益交叉融合，持续向前发展。例如，17 世纪的经典力学、19 世纪的电磁学、20 世纪初期的量子力学和相对论等重大理论的创建，都极大地推动了世界科学发展的进程。近代以来的世界科技强国，如英国、法国、德国、美国、日本、俄罗斯等，其科学研究的整体实力在不同时期甚至相当长的时期明显领先于同期世界其他各国。这些国家为世界贡献了当时主要的重大科学发现，推动了重要学科的建立和发展，并主导建立了绝大多数科学的理论体系，形成了以顶尖科学大师为核心的科学学派[1]。

2. 在重要领域实现系列重大技术突破，显著提升社会生产力水平，进而影响和改变人类的生产和生活方式

世界科技强国在近代以来的技术革命中发挥着重要的引领与推动作用，都曾不同程度地在重大创新领域实现了重大、关键技术体系的突破。这些关键技术又作为主导力量带动了相关技术群的发展，极大地提升了社会生产力水平，进而深刻影响和改变人类的生产和生活方式，也极大地改善了人类的生活水平。

例如，18 世纪中叶到 19 世纪初，英国凭借蒸汽机技术突破，引发了第一次技术革命，形成了以蒸汽机动力为核心的技术体系，带动了机械化生产的迅速发展与全面推广，使西欧由农业社会进入工业社会。19 世纪下半叶，德国率先推动以电力技术和内燃机技术为标志的第二次技术革命，形成了以电力技术为主导的技术体系，创造了电力与电器、汽车、石油化工等一大批新兴产业，将工业社会带入电气化时代。20 世纪，美国在电子技术、计算机和信息网络技术方面取得重大突破，引发了以电子技术和信息技术为主导的第三次技术革命，促使社会生产在机械化、电气化的基础上逐渐实现了自动化和信息化，推动人类进入全球化、知识化、信息化和网络化的时代[2]。

3. 涌现一批具有世界影响力的科学与技术大师，引领和主导科学技术发展的时代潮流

“盖有非常之功，必待非凡之人”。开创新理论或学科、突破关键核心技术，是成为科学与技术大师的重要标志。在不同的历史阶段，世界科技强国总是大师云集、群星璀璨、英才辈出、熠熠生辉。正是他们以卓越的开创性研究和突破性成果，主导全球科技潮流，引领世界科技发展，树立世界科技发展和人类文明进

步的丰碑。科学与技术大师在一个国家的聚集与荟萃，是其成为世界科技强国的重要标志。

作为老牌世界科技强国，英国从 17 世纪以来不断涌现大量具有世界影响力的科学大师。例如，构建了经典力学体系的艾萨克·牛顿，测出引力常量的杰出物理学家与化学家亨利·卡文迪什，发现原子结构的化学家约翰·道尔顿，奠定了电磁学基础的物理学家迈克尔·法拉第和詹姆斯·麦克斯韦，以及奠定进化论基础的生物学家与博物学家查尔斯·罗伯特·达尔文等，促使英国成为经典力学、物质结构、电磁场理论以及生物进化论等重大科学领域的策源地。德国也先后涌现出发现“行星运动定律”的物理学家约翰尼斯·开普勒，微积分发明者之一的数学家戈特弗里德·莱布尼茨，带领德国化学和化工走在世界前列的化学家尤斯图斯·冯·李比希等，尤其是为电磁理论创立做出巨大贡献的物理学家乔治·欧姆、赫尔曼·冯·亥姆霍兹等，更是促使德国成为率先发起第二次技术革命的科技强国。美国在第二次技术革命中同样是引领国家，涌现出大量技术发明家，创造了众多革命性发明。例如，发明汽船的罗伯特·富尔顿、发明电报的萨缪尔·摩尔斯、发明电话的亚历山大·贝尔、发明实用白炽灯的托马斯·爱迪生等。第二次世界大战结束以后，美国迅速崛起成为世界科学中心和技术创新中心，吸引了包括阿尔伯特·爱因斯坦在内的一大批全球顶级科学家，产生了克劳德·香农、爱德文·哈勃、罗伯特·奥本海默等众多科学大师。正是这些科学与技术大师，奠定了美国经久不衰的世界科技强国地位。

（二）经济与产业特征

纵观人类社会发展史，科技创新往往引起经济发展长波，并主导经济长波的发展变化[3]。可以说，科技强往往与经济强相辅相成、互促共进。科技支撑经济显著发展，经济牵引科技日趋进步。

1. 科技创新成为产业领先、经济发展的核心驱动力

科技是最具革命性的生产力，是社会进步与经济繁荣的重要基石。科技的发展在不断揭示客观世界和人类自身规律的同时，也极大地提高了社会生产力，对经济社会发展有着重大和深远影响。18 世纪中叶的第一次工业革命使机械生产代替了手工劳作，推动经济社会发展方式变革，实现由农业、手工业支撑转型为工

业、机械制造带动；19 世纪下半叶的第二次工业革命，通过电力技术和内燃机技术的推广和应用，开创了批量生产产品的社会生产方式，革新了人类经济社会的分工模式；20 世纪的第三次工业革命和新一轮产业变革的孕育兴起更是被科技创新接连引发、压茬推进。科技发展日益成为产业、经济发展的核心驱动力，不断地影响、甚至重塑人类社会的生产劳动模式、产业经济形态和社会生活方式。

科技创新作为经济产业发展的核心驱动力，不断加快世界科技强国的产业升级和新产业、新经济的开创发展。因此，世界科技强国先进、高端、高附加值的产业比例明显高于其他国家，形成了高度发达的产业集群，为国家经济社会繁荣发展提供了强有力支撑。

2. 经济与产业的发展既为科技创新提供强有力的物质基础，也成为科技发展的重要牵引动力

经济与产业的发展是科技的物质基础，很大程度上决定着科技发展的规模和速度。当社会财富、经济水平发展到一定程度，为科学研究技术开发提供了所需的物质基础，产业发展对科技成果提出迫切需求且具备一定消化吸收能力的时候，科技创新动力就会被激发起来。世界科技强国的科技发展造就了经济辉煌，而经济与产业的发展、社会财富的积累，又使这些国家有条件增加对科技要素的投入，为科技创新注入强大活力，促使科技进一步加速蓬勃发展，继而实现良性循环。相对而言，经济基础薄弱的国家发展先进科技则风险巨大，困难重重。

经济与产业的发展为科技发展提供了强有力的后盾，且不断为科技发展提出新需求、树立新目标，进一步牵引科技发展升级，成为科技创新发展的重要牵引力。随着经济与产业的发展，环境污染、能源短缺、食品安全等人类面临的重大问题不断涌现，迫切需要依靠科技创新加以解决。世界科技强国都把发展科技置于突出位置，作为解决这些重大问题、服务国家和经济社会发展重大需求的主要手段，从而推动科技进一步发展。

科技创新促进经济与产业繁荣发展，经济与产业发展带动科技实力提升。科技强与经济强互促共进，共同向前发展，美国、英国、德国、法国、日本等世界科技强国同时也都是或曾经是世界经济强国。

（三）教育与人才特征

科技创新，以人才为本，而人才的培养靠教育。教育是科技强国建设的基础

和强大动力，教育强则科技兴、国家强。科技强国的建设与国家竞争优势的巩固有赖于充足而卓越的人力资源保障。因此，培养、吸引和聚集大批创新人才成为世界科技强国共同的特点。

1. 健全发达的教育和人才培养系统

教育强是科技强的前提，教育既传递了科学知识、培植了科学精神，也培养了科学、技术和工程等领域的各类人才。世界科技强国的兴起和形成往往继发于世界教育中心。例如，英国、法国、德国和美国分别在 1613 年、1764 年、1776 年和 1889 年实现了教育的发达与领先，这都早于这些国家成为世界科学中心的时间[4]。世界科技强国无一不以培养人才为魂，通过建立和发展结构清晰、特色鲜明、公平普惠的教育体系，支撑和促进科技发展。

健全发达的教育系统重在融入培养创新精神、创新能力和创新人格的教育理念，重在先进、健全和法制化的教育体制，也重在研究型教育和职业教育的有机衔接。例如，德国高等教育与职业教育二元体系的有机衔接，为德国培养了多种类型和多种层次的科学技术与工程人才，加快了科技发展的进程，有力支撑了科技强国建设。美国在借鉴德国教育制度的基础上，进行创新型教育制度的发展和完善，形成了基础研究与人才培养相结合的现代教育体系，对美国崛起成为科技强国做出了重大贡献。

同时，对教育系统的持续改进和完善也备受重视。如注重采用先进技术手段，并不断开发丰富优质教育资源，发展先进的教育方式，拓展教育培训模式，使教育方法和手段更灵活和全面，更好适应时代发展要求，使民众能够更加便捷地享受高质量教育，持续提升整体教育水平和全民科技素养。

2. 吸引聚集国际一流创新人才

不同文化背景、思维习惯的碰撞与融合，是助力取得重大突破的成功捷径，更是构筑雄伟现代科技文明高峰的必由之路。聚天下英才而用之，是科技强国的显著特征之一。如果没有世界一流科技人才的交融，就难以取得世界一流的重大科学发现和技术突破。世界科技强国都建立了具有全球视野、能够吸引并充分发挥全球人才作用的人力资源体系，高度聚集了众多当时的世界一流人才，荟萃和云集了国际化的科技大师。

历史表明，世界科学中心每一次地域空间的转移，都伴随着杰出科学家和优秀青年科技人才向这些国家的聚集。其中，最具代表性的是，美国在第二次世界大战期间从欧洲吸引了数千名科技人才，如世界顶尖科学家阿尔伯特·爱因斯坦、恩利克·费米、弗兰克·维尔切克、康拉德·洛伦茨、默里·盖尔曼、约翰·冯·诺依曼、爱德文·哈勃等，他们带着当时世界上最先进的科学思想和科学技术迁居美国。直至今日，美国仍在以各种方式不断地吸引来自世界各地的优秀留学生和优秀人才，从而成为首屈一指的国际创新人才高地。

（四）社会与文化特征

世界科技强国具有可持续发展的创新生态系统，重点表现在崇尚创新的文化环境、引领性的创新战略和组织管理体系、国家创新体系各单元的协调发展、高效保障与开放共享的基础支撑条件等。

1. 崇尚科学精神，具备创新文化环境

科技作为文明的结晶，其发展必然受到文化环境的影响。世界科技强国通过文化传统的历史积淀，通过科学教育与科学传播的激浊扬清，塑造了宽松、自由、民主、富有弹性和活力的科学文化环境，形成了追求真理、探索未知、崇尚创新、宽容失败的社会价值观，不断解放和激发人才的创造力。先进的科学文化与开放宽松的创新环境，又能进一步吸引和聚集世界一流人才，巩固了科技强国的地位。例如，欧洲的文艺复兴运动逐步传播，孕育了英国的民主主义思潮、法国的启蒙运动、德国的唯物主义哲学和批判哲学等，为这些国家科学发展创造了良好的思想文化氛围，并成为天文学、物理学、解剖学等一系列反对宗教神学的重大科学发现的精神土壤。由此，人类从神秘主义的禁锢迈向了探索自然规律的自由广阔天地。

2. 引领性的创新战略和组织管理体系

世界科技强国的创新战略服务于整个国家的发展战略，理念具有前瞻性，目标具有引领性，路径务实明确，举措清晰有力。在与国情及世界发展形势相适应的同时，能够引导世界创新格局向有利于本国的方向发展。此外，政府职能清晰，组织实施有力，并制定配套的法律、政策、制度和计划体系等，以有效贯彻国家创新战略意图。例如，美国、英国、法国、德国、日本、俄罗斯等持续出台

创新战略和科技计划，前瞻设计科技创新发展远景目标，并不断改革和优化组织管理体系，推动重大战略部署有效实施。国家创新战略引领，已逐步成为建设世界科技强国的根本保障。

3. 国家创新体系各单元的协调发展

世界科技强国具有与创新发展战略相适应的国家创新体系。大多以立法的形式，清晰界定国家创新体系各单元的使命定位和功能目标，从而充分调动各方的积极性，确保各类创新主体分工合理且相互衔接，促进创新要素聚集并协同发力，推动科技成果顺畅传播与转化，有效支撑科技和经济发展水平的持续提升。近半个世纪以来，以美国为典型代表的世界科技强国都高度重视建设具有全球影响力的区域创新高地，并依托科技创新建立高技术产业优势集群[5]，以此带动整个创新链条的高效运行，实现投入与产出的良性循环，形成辐射和放大效应。

4. 高效保障与开放共享的基础支撑条件

世界科技强国注重信息、能源与物质等领域重大基础设施建设，注重政府资助的实验条件、科技成果与数据的共享，注重为社会公众参与创新创业提供公平的竞争起点和机遇。以重大科技基础设施为代表的先进创新平台，不仅吸引和支撑全球范围内的优秀科学家开展高水平研究，而且也特别扶持和激励企业与大众利用世界一流水平的科技基础设施条件，实现改变世界的梦想。以公平、高效的科技支撑条件，保障社会智慧的协同迸发，已经成为世界科技强国的重要标志之一。

二、建设世界科技强国的关键要素

通过对代表性世界科技强国发展历程的梳理分析可以发现，虽然世界各国建设科技强国的历史机遇和发展路径等各不相同，但发展的内在逻辑是共通的，很大程度上得益于以下要素的汇聚和发展。主要包括前瞻务实的发展战略和路径、科学高效的国家创新体系、匹配战略目标的科技投入体系、先进完善的教育和人才培养及聚集体系、国际领先水平的科技基础设施、引领创新发展的高技术产业化能力、吸纳整合全球创新资源的开放创新模式、有效保障和促进科技创新的制度体系等。这些关键要素的共同作用，是建设世界科技强国的内在、持久和强劲动力。

（一）前瞻务实的发展战略和路径

1. 围绕国家经济社会发展目标，直面国家发展重大问题，突出创新发展的重点领域与共性问题，确立科技支撑的主攻方向与战略目标

一个国家的兴旺和强盛往往与国家战略直接相关。历史经验表明，世界科技强国都是在遵循科技自身发展规律的基础上，准确把握国际形势变化和科技发展的方向，将国家重大需求的核心问题与科技的最新进展及趋势相结合，形成引领性的国家发展战略才乘势崛起。进入21世纪，美国、英国、法国、德国、日本、俄罗斯等更将科技创新作为保持和巩固国家竞争优势的关键战略选择。尽管这些国家创新战略的目标有别、路径不同，但共性都是围绕国家经济社会发展战略调整确立科技发展和创新战略，大量和持续投资科技创新领域，加强国家科技基础设施建设等，确保科技创新能力提升，促进经济社会可持续发展并巩固全球竞争优势。中国也把创新驱动发展战略作为建设世界科技强国和实现中华民族伟大复兴的重大战略选择，确立为国家根本战略。

2. 把握科技革命和产业变革契机，着力突破关键性技术，抢占科技创新制高点，确立和强化实施引领型发展的优势与路径

世界科技强国不仅具有识别和把握科学、技术和产业变革契机的能力，更具有掌控、主导和引领变革的能力，从而在抢抓机遇的激烈竞争中胜出。回望历史，英国作为蒸汽机的诞生地，抓住了第一次科技革命的机遇，率先完成了工业化，成为“日不落帝国”。德国、美国则依靠第二次科技革命的电力、化工等新兴产业起步，超越英国和法国，领先世界。美国更是在第三次科技革命中独领风骚、全面崛起，发展成为超级大国。环顾当下，世界各国正处在新科技革命和产业变革的孕育兴起期，美国、英国、德国、法国和日本等科技强国持续加紧谋划以期引领新一轮科技革命重大突破，着力发展颠覆性技术，试图在产业变革中抢占先机，力争巩固和扩大竞争优势，占据世界的战略制高点。

3. 前瞻判断科技发展方向，强化基础前沿研究的战略引领，担当科技强国历史使命，迎接人类共同面临的重大挑战

世界科技强国的雄厚实力主要来源于其所掌控的领先科技，而这些先发优势

则又来自对科技发展方向的准确预判。英国孕育了信息革命的萌芽，于 1948 年运行了世界上第一台可存储程序的计算机，但因未能预见计算机产业给人类带来的革命性变革，从而错失了成为信息革命领导者的机会。相反，美国则高度重视攻关计算机技术，由此抓住了信息化革命的机遇，社会经济得到空前发展。近年来，美国不断强化基础研究，加强战略前沿科技布局，在一系列国家层面的创新战略中聚焦精准医疗、脑科学、人工智能等重点攻关方向。可以预见，这些重大基础前沿问题一旦突破，在有利于解决人类共同面临的重大挑战的同时，必将给美国带来持续繁荣的不竭动力。

4. 充分发挥科技智囊作用，以全球视野和历史眼光，持续谋划、全面协调科技创新发展

高水平的科技智囊在把握世界科技发展大势、研判发展方向上，往往能够提供科学、准确、前瞻、及时的建议。在事关国家创新发展全局和长远发展的重大问题上，世界科技强国都高度重视并充分发挥科技智囊的作用，并将此作为制定国家科技发展战略、布局重大创新领域、统筹协调创新要素等国家重大决策的必备程序。美国专门成立总统科技顾问委员会，负责广泛收集科学共同体、私人部门、大学、国家实验室、州和地方政府、基金会以及非营利组织等各利益相关者有关科学、技术和创新政策方面的建议，为总统提供关于科技问题的咨询意见，并参与国家科学技术委员会的决策。国家科技智囊一般将国家高端科技智库作为核心，以协调发挥高水平科技专家、科技政策专家的综合研判能力与集成效应。同时，注重民间智库的建立、规范发展与作用发挥，以更全面地支撑政府决策。

（二）科学高效的国家创新体系

1. 建立符合发展态势、具有自身特色的国家创新体系，并根据科学、技术和产业发展及时优化调整创新体系各单元的关系

有序、高效、富有活力的国家创新体系，是促进科技创新的关键，也是建设世界科技强国的根本基础。17 世纪，英国创建英国皇家学会，首开科学研究建制化的先河。法国、德国、美国等国也纷纷效仿推动科学研究建制化，由此逐渐建立形成了高度发展的科研和教育组织网络，并最终演化成为各具特色的国家创新

体系。19 世纪中期以来，美国逐步建立了以联邦研究机构、大学、企业、非营利科研机构为四大创新主体，既各具特色、各有侧重又相互联系、相互促进的国家创新体系，成为持续引领世界科技创新的强大基石。20 世纪再次统一之后，德国最终形成了以政治联邦制和市场经济为基础的国家创新体系，以其结构缜密、定位准确、分工细致，而得以傲然屹立于世界科技强国之林。第二次世界大战之后，日本以经济实力雄厚的大型民间企业为主导，建立了“产学官研”紧密结合的创新体系，迅速发展成为世界科技新贵。这些世界科技强国的创新体系，在内部构成、功能定位、相互关系等方面，都随着科技发展重点和国家科技战略的调整而不断优化、完善，持续有效地实施科技创新。

2. 致力于有效推动科技创新与产业变革的全面融合与互动，并在保持本国领先地位和拓展竞争优势中持续发挥重要作用

世界科技强国的国家创新体系往往涵盖科学研究、技术创新、产业发展等不同创新单元，形成相互衔接、互促共进的创新链条。随着科学、技术的快速发展，经济社会对科学和技术的需求也在发生变化。通过科学研究、技术创新和产业变革的深度融合，持续打造新增长点是世界科技强国不约而同的选择。世界科技强国都在不同程度地根据时代发展特征调整、优化其国家创新体系，逐步加强科技界、产业界和社会各界的资源整合，促进形成各创新单元良性共生、创新活力竞相迸发的全面创新发展格局。由此产生的协同效应进一步推动了国家持续繁荣，巩固了世界科技强国在国际上的竞争优势。

（三）匹配战略目标的科技投入体系

1. 科技投入方向与国家战略目标紧密配合，并不断提高资源使用效率，促进形成投入产出良性循环

科技投入是一个国家科技实力和创新能力的重要动力，而科技投入方向则反映一个国家科技发展的战略取向。从世界科技强国科技的投入情况看，无一例外地都强调科技投入方向要与国家战略目标匹配：美国科技投入在明确战略重点的同时，几乎覆盖全部领域，以保持其科技的全面领先；德国在保持科学传统基础上，强调科技投入产出的高技术领先目标；英国一直以其具有卓越的科学优势引以为傲，但也重视基础研究与应用和开发研究的结合、科学与技术的结合；日本

科技投入强调发展产业共性技术，并加强基础科学的突破。同时，这些科技强国往往能够随时代发展和国家战略目标的调整，不断调整优化科技投入体系，推动科技解决国家发展过程中面临的重大现实问题和战略问题，并注重科技投入配置的有效性，以实现科技投入产出的良性循环。

2. 稳步提升研究与开发经费在国内生产总值（GDP）中的比例，科学制定并不断优化科技投入结构

研究与开发经费是科技投入的核心部分，其分布也基本上代表了科技投入的结构特征。世界科技强国无不重视研究与开发经费的持续稳定投入、合理配置和结构优化，以确保研究与开发这一最具创造性和创新性的科技活动顺利展开。日本在第二次世界大战后的20多年中，依靠技术引进一跃成为技术和经济发达国家，但其基础研究相对落后，核心技术受制于人，技术和工业研究能力难以跨越提升。经过反思，日本在其后国家科技战略规划中不仅大幅度增加研究与开发经费投入，持续保持在世界上的规模优势，而且注重提升基础研究在研究与开发经费中的比例，为基础研究提供稳定的基本保障。

3. 注重政府对科技投入的宏观统筹，稳定支持基础研究，不断实施重大科技计划，带动重大创新领域的科学与技术突破

世界科技强国的实践证明：只有政府加强科技投入的宏观统筹调控，才能突出国家意志、有效增强科研活动效率、促进科技与经济社会共同发展。世界科技强国对科技进行干预的主要途径如下：出台一系列战略规划、政策法规、标准规范等通过对科学研究的宏观调控和管理，整体协调全社会的科技工作，提高科技活动效益；围绕国家重大需求，尤其是在涉及国家战略需求的重要科技领域，直接组织实施重大科技计划和工程，带动和催生重大创新领域的科学与技术突破；基于国家的长远和根本利益，持续不断地投入或主导那些风险极高、短期内无直接经济回报但可能具有突破性贡献的基础研究，甚至将基础研究纳入国家目标。例如，美国政府一直是美国基础研究经费的主要提供者。数据显示[6]，1953-2013年，在美国所有基础研究资助来源中，美国政府资助占比最高，长期保持在50%以上。

4. 调动企业科技投入的积极性，形成科技投入的主体力量，并引导企业投入不断向基础研究延伸

从世界科技强国走过的道路看，企业的创新热情和研究与开发投入力度等都

随着产业需求和其创新能力的提升而不断提高，只有发展到企业的研究与开发投入成为主体的时候，企业才可能成为技术创新的主体，才能持续有效解决科技成果转化不畅问题。同时，企业的创新能力又会随着投入力度的加大而进一步“水涨船高”。因此，世界科技强国往往通过出台激励创新的税收政策等系列财政政策，鼓励企业增加研究与开发经费投入，促进企业逐步拥有和不断扩充自己的专利技术与专有技术。同时，引导企业投入向基础研究延伸，尤其是有关行业共性的应用基础类研究。支持企业通过出资资助、合作委托等方式与科研院所和大学等机构开展科研合作，共创共享知识产权。通过上述措施，推动企业成为研究与开发的执行主体、科技投入主体，构筑形成充满活力、高效运行的研究与开发体系。随着基础研究与产业发展之间的距离越来越短，企业对基础研究的投入强度更成为区别企业类型与发展阶段的重要标志，代表着企业创造新技术、新业态的整体创新能力，以及作为创新主体对创新体系其他单元的牵引与带动能力。

（四）先进完善的教育和人才培养及聚集系统

1. 建设先进完善的教育体系，夯实创新人才队伍基础

科技竞争实质上是人才的竞争，健全和先进的教育体系对科学家的培养起到了关键作用，是培养造就高素质人才队伍的重要基础。考察世界科技强国崛起的过程可以发现，其教育体系一般会适度超前科学和经济发展，并且能够随着科技和经济的崛起而不断健全、愈加完善。比如，早期英国的科研活动由民间或国立学会支持，虽然并未建立起完善的科研教育制度，但现实主义教育学派的出现大大促进了教育的发展；法国科学家以集体研究模式进行科研活动，并制度化地培养新生代科学家；德国的教育改革催生了一批研究型大学，率先实现了教育和科研的结合；美国在借鉴德国教育制度的基础上，进行了创新型教育制度的发展和完善。这些世界科技强国在教育和人才培养方面的成功，为科技崛起和持续发展提供了根本性、持久性的人才保障。

2. 注重吸引和聚集国际化人才，提供系统的法律与制度保障，充分发挥创新人才的作用

高度重视吸引和聚集国际一流人才，充分发挥人才作用，是成就世界科技强

国的关键因素。美国科技的发展得益于大批外国优秀科技、工程人才向美国的持续流动。第二次世界大战时期，美国引进了阿尔伯特·爱因斯坦等大批世界顶尖科学家、工程师，从欧洲继承和引进了大量的科学研究成果与技术经验，加速提升了美国科学和技术创新水平。进入全球创新创业竞争时期，美国更加重视吸引和聚集国际化人才，先后出台《加强 21 世纪美国竞争力法》（2001 年）等一系列政策和法案，实施灵活务实的移民政策，进一步吸纳拥有专业技术和技能的外国人，以多种方式在美国工作。国家对国际人才的高度重视，完善的市场机制和社会保障制度，法律、政策和资源的配套跟进，是美国吸引全球人才并充分发挥其作用的重要法宝。日本政府也实施"外国特别研究员事业"等项目，通过提供优越的科研和生活条件吸引外国优秀研究人员到日本工作。总体来看，这些国家的国际人才战略，以吸引处于创造高峰期的外籍优秀科技人员服务本国为根本目标，而培养和其他后续成本则由科技欠发达国家承担。

（五）国际领先水平的科技基础设施

1. 前瞻部署建设重大科技基础设施，为重大科学发现和战略性、颠覆性技术创新提供一流平台

重大科技基础设施是先进技术的载体和先导，在世界科技强国崛起中发挥日益重要的作用。事实上，世界科技强国长期以来都重视重大科技基础设施的发展，将其作为提升国家创新能力和国际科技竞争力的重要举措，持续加大投入。例如，美国凭借强大的经济实力斥巨资前瞻部署建设哈勃太空望远镜、先进光子源、相对论重离子对撞机、国家球形环实验、分子铸造工厂、大气辐射测量气候研究设施、超级计算设施等重大科技基础设施，很快在天文学、高能物理、核物理、聚变能源、纳米科技、生态环境、信息科技等研究领域取得一系列突破。据不完全统计，美国、德国、英国等国的相关投入占其研究与开发经费支出的 2%–5%。

当前，世界科技竞争空前激烈，美国等世界科技强国在已拥有相当规模重大科技基础设施的情况下，仍不断推出雄心勃勃的长远发展规划。这些规划的共同特点是科学目标宏大、突出科学前沿、技术水平高、引领带动性强、强调国际科技竞争力，并从国家发展战略高度瞄准与生态环境、资源、能源和人类健康相关的重大科技问题。这些规划的实施必将进一步稳固其世界科技强国地位，对国际科技竞争态势也会产生重大和深远影响。毕竟，重大科技基础设施是科技创新的

国之重器，是重大原始创新成果的主要发源地，是聚集全球智慧、孕育大科学计划的重要平台，也是进行科学传播、提振民族创新自信的有利阵地。

2. 加强数字与信息基础设施建设，主动适应科学范式变革和全社会公平参与创新的需要

数字和信息基础设施对发展现代科学技术具有重要意义。20 世纪的信息革命促使美国、德国、法国、英国等世界科技强国将信息基础设施建设作为国家科技战略的关键部署。美国更是通过实施“信息高速公路计划”引领信息革命浪潮，保持了美国在重大关键技术领域的国际领先地位，并造就了经济的持续辉煌。进入 21 世纪，随着数据密集型科研范式兴起、全社会创新浪潮涌现，美国等世界科技强国更加注重数字与信息基础设施的建设，以汇聚经济社会发展强大动力。2015 年，美国发布新版《国家创新战略》，提出建设以宽带、无线技术为代表的下一代数字基础设施，为下一个美国奇迹“铺路搭桥”[7]。此外，美国还加紧出台数据开放相关法律法规、政策制度和技术标准，为公众共享利用联邦政府数据、科研数据、文献资源等扫清障碍。创新资源的释放激发了各类社会创新者的激情，助推了社会大众创新与创业氛围的形成。

（六）引领创新发展的高技术产业化能力

1. 先进科技引领产业发展升级，创造新产业、新业态，塑造形成强大创新发展动能

产业能力是国家经济命脉，既是科技发展的强大需求引擎，也是科技创新能力的集中体现。尤其是在科技快速发展的时代，基于先进科技的产业能力更日益成为一个国家经济持续发展的重要支撑。历史经验表明，英国、法国、德国、美国和日本等世界科技强国之所以能够持续保持其强大的国力和世界科技强国的地位，正是因为具有以先进科技为核心的强大产业能力。一方面，这些科技强国持续加大研究与开发投入强度，在尖端科技领域不断取得技术突破，形成领先的科技创新能力；另一方面，它们积极推动科研机构与产业界创新能力的协同发展与相互合作，促进科学研究与技术创新充分融合，强化技术成果的产业化推广，形成强大的创新成果转化能力。两方面动力的汇聚，最终促成了这些科技强国发达高技术产业的形成和对高技术产业核心竞争力的掌控。受益于此，这些科技强国

更加重视发展先进科技以引领产业发展升级，并不断创造新产业、新业态，保持和巩固产业竞争优势，牢牢占领产业价值链的高端环节。在全球化背景下，尽管新兴经济体不断崛起，但这些科技强国仍占据产业制高点。

2. 打造科技和产业优势集群，建设创新高地，推动经济社会持续繁荣发展

打造科技和产业优势集群是现代科技和产业加快发展的高效模式，也是世界科技强国的成功经验。该模式下科技创新和产业发展互相渗透与促进，大大缩短了从科学研究到产品制造的时间，提高了科技和产业产出的效率。这不仅带动了区域经济的发展，也加速了国家科技水平和创新能力的提升。因此，通过建设不同产业领域的科技创新中心，打造科技和产业集群，吸引、聚集优势领域的全要素社会资源，不断强化竞争优势，建设不同产业领域的科技创新活动中心，成为世界科技强国的制胜之道。例如，美国硅谷高新技术产业集群、英国伦敦生物医药产业集群、日本丰田汽车产业集群等，都是全球范围内具有代表性的科技和产业创新集群。这些集群不仅具有世界领先的核心技术和持续创新能力，而且产业规模在行业内占有全球较大比例，并围绕世界一流的行业领军企业形成了科技与经济紧密结合的专业化分工系统与协作网络，为经济社会发展繁荣提供了源源不断的创新动力。

3. 注重军民融合，释放科技创新潜能，增强经济发展动能

第二次世界大战以后，世界科技强国无不倚重军民融合的牵引，统筹开展科技创新，协同推进经济建设和国防建设。这些科技强国往往以政府为先导，组织实施军民融合的科技计划以支持新技术研究与开发，建立军民融合的国防采购制度等，大力促进军民协同创新。随着世界新科技发展和新军事变革的不断推进，航天、航空、先进材料等领域军民通用性越来越强，军民界限越来越模糊，聚合点越来越多，融合度越来越高，融合面越来越宽[8]，世界科技强国也越来越加大力度推进军民融合深度发展。这已成为综合国力竞争和军事竞争的新趋向。

美国专门成立了“国防技术与工业基础委员会”，协调军用部门与各工业部门，确保通过国防需求的拉动作用来提升国家各工业领域的科技能力。美国国防部还设有“技术转移办公室”，负责与能源部、商务部等部门协调，强化军民科技融合发展，推动军用技术的社会转移，促使国防科学技术的社会功能得到最大限度发

挥[9]。此外，美国的军事科研究与开发展计划强调利用联邦政府和私立科研机构，调动全美一切可以利用的民用科研力量。从“军转民”角度看，最早诞生于国防领域的超级计算机、互联网、全球定位系统、纳米技术、汽车燃料电池等，都被成功转移应用到了民用领域。从“民促军”角度来看，美国军费开支中有相当比例来自民营企业。

俄罗斯军民融合的典型经验是在国防科技工业中按精干高效、持续优化原则，对军工企业实行改组，将部分军工企业转产改为生产民品的企业，并建立竞争机制，刺激“军转民”提速。

日本也形成了“寓军于民”的军工体系，重视培育民间基础工业的军事潜力，注重开发军民两用技术和人才，并在管理体制和运行机制上实行政府、军方和民企的一体化协调。

世界科技强国的军民融合重点在于统筹资源，共享技术，扶持初创企业等。与此不同，中国的军民融合是两套法规政策、两套机构人马、两套规范与技术体系、两套规划与市场在新时期下的融通，是一次意义深远的深刻调整与体系重构。

（七）吸纳整合全球创新资源的开放创新模式

1. 主导和参与多层次、多形式的国际科技合作

随着科技领域的扩展和研究开发向纵深发展，任何国家都难以独自承担涉及范围广、投入高、风险大的大型科研项目与工程，因而国际科技合作与竞争日益加强。牵头发起和组织实施国际大科学计划和工程的能力，已成为一个国家核心技术原创能力和科技动员组织能力的标志之一，在很大程度上代表国家的科技水平、创新能力和制造业水平，体现了国家科技、经济的国际竞争力和综合实力。美国、英国、德国、法国等科技强国不断发起和牵头组织实施大科学计划与工程，聚集国际智力，提升国际影响，占据有利位置。例如，美国牵头实施的“曼哈顿计划”动员逾 10 万人参加，几乎集中了当时除纳粹德国外的西方国家最优秀的核科学家。此后，美国又在多个领域发起了多国参与的“人类基因组计划”“超导超级对撞机”等国际大科学计划与工程。英国主导了由约 20 个国家参与的国际大科学工程“平方公里阵列射电望远镜”。德国牵头发起了由近 30 个国家参与的“国际大陆科学钻探计划”。这些大科学计划和工程的实施，不仅大规模促进了相关领域的科学技术发展，而且大幅度提升了这些发起国的国际影响力，巩

固了其科技强国地位。在合作中巩固提升竞争优势，在竞争中构建合作的话语权与主导权，是科技强国参与全球科技治理的价值取向与行为方式。

2. 整合优化全球科技创新资源，占据创新发展制高点，掌握国际科技话语权

深度融入全球科技创新网络、充分整合全球科技资源，是建设世界科技强国的必由之路。美国之所以一直雄居世界科技强国之首，很大程度上可以归因于其整合优化全球创新资源和要素的强大能力，进而得以牢牢占据创新发展制高点，掌握了高度的国际科技话语权。日本在移植现代科技文明重塑文化传统、全力提升国际化水平的同时，也十分重视加强与国外顶尖研究机构的研究合作，并善于通过参与多层次、多形式的国际科技合作，充分利用国内外的新创意、新知识和新技术，迅速提升日本的科研实力和科研效率。为了应对新一轮科技革命和产业变革，美国、英国、德国等科技强国已经在悄然布局，积极打造网络化协同创新体系，加速聚集国际科技创新资源与市场，以抢占未来科技和经济竞争的先机。可以预见，谁能最充分有效整合与利用全球化的创新资源和要素，谁就能占据全球创新发展的制高点，从而引领21世纪的创新发展和繁荣进步。

（八）有效保障和促进科技创新的制度体系

1. 科技创新活动制度体系完整，保障创新价值回报，推动创新活力持续迸发

打造具有竞争优势的制度创新，并以此推动和保障国家科技领先发展、经济实力持续提升是世界科技强国崛起的重要保障。历史上，代表性科技强国在专利制度上的创新就是这方面的有力例证。早在1624年，英国颁布了堪称现代专利法鼻祖、对知识产权认同与保护的《独占法》（《垄断法》）[10]，使英国的技术进步不再简单依靠能工巧匠的经验积累，而是建立在科学家的科学试验基础之上，这极大地刺激了英国工业的发展。美国是世界上第一个将保护知识产权写进宪法的国家，在建国之初就颁布了专利法，极大地调动了发明创新的积极性[11]，使美国涌现出了一批像托马斯·爱迪生这样的天才发明家，从而成为世界专利大国。德国在世界上首创了专利的实用新型保护制度，为其步入世界科技和经济强国之列奠定了知识产权方面的制度基础。

事实上，世界科技强国基本都已在科技领域建立了相对完善的法律法规体

系，来协调创新体系中不同利益主体的关系，促进、调整和规范各种科技创新活动。例如，美国于1901年、1958年分别根据《国家标准局机构法案》《国家航空航天局授权法案》建立美国国家标准局、美国国家航空航天局。1996年，更是颁布实施《能源部实验室使命法案》，以法律形式规定能源部下属的庞大的国家实验室体系的具体职责和管理运行机制。除通过立法明确和维护国立科研机构等创新单元的地位外，美国还针对技术创新、技术转移和高技术产业化等创新过程制定《史蒂文森-怀德勒技术创新法》《技术转让商业化法》《大学与小企业专利程序法》[12]等众多法律法规来促进、规范各项创新活动。此外，法国的《科研法典》《科研指导法》，日本的《科学技术基本法》，俄罗斯的《科学与国家科技政策联邦法》等也是这些世界科技强国依法管理科技创新、制定科技领域政策的根本大法和主要法律抓手。可以说，通过法治与科技创新的联姻，以制度筑牢科技创新基石、激发科技创新活力、巩固科技创新成果是世界科技强国的“标配”，也是建设世界科技强国不可或缺的“定海神针”。

2. 倡导科学文化，营造宽松自由、开放包容学术环境，充分激发创新思维

科学文化具有尊重真理与人才、鼓励探索与创新、坚持科学理性与方法等丰富内涵，是现代科学价值体系的核心内容，是现代文明的基础之一。“科学研究的繁荣”之花盛开于充分学术自由、平等学术交流，以及对经典与权威不懈质疑、挑战的沃土和阳光雨露之中。可以毫不夸张地说，没有一流的科学文化，就不可能建成世界一流的科技强国。历史上，发生在英国、德国、美国的科学革命，无一不是思想解放、学术自由、开放性讨论的结果。这些国家通过颁布法律或制定规章制度，成立各类学会，组建政府科研机构，支持科学共同体自治，保障科学研究的学术自由；倡导遵从学术道德、学术规范，鼓励学术自由、学术开放，让科学家不受外界干扰而按照自身兴趣进行研究探索，并可自愿传播自己的研究结果。尤其是在制定国家科技战略与计划过程中，注重将国家发展战略与科学共同体共识进行融合，引领广大科学家自愿参与而不凌驾于学术自由之上。同时，避免少数科学家假借科学共同体的名义，误导国家科技战略的重点和方向。此外，注重在全社会培育和倡导尊重知识、尊重人才、崇尚创新、包容失败的文化氛围，为科技创新发展创造了良好的社会环境。

研究编撰人员（按姓氏笔画排序）

尹高磊　甘　泉　刘细文　汪克强　黄晨光　蒋　芳　谭宗颖

参考文献

［1］吴致远. 自然科学发展中的学派现象透析. 南宁：广西大学硕士学位论文，2003.

［2］何传启. 第六次科技革命的战略机遇. 北京：科学出版社，2011.

［3］约瑟夫·熊彼特. 经济发展理论——对于利润、资本、信贷利息和经济周期的考察. 何畏，易家详，等，译. 北京：商务印书馆，1990.

［4］姜国钧. 论教育中心转移与科技中心转移的关系. 科学技术哲学研究，1999，(1)：43-46.

［5］刘长全，李靖，朱晓龙. 国外产业集群发展状况与集群政策. 经济研究参考，2009，(53)：3-12.

［6］朱迎春. 美国联邦政府基础研究经费配置及对我国的启示. 全球经济瞭望，2017，32（8）：27-34.

［7］许茜. 美国这样布局未来创新. 科技日报，2015-12-08，第1版.

［8］董晓辉，齐轶，张伟超. 创新驱动发展下军民两用技术成果转化特点及模式研究. 科技进步与对策，2015，(21)：135-139.

［9］赵澄谋，姬鹏宏，刘洁，等. 世界典型国家推进军民融合的主要做法分析. 科学学与科学技术管理，2005，26（10）：26-31.

［10］刘艳. 技术创新与知识产权制度. 科技与经济，2007，20（6）：51-54.

［11］王昌林，姜江，盛朝讯，等. 大国崛起与科技创新——英国、德国、美国和日本的经验与启示. 全球化，2015，(9)：39-49.

［12］孙孟新. 美国科技领域法律政策框架概览. 科技与法律，2004，(4)：15-21.

第九章　近代以来中国科技发展的历程

中华文明源远流长。中国是见长于技术发明与工程创造的文明古国，也形成了较为完备的传统科技知识体系。从青铜礼器和工具的铸造、生铁冶铸技术的发展，到都江堰、万里长城等大型工程的兴建，古代中国创造了举世瞩目的科技成就；造纸术、印刷术、火药和指南针四大发明的创造与传播，不仅深刻改变了中国的历史进程，而且大大促进了人类文明的发展，甚至改变了整个世界的面貌；传统天文学以天象与数值计算的历法为主，其天象记录以连续性和资料完整性而著称于世；传统数学则注重解决实际问题，《九章算术》、割圆术、圆周率的精确计算及高次方程的数值解法和多元高次方程组解法等，尽显其知识体系与水平；中医和中药学是迄今仍发挥重要作用的传统科技知识分支[1]。

中国科技在古代居于世界领先行列，在宋代前后达到高峰。然而，自 14 世纪初以后，中国却少有影响世界的重大科学发现、发明与创造。在经历从西学东渐到有限工业化，再到改革制度、建设新文化等早期探索之后，中国科技事业逐渐建制化。但受整体局势影响，直到 1949 年中华人民共和国成立，方在重组、规划、调整的基础上，逐渐构建起中国现代科学技术体系与体制，并在改革开放以后持续加快发展。

一、近代科学技术的传入

16 世纪末，欧洲传教士来华，通过传播科学辅助传教，西方科学技术随之逐渐传入中国。明朝礼部尚书徐光启等学者由此认识到西方天文学、几何学、地理学、力学等科学知识及火器、钟表等技术的先进性，提出由“翻译”到“会通”的“超胜”西洋的路径[2]。不过，在 20 世纪初之前，中国传统的科技知识体系并没有多少改变。

第二次鸦片战争失败后，洋务派官员发起自强运动，建立了江南机器制造总局和福州船政局等20多个军工企业，引入西方近代技术和设备，仿造“坚船利炮”等产品，通过船政学堂和派遣少量留学生等举措培养技术人才。由于“洋务运动”局限于兵器制造，未发展基础工业和完整的科学技术事业，技术发展陷入“引进-落后-再引进-再落后”的循环。北洋水师的覆灭宣告自强运动的失败，此后的技术转移进一步向民用领域扩展，科学知识持续传播并产生社会影响。19世纪末20世纪初，留学欧美和日本蔚然成风，以留学日本的学生规模最大。上万名留学生前往日本学习，所学专业涉及师范、实业、军事、法政、医学、理化等，几乎涵盖当时日本学校中的所有科目。留学欧美以庚款资助生为代表，通过严格考试分批选拔官派留学生，虽然人数不太多，但涌现出不少学有所成的优秀人才，其中不乏中国近代许多学科的擘画和肇创者[3]。留学日本和欧美的学生在接受新思想与新知识的启迪之后，成为推动中国社会近代化的重要力量。

20世纪，形成于欧美的近现代科学技术终于全面传入，并在中国扎根和成长。在天津中西学堂和京师大学堂建立之后，1903年“学制改革”和1905年“废除科举”，为科技教育的变革创造了制度条件。“五四运动”前后，“科学”和“民主”思想逐渐扎根，科学家和工程师逐步成为独立的社会角色，中国科学研究活动的体制化进程加快，一批先进的知识分子自发组建学会等民间学术组织，如在詹天佑、任鸿隽、黄炎培等的号召下，先后建立中华工程师会（1913年，1915年改名为中华工程师学会）、中国科学社[4][5]（1915年）、中华职业教育社（1919年）等，并创办《工程》《科学》《教育与职业》等科技与职业教育期刊；一批科学研究机构也建立起来，如中央地质学调查所（1916年）、中国科学社生物研究所（1922年）、黄海化学工业研究社（1923年）等；当时的国民政府也陆续建立起中央研究院（1928年）、北平研究院（1929年）、中央工业试验所（1930年）、中央农业试验所（1931年）等国立科研机构。此外，当时的一些知名大学如北京大学、中央大学、清华大学等也相继设立了数理化天地生等自然科学基础学科。“科学精神”在中国逐渐流传，“求真”成为“科学”和“科学精神”必须遵循的铁律。自此，人们对科学的本质和功能有了更深刻的认识，开始强调要用“科学”的尺度衡量世界一切事物，崇尚理性、反对迷信和愚昧。

抗日战争时期，我国正常的科学技术研究活动受到很大冲击，许多科研机构被迫转移，许多知识分子颠沛流离，学术活动难以正常进行。但是中国的科学技术研究活动并没有完全停止，一部分科研力量得以保存。其中，1938年国立西南联合大学成立，使得中国科学研究的一部分骨干力量得以继续从事研究活动，并取得了一批具有重要影响力的科研成果，培养了大量科学研究人才。例如，华罗庚于1941年出版《堆垒素数论》，1940年周培源在国际上首次提出速度脉动方程在湍流理论中的研究问题等。同时，由于抗日战争的需要，与军工相关的技术研究及产业活动得以加强。例如，1939年建立了中央机器厂、1943年成立中国农业机械公司，而且，当时的国民政府还扩大并增设了一些新的研究机构，如1939年的航空研究所；中国共产党也在延安等地建立了一系列科研机构，如1939年在延安设立自然科学研究院，1940年成立陕甘宁边区自然科学研究会等。

总结20世纪前半叶的历史可以看到，现代科学技术在中国逐步建制化，为以后教育和科技的发展奠定了初步基础。

中国科学社

1914年6月，康奈尔大学的中国留学生群体商定，以科学社（Science Society）的名义发起创办《科学》月刊。当年8月，科学社董事会成立，任鸿隽（会长）、赵元任、秉志、胡明复和周仁出任董事。

中国科学社的工作起初主要是办《科学》和《科学画报》这两个期刊。1915年1月，《科学》杂志创刊号在上海刊行，截至1960年停刊，共发行36卷，是近代中国发行时间最长、影响广泛的科学期刊。它介绍了大量新的科学研究进展，并且发表了中国学者的学术论文。《科学画报》创刊于1933年，是民国时期最有影响力的科普杂志。

1915年10月，科学社由原来的办刊机构改组为学会性质的中国科学社，以“联络同志，共图中国科学之发达”为宗旨，为科学家群体提供了学术平台，并以“赛先生”的旗帜为新文化运动助力。此后，中国科学社相继创办生物研究所和上海明复图书馆，生物研究所的许多研究工作在中国生物学发展史上具有开创意义。到1949年，中国科学社的社员已有3776人，成为当时中国规模最大、影响最广泛的民间科学团体。

二、中华人民共和国成立后科学技术的规划与突破

1949年10月1日，中华人民共和国成立，中国科技事业获得了前所未有的发展机遇，在重组和规划的基础上，系统地构建起了新的科技体制。中华人民共

和国成立伊始，中央政府即在原中央研究院和北平研究院等科研机构的基础上成立了中国科学院，并由其统筹及领导全国科学研究事业[6][7]。中央政府还在20世纪50年代对高等院校实行“院系调整”，改革学科专业布局，改善高校的地区分布，发展以工科为重点的专业学院。

1956年，中央号召“向科学进军”，组织全国数百位科技专家制定《1956-1967年科学技术发展远景规划纲要》（以下简称《远景规划》），由此形成“以任务为经，以学科为纬，以任务带学科”的科技发展模式，并逐渐建立起各类科研机构、相关管理部门和社团。由中国科学院、国防科研机构、高校、中央各部委科研机构和地方科研机构等组成的科技“五路大军”就此形成[8]。《远景规划》成功实施，填补了中国科技的许多空白，满足了国家战略需求，对科技事业、国防安全、经济建设与社会发展产生了深远影响[9]。1958年，中央对科技管理机构进行调整合并，成立国家科学技术委员会、国防科学技术委员会，各级政府相应陆续成立科学技术委员会，形成了中国的科技管理体系。1964年，周恩来总理在政府工作报告上首次提出要实现包括科学技术现代化在内的“四个现代化”。

1956-1967年科学技术发展远景规划纲要

1956年1月，中共中央在北京召开知识分子问题会议，周恩来总理在报告中提出制定科学技术发展远景规划。1956年3月14日成立科学规划委员会，全面展开规划编制工作。经过数百位中国专家和18名苏联科学家的努力工作，《1956-1967年科学技术发展远景规划纲要（草案）》于1956年12月经中共中央批准，正式付诸实施。

《远景规划》从13个领域提出了57项重要科学技术任务，其中具有关键意义的12项重要科技任务如下：①原子能的和平利用；②无线电电子学中的新技术；③喷气技术；④生产过程自动化和精密仪器；⑤石油及其他特别缺乏的资源的勘探，矿物原料基地的探寻和确定；⑥结合中国资源情况建立合金系统并寻求新的冶金过程；⑦综合利用燃料，发展重有机合成；⑧新型动力机械和大型机械；⑨黄河、长江综合开发的重大科学技术问题；⑩农业的化学化、机械化、电气化的重大科学问题；⑪危害中国人民健康最大的几种主要疾病的防治和消灭；⑫自然科学中若干重要的基本理论问题。

《远景规划》对中国科研事业的发展起了重要推动作用，为党中央领导科研工作摸索和积累了经验。通过制定规划，初步摸清了国际先进科技的状况，勾画出我国科技发展的蓝图。同时，《远景规划》的制定和实施还促进了中国科研体制的形成。其中，中国科学院是全国科研的“火车头”，高等院校、中央各产业部门研究机构和地方所属研究机构则是科学研究广阔的基地。

这个时期，中国的科技事业迅速发展。以钱学森、邓稼先、钱三强等为代表的科学家带领实现了“两弹一星”工程的重大科技突破，大大增强了国防实力，并带动了相关科技领域的发展。此外，中国科学家还在其他科技领域取得令世人瞩目的成就，如中国科学院、北京大学等单位成功获得人工合成牛胰岛素结晶，屠呦呦等科学家发现青蒿素并合成青蒿素的酯类、醚类、碳酸酯类衍生物等。

两弹一星

“两弹一星”是20世纪下半叶中华民族创建的辉煌伟业。1960年11月5日中国第一枚导弹“东风一号”发射成功，1964年10月16日第一颗原子弹爆炸成功，1970年4月24日第一颗人造卫星（东方红一号）发射成功。“两弹一星”不仅是中国人民在攀登现代科学高峰征途中创造的人间奇迹，而且也为中国奠定了有重要国际影响力的大国地位。

人工合成牛胰岛素

1958年我国启动了在生物体外人工合成牛胰岛素的重大课题。为确定合成的路线，中国科学院生物化学研究所首先尝试天然胰岛素的拆合，即将胰岛素的A链和B链拆开，再重合成胰岛素。1959年拆合工作胜利完成，重合成产物出现了5%–10%的活力并获得了与天然胰岛素完全相同的结晶。

这样就使胰岛素的人工合成简化成A链和B链的多肽合成，为人工合成胰岛素奠定了基础。

A链的合成由中国科学院有机化学研究所和北京大学化学系负责，B链的合成由中国科学院生物化学研究所负责。经过6年9个月坚持不懈的努力，先后完成了B链和A链的合成，并和天然的A链和B链组合成了有活力的半合成胰岛素，最终于1965年将合成的A链和B链组合，经过分离纯化后得到了活力接近天然水平的人工合成牛胰岛素的结晶。人工合成牛胰岛素结晶使中国在合成多肽方面达到国际领先水平。

青蒿素研制

疟疾是全球广泛关注的重要公共卫生问题之一。1967年5月23日，为抗击恶性疟疾，中国启动自上而下、军民合作的“523任务”。中国中医研究院（今中国中医科学院）的屠呦呦在参与该任务的研究中，为青蒿素的发现做出了重要贡献。她从中医古籍中得到启迪，改变青蒿传统提取工艺，创建的低温提取青蒿抗疟有效部位的方法，成为青蒿素发现的关键性突破；率先提取得到对疟原虫抑制率达100%的青蒿抗疟有效部位“醚中干”，并在全国“523”会议上做了报告，从此带动了全国对青蒿提取物的抗疟研究；她和她的团队最先从青蒿抗疟有效部位中分离得到抗疟有效单一成分“青蒿素”；率先开展“醚中干”、青蒿素单体的临床试验，证实了其治疗疟疾的临床有效性；并与中国科学院上海有机化学研究所、中国科学院生物物理研究所等合作单位共同确定了青蒿素的化学结构，为其衍生物的开发提供了条件。

青蒿素是与已知抗疟药化学结构、作用机制完全不同的新化合物，改写了只有含N杂环的生物碱成分抗疟的历史，标志着人类抗疟药物发展的新方向。青蒿素的发现，是中国科学家为增进人类健康做出的重大贡献，屠呦呦也因此获得2015年度诺贝尔生理学或医学奖。

在工业领域，中国由引进技术转向自力更生，逐步建立起比较齐全的工业门类。第一个“五年计划”期间（1953-1957年），中国从苏联和东欧引进技术与成套设备，展开以156项工程为核心、921个大中型项目为主体的大规模工业化建设，特别加强了重工业和国防工业建设，从而构建起比较完整的工业体系，初步奠定了工业化的基础。中国工程师在自力更生中消化、吸收先前引进的技术，研制出一些重要的装备和产品。1964 年，中国在中西部地区开始进行以战备为目的的“三线建设”，进一步改变了工业布局。地质学家提出“陆相生油”理论，石油部和地质部在松辽平原发现大庆油田，自此中国甩掉“贫油落后”的帽子，实现石油基本自给。

三、改革开放迎来“科学的春天”

科学技术的水平始终关系到国家的经济社会发展与安全。但是，“文化大革命”使中国的科技事业遭受重创，与世界先进水平的差距再次拉大。20 世纪 70 年代初期，中国与西方国家和日本逐渐恢复正常科技交流与合作。1972 年美国总统理查德 · 米尔豪斯 · 尼克松、日本首相田中角荣相继访华之后，中国与美国、德国、英国、日本等国的科技交流破冰之旅循序展开。

“文化大革命”以后，国家率先在教育和科技领域出台一系列重要举措，先后恢复了高考、研究生教育制度，调整国际交流与留学政策，全面重整科研秩序。1978 年 3 月，邓小平在全国科学大会开幕式讲话中全面阐述了科学技术的社会功能、地位、发展趋势、战略重点、对外开放、人才培养等，鲜明地提出了“科学技术是生产力”“知识分子是工人阶级的一部分”“四个现代化，关键是科学技术的现代化”等著名论断，将科技的地位提升到新的高度，中国迎来了“科学的春天”。在 1978 年 12 月召开的党的十一届三中全会上，党中央作出以经济建设为中心、实行改革开放的重大战略决策，实现了中华人民共和国成立以来党的历史上最具有深远意义的伟大转折，从而进一步为科技事业的发展提供了战略指引，开辟了更为广阔的道路。

邓小平一再强调要学习外国的先进技术，以缩小同世界先进科技水平的差距。从 1977 年 7 月到 1979 年初，他多次会见李政道、杨振宁等美籍华人科学家，请他们帮助引进、发展先进科技，培养科技人才。党的十一届三中全会以后，中国与科技发达国家的科技交流合作日益广泛和深入，为提升自身科技水平、培养优秀人才和推进工业化等做出了重要贡献。1979 年 1 月 31 日，邓小平在访美期间与美国总统詹姆斯 · 厄尔 · 卡特签署了《中美科技合作协定》。近 40 年来，在该协定框架下，中美两国签署了 50 多个议定书，涉及能源、农业、环境、基础科学等 20 多个合作领域。

此外，1978 年，国家开始制定和落实全方位扩大派遣留学人员的政策。1978 年 12 月，首批以科技、教育工作者为主的 50 名访问学者赴美留学、进修，揭开了中华人民共和国成立后向美国派遣留学人员的序幕。同一时期，中国还向欧洲国家、日本等许多国家派遣留学生，形成留学大潮。此外，自费留学也蔚然成风，规模越来越大。大批留学生学成回国后，将先进的科技知识带回国内，为提升我国的科研、教育和产业发展水平做出了重大贡献。

四、改革科技体制与建立国家创新体系

党的十一届三中全会以后，随着城乡经济体制改革的逐步展开，科技改革开放也逐步展开并不断深入，科技事业各方面工作发展迅速，但原有体制对科技发展的制约日益明显，且科技与经济脱节问题日益突出。为适应改革开放和经济建设的需要，1985 年 3 月，党中央及时作出《中共中央关于科学技术体制改革的决定》，制定了科学技术必须为振兴经济服务、促进科技成果迅速商品化等方针，动员科技界面向国民经济主战场，这为科技成果向现实生产力的转化与高新技术的产业化奠定了政策基础。同时，提出“研究所实行所长负责制”，强化了研究所负责人的职责权限，调动了研究人员的积极性，使科研活动更为符合科学研究活动自身的规律。此后，国家按照“稳住一头、放开一片”的思路，启动了以改革拨款制度为切入点的科技体制改革，重点改革运行机制、组织结构和人事制度。1988 年 9 月，邓小平在会见捷克斯洛伐克总统古斯塔夫·胡萨克时，提出了“科学技术是第一生产力”的著名论断，从而将科学技术摆到了经济发展首要推动力的地位，为中国的科技发展奠定了极为重要的思想理论基础。

为了解决长期存在的科技、经济“两张皮”问题，1992 年，中国科学院将办院方针调整为“把主要的科技力量投入国民经济建设主战场，同时保持一支精干力量从事基础研究和高技术跟踪”，开始实行“一院两制”。以“两海两通”（科海公司和京海公司、四通公司和信通公司）的成立为源头，技工贸一体化的“中关村电子一条街”逐渐兴起并不断发展壮大。随着改革的持续深入，一批应用开发类科研机构完成企业化转制，逐步建立起科技型企业运行机制；基础类、公益类科研院所则进行分类改革，优化、精简机构和队伍，在此基础上，开始探索建立现代院所管理制度。

在逐步改革研究机构拨款制度的基础上，中国的科技事业开始引入竞争机制。一方面，在基础研究和应用研究工作中建立起“择优支持”的基金制度；另一方面，开始实施国家科技计划，并逐步实行科技计划面向社会公开招标和签订

承包合同的管理办法。1986 年，国家自然科学基金委员会在“中国科学院科学基金”试点、运行的基础上成立，逐步成立了数理科学部、化学科学部、生命科学部等八大学部，形成由探索、人才、工具、融合四大系列组成的资助格局。随后，开放实验室、“国家高技术研究发展计划”（863 计划）和“国家重点基础研究发展计划”（973 计划）等一系列科技计划和举措陆续出台，逐渐建立起开放、竞争的科研资助体系。通过这些资助、计划的布局和实施，中国在基础科学、高技术科学等相关领域取得了世人瞩目的科技成果，并培养出一大批面向国际前沿的优秀科技人才，为中国实施创新驱动发展战略奠定了基础。计划实施过程中形成的管理经验、体制机制更值得未来的研究计划、科技管理借鉴。

在 1995 年 5 月召开的全国科学技术大会上，中共中央总书记江泽民正式提出“科教兴国”战略，这是继 1956 年号召“向科学进军”、1978 年迎来“科学的春天”之后，中国科技发展进程中又一个重要里程碑。1998 年 6 月，国务院决定由中国科学院作为国家创新体系建设的试点，率先启动“知识创新工程”，在科技布局、人事制度、资源配置模式、科技评价与奖励制度等方面进行大规模、深层次的改革，初步建立起适应科技发展规律和中国国情的现代院所制度，这也为中国科技发展、科技体制改革和国家创新体系建设积累了经验。人才是中国科技事业的根本，中国不断推进人才引入与人才评价事业的进程，相继实施了“百人计划”“长江学者奖励计划”等高目标、高标准和高强度支持的人才引进与培养计划，为引进优秀的海内外拔尖人才与学术带头人起到了积极带头作用。

科技体制改革的持续深化，带来科技事业的蓬勃发展，有力推动了产业进步。自 20 世纪 80 年代以来，中国家电产业高速发展，仅用发达国家一半左右的时间即实现了从引进技术到规模化创新。轿车工业在“以市场换技术”的思路下迅速发展，由合资企业牵引，一大批本土企业和民营企业迅速崛起。高铁创造了技术引进带动技术创新的佳绩，引领了中国交通的高速发展，成为“中国制造”和“走出去”的闪亮名片。袁隆平研究与开发的杂交水稻技术和李振声研究与开发的小麦远缘杂交技术，不但解决了中国人的吃饭问题，也为世界粮食安全做出了巨大贡献。1992 年，载人航天工程正式开始实施，经过十几年的努力，中国在载人航天领域取得举世瞩目的巨大成就，成为继苏联（俄罗斯）、美国之后世界第三个载人航天大国。在众多科学研究领域取得突破，北京正负电子对撞机建设运行、铁基超导、超级计算机等一批标志性重大科技成果涌现，同时还参与了世界人类基因组计划，积极参与国际科技合作，为中国成为一个有世界影响的科技大国奠定了重要基础。

载人航天

1992年，中国决定实施载人航天工程，并确定了三步走战略。

第一步，发射载人飞船，建成初步配套的试验性载人飞船工程，开展空间应用实验。神舟五号于2003年成功发射，是中国首次发射的载人航天飞行器，随后的神舟六号于2005年发射成功并进行了多人多天飞行，第一步战略任务圆满完成。

第二步，突破航天员出舱活动技术、空间飞行器的交会对接技术，发射空间实验室，解决有一定规模的、短期有人照料的空间应用问题。2008年发射的神舟七号飞行成功标志着我国掌握了航天员出舱活动关键技术。天宫二号空间实验室先后与神舟十一号及天宫一号交会对接，标志着第二部战略任务完美收官。

第三步，建造空间站，解决有较大规模的、长期有人照料的空间应用问题。中国空间站计划在2019-2022年完成在轨组装并投入运营。

注：资料源自中国载人航天官方网站，http://www.cmse.gov.cn。

北京正负电子对撞机

在党中央和邓小平同志的亲切关怀下，北京正负电子对撞机（BEPC）于1988年10月在中国科学院高能物理研究所建成，由注入器（BEL）、输运线、储存环、北京谱仪（BES）和同步辐射装置（BSRF）等组成。主要科学目标是开展 τ 轻子与粲物理和同步辐射研究。自1990年运行以来，取得了一批在国际高能物理界有影响的重要研究成果，引起了国内外高能物理界的广泛关注。1991年，国家计划委员会正式批准成立北京正负电子对撞机国家实验室。

2003年底，国家批准了北京正负电子对撞机重大改造工程（BEPCII），是我国重大科学工程中最具挑战性和创新性的项目之一，于2009年7月通过国家验收。BEPCII是一台粲物理能区国际领先的对撞机和高性能的兼用同步辐射装置，主要开展粲物理研究，使我国在国际高能物理领域占据一席之地，保持在粲物理实验研究方面的国际领先地位；同时又可为同步辐射光源提供真空紫外至硬X光，开展凝聚态物理、材料科学、生物和医学、环境科学、地矿资源以及微细加工技术等交叉学科领域的应用研究。

注：资料源自中国科学院重大科技基础设施共享服务平台，http://lssf.cas.cn/。

五、增强自主创新能力，建设创新型国家

党的十七大作出提高自主创新能力、建设创新型国家的重大战略决策。2006年2月，《国家中长期科学和技术发展规划纲要（2006—2020年）》（简称《纲要》）正式发布，明确了“自主创新，重点跨越，支撑发展，引领未来”的科技工作指导方针，提出到2020年进入创新型国家行列，为在21世纪中叶成为世界科技强国奠定基础。《纲要》以提高自主创新能力为主线，以建设创新型国家为目标，对实施国家科技重大专项、深化体制机制改革、推进国家创新体系建设等作了全面部署，成为至2020年中国科技发展的纲领性文件。

《国家中长期科学和技术发展规划纲要（2006—2020年）》

2006年2月9日，《国家中长期科学和技术发展规划纲要（2006—2020年）》公布。《纲要》编制工作历时两年多，2000多名专家参与研究和编写。《纲要》明确了到2020年我国科技发展的总体目标是，自主创新能力显著增强，科技促进经济社会发展和保障国家安全的能力显著增强，为全面建设小康社会提供强有力的支撑；基础科学和前沿技术研究综合实力显著增强，取得一批在世界具有重大影响的科技成果，进入创新型国家行列，为在21世纪中叶成为世界科技强国奠定基础。

《纲要》对至2020年我国科学技术发展作出总体部署。

一是立足我国国情和需求，确定11个国民经济和社会发展的重点领域，并从中选择任务明确、有可能在近期获得技术突破的68项优先主题进行重点安排，突破重大关键技术，全面提升科技支撑能力。

二是瞄准国家目标，实施16个重大专项，实现跨越式发展，填补空白。

三是应对未来挑战，超前部署8个技术领域的27项前沿技术和18个基础科学问题，并提出实施4个重大科学研究计划，提高持续创新能力，引领经济社会发展。

四是深化体制改革，完善政策措施，增加科技投入，加强人才队伍建设，推进国家创新体系建设，为我国进入创新型国家行列提供可靠保障。

这一时期，科技投入持续快速增长，“十一五”期间全社会研究与开发经费年均增长23.5%。科学技术部组织实施了16个国家科技重大专项，在国家层面制定了自主创新配套政策和实施细则。2008年12月，中共中央办公厅转发《中央人才工作协调小组关于实施海外高层次人才引进计划的意见》，启动实施“千人计划”，在国家重点创新项目、实验室、学科、中央企业、高技术开发区等，引进一批能够发挥重要作用的战略科学家和领军人才。2010年6月，国务院发布《国家中长期人才发展规划纲要（2010—2020年）》。2012年8月，中共中央组织部、人力资源和社会保障部启动实施“国家高层次人才特殊支持计划”，简称“万人计划”，计划用10年时间，选拔并重点支持10 000名左右自然科学、工程技术、哲学社会科学及高等教育领域中的杰出、领军人才。

国家科技重大专项（2006—2020年）

国家科技重大专项是为了实现国家目标，通过核心技术突破和资源集成，在一定时限内完成的重大战略产品、关键共性技术和重大工程。共有16个，每个投资数百亿元，目前公布了13个。

- 核心电子器件、高端通用芯片及基础软件产品专项
- 极大规模集成电路制造装备与成套工艺专项
- 新一代宽带无线移动通信网专项
- 高档数控机床与基础制造装备专项

- 大型油气田及煤层气开发专项
- 大型先进压水堆及高温气冷堆核电站专项
- 水体污染控制与治理专项
- 转基因生物新品种培育专项
- 重大新药创制专项
- 艾滋病和病毒性肝炎等重大传染病防治专项
- 大型飞机专项
- 高分辨率对地观测系统专项
- 载人航天与探月工程专项

《纲要》实施以来，中国的科技创新能力显著增强，科技人才队伍快速壮大，科技进步和创新在经济发展、社会进步、民生改善和国家安全中发挥了重要支撑引领作用。这一时期，涌现出一批具有较高科学价值及社会经济、军事意义的科学、技术及工程成果。

例如，在科学研究方面，成功绘制完成第一个完整“中国人基因组图谱”（2007 年）；在国际上首次实现了具有存储和读出功能的纠缠交换（2008 年）；世界上首个非圆截面全超导托卡马克核聚变实验装置（EAST）首轮物理放电实验取得成功（2009 年）；实验快堆实现首次临界（2010 年）；水稻基因育种技术获突破性进展（2010 年）；发现大脑神经网络形成新机制（2011 年）；空间环境监测网建成“子午工程”创世界第一（2012 年）。

非圆截面全超导托卡马克核聚变实验装置

世界上第一个非圆截面全超导托卡马克核聚变实验装置（Experimental Advanced Superconducting Tokamak，EAST）于 2007 年 3 月正式投入运行。EAST 独有的非圆截面、全超导及主动冷却内部结构三大特性，有利于探索等离子体稳态先进运行模式，其工程建设和物理研究可为国际核聚变实验堆（ITER）项目提供直接经验，并为未来聚变实验堆提供重要的工程和物理实验基础。EAST 装置投入运行以来，物理实

验不断取得突破，创造了多项托卡马克运行的世界纪录。2017 年 7 月，实现了稳定的 101.2 秒稳态长脉冲高约束等离子体运行，创造了新世界纪录。这标志着 EAST 成为世界上第一个实现稳态高约束模式运行持续时间达到百秒量级的托卡马克核聚变实验装置。

注：资料源自中国科学院重大科技基础设施共享服务平台，http://lssf.cas.cn/。

探月工程

2004 年，中国启动绕月探测工程，开启了中国人走向深空、探索宇宙奥秘的新时代。绕月探测工程规划为绕、落、回三期。

• 绕：2004-2007 年（一期）研制和发射我国首颗月球探测卫星，实施绕月探测。嫦娥一号卫星于 2007 年 10 月发射，在轨有效探测 16 个月，2009 年 3 月成功受控撞月，实现中国自主研制的卫星进入月球轨道并获得全月图。

• 落：2013 年前后（二期）进行首次月球软着陆和自动巡视勘测。嫦娥三号探测器于 2013 年 12 月落月，开展了月面巡视勘察，获得了大量工程和科学数据。

• 回：2020 年前（三期）进行首次月球样品自动取样返回探测。2014 年 11 月，绕月探测工程三期再入返回飞行试验任务的返回器顺利着陆预定区域，试验任务取得圆满成功。2018 年，嫦娥五号将奔月并实现软着陆及采样返回。

注：资料源自中国探月与深空探测网，http://www.clep.org.cn/。

又如，在技术及工程创新方面，神舟系列飞船 9 次升空，我国成为世界上第三个实现载人航天的国家；我国首颗探月卫星嫦娥一号发射升空（2007 年）；我国首列国产化时速 300 公里和谐号动车组列车（CRH2-300）竣工下线（2007 年）；我国首架具有完全自主知识产权的新支线飞机 ARJ21-700 在上海飞机制造厂总装下线（2007 年）；我国首台千万亿次超级计算机系统——天河一号由国防科学技术大学研制成功（2009 年）；首座超导变电站建成（2011 年）；首座超深水钻井平台交付（2011 年）；"蛟龙"号载人潜水器突破 7000 米深度（2012 年）；我国首艘航母辽宁舰入列（2012 年）等。

"蛟龙"号载人潜水器

"蛟龙"号 7000 米级载人潜水器是目前世界下潜深度最大的作业型载人潜水器。"蛟龙"号由潜航员驾驶操作，可以携带深海工程技术人员或科学家亲临海底目标作业区域，进行现场观测、原位探测、精细采样等工作，主要应用于载人的深海资源勘察和深海科学考察领域。2009-2012 年，"蛟龙"号成功完成 1000 米级、3000 米级、5000 米级和 7000 米级海试，创造了下潜海底 7062 米的中国载人深潜纪录和世界同类作业型潜水器的最大下潜深度纪录，具备了载人到达全球 99.8% 以上海洋深处进行作业的能力，目前进入试验性应用阶段。

六、实施创新驱动发展战略，建设世界科技强国

随着全球新一轮科技革命和产业变革加速孕育兴起，创新驱动发展已成为世界大势所趋，中国既迎来难得的机遇，也面临严峻的挑战。

2012 年 11 月，党的十八大指出，要把科技创新摆在国家发展全局的核心位置，坚持走中国特色自主创新道路、实施创新驱动发展战略。2016 年 5 月，全国科技创新大会召开，习近平总书记发出建设世界科技强国的号召。同月，《国家创新驱动发展战略纲要》发布，提出了到 2020 年进入创新型国家行列、到 2030 年跻身创新型国家前列、到 2050 年建成世界科技强国的"三步走"战略目标，

形成了创新驱动发展战略的顶层设计。

2013 年 7 月，习近平总书记考察中国科学院，提出“率先实现科学技术跨越发展，率先建成国家创新人才高地，率先建成国家高水平科技智库，率先建设国际一流科研机构”的“四个率先”要求；2014 年 7 月，国家科技体制改革和创新体系建设领导小组第七次会议审议通过了《中国科学院“率先行动”计划暨全面深化改革纲要》（简称“率先行动”计划）；2014 年 8 月，习近平总书记对中国科学院“率先行动”计划作出重要批示，提出“面向世界科技前沿，面向国家重大需求，面向国民经济主战场”的“三个面向”要求。中国科学院作为国家战略科技力量，制定实施“率先行动”计划，开始全面深化改革、加快创新发展的新探索。

国家创新体系格局进入深入调整的新阶段。2015 年 10 月，党的十八届五中全会提出，在若干重大创新领域组建一批国家实验室。2017 年 3 月，党中央、国务院批准《国家实验室组建方案（试行）》，明确了国家实验室的战略定位和指导思想，设计了开放流动、竞争合作、充满活力的新的管理体制和运行机制，为国家实验室建设提供了制度依据和运行规范。同时，国家加快了区域创新高地建设，提出并启动建设北京、上海具有全球影响力的科技创新中心，建设北京怀柔、上海张江、安徽合肥 3 个综合性国家科学中心，推进京津冀、上海、广东、安徽、四川、武汉、西安、沈阳等 8 个区域全面创新改革试验。

2016 年 7 月，《“十三五”国家科技创新规划》正式发布，明确提出在实施好“核高基”（核心电子器件、高端通用芯片、基础软件）、集成电路装备、宽带移动通信、数控机床、油气开发、核电、水污染治理、转基因、新药创制、传染病防治等已有国家科技重大专项基础上，面向 2030 年，再选择一批体现国家战略意图的重大科技项目和工程，即“科技创新 2030-重大项目”，力争有所突破。与此同时，进一步实施国家科技重大专项、国家重点研究与开发计划和“十三五”国家重大科技基础设施建设等一系列科技计划和项目。

近年来，国家陆续发布《关于深化体制机制改革加快实施创新驱动发展战略的若干意见》《深化科技体制改革实施方案》等一系列政策文件，出台了中央财政科技计划改革、科技经费管理改革、促进科技成果转移转化政策等一系列新举措，同时深化人才发展体制机制改革，推进科技领域“放管服”改革，充分激发科技创新活力。其中，科技计划改革是突破口，针对原有计划体系日益突出的重复、分散、封闭、低效等问题，建立公开统一的国家科技管理平台和构建新的科技计划（专项、基金等）体系框架与布局，着力解决制约科技计划引领带动创新发展的深层次重大问题，更好地推动以科技创新为核心的全面创新。

"科技创新2030-重大项目"

重大科技项目6项。

- 航空发动机及燃气轮机
- 深海空间站
- 量子通信与量子计算机
- 脑科学与类脑研究
- 国家网络空间安全
- 深空探测及空间飞行器在轨服务与维护系统

重大工程9项。

- 种业自主创新
- 煤炭清洁高效利用
- 智能电网
- 天地一体化信息网络
- 大数据
- 智能制造和机器人
- 重点新材料研究与开发及应用
- 京津冀环境综合治理
- 健康保障

建立重大项目动态调整机制，综合把握国际科技前沿趋势和国家经济社会发展紧迫需求，在地球深部探测、人工智能等方面遴选重大任务，适时充实完善重大项目布局。

注：资料源自《国务院关于印发"十三五"国家科技创新规划的通知》（国发〔2016〕43号）。

党的十八大以来，随着科研体制改革进程的加快，在广大科研人员的努力下，我国取得了举世瞩目的重大科技创新。面向世界科技前沿取得多项历史性突破，如量子通信领域全面保持国际领先地位，"中国天眼"（FAST）建成启用，暗物质粒子探测卫星获得重大科学发现，光量子计算机、外尔费米子、"实践十号"、碳卫星、硬X射线望远镜等一系列突破使我国在这些前沿领域跻身世界先进或领先行列。面向国家重大需求突破一批关键核心技术，如神舟十号与天宫一号、神舟十一号与天宫二号成功对接，我国深海科考挺进万米时代，北斗卫星导航系统（BDS）实现全球组网，运-20大型运输机首飞成功，我国首艘自主研制的航母下水，先进核能、超强超短激光、高性能计算、人工智能、云计算等领域取得系列重大突破。面向经济社会发展主战场提供更多科技供给，如在机器人与智能制造、新材料、新药创制、煤炭清洁高效利用、农业科技创新、资源生态环境、防灾减灾等方面，一批重大科技成果和转化示范工程落地生根，取得显著经济和社会效益。

北斗卫星导航系统

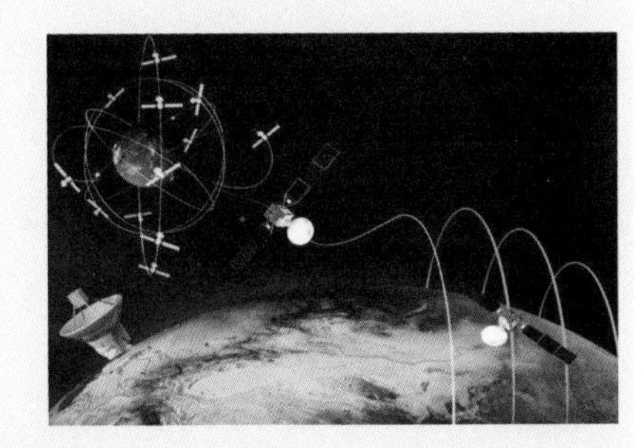

北斗卫星导航系统（BDS）是中国自主建设、独立运行的卫星导航系统，由空间段、地面段和用户段三部分组成，是可以为全球用户提供全天候、全天时、高精度的定位、导航和授时服务的国家重要空间基础设施。20 世纪后期，中国开始探索适合国情的卫星导航系统发展道路，逐步形成了“三步走”发展战略：2000 年底，建成北斗一号系统，向中国提供服务；2012 年底，建成北斗二号系统，向亚太地区提供服务；计划在 2020 年前后，建成北斗全球系统，向全球提供服务。

北斗卫星导航系统的建设实践，实现了在区域快速形成服务能力、逐步扩展为全球服务的发展路径，丰富了世界卫星导航事业的发展模式。

注：资料源自 2016 年《中国北斗卫星导航系统》白皮书。

量子通信领域全面保持国际领先

2016 年 8 月，全球首颗量子卫星——量子科学实验卫星（“墨子号”）成功发射升空。截至 2017 年 8 月，“墨子号”在国际上首次实现了千公里级的星地双向量子纠缠分发、星地量子密钥分发、地星量子隐形传态等三大科学目标，实现了我国量子通信领域从“并跑”向“领跑”的转变。

2017 年 9 月，连接北京、上海等多个城市的量子保密通信“京沪干线”正式开通，成为世界第一条量子通信保密干线。通过“墨子号”量子科学实

验卫星兴隆地面站与“京沪干线”北京上地中继接入点的连接，真正打通了天地一体化广域量子通信的链路，并通过“墨子号”量子科学实验卫星与奥地利地面站的卫星量子通信，在世界上首次实现了洲际量子通信。2017 年 12 月，我国量子保密通信领域迎来又一突破，研究与开发成功一款新型高速量子随机数发生器，量子随机数实时产生速率大于 5.4G 比特每秒，极限值突破 117G 比特每秒，成为目前世界上产生速率最高的量子随机数发生器。

经过 60 多年的长期积累发展，尤其是改革开放以来的持续快速发展，我国科技创新能力和水平快速提升，产出数量位居世界前列，产出质量大幅提高，已成为具有重要影响力的科技大国。在新的历史起点上，建设世界科技强国的战略擘画为我国的科技创新绘就了新蓝图、指明了新方向，科技创新将会迸发出更加澎湃的动力，强劲推动我国加快实现“两个一百年”奋斗目标和中华民族伟大复兴的中国梦。

研究编撰人员（按姓氏笔画排序）

王小伟　王彦雨　甘　泉　刘细文　李　萌　汪克强　张柏春　蒋　芳　蔡长塔

参考文献

[1] 白春礼. 当代世界科技. 北京：中共中央党校出版社，2016：18-19.
[2] 张柏春. 近现代中国的科学技术发展战略选择. 中国科学院院刊，2006，21（6）：454-459.
[3] 谢长法. 中国留学教育史. 太原：山西教育出版社，2006：39，107.
[4] 樊洪业.《科学》杂志与中国科学社史事汇要（1914-1918）. 科学，2005，57（1）：38-41.
[5] 冒荣. 科学的播火者——中国科学社述评. 南京：南京大学出版社，2002：168.
[6] 董光璧. 中国近现代科学技术史. 长沙：湖南教育出版社，1997：449-529.
[7] 樊洪业. 中国科学院编年史（1949-1999）. 上海：上海科技教育出版社，1999.
[8] 聂荣臻. 聂荣臻回忆录（下册）. 北京：解放军出版社，1984：778-779.
[9] 路甬祥. 中国近现代科学的回顾与展望. 自然科学史研究，2002，21（3）：193-209.

第十章　中国建设科技强国的基础与优势

党的十八大以来，以习近平同志为核心的党中央高度重视科技创新，确立了以创新为首的新发展理念，提出实施创新驱动发展战略，密集出台一系列重大改革措施，推动科技创新格局产生历史性转变：科技创新水平从以跟踪为主步入跟踪和并跑、领跑并存的历史新阶段，具备了从科技大国迈向科技强国的重要基础；科技创新与经济社会发展的关系实现从“面向、依靠、服务”到“融合、支撑、引领”的历史性转变，推动中国重要产业向全球价值链中高端攀升，为塑造引领型发展积蓄强大新动能；在全球科技创新格局中的位势从被动追随向主动挺进世界舞台中心转变，成为多极化全球创新版图中日益重要的增长极。

与代表性世界科技强国相比，中国在科技创新的整体能力与科技投入、经济发展和市场需求的牵引力、科技人力资源等方面进步显著，且发展势头强劲。同时，中国在国家创新体系、科技基础设施和条件平台、政策环境与制度等方面也已具备良好基础条件和独特优势。

一、科技创新整体能力显著提升

随着中国科技的高速发展，知识创造能力和技术创新能力同步显著提升，一批重大创新成果集中涌现，在世界科技发展格局中占据着越来越重要的地位。

基础研究方面，中国已进入了从量的积累到质的飞跃、点的突破到系统能力提升的重要时期。2006–2015 年，中国 SCI 论文总量的年均增长率[①]（14.7%）远高于世界 SCI 论文总量的年均增长率（4.0%），中国 SCI 论文总量占世界的份额从 2006 年的 6.1% 增至 2015 年的 14.8%（图 10-1 未统计香港、澳门、台湾数据，下同）。其中，材料科学、化学、工程科学 3 个学科发表的论文数量均居世

---

① n 年的年均增长率＝［（C_n/C_1）1/（n–1）–1］×100%。式中，n 指所计算时间段的年数；C_n 代表末期数据，即最后一年的数据；C_1 代表基期数据，即第一年的数据。本书有关年均增长率均按此公式计算（涉及论文、专利、高技术制造业增加值等部分）。

界第一，学术影响力接近或超过美国。由数学、物理、天文、信息等学科组成的数理科学群虽暂不及美国，但亮点纷呈，特别在几何与代数交叉、量子信息、暗物质、超导、人工智能等方面成果突出，表现抢眼。生命科学整体呈现高速发展。宏观生命科学领域，如农业科学、药学、生物学等的发展接近于世界前列；分子生物科学布局完成、发展迅速[1]。中国 SCI 论文总被引频次的排名在 2006 年位居世界第 8 位，2007 年提升至世界第 5 位，2011 年上升至世界第 2 位后持续保持至今。其中，2006–2015 年中国高影响力研究工作占世界份额也显著提高，前 1% 高被引论文①量占世界份额从 5.6% 提升至 21.8%，排名从世界第 7 位上升至第 2 位，与排名第 1 位的美国相比虽有较大差距但差距在明显缩小（表 10-1）。

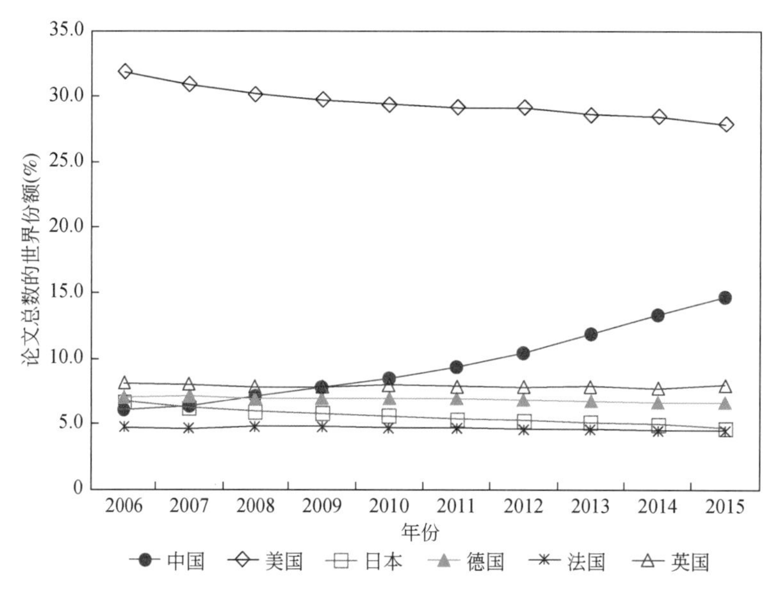

图 10-1　2006–2015 年中国与五国 SCI 论文总量占世界份额的变化趋势

注：数据采自 Web of Science 在线数据库。

表 10-1　2006–2015 年中国与五国前 1% 高被引论文总量的世界份额及世界排名（份额单位：%）

时段	中国		美国		日本		德国		法国		英国	
	份额	排名	份额	排名	份额	排名	份额	排名	份额	排名	份额	排名
2006 年	5.6	7	54.4	1	5.7	6	10.9	3	7.6	4	13.5	2
2007 年	6.3	6	53.2	1	5.8	7	11.6	3	7.6	4	13.8	2
2008 年	7.7	4	52.8	1	5.2	9	11.4	3	7.6	5	14.3	2

① 前 1% 高被引论文：指被引频次居本领域世界前 1% 的论文，它们在一定程度上代表高质量的科研成果，也用以衡量卓越科研的产出。一国获得某领域高被引论文的世界份额越高，表明该国在该领域的高水平科研成果越多，科研实力越强。

续表

时段	中国		美国		日本		德国		法国		英国	
	份额	排名	份额	排名	份额	排名	份额	排名	份额	排名	份额	排名
2009 年	9.2	4	52.1	1	5.0	10	11.6	3	8.3	5	14.2	2
2010 年	11.1	4	52.2	1	5.5	10	12.9	3	8.5	5	14.8	2
2011 年	12.8	4	51.9	1	5.4	11	13.0	3	8.3	6	15.2	2
2012 年	15.1	3	51.0	1	4.9	12	12.9	4	8.1	5	15.8	2
2013 年	17.3	2	49.2	1	5.3	12	13.4	4	9.6	5	15.8	3
2014 年	20.1	2	49.1	1	5.0	12	13.4	4	8.9	5	16.4	3
2015 年	21.8	2	47.5	1	5.2	12	13.8	4	9.2	5	16.8	3
2006-2010 年	8.1	4	52.9	1	5.4	8	11.7	3	7.9	5	14.1	2
2011-2015 年	17.6	2	49.7	1	5.1	12	13.3	4	8.8	5	16.0	3
2006-2015 年	13.4	3	51.1	1	5.3	11	12.6	4	8.4	5	15.2	2

其次，在技术创新方面，中国的能力、水平以及全社会广泛参与的程度大幅提升，同时也越来越重视对技术市场的占有，专利申请与授权数量逐年快速提升。2011 年，发明专利申请总数超过 52 万件，成为全世界发明专利申请数量第一大国。到 2016 年，中国受理专利申请已达 346.5 万件，专利授权 175.4 万件。其中，发明专利申请达 133.9 万件，连续 6 年位居世界首位。截至 2016 年底，中国拥有有效专利 628.5 万件，其中境内有效发明专利 110.3 万件，每万人口发明专利拥有量为 8.0 件[2]。从 2013 年起，中国《专利合作条约》（PCT）国际专利总量超过德国、法国和英国等，仅低于美国和日本而位于世界第 3 位。2013-2016 年，中国共受理 PCT 专利申请 12.5 万件，年均增长 25.2%。2006-2015 年，PCT 专利总量从 3930 件增长到 29 839 件，与同期美国 PCT 专利总量之比从 7.7% 增长到 52.2%，差距迅速缩小（图 10-2）。据不完全统计，2016 年中国技术合同成交额首次突破1 万亿元大关，同比增长约 16.0%[2]。

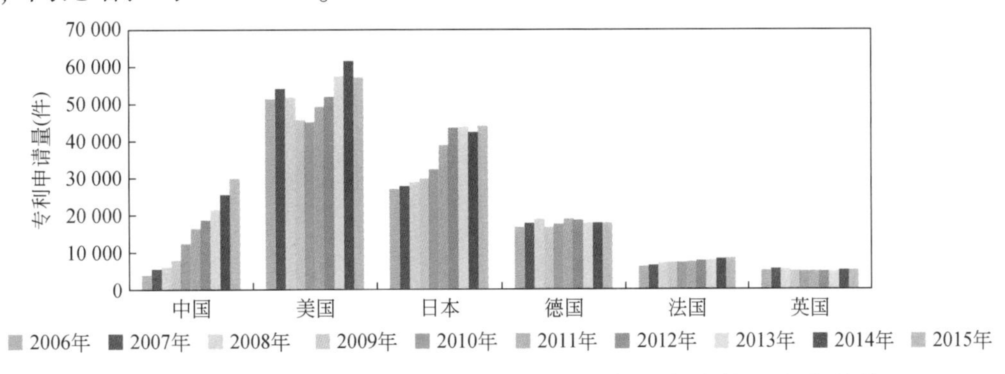

图 10-2 2006-2015 年中国与五国 PCT 专利申请数量变化趋势

注：资料来自 WIPO。

另外，在重大科技创新成果方面，中国在凝聚态物理、量子信息、中微子、纳米科技、基因组学等前沿基础研究领域，取得系统性的原始创新进展，步入世界前列；在空天科技、高速铁路、深海探测、核能技术、移动通信和超级计算等战略高技术领域，已进入国际第一方阵。天宫、蛟龙、天眼、悟空、墨子、大飞机等重大科技成果的相继问世，引发了全世界广泛关注，标志着中国在一些重要领域方向跻身世界先进行列的同时，某些前沿方向已经进入并行、领跑阶段。

二、科技投入稳步提升

中国科技发展要素合理聚集，科技投入水平稳步提升。随着政府和企业研究与开发投入的共同逐年增长，科技投入总量和强度不断攀升，已接近代表性世界科技强国的水平，为科技创新发展提供了坚实的物质基础。

中国全社会研究与开发经费投入、支出的总量逐年增长。其中，研究与开发经费投入规模的增长尤为明显，1999 年（316.31 亿美元）超过英国（306.28 亿美元）、2001 年（466.34 亿美元）超过法国（450.84 亿美元）、2004 年（796.77 亿美元）超过德国（725.89 亿美元）、2009 年（1875.42 亿美元）超过日本（1386.27 亿美元），自 2009 年以来一直位居世界第二，仅低于美国。与美国相比，中国研究与开发投入总量从 2006 年（1126.91 亿美元）占美国（3772.07 亿美元）的 30%，增长为 2015 年（3768.59 亿美元）占美国（4627.66 亿美元）的 81%（图 10-3），差距已经缩小了 51 个百分点。

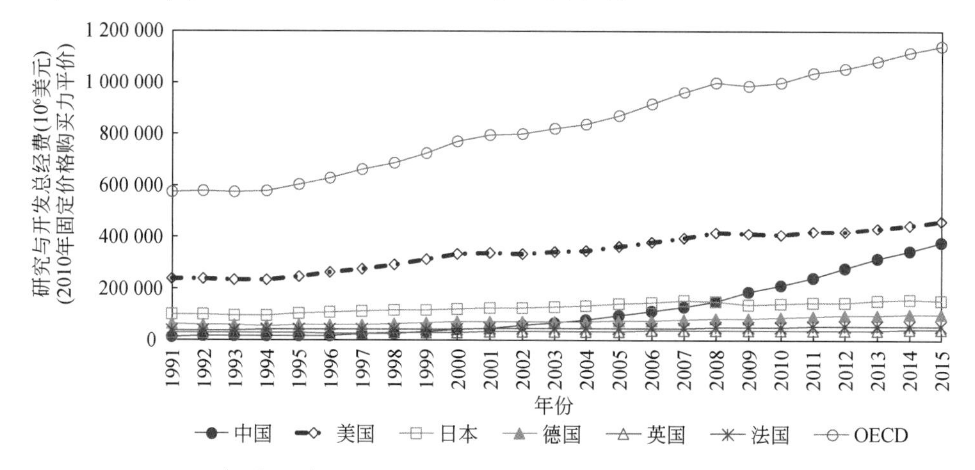

图 10-3　1991-2015 年中国与五国及 OECD 成员总体的研究与开发总经费的变化趋势

注：资料源自 OECD. stats 在线数据库。

中国研究与开发经费投入强度（占 GDP 比例）不断提升（图 10-4），自

2010 年（1.71%）起略高于英国（1.68%），2013 年达到 1.99%，超过欧盟 28 国的平均值（1.95%）。2014 年，研究与开发投入强度（2.02%）首次超过 2%，并在 2015 年上升到 2.08%。不过，仍低于日本（3.49%）、德国（2.87%）、美国（2.79%）、法国（2.23%）等科技强国和 OECD 成员总体的均值（2.39%）。

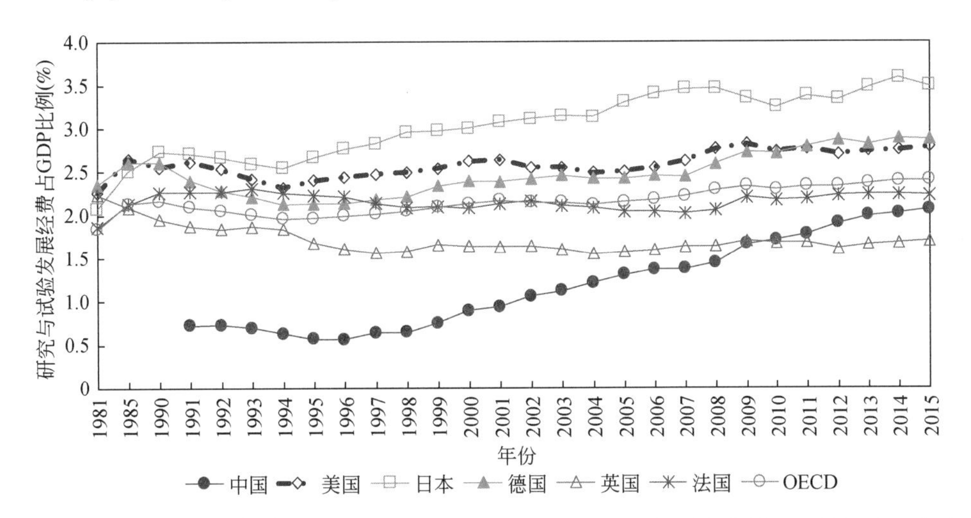

图 10-4　1981–2015 年中国与五国及 OECD 的研究与开发经费投入强度的变化趋势

注：资料源自 OECD. stats 在线数据库。

同时，企业已经成为中国研究与开发经费的最大来源。中国企业研究与开发经费规模，在 2000 年（235.46 亿美元）已高于法国（227.30 亿美元）和英国（151.78 亿美元），2004 年（523.24 亿美元）超过了德国（483.15 亿美元），2009 年（1345.51 亿美元）超过了日本（1043.4 亿美元）。2014 年（2599.38 亿美元）接近日本、德国、法国和英国的总和（2377.25 亿美元），与美国（2749.73 亿美元）的差距在进一步缩小（图 10-5）。

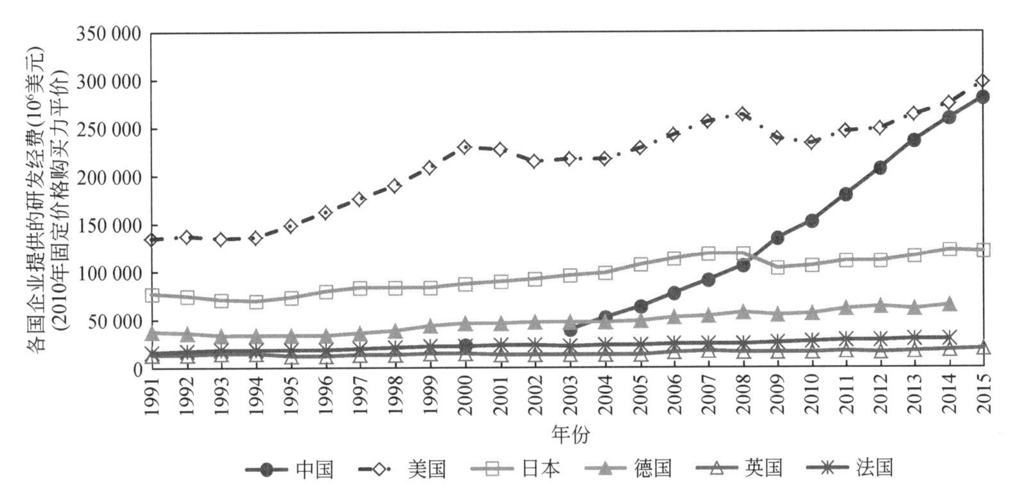

图 10-5　1991–2015 年中国与五国源自企业的研究与开发经费的变化

注：资料源自 OECD. stats 在线数据库。

三、经济驱动强劲和市场优势突显

中国庞大而快速增长的经济总量、完整的产业体系和强大的生产制造能力，为科技创新提供了巨大的发展空间和牵引力。产业的升级调整和不断涌现的新模式和新业态，为科技创新提供了得天独厚的发展机遇。与此同时，巨大的人口总量和市场规模，也为科技创新提供了强大的内生动力和发展驱动力。

中国的工业化进程取得了显著的成就，在保持经济大幅增长和产业快速发展的同时，建立了完整齐全的产业体系，是世界上唯一具有联合国产业分类中所有工业门类的国家[3]，任何创新活动都可以在中国找到“用武之地”。党的十八大以来，中国经济保持中高速增长，在世界主要国家中名列前茅，GDP 从 54 万亿元增长到 80 万亿元，稳居世界第二，对世界经济增长贡献率超过 30%[4]。中国稳居世界第一制造大国，500 余种主要工业产品中有 220 多种产量位居世界第一，其中粗钢、水泥、电解铝、平板玻璃、家用电器等行业产能占到全球一半左右。

中国的供给侧结构性改革正在深入推进，随着发展方式的转变、经济结构的优化、增长动力的转换，中国产业将不断向全球价值链中高端迈进。高技术制造业①领域是国际科技和经济竞争的必争之地，突出反映了国家的科技创新和技术转移能力，对于国家产业结构升级和经济增长具有重要核心作用。世界高技术制造业增加值②持续增长，其中，中国保持高速发展态势，上升速度明显高于世界平均值及美国、英国、德国、法国、日本五国，占世界高技术制造业增加值的份额逐年增大（图 10-6）。此外，作为经济发展着力点的实体经济稳步发力，高铁、公路、桥梁、港口、机场等基础设施建设的快速推进，以及乡村振兴战略的逐步实施，为科技创新提供了前所未有的历史机遇。

此外，中国拥有超过 13 亿人口、全国统一的大市场，潜力巨大。其中，消

---

① 高技术制造业：OECD 根据研究与开发经费的强度划分制造业等级，将通信与半导体制造业、制药业、计算机与办公设备制造业、科学仪器制造业和航空航天制造业 5 个产业定义为高技术制造业。

② 高技术制造业增加值数据来源于美国国家科学基金会（NSF）《科学与工程指标 2016》，中国数据包含香港数据（未统计澳门、台湾数据）。制造业增加值（MVA）是指国家制造业活动总产出扣除中间投入而得到的净产出值。可参考 https：//stat. unido. org/content/learning- center/what- is- manufacturing- value- added%253f。

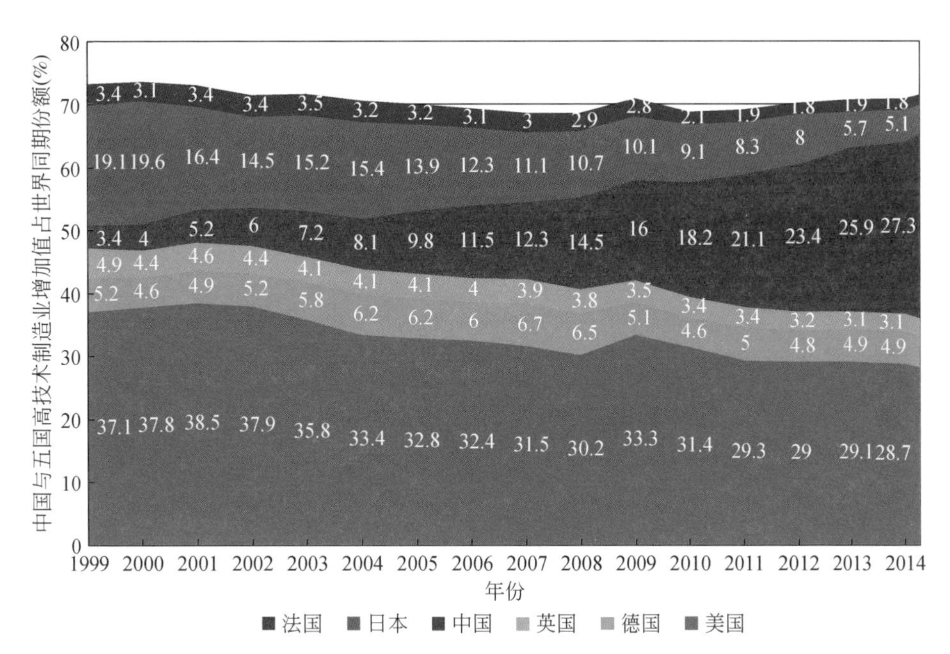

图 10-6 1999-2014 年中国与五国高技术制造业增加值占同期世界份额的变化

注：资料源自美国国家科学基金会（NSF）《科学与工程指标 2016》，
中国的统计数据包含香港数据（未统计澳门、台湾数据）。

费类创新产品和服务的高端消费人群数量位居世界前列。例如，中国已超越美国成为全球最大的消费电子市场，2016 年消费电子市场规模占全球的 21.6%，智能手机消费量约占全球的 1/5。中国稳居世界第一网络大国，建成了全球最大 4G 网络，2016 年网民总数达到 7.31 亿人，4 家企业进入全球互联网企业市值前 10 名[5]，移动互联网用户总数达 11.2 亿户。毫无疑问，广阔的国内消费市场和高中低梯次分布的消费群体，为中国的科技进步和产业创新发展提供了重要的市场规模优势。

四、科技人力资源充沛

随着人才强国战略的深入推进实施，中国科技创新人才队伍建设取得积极进展，完整的教育体系提供了充足的科技后备力量，各类人才计划的实施对于聚集高水平人才队伍起到了积极作用，优厚的科技人力资源为建设世界科技强国奠定了强大的人才基础。

中国科技人力资源总量跃居世界第一，创新主体快速整体崛起，成为世界创新力量格局的重要一极。2015 年中国科技人力资源总量达到 7915 万人，其中大学本科及以上学历的科技人力资源总量为3421万人。中国全时当量研究人员规模自2006年以来已居世界首位（2009年除外），2015年全时当量研究人员增至161.9万人，大约是日本的2.2倍，是OECD成员总体的1/3（图10-7）。其中，工程师数量占全世界的1/4，每年培育的工程师相当于美国、欧洲、日本和印度的总和。充足的科技人力资源是中国最具竞争力的战略性资源。

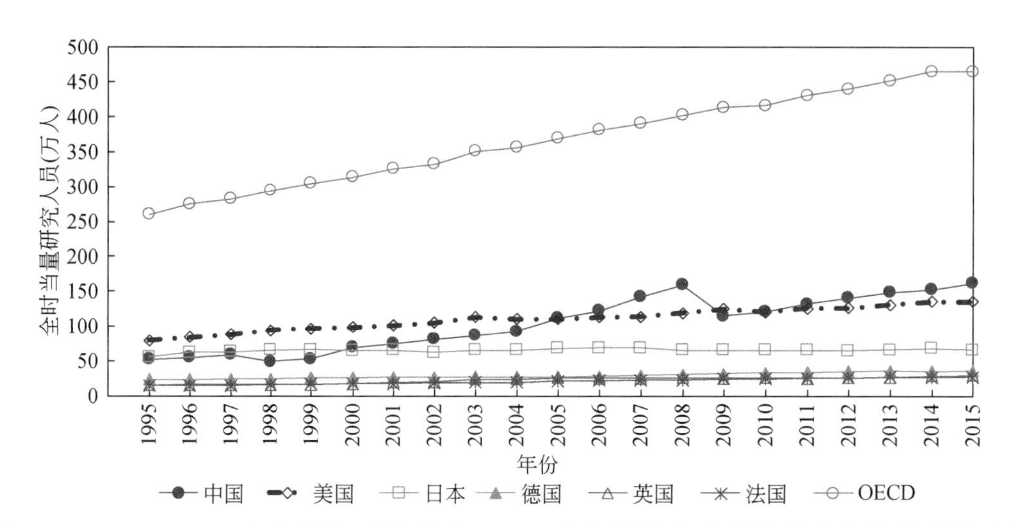

图10-7 1995-2015年中国与五国以及OECD成员总体全时当量研究人员的数量变化

注：资料源自OECD. stats在线数据库；其中，2015年美国、法国、OECD成员总体的数据缺失，用2014年的数据代替。

中国高等教育体系不断发展完善，特别是科学、技术相关的教育水平不断提高，科技创新的后备力量正在不断巩固和强化。1998-2012年，中国获科学与工程博士学位人数的增速快于美国、德国、英国、法国和日本，虽然期间的绝对数量略低于美国，但总体排名世界第2位（图10-8）。2016年，普通本专科在校生人数达到2695.8万人，研究生在校生人数达到198.1万人[6]。与此同时，中国教育的发展方式，也正从追求规模优势向提升能力与水平转变。中国高校和学科质量整体提升，在国际评价中的地位不断上升。截至2016年，中国高校进入ESI前1%的学科数达到770个，进入四大国际公认世界大学排名①前500名的高校达到98所，工程教育获得国际工程教育联盟华盛顿协议的认可[6]。

---

① 公认的四大世界大学排名包括上海交通大学世界大学学术排名、英国泰晤士高等教育（THE）世界大学排名、英国夸夸雷利·西蒙兹咨询公司（QS）世界大学排名、《美国新闻与世界报道》（U. S. New & World Report）世界大学排名。

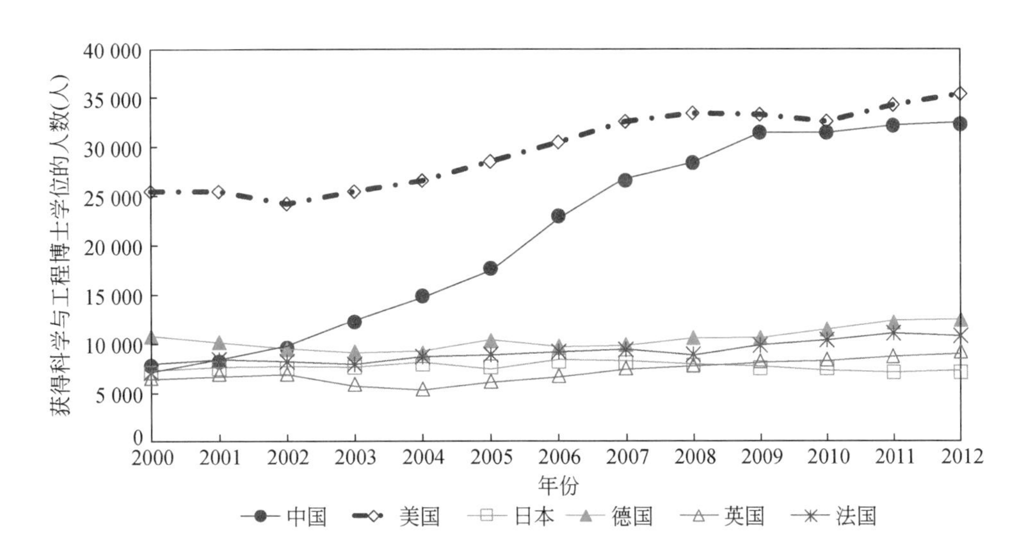

图 10-8　2000–2012 年中国与五国获得科学与工程博士学位的人数情况

注：资料源自 OECD. stats 在线数据库；其中中国部分缺失数据，使用国家统计局、科学技术部、2004–2012 年《中国科技统计年鉴》数据作为补充。

重大人才计划不断深入实施，高层次科技创新人才培养和引进力度不断加大，人力资源的水平快速提升，国外人力资源逐步汇聚，人才结构不断优化。海外高层次人才引进计划（“千人计划”）已分 12 批引进 6000 余名高层次创新创业人才，在科技创新、技术突破、学科建设、人才培养和高新技术产业发展等方面发挥了积极作用。“百人计划”“长江学者奖励计划”“国家杰出青年科学基金”等人才项目全面推进。“青年英才开发计划”“企业经营管理人才素质提升工程”“全民健康卫生人才保障工程”“专业技术人才知识更新工程”“现代农业人才支撑工程”等人才计划全面实施，推动各类人才队伍协调发展。

五、国家创新体系较为完整

中国已经建设形成了较为完整的国家创新体系，随着科技体制改革的不断深化，科技治理结构与资源分配方式日趋完善，各类创新主体的创新能力普遍得到大幅度提升，形成了建设科技强国的中坚力量。

1. 政府

在党中央、国务院的领导下，国家科技教育领导小组、国家科技体制改革和创新体系建设领导小组作为国家科技战略的决策层，负责科技战略及科技体制改革的总体设计、统筹协调、系统推进和监督落实。国家科技管理与协调机构包括科学技术部、国家发展和改革委员会、财政部、教育部、工业和信息化部、农业部、卫生和计划生育委员会与国防部等，其中科学技术部是科技政策和科技计划的主要制定者，国家发展和改革委员会、工业和信息化部制定与科技创新密切相关的经济、产业政策等。此外，2016 年成立了中央军事委员会科学技术委员会，负责推动国防科技创新发展及军民融合发展。

为强化科技创新的科学决策和统筹协调，中央全面深化改革领导小组审议通过《国家科技决策咨询制度建设方案》，决定建立国家科技决策咨询制度，对科技创新发展面临的重点难点问题，以及国家经济社会发展、保障和改善民生、国防建设等方面重大科技决策提供咨询建议。同时，中国科学院和中国工程院作为国家在科学技术和工程技术方面的最高咨询机构，进一步突出高端科技智库职能，有力地支撑了国家科技决策。

根据 2014 年《关于深化中央财政科技计划（专项、基金等）管理改革的方案》，国家建立了公开统一的国家科技管理平台，设立了“科技计划（专项、基金等）管理部际联席会议”（以下简称“联席会议”），以科学技术部牵头，国家发展和改革委员会、财政部等 31 个相关部门和单位参与，负责审议科技战略和规划、科技计划的布局、重点任务和指南、战略咨询与综合评审委员会的组成、专业机构的遴选择优等；建立了由科技、产业和经济界高层次专家组成的战略咨询与综合评审委员会，为“联席会议”提供咨询建议和决策参考等；开展了项目管理专业机构建设工作，目前已有 8 家来自科学技术部、农业部、工业和信息化部、卫生和计划生育委员会等的下属事业单位被纳入首批项目管理专业机构试点中；国家各部门管理的科技计划（以竞争方式资助的专项、基金等）整合成为新五类科技计划，分别为国家自然科学基金、国家科技重大专项、国家重点研究与开发计划、技术创新引导专项、基地和人才专项，支持重点相互补充构成整体。

2. 政府科研机构

政府科研机构由中国科学院、中央部委直属科研机构（如中国农业科学院、中国医学科学院、中国地质科学院等）等国立科研机构及地方科研机构组成。

国立科研机构坚持面向世界科技前沿、国家重大需求和国民经济主战场，发挥建制化优势，实施跨学科跨领域重大科技计划，研究水平显著提高，科研机构的国际影响力逐步增强。在全科学领域中，2007–2016 年入围论文被引频次排名世界前 300 名的科研机构的数量也稳步增长（表 10-2）。同时，也为国家安全、国民经济与社会发展提供了前瞻性、战略性支撑，中高端科技供给能力步入全新的发展阶段。

表 10-2　中国与五国 2007–2016 年进入被引频次前 300 名的科研机构的数量和位次

科研机构 数量与位次	中国	美国	日本	德国	法国	英国
入围前 300 名的科研机构数（个）	10	129	10	22	27	18
进入前 20 名的科研机构数（个）	1	13	0	1	2	2
排名最高位次的机构	中国科学院	美国加利福尼亚大学系统	东京大学	马普学会	法国国家科学研究中心	伦敦大学
入围科研机构的最高位次	4	1	47	10	3	5

注：根据 ESI 2007–2016 年 10 年累积数据统计分析，在全科学领域中，中国入围论文被引频次排名世界前 300 名的科研机构的数量（10 个）和日本入围的科研机构数量（10 个）持平；与德国（22 个）、法国（27 个）、英国（18 个）入围的科研机构数量相比还有一定差距；与美国入围的科研机构数量（129 个）相比还有较大距离。美国有 13 家科研机构位居世界排名前 20 名的科研机构之列。

其中，中国科学院作为我国自然科学最高学术机构、科学技术最高咨询机构、自然科学与高技术综合研究发展中心，集科研院所、学部、教育机构于一体，是国家的战略科技力量，也是具有全球影响力的国家科研机构之一。根据国际公认的衡量基础研究影响力的、施普林格 · 自然（Springer Nature）集团发布的“自然指数”排行榜，在包括高校、政府研究机构、企业、医院和非政府组织等的综合排名中，中国科学院连续 5 年位列全球榜首（表 10-3）。在路透社“全球最具创新力政府研究机构 25 强”中排名第 11 位（较 2016 年上升 5 位）[7]。

表 10-3　2012–2016 年“自然指数”研究机构排名

5 年间进入排名前 10 位的机构	2012 年		2013 年		2014 年		2015 年		2016 年	
	排名	WFC 值	排名	WFC 值	排名	WFC 值	排名	WFC 值	排名	WFC 值
中国科学院	1	1112. 5	1	1209. 54	1	1308. 87	1	1366. 13	1	1298. 52
哈佛大学	2	897. 43	2	851. 44	2	858. 61	2	774. 45	2	749. 96
马普学会	4	675. 21	3	722. 69	4	646. 31	4	656. 57	3	673. 84
法国国家科学研究中心	3	698. 43	4	710. 87	3	756. 28	3	702. 7	4	666. 35
斯坦福大学	7	481. 97	6	485. 52	6	477. 24	5	536. 62	5	506. 32
麻省理工学院	6	485. 92	5	511. 37	5	508. 8	7	482. 91	6	481. 05
牛津大学	13	346. 13	11	381. 58	11	357. 81	9	396. 76	7	415. 02
亥姆霍兹联合会	9	400. 15	8	425. 94	8	443. 45	8	425. 69	8	402. 61
剑桥大学	8	427. 04	9	402. 59	9	406. 92	10	394. 72	9	391. 83
东京大学	5	488. 11	7	471. 85	7	458. 99	6	487. 88	10	380. 23
加利福尼亚大学伯克利分校	11	346. 4	12	363. 27	10	367. 13	11	362. 85	11	315. 67
美国国立卫生研究院	10	386. 19	10	391. 75	13	342. 08	12	333. 9	16	279. 07

注：WFC 值为经过作者贡献比例和学科分布调整后的论文发表数量加权分值。

3. 高校

高校系统是先进思想和优秀文化的重要源泉、培养各类高素质优秀人才的重要基地，以及知识发现、前沿探索和基础科研的重要力量。我国高校系统近年先后实施了“211 工程”“985 工程”“2011 计划”“双一流”计划等一批国家级高校创新能力建设计划，教育质量提升迅速，为国家科技发展培养了大量科技创新人才，高校创新能力也显著增强。在逐步成为前沿探索和基础研究关键力量的同时，与产业结合、促进科技成果转化的能力也得到快速提升。党的十八大以来，高校的研究与开发经费达到国家总体研究与开发经费的 7%，大学牵头承担了80%以上的国家自然科学基金项目，依托高校建设的国家重点实验室占总量的近60%[6]。同时，高校还积极推进创新创业，校园众创空间、高校科技园等成为创新创业教育与实践的重要区域。

4. 企业

我国企业作为技术创新主体的地位进一步增强，研究与开发投入和研究与开发活动都持续显著增长，企业的全时当量研究人员占全国总数的比例超过50%，重点行业和战略性技术领域充分发挥集中力量办大事的体制优势，不断形成国际领先的创新能力，打造出了以高铁等为代表的“中国名片”。2014年，企业支出的研究与开发经费占国家总体研究与开发经费的近80%。企业技术创新的活跃程度不断增强，2014年有创新活动的企业数为17.7万家，占规模以上工业企业总数的46.8%，其中实现产品或工艺创新的企业占规模以上工业企业总数的31.0%[8]。大中型企业的创新活跃程度显著高于小企业，大企业侧重产品或工艺创新，而小企业则侧重组织或营销创新等软创新。以华为、腾讯、阿里巴巴等为代表的一批创新型企业进入全球产业竞争前列。以华为公司为例，2016年该公司研究与开发投入达763.9亿元，研究与开发人员约7万人。

另外，在“大众创业、万众创新”的指引下，社会创新资源快速聚集、灵活调配、不断发力，正在成为国家创新体系不可或缺的重要组成部分和未来发展的不竭来源。各类创新中介服务机构快速发展，截至2016年底，全国纳入火炬计划统计的众创空间有4298家、科技企业孵化器有3255家、企业加速器有400余家，数量和规模均跃居世界首位[9]，成为促进科技成果转化、培育科技型中小企业、发展经济新动能的重要载体，为促进大众创新创业和经济转型发展提供了支撑。

从研究与开发经费的来源和流向看，企业既是研究与开发经费的主要使用者，也是主要提供者（图10-9）。以2014年为例，中国研究与开发总经费（3446.51亿美元）中流向企业的超过76%，流向政府科研机构的占14%，流向高校的占6%；中国企业提供的研究与开发经费流向企业的高达96%，少量流向高校（3%）和政府科研机构（1%）；政府提供的研究与开发经费分别流向政府科研机构（64%）、高校（20%）和企业（16%）。

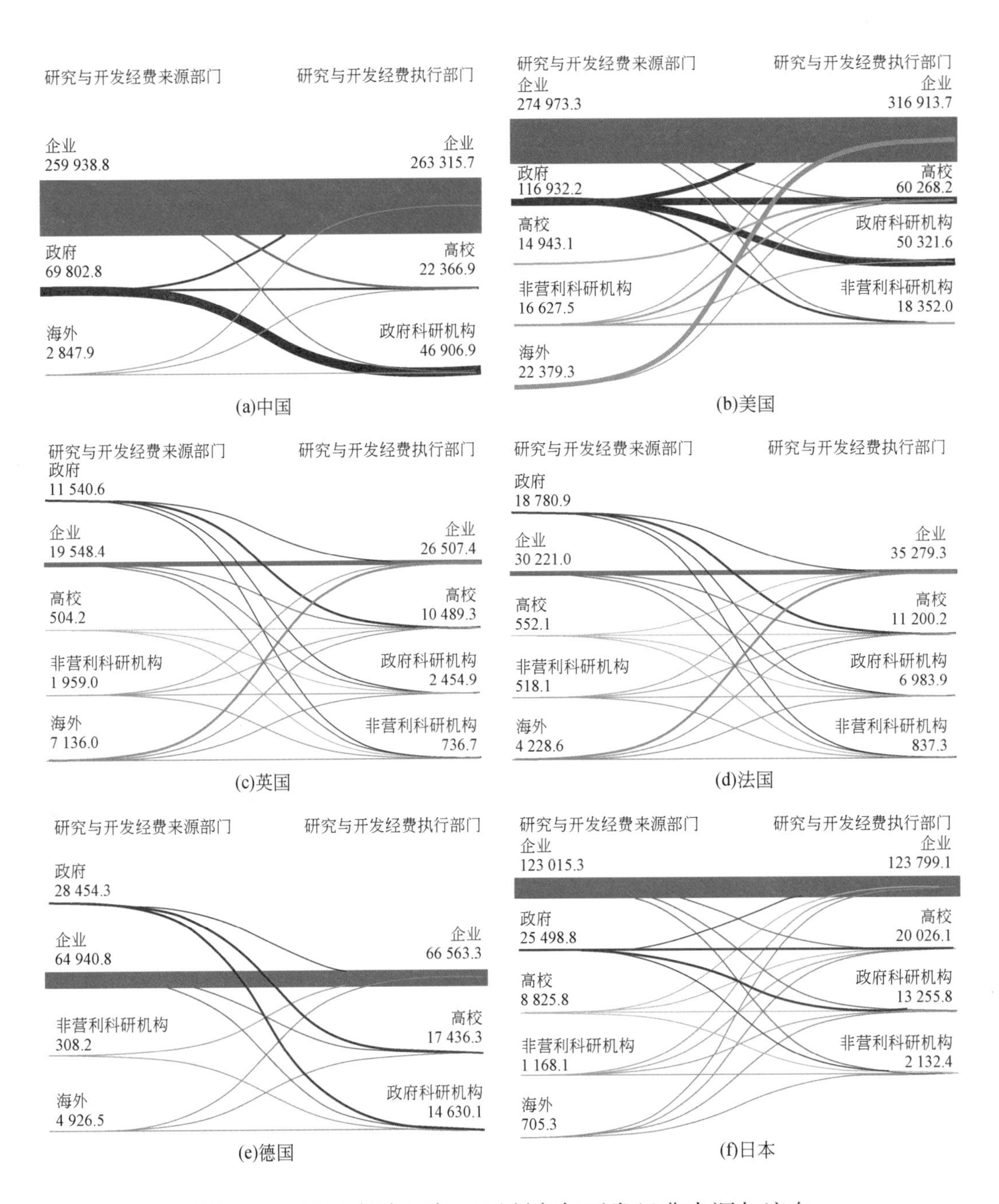

图 10-9　2014 年中国与五国研究与开发经费来源与流向

注：研究与开发经费的流向表明中国与五大科技强国的相似之处在于，企业既是研究与开发经费的主要使用者，也是主要提供者。各国研究与开发总经费流向企业的均超过 65%，日本达 78%；各国企业提供的研究与开发经费流向企业的超过 94%，中国与美国均在 96% 以上，日本最高达 99%。美国、法国、英国、德国和日本的研究与开发经费提供与流向图表明其科研经费来源更多元，创新主体也相对丰富。图中数据单位为 10^6 美元，以 2010 年固定价格购买力平价计；资料源自 OECD. stats 在线数据库。

六、重大科技基础设施和条件平台建设不断优化

中国重大科技基础设施建设取得显著进展，在高起点上步入快速发展期，正在打造格局完整、支撑重大科学发现和核心关键技术突破的国家科技重器。目前在建和运行的重大科技基础设施已近 50 个，总体技术水平基本进入国际先进行列，范围覆盖了时间标准、导航、遥感、粒子物理与核物理、天文、地质、海洋、生态、生物资源、能源等诸多领域，如上海光源、500 米口径球面射电望远镜等。国家重大科技基础设施在提升国家科技能力与水平、凝聚世界一流科技研究与开发群体、实施重大科学计划等方面发挥着日益重要的作用，逐渐成为重大科技创新的核心依托与关键抓手。

上海光源

上海光源（Shanghai Synchrotron Radiation Facility，SSRF）是第三代中能同步辐射光源，于 2004 年开工建设，2009 年 5 月正式对国内用户开放运行。目前正在进行二期建设，建成后将有近 40 条光束线站对用户开放，提供近百种先进的实验方法。

上海光源运行高效稳定，开机率、两次故障间平均间隔时间等性能指标逐年提升，达到国际同类装置运行的先进水平，大幅提升了我国在蛋白质结构、材料结构与表征、催化、生物医学成像等方面的实验研究能力，促进了我国多个学科的快速发展。

以国家实验室为引领的国家创新基地体系不断优化、能力不断提升，共同构成了基础研究、应用基础研究，以及关键共性技术、前沿引领技术、现代工程技术、颠覆性技术创新的核心平台。其中，“十二五”期间围绕重点科技前沿领域组建了一批国家重点实验室、港澳地区国家重点实验室伙伴实验室和企业国家重点实验室，累计建设国家重点实验室 481 个和试点国家实验室 7 个。国家工程实验室、国家工程研究中心、产业创新中心等产业共性

技术创新平台加快重组、日趋完善。累计建设国家工程技术研究中心346个、国家工程研究中心131个、国家工程实验室217个，联合共建了一大批国家地方联合工程研究中心（工程实验室），启动了制造业创新中心、产业创新中心建设[10]。同时，在国家目标和战略需求明确而紧迫的重大领域，在有望引领未来发展的战略制高点，中国正以重大科技任务攻关和国家大型科技基础设施建设为主线，依托最有优势的创新单元，整合全国创新资源，积极组建突破型、引领型、平台型一体的国家实验室，作为面向国际科技竞争的创新基础平台和保障国家安全的核心支撑。

500米口径球面射电望远镜

我国的500米口径球面射电望远镜（Five-hundred-meter Aperture Spherical Radio Telescope，FAST）是世界最大单口径、最灵敏的射电望远镜，于2011年3月开工建设，2016年9月落成启用，以实现大天区面积、高精度的天文观测。FAST将为探索宇宙奥秘提供独特手段，为基础研究、战略高技术发展和国际科技合作提供世界领先的创新平台。

2017年10月10日，中国科学院宣布FAST取得首批成果，探测到数十颗优质脉冲星候选体，目前已通过国际射电天文台等认证6颗脉冲星。这也是我国射电望远镜首次发现脉冲星。FAST在调试初期发现脉冲星，得益于卓有成效的早期科学规划和人才、技术储备，初步展示了FAST自主创新的科学能力，开启了中国射电波段大科学装置系统产生原创发现的激越时代。

注：资料源自500米口径球面射电望远镜工程，http://www.cas.cn/zt/kjzt/fast/。

七、政策环境与制度具有独特优势

中共中央、国务院于2012年9月发布《关于深化科技体制改革加快国家创新体系建设的意见》，于 2015 年 3 月发布《关于深化体制机制改革加快实施创新驱动发展战略的若干意见》，于 2015 年 9 月发布《深化科技体制改革实施方案》，拉开了新一轮科技体制改革的序幕，并为建设科技强国明确了战略指引。

深入推进科技计划和管理改革，建立“联席会议”制度，重新梳理科技计划布局，实行分类管理、分类支持，显著改善了条块分割、资源重复分散问题。颁布实施《关于改进加强中央财政科研项目和资金管理的若干意见》《关于进一步完善中央财政科研项目资金管理等政策的若干意见》，使科研项目资金管理、科研仪器设备采购等方面的管理进一步完善。

激励创新和保护知识产权的法律、制度与环境日渐完善，为创新创业提供了法律保证。修订《促进科技成果转化法》，制定发布《实施〈促进科技成果转化法〉的若干意见》《促科技成果转移转化行动方案》，出台大量推进“大众创业、万众创新”的政策措施，进一步完善了科技成果转化制度，打造了“双创”支撑平台，激发了全社会的创新活力。2016 年 11 月，中共中央办公厅、国务院办公厅印发《关于实行以增加知识价值为导向分配政策的若干意见》，加大科研项目绩效奖励，增加科研人员收入。2017 年 9 月，国务院印发《国家技术转移体系建设方案》，加强对技术转移和成果转化工作的系统设计，形成体系化推进格局。

科技创新领域体制机制改革的“四梁八柱”已经确立，科技领域“放管服”改革稳步推进，“集中力量办大事”的科技管理体制机制更加完善，创新资源配置逐渐优化，激发科技人员的积极性、创造性得到空前重视，“大众创业、万众创新”氛围更加浓厚，为建设世界科技强国营造了良好的制度环境。

总体而言，中国经济的大幅增长为科技的发展奠定了坚实的物质基础。近年来中国科技事业快速发展，在衡量创新发展的各总量指标上占有优势，且发展速度领先，发展势头强劲，重大创新成果不断涌现，用短短几十年走过了主要世界科技强国二三百年的发展之路，中国已经成为具有重要国际影响力和竞争力的科技大国。

研究编撰人员（按姓氏笔画排序）

万　昊　卫垌圻　王　山　王军辉　尹高磊　甘　泉　刘小平　刘小玲　刘细文
汪克强　黄晨光　逯万辉　葛　菲　谭宗颖　樊永刚　穆荣平

参考文献

[1] 杨卫. 渐入佳境的中国基础研究. 光明日报，2017-10-17（02 版）.

[2] 国家统计局. 中华人民共和国 2016 年国民经济和社会发展统计公报. http://www.stats.gov.cn/tjsj/zxfb/201702/t20170228_1467424.html [2017-02-28].

[3] 刘延东. 实施创新驱动发展战略为建设世界科技强国而努力奋斗. 求是，2017，(2)：3-9.

[4] 习近平. 决胜全面建成小康社会 夺取新时代中国特色社会主义伟大胜利——在中国共产党第十九次全国代表大会上的报告. http://www.china.com.cn/CPPcc/2017-10/18/content_41752399.htm [2017-10-18].

[5] 苗圩. 国新办举行 2016 年工业通信业发展有关情况发布会. http://www.scio.gov.cn/xwfbh/xwbfbh/wqfbh/35861/36258/index.htm [2017-02-17].

[6] 教育部. 从数据看党的十八大以来我国教育改革发展有关情况. http://www.gov.cn/xinwen/2017-09/28/content_5228177.htm#allContent [2017-09-28].

[7] 科睿唯安. 2017 全球最具创新力政府研究机构 25 强榜单发布——中国科学院再度上榜. https://mp.weixin.qq.com/s/qXyCWqyLYJ1DcbEd4vbBiA [2017-03-02].

[8] 国家统计局. 工业企业创新特征分析. http://www.stats.gov.cn/tjzs/tjsj/tjcb/dysj/201701/t20170104_1449665.htm [2017-01-04].

[9] 科学技术部. 中国孵化器 30 周年创享会在成都举行. http://www.most.gov.cn/kjbgz/201705/t20170517_ 132844.htm [2017-05-17].

[10] 科学技术部，国家发展和改革委员会，财政部. 关于印发《"十三五" 国家科技创新基地与条件保障能力建设专项规划》的通知. http://www.most.gov.cn/mostinfo/xinxifenlei/fgzc/gfxwj/gfxwj2017/201710/t20171026_ 135754.htm [2017-10-26].

第十一章　中国建设科技强国面临的形势与挑战

世界科技强国兴衰更替，科技革命往往是关键节点和分水岭。当前，新一轮科技革命和产业变革浪潮扑面而来，只有抢抓战略机遇才有望实现后发赶超。纵观世界主要科技强国的发展历程，回顾中华民族从站起来、富起来到走向强起来的奋斗历史和现实，瞻望未来中国建设世界科技强国的前路，需要我们准确把握科技大势和发展需求，清醒认识建设科技强国存在的薄弱环节和突出挑战。新时代赋予新使命，新征程呼唤新作为。科技强国建设之路不会一马平川，唯有勠力同心、奋勇攻坚，才能日进月新，谱写新时代中国特色科技强国建设的新篇章。

一、中国建设科技强国面临的国内外形势

习近平总书记在2016年“科技三会”上明确提出了我国建设世界科技强国的“三步走”战略，吹响了建设世界科技强国的号角。党的十九大报告作出了中国特色社会主义进入新时代的重大政治判断和重大科学论断，系统阐述了新时代中国特色社会主义思想和基本方略，提出到2035年基本实现社会主义现代化，到21世纪中叶建成富强民主文明和谐美丽的社会主义现代化强国的宏伟目标。特别是从战略高度强调创新是引领发展的第一动力，是建设现代化经济体系的战略支撑，为新时代加快推进世界科技强国建设指明了方向。要实现这一宏伟蓝图，必须综合分析国内外发展大势，准确把握国家现代化建设的阶段性特征和创新发展的重大需求。

（一）世界正处于大发展大变革大调整时期，不稳定性不确定性突出

当前，世界多极化、经济全球化、社会信息化、文化多样化深入发展，全球经济处于后金融危机的深度调整期，国际金融危机冲击的深层次影响在相当长时期依然存在。主要经济体走势和宏观政策取向分化，对全球市场的瓜分和板块化

态势明显，全球产业利益格局调整困难加剧、结构转型升级任务艰巨。发展中国家的现代化进程快速推进，发达国家积极实施“再工业化”战略。全球治理体系和国际秩序变革加速推进，各国相互联系和依存日益加深，国际力量对比更趋平衡。新兴经济体群体力量继续增强，既面临跨越赶超的重要机遇，也面临差距拉大的巨大风险。

同时，全球资源供给偏紧和环境约束强化，资源能源的潜在竞争性风险长期存在。世界经济增长动能不足，贫富分化日益严重，地区热点问题此起彼伏，恐怖主义、网络安全、重大传染性疾病、气候变化等非传统安全威胁持续蔓延，人类面临许多共同挑战。

（二）新一轮科技革命和产业变革孕育兴起，跨界融通日趋加深

随着新一轮科技革命孕育兴起，科学和技术前沿不断突破。科技创新的跨界融通推动了知识爆发式增长，加快了科技革命的进程。宇宙起源、物质结构、生命演化、脑与认知等基本科学问题正在孕育革命性突破。信息、智能、机械、生命等领域创新加速融合，颠覆性技术层出不穷，不断创造新产品、新需求、新业态，催生产业重大变革。同时，科技与社会、文化等领域的融通也在加深，新科技革命和产业变革新趋势也可能给社会稳定、公平发展、科技安全、隐私与伦理等带来全新的挑战，建立包容性的社会发展模式日益迫切。

新一轮的科技革命和产业变革无疑将加速重构社会发展的物质基础，颠覆很多现有产业的形态、分工和组织方式，对人类生产方式、生活方式、思维方式将产生前所未有的深刻影响。创新活动的组织模式也在发生巨大和深刻变化，有效集聚全社会创新智慧和全球创新资源成为实现创新能力倍增的必由之路。

（三）我国经济发展进入新常态，要求依靠科技创新打造发展新引擎

我国经济发展正在进入新常态，已由高速增长阶段转向高质量发展阶段，处在转变发展方式、优化经济结构、转换增长动力的攻关期，建设现代化经济体系是跨越关口的迫切要求。农业现代化进程加速，农产品的总量、质量和安全需求持续升级。工业化后期时逢发达国家“再工业化”，产业结构转型升级任务艰巨。服务业发展提速、比重提高、水平提升，新型业态和新兴产业不断涌现。同时，能源资源约束趋紧，资源环境承载能力接近上限，粗放型增长难以为继。因此，

持续深化供给侧结构性改革，提高供给系统质量，增强经济质量优势，是新时代我国经济发展的战略重点和主攻方向。

在经济转型升级和新旧动能接续转换的关键时期，科技创新的作用更加凸显，必须坚定实施创新驱动发展战略，依靠科技创新挖掘新需求、开辟新空间、扩大新就业、激发新活力、提供新引擎。要牢牢把握科技突破重点领域和产业变革主攻方向，大胆探索、促进融通，推动互联网、大数据、人工智能等前沿科技和实体经济深度融合，培育新增长点、形成新动能。要最大限度激发科技第一生产力的巨大潜能，把创新作为建设现代化经济体系的战略支撑，加快建设实体经济、科技创新、现代金融、人力资源协同发展的产业体系，为建设科技强国、质量强国、航天强国、网络强国、交通强国、数字中国、智慧社会提供有力支撑，以创新能力和转化效率的“双提升”支撑引领中国经济实力实现“双中高”，不断增强我国经济的创新力和竞争力。

（四）我国社会主要矛盾发生新变化，要求依靠科技创新增进民生福祉

中国特色社会主义进入新时代，是我国发展新的历史方位，社会主要矛盾转化为人民日益增长的美好生活需要和不平衡不充分的发展之间的矛盾。人民美好生活需要日益广泛，不仅对物质文化生活提出了更高要求，而且在民主、法治、公平、正义、安全、环境等方面的要求日益增长，对科技创新不断提出新的要求。

未来我国城镇化将迎来增速放缓、质量提升的新时期，中小城市逐渐成为城镇化主战场。城乡共同发展新格局加快建立，乡村振兴成为国家重大战略。我国人口总规模将于2030年前后达到峰值，健康中国建设面临繁重任务，特别是老龄化程度不断加深，健康服务的需求不断增长，社会保障和公共服务压力增大。社会公众的生态诉求日益增长，美丽中国和生态文明建设成为社会可持续发展的紧迫需求和中国梦的重要内容。社会各种非传统安全威胁因素增加，保障公共安全对科技手段和条件的需求日益增长。

面向城镇化、人口健康、生态文明、公共安全等重大民生需求，必须大幅增加相关领域科技供给，积极开发新型建材、清洁能源、智能交通、智能社区管理等新技术，建设绿色、智能、宜居城市；发展生态高值农业和相关生物产业，提供安全、营养的食物；突破生物医药前沿技术，发展低成本、高效率的医疗模式，维护和增进人民健康；推进能源生产消费革命和资源高效循环利用，加大环

境污染防治、生态修复治理等领域技术攻关力度，支撑生态文明建设；发展传统与非传统安全防范技术，形成全方位监测、预警、应急和保障能力，提高社会治理智能化水平。

由此可见，以建设中国特色科技强国为引领，深入实施创新驱动发展战略，加快建设创新型国家，是党中央确立的立足全局、面向全球、聚焦关键、带动整体的国家重大发展战略，也是发展新时代中国特色社会主义的重大战略选择。为此，必须抓住新一轮科技革命和产业变革的重大机遇，牢固树立创新、协调、绿色、开放、共享的发展理念，把创新作为引领发展的第一动力，把科技创新摆在国家发展全局的核心位置，充分发挥科技创新在全面创新中的引领作用，发挥科技创新对提高社会生产力和综合国力的战略支撑作用，构建创新引领、支撑发展的科学技术体系和现代化经济体系，走出一条从科技强到产业强、经济强、国家强的世界科技强国建设与发展新路径。

二、中国建设科技强国面临的挑战

新时代新使命新征程，要求我们必须保持清醒的头脑，应充分认识到，与建设世界科技强国的目标和要求相比，我国科技创新的整体水平还有不小差距，创新发展依旧面临诸多问题和挑战，突出表现在以下方面。

（一）基础研究和原始创新能力依旧存在明显差距，制约着科技创新的整体和长远发展

基础研究的投入比例较低。从基础研究经费占 GDP 的比例和占研究与开发总经费的比例来看，我国基础研究经费投入比例偏低，这将制约我国基础研究发展与原始创新能力的提升（图 11-1 和图 11-2）。例如，基础研究经费占研究与开发总经费的比例徘徊在5%左右（未统计香港、澳门、台湾数据，下同），与世界科技强国有较大距离（以 2013 年为例，美国为 18%、日本为 12%、英国为 16%、法国为 24%）。

我国基础研究能力目前的差距主要表现在，缺乏提出新科学思想和开创新科学领域的能力，缺少引领世界科学发展方向的科学大师，标志性的重大原创新理论成果有待整体突破。处于领跑地位的学科领域，多数是点上突破，尚未形成整体的领先和系统性的理论体系。还有部分学科处于跟跑状态，科学原创能力不

足。基础科学赖以发展的科学仪器设备自主研制能力弱，部分高端仪器 100% 依赖进口。从基础科学研究的主要产出——国际科技论文来看，2005 年至 2016 年 9 月，我国科技人员共发表国际论文 174.29 万篇，论文共被引用 1489.85 万次，均位居世界前列；但篇均被引用仅 8.6 次/篇，低于同期美国、英国、德国等主要科技强国（超过 15 次/篇），以及世界平均值（11.5 次/篇）[1]。

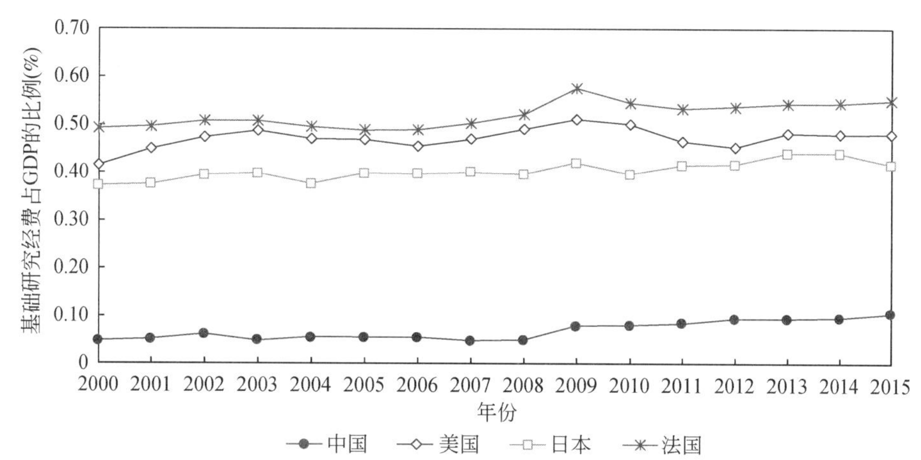

图 11-1　2000-2015 年中国、美国、日本和法国基础研究经费占 GDP 比例的变化趋势

注：中国基础研究经费占 GDP 的比例从 2006 年的 0.05% 上升至 2015 年的 0.1%，虽增速较快，但这一比例仍低于几个科技强国，以 2013 年为例，中国（0.09%）低于日本（0.44%）、美国（0.48%）和法国（0.54%）。图中数据源自 OECD. stats 在线数据库；其中，中国 2015 年的数据缺失，用 2014 年的数据代替；美国 2014 年、2015 年的数据缺失，用 2013 年的数据代替。

重大原创成果的产出能力还需进一步提升。多种国际一流杂志和重要学术团体每年评选影响世界的重大科学发现和技术突破，其分布可以表征相关国家科技创新产出对世界科技发展的贡献和影响力。从 2012-2016 年遴选出的重大科技突破性成果①的统计分析结果来看，我国重大科技突破性成果占世界的份额仅为 1.2%，科研工作的影响力不足（表 11-1 和表 11-2），距离世界科技强国仍存在明显差距。

---

① 重大科技突破性成果的范围、遴选标准：各年度《自然》（*Nature*）杂志评选的“十大科学事件”；美国《科学》（*Science*）杂志评选的“十大科学突破”；美国化学学会评选出的“顶级化学成果”；英国物理学会《物理世界》评选的物理学领域十大突破；《麻省理工科技评论》评选的“十大科技突破”；中国两院院士评选的“国际十大科学成果”等评选结果。其中，《麻省理工科技评论》评选的“十大科技突破”，从 2001 年开始每年公布。英国物理学会主办的《物理世界》评选的年度“物理学领域十大突破”，评判标准包括研究的重要性、成果的先进程度、理论与实验的关联性，以及物理学界的关注度等方面。这些突破性技术代表了当前世界科技的发展前沿和未来发展方向，反映了近年来世界科技发展的新特点和新趋势。

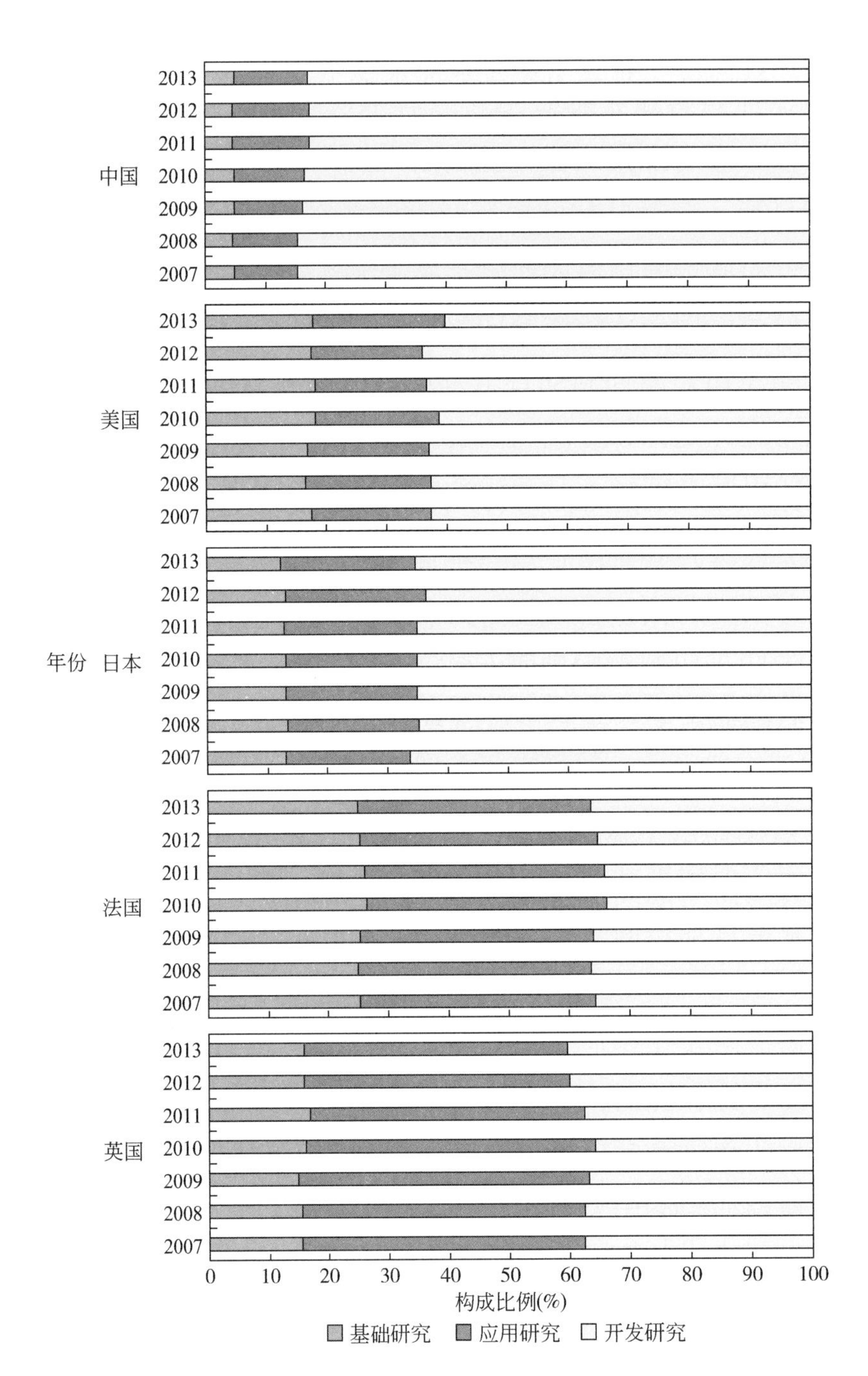

图 11-2　2007-2013 年中国和美国、日本、法国、英国三类研究开发经费构成的情况

注：中国与代表性科技强国在基础研究、应用研究和开发研究经费的比例方面有较大差异：中国基础研究经费所占比例低于几大科技强国，而应用研究经费所占比例高于几大科技强国（2013 年为 1∶2.29∶18.06）。几大科技强国的基础研究、应用研究和开发研究三类研究与开发经费的比例在 2006-2013 年均相对稳定，2013 年，美国为 1∶1.13∶3.54，日本为 1∶1.65∶4.90，法国为 1∶1.56∶1.42，英国为 1∶3.00∶2.40。图中数据依据 OECD. stats 在线数据库的数据进行统计分析。

表 11-1　2012–2016 年重大科技突破性成果归属于单个国家的分布

所属国家	入围次数	比例（%）	所属国家	入围次数	比例（%）
美国	111	44.9	英国	14	5.7
德国	8	3.2	日本	5	2.0
加拿大	5	2.0	中国	3	1.2
荷兰	3	1.2	奥地利	2	0.8
澳大利亚	1	0.4	丹麦	1	0.4
俄罗斯	1	0.4	瑞士	1	0.4
以色列	1	0.4	印度	1	0.4
总计入围次数		157	总计比例（%）		63.6

表 11-2　2012–2016 年重大科技突破性成果按重大创新领域的分布

年份	基础前沿交叉	生命与健康	空间	信息	能源	材料	资源生态环境	海洋
2012	11	13	1	5	2	3	1	0
2013	11	20	4	8	3	2	0	0
2014	12	17	8	12	4	3	0	1
2015	14	26	4	4	2	4	3	0
2016	15	16	5	6	3	4	0	0
总计	63	92	22	35	14	16	4	1
比例（%）	25.5	37.2	8.9	14.2	5.7	6.5	1.6	0.4

基础研究布局与战略谋划应进一步加强，学科结构与重点发展方向有待优化。从全球前 1% 高被引论文的学科比例来看，中国的优势学科结构分布也与世界科技强国存在较大的区别，在跨学科科学、空间科学、医学、生物科学、地球与环境科学、物理学等学科领域的学科贡献率远低于美国等科技强国（图 11-3）。这虽有国家发展所处阶段和实际需要等因素的制约，但也在一定程度上折射出我国前沿学科重点发展方向与布局尚需改进。

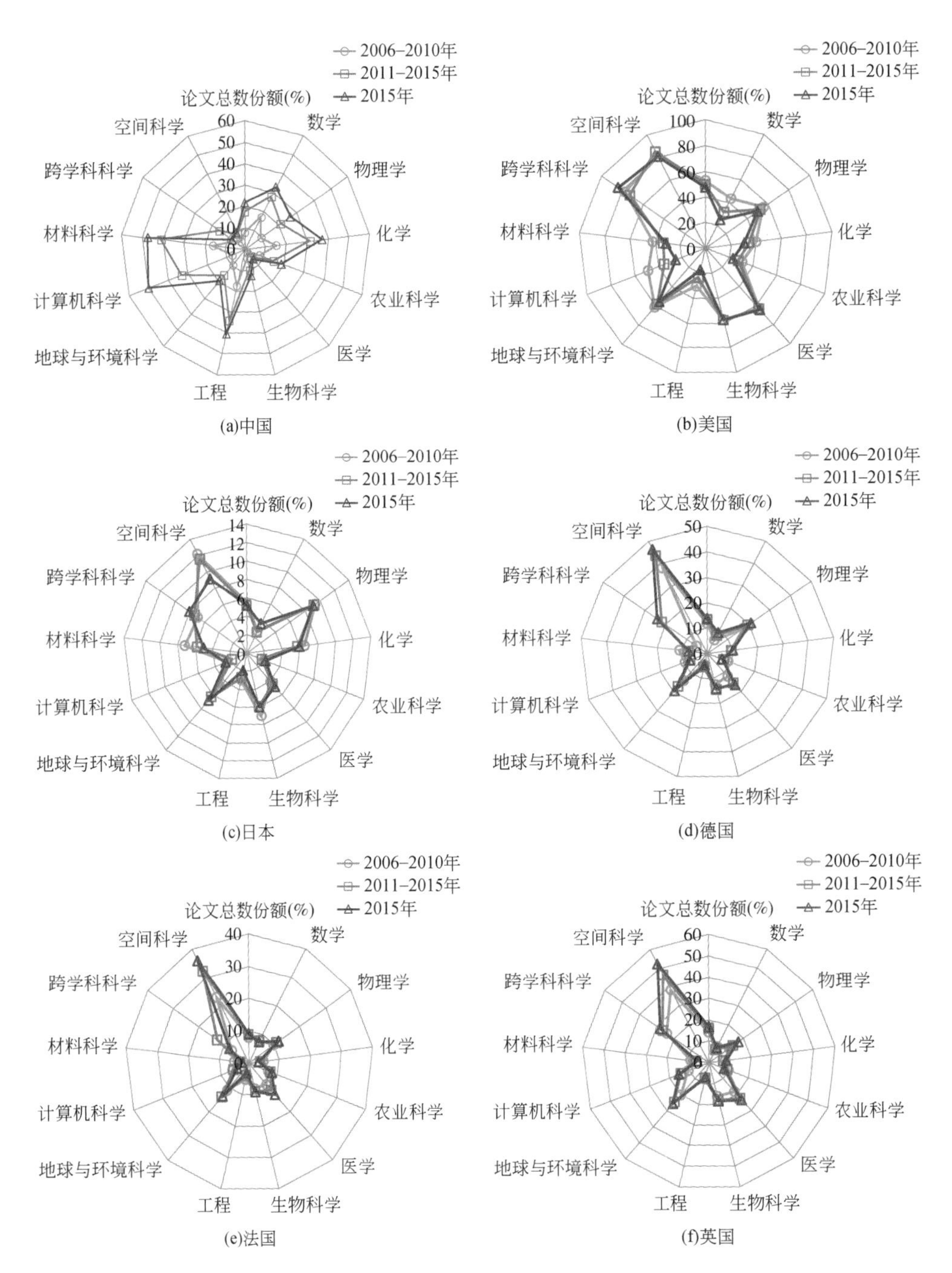

图 11-3　2006-2015 年中国与五国各学科领域高被引论文数的世界份额

注：相关国家对前1%高被引论文的学科贡献率可以反映国家优势学科分布结构。五大科技强国均在跨学科科学、空间科学、医学、生物科学、地球与环境科学、物理学等领域有较高的学科贡献率。美国在各学科领域普遍具有绝对优势。中国在12个学科领域的前1%高被引论文数占世界份额均呈快速增长态势，但是布局与主要科技强国有明显的区别。到2015年，在计算机科学、材料科学、工程、化学和数学5个学科的学科贡献率上升至30%-50%，均排名世界首位，物理学领域（26.6%）居世界第2位；但在生物科学和空间科学领域的份额（均在10%左右）分别排名第4位和第13位，医学领域（6.1%）排名第11位。图中数据采自Web of Science。

2012-2016 年重大科技突破性成果

梳理汇总 2012-2016 年各年度多种国际一流杂志和重要科学技术、工程团体评选的能影响世界的重大科学发现和技术突破，经过去重处理，最终得到 247 项重大科技突破性成果，其中 157 项科技成果涉及单个国家，占总数的 63.6%，其余 90 项由几个国家成立的国际研究小组或欧洲整体合作完成，或是由各国各自研究后整合成一个大突破性科技成果。

遴选的重大科技突破性成果分布最多的前三个领域是生命与健康，基础前沿交叉以及信息领域。美国整体实力最为雄厚，其成果数位居世界之首，英国第二，中国在此方面仍有很大差距。

（二）产业依靠科技创新实现转型升级和塑造引领型发展的需求，与中高端科技供给能力不足的矛盾仍然突出

创新驱动转型发展过程中，制约经济社会发展的诸多瓶颈问题迫切需要科技提供有效解决方案，但是我国创新的整体效率不高，科技供给与需求的结构性矛盾突出，技术有效供给不足、质量不高，成为我国传统产业升级、新兴产业培育发展的“短板”和“软肋”。

我国单位研究与开发经费投入的产出远远低于发达国家，“为创新而创新”的问题依旧存在，创新活动没有转化为实实在在的技术和经济价值，企业整体创新实力不强。多数重点产业规模已跃居世界前列，但产业大而不强的问题依然存在，面临低水平重复建设、产能过剩、产业高端环节创新能力不强等突出问题。按照现价美元计算，我国单位能源消耗产出的 GDP 仅为世界平均水平的 58.3%，为 OECD 成员平均水平的 37.1%[2]，与世界先进水平相差巨大。此外，还面临越来越激烈的国际竞争和知识产权纠纷，外贸出口遭遇绿色标准、反倾销等压力，只有突破事关产业发展的核心技术和装备制约，依靠科技和创新实现转型升级，才有可能在新一轮国际竞争中掌握主动权，实现产业规模化、集聚化、高端化发展。

虽然高技术产业和战略性新兴产业已经成为国民经济重要的支柱产业，2005-

2014 年我国高技术制造业创造的增加值对本国制造业增加值的贡献基本稳定在 15% 左右，接近世界平均值（低于美国的 23% 左右和英国的 20% 左右），但科技创新的有效供给能力特别是中高端供给能力不足，一些领域缺“心”少“魂”、关键核心技术仍受制于人。而且对航天、信息等涉及国家战略利益的关键领域，美国等部分发达国家甚至禁止与我国进行研究与开发合作。例如，我国航空发动机、高端数控机床等战略高技术领域的核心技术和装备仍不能自给，约 90% 的高档数控机床和数控系统严重依赖进口，与美国、德国、法国、英国四国以科学仪器或航空航天为主的高端分布特点有较大差异（图 11-4）。基础软硬件和高端信息设备严重依赖进口，高端芯片、基础软件等国产化比例很低，给国家信息和经济安全带来严重隐患。例如，2016 年我国集成电路进口金额为 2270 亿美元，已连续 4 年超过 2000 亿美元，是当年原油进口价值的 2 倍左右[3]。

（三）创新人才队伍大而不强，人才发展体制机制仍需健全和完善

我国科技人力资源和研究开发人员总量位居世界前列，但创新人才队伍大而不强的问题仍然突出，人才队伍系统性的设计、培养、引进、使用管理机制缺失，人才“不够用、不适用、不能用”的现象还普遍存在，人才的积极性和创造性未能充分调动起来，人才国际化程度显著偏低。

人才结构还不能满足科技创新发展的要求。战略科学家、科技领军人才缺乏，高层次科技人才短缺，还未能有效建立与科技发展与产业转型升级相适应的稳定的创新人才队伍，青年人才的培养、选拔和引进的机制还有待完善。

尚未建立起创新导向的人才培养机制。教育受传统的价值观以及社会竞争等方面影响，应试教育为主、脱离社会实际比较严重；高等教育特别是研究生教育存在与实践脱节现象，不利于培养具有创新精神的复合型人才，世界一流大学和一流科研机构的数量与我国的创新体量和需求严重不符（图 11-5）；职业教育沿袭了普通教育的灌输式教学模式，对实践技能重视不够，高水平技工人才缺乏。

科技人才评价机制有待革新，人才服务和保障等政策体系有待完善。当前，各类“人才称号”“人才支持计划”名目繁多，人才“帽子”漫天飞，导致科技人才评价评估逐渐转向利益追逐，用人单位的主体作用和科学共同体的监督作用未能充分发挥，“同行评议”被异化等，都对科技创新的生态环境有破坏。同时，

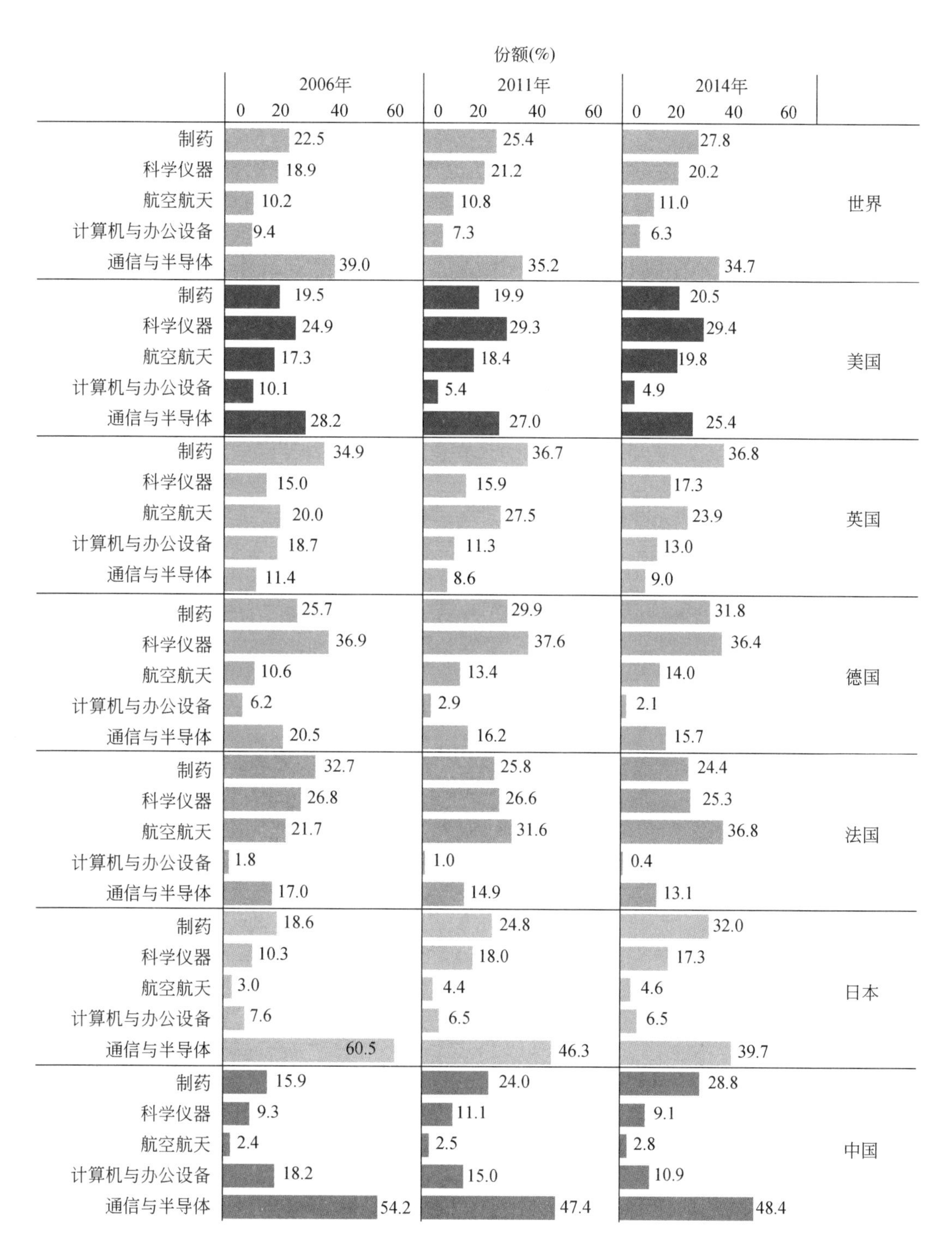

图 11-4 高技术制造业各领域增加值的分布格局变化（2005-2014 年中 3 个年度）

注：中国在通信与半导体、计算机与办公设备增加值中的份额超过五国，但在科学仪器和航空航天增加值中的份额与英国、美国等科技强国的差距依然很大。图中数据源自美国国家科学基金会（NSF）《科学与工程指标 2016》，中国的统计数据包含香港数据（未统计澳门、台湾数据）。

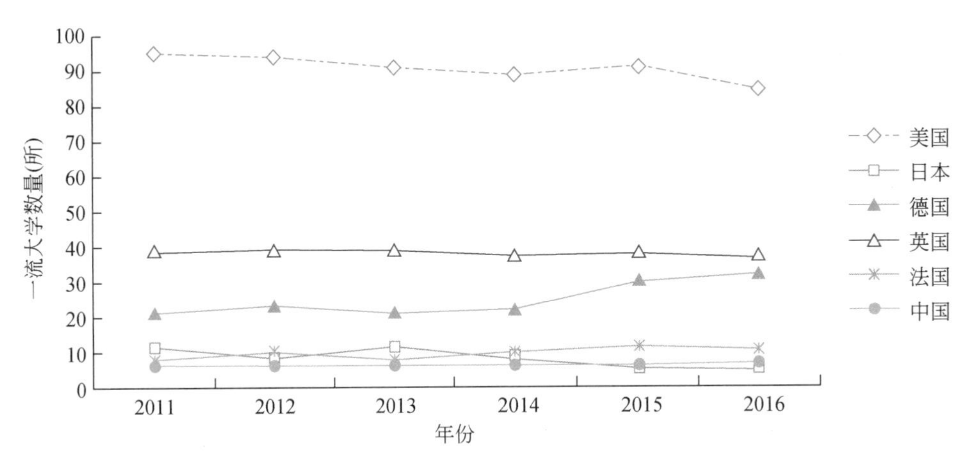

图 11-5　2011-2016 年中国与五国的一流大学数量变化趋势

注：中国的世界一流大学数量呈逐年上升趋势，总量与法国、日本相近，与美国、德国和英国相比还有较大差距。美国世界一流大学数量占绝对优势。图中数据依据 Times Higher Education 的 THE World University Rankings 2011-2016 年网站数据进行统计分析。

目前的科技人才评价存在唯论文倾向，也难以科学客观评价专业技术人才，无助于选拔人才、激励人才，急需建立应用研究和企业创新的人才评价体系。此外，部分人才政策脱节或有待加强，社会保障体系“双轨制”、评价制度差异等原因，也制约了创新人才在科研机构和企业之间的双向流动。

人力资源国际化程度有待提升，凝聚和汇集国际创新人力资源刚刚起步。吸引和有效激励国际高端人才的制度、文化和社会环境尚不完善，创新人才移民法律制度缺失，人才市场、中介组织规范管理不够，使海外高层次人才来华工作缺乏有力的制度保障。

（四）符合科技创新发展规律的创新治理体系仍需完善

政府在科技创新中同时存在越位和缺位的问题，市场配置创新资源的决定性作用尚未充分发挥[4]。一方面，相关法律法规与政策制度不尽科学合理，政府过多地介入或干预了应由市场主导的微观创新活动，一定程度上束缚了创新主体的创新活力和动力；另一方面，在基础研究、关键共性技术和科技创新基础设施建设等一些市场没有足够驱动力的领域，政府尚需进一步强化职责，并在产权保护、创新生态环境营造等方面加强作为。

我国科技和创新管理涉及多个部门，顶层设计和统筹协调不够，部门分割、多头管理、“碎片化”问题依然突出。一方面，科技政策与经济政策、产业政策的衔接不畅，“政出多门”“政策空缺”并存，导致科技创新对经济社会发展的驱动作用难以充分发挥。另一方面，资源配置低效、重复、封闭等问题仍然存在，造成科技创新活动重复分散、无序竞争。亟须加强体现国家整体需求的顶层决策，统筹协调战略规划、资源配置和创新政策。

创新主体定位不清、研究与开发布局存在重复，导致低水平重复、同质化竞争，无谓消耗宝贵的创新资源。一方面，企业技术创新的主体地位尚未形成，创新能力总体薄弱，甚至一些高技术企业对创新的重要性和紧迫性及其对产业战略影响的认识还不深刻。另一方面，企业、高校、科研机构等各类创新主体仍存在越位、缺位、错位等问题，尚未完全形成定位清晰、互促共进、有机衔接的一体化创新链条，导致科技创新中的“孤岛”现象还未根本改观，不利于科技成果向经济产出的转化。

（五）学术生态仍需净化，创新文化尚需厚植

良好的学术生态、浓厚的创新文化氛围是孕育创新成果、激发创新活力的重要基础。近年来，我国不断改善学术生态，持续弘扬创新文化，为推动重大创新成果产出、促进经济社会发展发挥了积极作用。但目前我国仍然存在科学研究自律规范不足、学术评价体系和导向机制不完善等问题[5]。

当前，以严谨求实、平等交流、自由公正等为主要内容的科学道德准则与规范在科学共同体内还未充分确立主导地位[6]，科学共同体的自律与自主均显不足。科学共同体自律的缺失导致学风浮躁，过度追逐名利，更成为抄袭剽窃、数据造假、伪造成果等不端行为屡屡发生的根源。同时，受“官本位”“等级制”等思想影响，科学共同体难以保持自主性，导致行政干预、权力垄断、官学一体、权学交易等失范现象还未从根本上受到遏制，学术自由和学术民主的氛围尚待进一步培育。

学术评价体系和导向机制尚不完善。评价指标重数量轻质量，催生了学术泡沫化现象；对不同类型科技创新活动缺乏有效的分类评价体系，评价的“一刀切”破坏了创新体系的平衡与协调发展；评价过多过繁，导致科研人员穷于应付，难以针对重大和核心难题潜心研究；评价结果使用不当，评价激励过于物质化，使得学术评价难以发挥正确的导向作用。此外，外行评内行、学术权

力滥用、拉关系送人情等问题导致学术评价走过场、庸俗化，学术评价的科学性和客观性受到严重侵蚀。

科学文化历史积淀不够，科学精神还未深入人心。现代科学技术系统引入中国至今不过150多年的时间，相应的科学建制化进程则更是只有百年历史。直到今天，一些制约科学发展的传统文化因素仍未得到根本突破[6]。同时，崇尚理性、鼓励创新的科学精神尚需强化。科学原创自信心尚显不足，跟踪模仿倾向依然存在[7]，急功近利、功利主义等违背科学精神主旨的价值观仍具有“广泛市场”和“深厚基础”，正在成为制约中国科学走向卓越的深层次因素，严重阻碍真正的创新，更是难以促进颠覆性创新、革命性创新。

全社会的科学素质有待提升，科技创新的沃土尚待厚植。科技创新、科学普及是实现创新发展的两翼，没有全民科学素质的普遍提高，就难以建立起宏大的高素质创新大军，难以实现科技成果的快速转化。目前，尚未将科学普及与科技创新置于同等重要的位置，科学知识普及、科学精神弘扬、科学思想传播还未形成“气候”，仍需加快培育全社会创新精神，塑造全社会讲科学、爱科学、学科学、用科学的良好氛围，使蕴藏在亿万人民中间的创新智慧充分释放、创新力量充分涌流。

（六）国际竞争日益激烈，科技创新发展的国际化水平与能力有待提高

科技强国往往是国际科学合作事业的核心引导者和参与者。中国虽然提出并实施自主创新战略，但自主创新不是自我封闭、自我发展的创新，而是要以全球视野谋划和推动创新，积极融入全球创新体系。

我国在开放创新方面的体制机制问题集中体现在，国际科技合作深度和广度有待提高（表11-3），在国际组织话语权不足，参与国际科技计划等还主要处于跟随和配合阶段，主动发起和牵头实施的重大科技合作项目有待加强。同时，创新资源跨境流动途径不畅，如贸易项下付汇管理、进口科研仪器设备检验检疫周期过长等问题普遍存在，不利于各类创新主体更好地开展国际科技合作。此外，国际合作的政府导向色彩浓重，企业和社会力量的实质性投入和贡献不足，影响了科技创新的活力、可持续性与国际化发展。

表 11-3　2006-2016 年中国与五大科技强国的国际论文合作率以及全球基准*（单位:%）

年份	全球基准值	美国	英国	中国	德国	法国	日本
2006	16.06	22.29	37.46	20.66	42.29	45.01	21.98
2007	16.4	23.38	39.09	21.07	42.62	46.03	22.5
2008	16.85	24.39	40.63	21.83	43.15	46.53	23.28
2009	17.46	25.43	41.87	22.48	45.07	47.85	23.86
2010	18.13	26.51	43.01	23.68	46.73	49.37	24.43
2011	18.73	27.47	44.4	23.94	47.21	50.23	25.25
2012	19.25	28.33	45.5	23.85	48.44	51.59	26.02
2013	20	29.72	47.43	23.8	49.74	52.68	26.4
2014	20.9	30.97	50.18	24.17	51.2	54.9	27.05
2015	21.89	32.86	52.12	24.78	52.76	56.36	28.95
2016	23.15	35.24	55.3	25.77	54.98	59.22	30.84

* 国际论文合作率，两个署名国家的论文占该国当年所有论文的比例；全球基准，全球当年所有国家国际论文合作率的平均值。

注：国际论文合作率可以一定程度上反映国际合作的程度。2006-2016 年，我国国际论文合作率持续增加，但仍远低于主要科技强国。同时，对合作论文和自主研究论文的篇均被引频次的比较研究也发现，中国的国际合作论文比自主研究论文有更大的影响力，而美国和德国等科技强国则是国内合作的自主研究论文有更大的影响力，表明中国在国际合作中尚不处于引领地位。表中数据依据 InCitesTM 在线数据库的数据进行统计分析。

总的来说，形势催人奋进，发展任重道远。为者常成，行者常至。我们必须坚决贯彻新发展理念，深入实施创新驱动发展战略，统筹协调，全面深化改革，抓重点、补短板、强弱项。我国成为世界科技强国前景可待、成功可期。

研究编撰人员（按姓氏笔画排序）

万　昊　卫垌圻　王　山　王军辉　尹高磊　甘　泉　刘小平　刘小玲　刘细文
汪克强　黄晨光　逯万辉　葛　菲　谭宗颖　樊永刚　穆荣平

参考文献

[1] 科学技术部 . 2015 年中国科技论文统计分析 . http://www. most. gov. cn/kjtj/ [2017-07-04].

[2] World Bank. Indicators: GDP Per Unit of Energy Use (constant 2011 PPP $ per kg of oil equivalent) . http://data. worldbank. org/indicator? tab=all [2017-04-27] .

[3] 海关总署 . 2016 年全国进口重点商品量值表（美元值）. http://www. customs. gov. cn/publish/portal0/tab49666/info836853. htm [2017-01-13] .

[4] 刘延东 . 实施创新驱动发展战略为建设世界科技强国而努力奋斗 . 求是，2017，(2)：3-9.

[5] 国务院办公厅 . 国务院办公厅关于优化学术环境的指导意见 . http://www. gov. cn/zhengce/content/2016-01/13/content_10591. htm [2016-01-13] .

[6] 王春法 . 夯实世界科技强国的文化基础——建设科学文化，增强文化自信 . 科学学研究，2017，35 (6)：801-805.

[7] 中国科学院 . 中国科学院学部主席团发布《追求卓越科学》宣言 . http://www. cas. cn/xw/zyxw/yw/201405/t20140525_4126367. shtml [2014-05-26] .

第十二章　中国建设科技强国的目标任务与举措

世界科技强国建设之路源于伟大梦想，更始于坚实步伐。中国建设科技强国，应聚焦“两个一百年”战略目标，牢牢抓住新一轮科技革命及其引发的产业变革带来的战略机遇，深入实施创新驱动发展战略，坚持以深化体制机制改革为动力，以自主创新能力建设为主线，着力优化开放合作的国家创新体系布局，以全球视野着力加强创新人才队伍建设，着力建设平等合作互惠共赢的区域创新发展环境，全方位加速中国融入世界创新网络、参与全球创新治理进程，高瞻远瞩，蹄疾步稳，走出一条新时代具有中国特色的科技强国道路。

一、中国建设科技强国的主要目标任务

2016 年，《国家创新驱动发展战略纲要》提出我国建设世界科技强国的“三步走”战略目标。第一步，到 2020 年进入创新型国家行列，基本建成中国特色国家创新体系，有力支撑全面建成小康社会目标的实现；第二步，到 2030 年跻身创新型国家前列，发展驱动力实现根本转换，经济社会发展水平和国际竞争力大幅提升，为建成经济强国和共同富裕社会奠定坚实基础；第三步，到 2050 年建成世界科技创新强国，成为世界主要科学中心和创新高地，为我国建成富强民主文明和谐的社会主义现代化国家、实现中华民族伟大复兴的中国梦提供强大支撑。同时，《国家创新驱动发展战略纲要》还提出了 8 个方面的主要战略任务。

2017 年，党的十九大对新时代中国特色社会主义发展作出战略安排，进一步明确了加快建设创新型国家和世界科技强国的战略目标、总体部署和主要任务，即在 2020 年进入创新型国家行列的基础上，再奋斗 15 年，到 2035 年实现科技实力和经济实力大幅跃升，跻身创新型国家前列，为基本实现现代化提供科技支撑；到 21 世纪中叶，建成世界科技强国，支撑我国综合国力和国家影响力世界领先，全面建成中国特色社会主义现代化强国[1]。

《国家创新驱动发展战略纲要》八大战略任务

- 推动产业技术体系创新，创造发展新优势
- 强化原始创新，增强源头供给
- 优化区域创新布局，打造区域经济增长极
- 深化军民融合，促进创新互动
- 壮大创新主体，引领创新发展
- 实施重大科技项目和工程，实现重点跨越
- 建设高水平人才队伍，筑牢创新根基
- 推动创新创业，激发全社会创造活力

注：资料源自《中共中央、国务院关于印发〈国家创新驱动发展战略纲要〉的通知》（中发〔2016〕4号）。

根据党的十九大战略部署，对照国家创新驱动发展“三步走”战略，基于对未来发展环境与形势的分析和对国家创新发展要求的把握，研究提出了中国建设世界科技强国的分阶段战略目标和主要任务。

（一）到2020年，进入创新型国家行列

这一时期是我国进入创新型国家行列、全面建成小康社会的冲刺阶段。以“人才强、科技强”为阶段目标，以巩固扩大优势、实现重大领域跨越发展为重点，培养集聚世界顶尖科技创新人才，夯实支撑世界科技强国建设的物质技术基础，深化体制机制改革，厘清创新主体功能定位，充分激发各创新主体潜能，提升创新体系整体效能，有力支撑全面建成小康社会目标实现。

——创新布局适应要求，创新体系协同高效。形成面向未来发展、迎接科技革命、促进产业变革的创新布局，重大创新领域积累和形成优势；创新主体充满活力，创新链条有机衔接，创新治理更加科学，创新效率大幅提高。

——原始创新取得重大突破，自主创新能力大幅提升。科学技术前沿实现跨越发展，突破制约经济社会发展和国家安全的一系列重大瓶颈问题，初步扭转关键核心技术长期受制于人的被动局面，在若干战略必争领域形成独特优势，为国家繁荣发展提供战略储备、拓展战略空间。研究与开发经费支出占国内生产总值

比重达到2.5%（暂不包括香港、澳门、台湾数据，下同）。

——科技与经济融合更加顺畅，初步形成创新型经济格局。若干重点产业进入全球价值链中高端，成长起一批具有国际竞争力的创新型企业和产业集群。科技进步贡献率提高到60%以上，知识密集型服务业增加值占国内生产总值的20%。

——创新政策法规更加健全，创新环境更加优化。激励创新的法律、政策和制度体系日益完善，知识产权保护更加严格，形成全社会崇尚创新创业、勇于创新创业、激励创新创业的价值导向和文化氛围。

（二）到2035年，跻身创新型国家前列

这一时期是我国跻身创新型国家前列、基本实现社会主义现代化的关键阶段。以“产业强、经济强”为阶段目标，以支撑引领发展动力转换为重点，优化结构，补齐短板，自主创新能力进入世界前列，发展驱动力实现根本转换，从主要依靠要素和投资驱动的追赶型发展转变到更多依靠创新驱动、更多发挥先发优势的引领型发展，并建立起与生产力提升相适应的生产关系。创新成为经济社会发展和国防建设的重要驱动力，经济社会发展水平和国际竞争力大幅提升，呈现创新全球化、工业低碳化、城市智慧化、智能信息化、生态循环型、绿色消费型的社会发展图景，为我国建设世界科技强国、全面实现社会主义现代化奠定坚实基础。

——科技实现创新跨越，成为世界科技中心之一。国家创新体系更加完备，战略科技力量日益强化壮大。科技发展能力从数量领先向质量领先转变，总体上扭转科技创新以跟踪为主的局面。在若干基础前沿和重大战略领域由并行走向领跑，形成引领全球学术发展的中国学派，产出一批对世界科技发展和人类文明进步有重要影响的原创成果；部分重要技术领域具有全球竞争力，专利质量接近发达国家平均水平；攻克制约国防科技的主要瓶颈问题；国家创新体系更加完备，若干大学和研究机构进入国际一流行列，科技与经济深度融合、相互促进。研究与开发经费支出占世界比例超过1/5，占国内生产总值比例超过2.8%。其中，基础研究支出占比达到15%。中国对全球知识产出的贡献比例达到25%-30%。

——实现科技与经济深度融合、相互促进，产业创新能力显著增强，主要产业进入全球价值链中高端，国际竞争力进入世界前列。产业总体呈现绿色、低

碳、智能和服务化发展特征，单位 GDP 能耗、水耗、污染物排放等指标达到 OECD 成员平均水平。创新成为产业发展主要驱动力，不断创造新技术和新产品、新模式和新业态、新需求和新市场，实现更可持续的发展、更高质量的就业、更高水平的收入、更高品质的生活。实现与发达国家从互补合作向竞争合作、与发展中国家从竞争合作向互补合作关系的双转变，基本改变产业关键核心技术受制于人的被动局面。涌现若干引领世界的新兴产业，一批引领全球产业发展方向的跨国经营企业。中国对全球“新经济”增长的贡献持续超过 1/3。高技术产业增加值占制造业比重达 30%。

——社会创新和生态环境跨越发展，公共部门管理效能达到中等发达国家水平。义务教育、基本医疗、养老健康、转岗培训、就业辅导、公共交通、社会治安等基本公共服务总体上能够满足城乡居民需求；优质教育培训、医疗卫生和信息网络资源共享水平与优质公共服务资源配置均等化水平显著提高；生态环境质量达到宜居宜业要求，城市生产、生活、生态环境智能信息化发展水平显著提升，涌现若干引领世界的生产生活方式，建设更安全、更放心、更便捷和更舒适的智能信息社会。创新文化氛围浓厚，法治保障有力，全社会形成创新活力竞相迸发、创新源泉不断涌流的生动局面。

（三）到 2050 年左右，建成世界科技强国

这一时期是我国从创新型国家前列向世界科技强国迈进、全面建成社会主义现代化强国的决胜阶段。以“国家强”为阶段目标，以塑造全面领先发展为重点，构建开放高效的创新网络，大幅提升原始创新能力，成为世界主要科学中心和创新高地，在解决重大基本科学问题、开辟新的科学领域方向、构建新的科学理论体系上做出中国贡献，创新成为经济社会发展的主要驱动力，为我国建成富强民主文明和谐美丽的社会主义现代化强国、实现中华民族伟大复兴的中国梦提供强大支撑。

——科技创新实现整体跨越发展，科技综合实力进入世界前列，持续产出引领世界科技潮流的重大原创科学思想和科技成果。科技和人才成为国力强盛最重要的战略资源，涌现一批世界一流的科研院所、研究型大学和创新型跨国经营企业，成为全球高端科技人才创新创业的重要聚集地，世界顶尖科学大师和创新人才云集，企业家精神得到充分释放。中国取得的重大科技成果超过全世界科技成

果数的 1/4。中国在世界主要市场（美国、日本、欧盟）获得专利数位居全球前列。

——支撑我国成为综合国力和国家影响力领先的国家，全面提升物质文明、政治文明、精神文明、社会文明、生态文明，基本实现全体人民共同富裕，享有更加幸福安康的生活。劳动生产率、社会生产力提高主要依靠科技进步和全面创新，经济发展质量高、能源资源消耗低、产业核心竞争力强，呈现以绿色、智能、健康、安全、普惠为特征的社会发展图景。创新成为新安全体系的决定性支撑力量，国防科技达到世界领先水平。科技进步贡献率在 70% 以上，对外技术依存度在 30% 以下。

——创新成为政策制定和制度安排的核心因素。创新的制度环境、市场环境和文化环境更加优化，尊重知识、崇尚创新、保护产权、包容多元成为全社会的共同理念和价值导向。

二、加快推进科技强国建设的战略举措

世界科技强国往往在构成其创新能力的各个维度均表现突出。中国要实现科技强国的宏伟目标，必须持续塑造创新发展的新优势，全力补齐短板和弱项，实现创新能力的整体提升和均衡发展。为此，《国家创新驱动发展战略纲要》围绕“三步走”战略目标，提出了坚持科技创新和体制机制创新双轮驱动、构建国家创新体系、推动六大转变等一系列举措，并从体制改革、环境营造、资源投入、扩大开放等方面提出 6 项保障措施[2]。

创新驱动发展战略：推动六大转变

- 发展方式从以规模扩张为主导的粗放式增长向以质量效益为主导的可持续发展转变
- 发展要素从传统要素主导发展向创新要素主导发展转变
- 产业分工从价值链中低端向价值链中高端转变
- 创新能力从“跟踪、并行、领跑”并存、“跟踪”为主向“并行”“领跑”为主转变

• 资源配置从以研究与开发环节为主向产业链、创新链、资金链统筹配置转变

• 创新群体从以科技人员的小众为主向小众与大众创新创业互动转变

创新驱动发展战略：6 项保障措施

• 改革创新治理体系
• 多渠道增加创新投入
• 全方位推进开放创新
• 完善突出创新导向的评价制度
• 实施知识产权、标准、质量和品牌战略
• 培育创新友好的社会环境

注：资料源自《中共中央、国务院关于印发〈国家创新驱动发展战略纲要〉的通知》(中发〔2016〕4 号)。

根据《国家创新驱动发展战略纲要》有关部署，基于对建设世界科技强国关键要素的研究，从顶层设计、创新体系、创新资源、创新模式等方面出发，研究提出了加快推进科技强国建设的 8 项战略举措。

(一) 强化世界科技强国建设的顶层部署

建设世界科技强国是一项复杂系统工程，从国际经验来看，往往需要几十年乃至更长时间，不可能全面铺开、一蹴而就，需要从国家层面凝聚共识，加强顶层设计和统筹部署，从决策、咨询、规划、实施等各环节入手，纲举目张，协调推进，蹄疾步稳，持续努力。

1. 强化世界科技强国建设的领导决策机制

顺应创新主体多元、活动多样、路径多变的新趋势，依托国家科技教育领导小组、国家科技体制改革和创新体系建设领导小组等机制，加强对科技、教育、人才等相关部门、机构和规划的统筹协调，统筹推进科技体制、经济体制、教育体制、行政管理体制等领域改革，统筹协调各部门科技和创新预算编制，统筹协调各部门科技和创新政策制定，形成多元参与、协同高效的创新治理格局。持续

加强创新调查和战略研究，监测评估世界科技强国建设进程，及时动态调整我国相关战略和政策。

推动政府管理创新，转变政府创新管理职能，合理定位政府和市场功能。强化政府战略规划、政策制定、环境营造、公共服务、监督评估和重大任务实施等职能。对于竞争性的新技术、新产品、新业态开发，应交由市场和企业来决定。完善以创新发展为导向的考核机制，将创新驱动发展成效作为重要考核指标。

2. 完善国家科技创新决策咨询制度

加快建立具有统筹性、独立性、超越部门的国家科技决策咨询委员会，同时发挥好中国科学院、中国工程院等作为国家高端科技智库的功能，建立科学规范的决策咨询程序，开展国家重大战略制定、规划编制、政策制定的决策咨询，定期向党中央、国务院报告国内外科技创新动态，为国家科技决策提供科学、准确、前瞻、及时的政策建议。鼓励和引导国家相关部门建立科技顾问制度，形成政府科技顾问网络，密切政府与科技界、智库及社会各界的沟通。建立创新治理的社会参与机制，发挥各类行业协会、基金会、科技社团等在推动创新驱动发展中的作用。

3. 建立健全国家科技管理基础制度

科学划分中央和地方科技管理事权，中央政府职能侧重全局性、基础性、长远性工作，地方政府职能侧重推动技术开发和转化应用。克服科技资源管理多头分散状况，加强政府部门集中统一领导。合理确定中央各部门功能性分工，发挥行业主管部门在创新需求凝练、任务组织实施、成果推广应用等方面的作用。

优化科技计划管理体系，改进和完善国家科技计划管理流程，建设国家科技计划管理信息系统，构建覆盖全过程的监督和评估制度。加强科技发展规划，完善国家科技报告制度，建立国家创新调查制度，引导各地树立创新发展导向。

4. 进一步加强重大创新领域规划布局

围绕加快建设创新型国家和世界科技强国的目标，组织制定国家中长期科技发展规划，在已有重大科技布局的基础上，组织开展科技发展前瞻和预见研究，分析研判新科技革命和产业变革可能取得突破的重大方向，瞄准世界科技前沿和国家重大需求，聚焦信息、能源、材料、空间、海洋、生命与健康、资源生态环境和基础前沿交叉等重大创新领域，准确把握领域发展现状和趋势，研究提出我国实现跨越发展的目标、布局和路径。发挥社会主义市场经济条件下的新型举国体制优势，集中力量、协同攻关、持久发力、久久为功，加快突破重大核心技术、开发重大战略性产品，在国家战略优先领域率先实现科学技术跨越发展。

在关系国家安全和长远发展的重点领域，部署一批重大科技项目和工程。面向 2020 年，继续加快实施已部署的国家科技重大专项，聚焦目标、突出重点，攻克核高基、数控机床、集成电路装备、宽带移动通信、油气开发、核电、水污染治理、转基因、新药创制、传染病防治等方面的关键核心技术，形成若干战略性技术和战略性产品，培育新兴产业。面向 2035 年，坚持有所为有所不为，明确重点，尽快启动已规划部署的“科技创新 2030–重大项目”。同时，根据我国新时代中国特色社会主义现代化建设的新需求、国际科技发展的新进展，充分论证、把准方向，及时进行滚动调整和优化重大科技布局，适时部署新一批体现国家战略意图的重大科技项目和工程。

5. 制定世界科技强国建设推进方案

深入分析未来经济社会发展趋势和对科技支撑的需求，着眼于解决我国和全人类共同面临的重大挑战，系统谋划和科学制定世界科技强国建设战略规划，进一步细化明确“三步走”战略的阶段性目标、重点任务和保障举措，形成世界科技强国建设时间表和路线图，凝聚社会各界共识，分解落实各项工作责任，扎实协调推进创新型国家和世界科技强国建设。

（二）构建与科技强国相适应的国家创新体系

国家创新综合实力在很大程度上取决于创新体系的能力和运行效能。在国家创新体系中，各主体之间的协同合作至关重要。随着不同发展阶段的战略需求及各方科技力量的变化，往往需要适时调整优化国家创新体系，关键是处理好各创新主体分工协作的关系，促进国家创新体系各单元在知识创新、技术创新、区域创新、国防创新等方面的有效互动。

1. 调整优化国家科技力量布局，强化战略科技力量

我国目前的国家创新体系是在后发国家追赶发达国家过程中建立的，是在从

计划经济向市场经济转型过程中完善的，难以满足建设社会主义现代化强国的要求。亟待从把握新一轮科技革命机遇和突破事关我国发展全局与长远的重大技术瓶颈需求出发，超前谋划和系统构建引领世界创新发展的国家创新体系，特别是引领世界科技发展的国家科研体系。

聚焦世界科技强国建设目标，构建引领世界创新发展的国家创新体系，核心是强化国家战略科技力量。国家战略科技力量布局必须聚焦空天海洋、能源资源、信息安全、交通运输等国家战略重点领域，能够有效支撑科技强国、质量强国、航天强国、网络强国、交通强国、制造强国建设，有效保障国家安全和可持续发展。国家战略科技力量的载体是国家实验室和世界一流科研机构，包括依托国家实验室和世界一流科研机构建设的重大科技基础设施条件平台、综合科学中心与集中国家科研优势力量协同攻关的综合集成科研平台。要发展壮大以中国科学院为代表、以国家科研机构（含国家实验室）为龙头的国家战略科技力量，加强重大领域创新布局和重大科技基础设施载体建设。

同时，要进一步明确各类创新单元在创新链不同环节的功能定位，激发主体活力，系统提升各类创新单位的创新能力，夯实创新发展的基础。建立以企业为主体、市场为导向、产学研深度融合的技术创新体系，培育一批核心技术能力突出、集成创新能力强、引领重要产业发展的世界一流创新型企业；引导研究型大学加强基础研究和追求学术卓越，推动一批高水平大学和学科进入世界一流行列或前列；明晰科研院所功能定位，增强行业和地方科研院所在行业共性关键技术研究与开发与区域创新发展中的骨干引领作用；发展面向市场的新型研究与开发机构，构建专业化技术转移服务体系，形成创新主体功能定位清晰、创新能力特色鲜明、协同互补、相互支撑、开放合作、高效协同、充满活力的国家创新体系，完善科技创新发展新格局。

2. 聚焦重大创新领域，加快推进国家实验室建设

我国自 20 世纪 80 年代开始建设国家重点实验室以来，在国家重点实验室、工程实验室、国家实验室建设等方面进行了许多有益探索。由于科研究与开发展水平和国家财力所限，传统的国家实验室建设的思路和模式难以适应社会主义现代化强国建设的需要，迫切需要解放思想、开阔视野，站在新的历史起点上，进一步明确国家实验室功能定位、建设重点和运行管理模式。

在明确国家目标和紧迫战略需求的重大领域，在有望引领未来发展的战略制高点，以重大科技任务攻关和国家大型科技基础设施为主线，依托最有优势的创新单元，整合全国创新资源，建设突破型、引领型、平台型一体的国家实验室。在组织模式、治理结构、资源配置、用人制度、绩效评价等方面进行新的政策设计和制度安排，建立目标导向、绩效管理、协同攻关、开放共享的新型运行机制。以国家实验室建设为抓手，有效整合优势科研资源，强化国家战略科技力量，建设综合性、高水平的国际化科技创新基地，同其他各类科研机构、大学、企业研究与开发机构形成功能互补、良性互动的协同创新新格局，形成一批具有鲜明特色的世界级科学研究中心。

3. 优化创新能力区域空间布局，打造区域创新示范引领高地

聚焦国家区域发展战略，优化区域创新布局，整合创新资源，构建跨区域创新网络，推动区域间共同设计创新议题、互联互通创新要素、联合组织技术攻关，完善区域协同创新和利益分享机制，推动创新要素跨区域流动，以创新要素的集聚与流动促进产业合理分工，辐射和带动区域创新能力和竞争力整体跃升，打造重大原始创新策源地和区域创新发展增长极。

推动北京、上海等优势地区建成具有全球影响力的科技创新中心。推进北京怀柔、上海张江、安徽合肥等综合性国家科学中心建设[3]，雄安新区创新驱动发展示范区建设，粤港澳大湾区国际科技创新中心建设等，将京津冀、长三角、珠三角三大创新型城市群建设成为世界级创新中心，构建区域协同创新共同体，统筹和引领区域一体化发展。

推动国家自主创新示范区、创新型省份和创新型城市建设，开展区域全面创新改革试验。优化国家自主创新示范区布局，推进国家高新区按照发展高科技、培育新产业的方向转型升级。布局建设合宁、成渝、武汉、长株潭等创新型城市群，带动一大批各具特色、优势互补、充满活力的区域创新型城市。

4. 加快推进军民深度融合创新体系建设，开展军民协同创新

遵循经济建设和国防建设的规律，按照“统一领导、军地协调、需求对接、资源共享”的军民融合管理体制，深化军工企业、军工科研院所和军工院校改革，统筹协调军民科技战略规划、方针政策、资源条件、成果应用，形成全要

素、多领域、高效益的军民科技深度融合发展新格局，推动军民科技协调发展、平衡发展、兼容发展。建立军民融合重大科研任务形成机制，实行从基础研究到关键技术研究与开发、集成应用等的创新链一体化设计，构建军民共用技术项目联合论证和实施模式，建立产学研相结合的军民科技创新体系。

推进军民科技基础要素融合，统筹军民共用重大科研基地和基础设施建设，推动双向开放、信息交互、资源共享。构建中国特色的国防采购制度，按密级发布武器装备采购信息，建立装备采购仲裁制度，让更多的社会力量有机会参与国防预研和产品采购。完善国防知识产权制度，建立和完善国防科研成果与技术解密制度，积极采用先进适用的民用标准，打开军民技术互转通道。促进军民技术双向转移转化，积极引导国防科技成果加速向民用领域转化应用。

（三）强化科技创新对建设现代化经济体系的战略支撑

长期以来，科技和经济“两张皮”是一直困扰我国创新能力提升的顽症痼疾。因此，依靠科技支撑构建新时代的现代化经济体系，就是要解决好科技和经济结合的问题，关键是构筑科技和产业深度融合的桥梁，增加产业共性技术供给，畅通创新服务链条，强化创新成果同产业对接、创新项目同现实生产力对接，提高科技进步对经济发展的贡献度。

1. 大力加强基础研究和应用基础研究

坚持国家战略需求和科学探索目标相结合，加强对关系全局的科学问题的研究部署。基础研究是科技创新的发动机，是形成持续强大创新能力的关键，在建设科技强国中发挥着基础性作用。要瞄准世界科技前沿，强化基础研究，实现前瞻性基础研究、引领性原创成果重大突破，增强原始创新能力，力争在更多领域引领世界科学研究方向，提升我国对人类科学探索的贡献。促进学科均衡协调发展，加强学科交叉与融合，重视支持一批非共识项目，培育新兴学科和特色学科。

围绕国家重大战略需求，加强应用基础研究，拓展实施国家重大科技项目，突出关键共性技术、前沿引领技术、现代工程技术、颠覆性技术等 4 类技术创新，在新思想、新发现、新知识、新原理、新方法上积极进取，提升我国科学发现、技术发明和产品产业创新的整体水平，强化源头储备，为建设科技强国、质量强国、航天强国、网络强国、交通强国、数字中国、智慧社会提供有力支撑。

2. 建立完善产业共性技术研究与开发体系

加快工业化和信息化深度融合，把数字化、网络化、智能化、绿色化作为提升产业竞争力的技术基点，推进各领域新兴技术跨界创新，构建结构合理、先进管用、开放兼容、自主可控、具有国际竞争力的现代产业技术体系，以技术的群体性突破支撑引领新兴产业集群发展，推动产业技术体系创新和产业质量升级，创造发展新优势。建设一批面向产业创新驱动转型升级发展的行业创新中心，解决基础、前沿和关键共性技术供给缺位问题。聚焦事关国家长远和全局发展的重大任务，以核电、大飞机、网络安全、空天海洋等国家重大工程和任务牵引相关产业整体创新能力提升。

支持企业联合相关科研院所和高校共建国家技术创新中心、产业创新中心、国家工程研究中心等产业创新平台，提升产业整体创新能力。引导构建产业技术创新联盟，强化行业领军企业主导、产学研协同的产业创新体系。加强产业技术创新、知识产权和技术标准服务平台建设，加强国家财政支持取得科技成果的共享与便捷接入，加强国家研究与开发投入与采购的强制性倾斜支持，促进“专精特新”企业发展。

3. 建立健全创新创业服务体系

加大对技术转移转化、创业辅导、知识产权、科技金融、法律咨询、人力资源等创新中介机构和创业服务机构的支持力度，提升专业化服务能力。引导有条件的大企业建立内部孵化机制，鼓励发展创客空间、创新工厂、众创空间等新型孵化模式，推动大众创业、万众创新。大力发展创业投资服务机构，充分发挥科技成果转化、中小企业创新、新兴产业培育等方面基金的作用，引导带动社会资本投入创新创业，壮大创新创业投资规模。充分发挥行业协会、学会和商会等社会组织对创新创业的指导和服务作用。

（四）建设具有国际水平的创新人才队伍

人才资源是第一资源，也是创新活动中最为活跃、最为积极的因素。我国创新人才队伍规模世界领先，筑牢创新根基主要问题在于水平、结构以及制度环境。因此，建设世界级创新人才队伍，核心是要科学育才、精准引才，处理好

“塔尖”与“塔基”的关系，变“人海”战术为“人梯”战术，实现人尽其才、才尽其用，培养造就一大批具有国际水平的战略科技人才、科技领军人才、青年科技人才和高水平创新团队。

1. 培养与引进相结合，凝聚大批高端创新人才

优化完善国家人才计划体系，围绕重大创新领域和方向，重点依托高水平研究机构、世界一流大学、国家重大科技设施和大科学计划等创新平台，面向全球招聘人才，择天下英才而用之。以全球视野、国际标准，集聚和培养具有世界水平的科技创新人才，吸引造就一批能够把握世界科技大势、研判科技发展方向的战略科技人才，培养一批善于凝聚力量、领兵打仗的科技领军人才，凝聚一批活跃于世界科技前沿的顶尖人才。注重培养一线创新人才和青年科技人才，对青年人才开辟特殊支持渠道。

完善创新创业环境，发挥企业家在创新创业中的重要作用，支持企业引进高端创新人才，国家各类人才计划加大对企业倾斜力度，支持企业引进急需紧缺的高层次、高技能人才，培养造就一大批熟悉市场运作、科技背景强、勇于创新、敢于冒险的创新创业人才。倡导崇尚技能、精益求精的职业精神，在各行各业大规模培养高级技师、技术工人等高技能人才。

2. 建立完善国际化创新人才网络

加大外籍高层次人才引进力度，依托高水平科研机构、研究型大学和高科技企业等，吸引更多外籍高层次人才来华参与创新创业，同时加强外籍人才永久居留、子女入学、社会保障等方面政策的有效保障。鼓励和引导更多跨国企业在华设立研究与开发中心，扩大中外合作办学自主权，推动中外优质创新人才资源强化交流合作。加大对本土人才出国学习和开展高水平学术交流的支持力度，支持各类创新主体在国外布局建设分支机构和研究与开发中心等创新载体，提升创新人才队伍国际化水平。

3. 改革完善人才激励和评价制度

改革完善人才计划，优化人才成长环境，实施更加积极的创新创业人才激励和吸引政策，赋予创新领军人才更大人财物支配权、技术路线决策权，为科研人

员营造更加宽松的科研环境。根据不同创新活动的规律和特点，建立健全科学分类的创新评价制度体系。完善人才选拔、评价制度和后评估机制，进一步改革完善职称评审制度，实行中长期目标导向的考核评价机制，增加用人单位评价自主权，以创新质量、贡献、绩效分类评价各类人才，关注人才能力和长期影响，更加注重研究质量、原创价值和实际贡献，避免人才计划标签化并与物质利益、职称晋升等直接挂钩。推行第三方评价，探索建立政府、社会组织、公众等多方参与的评价机制，拓展社会化、专业化、国际化评价渠道。持续改革国家科技奖励制度，进一步优化结构、减少数量、提高质量，强化对人的激励。发展具有品牌和公信力的社会奖项。

实行以增加知识价值为导向的分配政策，进一步规范建立既有效激励又公平合理的分配政策，推行科技成果处置收益和股权期权激励制度，提高科研人员成果转化收益分享比例，让各类主体、不同岗位的创新人才都能在科技成果产业化过程中得到合理回报，充分激发科研人员的积极性、主动性和创造性。加快高校和科研事业单位“去行政化”改革，打破科研人才“双轨制”，完善科研人员在企业与事业单位之间流动时的社保关系转移接续政策，促进人才双向自由流动。

4. 加强青年科技和创新人才培养

教育是从源头上培养高素质创新人才的根本。要强化基础教育，从关系到民族素质的高度，提高基础教育质量，推动义务教育均衡发展，加快普及12年义务教育。要推动高等教育创新，改革人才培养模式，把科学精神、创新思维、创造能力和社会责任感的培养贯穿教育全过程，把创新教育方法、实施素质教育作为深化教育改革的重点，促进信息技术与教育教学紧密结合，强化科学精神和创造性思维教育，培养大批面向未来科技发展需求的青年科技人才。改革研究生培养模式，探索科教融合的学术学位研究生培养新模式，允许在科研经费中合理预算研究生培养开支，通过中外联合培养、研究生访学研究等方式提升研究生科研能力；扩大专业学位研究生招生比例。完善高端创新人才和产业技能人才“二元支撑”的人才培养体系，加强普通教育与职业教育的衔接。深化产教融合，推动教育和产业统筹融合发展，健全完善需求导向的人才培养模式。

（五）优化科技和创新资源配置方式

资源配置是影响和调节科技创新活动的重要手段，核心是要多渠道增加创新投入，妥善处理好政府和市场的关系、稳定支持和适度竞争的关系、任务带动与学科发展的关系。按照创新活动外部性由高到低，政府在创新资源配置中的作用应从直接作用向间接作用转变，而市场则逐步发挥配置资源的主体作用，政策手段也应从直接财政支持向普惠性税收政策转变。

1. 建立符合科学、技术和创新规律的资源配置方式

在科学价值创造活动中发挥政府配置资源的主导作用，承担科学活动的风险；在技术价值创造活动中发挥政府配置资源的重要作用，主导国家目标导向的重大技术开发活动，分担企业技术开发活动的风险，引导和鼓励社会增加技术开发经费投入；在技术商业化等经济价值创造活动中发挥政府配置资源的引导作用，促进风险投资和新兴产业基金发展，支持中小企业创新创业，保护知识产权和维护公平竞争的市场秩序；在规模商业化等经济活动中更多发挥政府在市场准入、产权保护等市场环境方面的监管作用，财政资源主要通过税收等普惠性方式进行配置。完善国民经济核算体系，逐步探索将反映创新活动的研究与开发支出纳入投资统计，反映无形资产对经济的贡献，突出创新活动的投入和成效。

2. 持续优化公共财政科技经费支持方式

改革中央财政科技计划和资金管理，持续优化财政科技计划体系，提高资金使用效益。持续加大政府对基础性、战略性和公益性研究的稳定支持力度，完善稳定支持和竞争性支持相协调的机制，加大对颠覆性技术的支持力度。面向世界科学前沿，聚焦重大科学问题，前瞻部署世界一流重大科技基础设施和创新平台建设，统筹推进世界一流科研机构、一流大学和一流学科建设。探索依托机构配置重大任务的集中力量办大事新型组织模式，依托法人实体组织实施科技重大专项等国家使命导向的重大科技任务，定期组织机构运行绩效和国家重大任务执行情况评估，由评估结果决定经费预算增减、机构法人留任解聘、研究方向调整撤销等。

3. 逐步加大普惠性税收政策支持比例

完善激励企业研究与开发的普惠性政策，引导企业成为技术创新投入主体。加强财政、税务、科技、统计等部门相关政策的衔接协同，规范和统一研究与开发费用口径，改进核算归集办法，制定出台更具操作性的实施细则。落实好研究

与开发费用加计扣除、研究与开发设备加速折旧等重点支持政策，逐步提高加计扣除比例，探索研究与开发费用税额抵免等多样化支持方式，特别是要通过加大抵扣比例、延长递延年限等方式探索加大对中小企业研究与开发投入的税收优惠力度。扩大科技型中小企业技术创新基金规模，探索后补助等多种支持方式。研究完善支持科技和创新发展的金融政策，加快发展多层次资本市场，建立完善不同层次资本市场间的转板机制，为科技型企业融资提供渠道和平台。

（六）夯实世界科技强国的物质技术基础

科学研究活动向超宏观、超微观、超复杂方向深入，创新活动组织模式出现开放创新的趋势，都对大型复杂研究设施和先进信息基础等物质技术基础的要求越来越高。因此，必须做好重大科技基础设施和信息基础设施的顶层设计，处理好中央和地方投入的关系、集中与分散布局的关系、建设运行和应用产出的关系，充分发挥“大国重器”的创新基石作用。

1. 高水平、高起点规划建设一批重大科技基础设施和平台

适应大科学时代创新活动的特点，着眼于解决最前沿的科学问题、提出更多原创理论、做出更多原创发现，通过国际合作等方式，建设一批面向全球开放、代表国家参与高水平国际科技竞争与合作的平台型科技基础设施。聚焦国家战略需求，着眼于解决深海、深地、深空、深网等领域的关键技术瓶颈制约，抢占事关长远和全局的科技战略制高点，布局建设一批战略导向型科技基础实施设施。面向国民经济主战场和重大民生需求，着眼于破解产业发展、生态保护、医疗健康等领域的科技难题，推动产业和产品向价值链中高端跃升，通过政府和社会资本合作投资等方式，布局建设一批应用导向型科技基础设施。

加快建设大型共用实验装置、数据资源、知识和专利信息服务等科技基础条件平台，研究与开发高端科研仪器设备，提高科研装备自给水平。建立国家重大科研基础设施和科技基础条件平台开放共享制度，推动科技资源向各类创新主体开放。

2. 强化信息基础设施对科技创新的支撑作用

信息基础设施是现代社会最根本的基础设施，正在深刻影响科研范式、产业创新模式和人类社会生产生活方式。系统布局新兴网络架构和技术体系研究，研究构建泛在融合、智能安全的新型网络。建设支撑中国科技创新发展的战略性、

基础性、通用性的重大信息基础设施，发展软硬一体的科学计算与科学大数据环境，着重推进生物、医学、新材料、新一代交通等数据密集领域的云基础设施建设，提升支撑科技和产业发展的能力，打造“中国科技云”，形成基于大数据的先进信息化支撑体系。

（七）全方位推进开放创新，深度参与全球科技创新治理

当今世界，各国经济、科技联系日趋紧密，任何国家都不可能靠一己之力解决所有创新难题。因此，必须以开放的心态拥抱全球创新，关键是要处理好自主创新与开放创新的关系，有效利用全球创新资源，建立完善与国际接轨的开放创新制度，充分参与国际科技竞争与合作，积极参与全球科技创新治理体系建设，发出更多中国声音，提出中国方案，贡献中国智慧。

1. 发起和参与国际重大科技计划和大科学工程项目

抓住全球创新资源加速流动和我国经济地位上升的历史机遇，面向世界科技前沿和全球性挑战，结合我国科技规划部署的重点领域，主动设置全球性创新议题，积极发起、牵头组织和参与国际重大科技计划和大科学工程项目[4]，提高国家科技计划对外开放水平和我国全球配置创新资源能力，共同应对粮食安全、能源安全、环境污染、气候变化以及公共卫生等全球性挑战。积极参与重大国际科技合作规则制定，丰富和深化创新对话，完善优先领域选择、外交谈判及国际规则制定、科研经费安排和分配等管理体制机制。

2. 推进落实“一带一路”发展倡议，加强与沿线国家科技创新深度合作

围绕落实“一带一路”发展倡议和亚太互联互通蓝图，合作建设面向沿线国家的科技创新基地，打造连接国内外创新资源的技术转移网络。支持沿线国家科研和教育机构合作联盟建设，推动我国科研院所、高校、企业等各类创新主体与“一带一路”沿线国家和地区的科技产业创新合作[5]，围绕当地需求共建科技合作园区、联合实验室、技术转移中心、技术示范推广基地等创新平台，打造协同互动的转移转化网络，推动科技资源共享和成果产业化。

3. 支持企业走国际化创新发展道路，建立完善与国际接轨的开放创新体系

鼓励和支持企业面向全球布局创新网络，以独资、合资、合作和并购等方式设

立海外研究与开发中心，按照国际规则并购、合资、参股国外创新型企业和研究与开发机构，鼓励部分跨国经营企业建立一体化的全球生产和创新体系，提高海外知识产权运营能力，提升行业领军企业创新能力和国际竞争力。以卫星、高铁、核能、超级计算机等为重点，推动我国先进技术和装备走出去，加快培育以技术、品牌、质量、服务为核心的出口竞争新优势，从“中国制造”向“全球制造”和“全球创新”转变。鼓励外商投资战略性新兴产业、高新技术产业、现代服务业，支持跨国公司在中国设立研究与开发中心，实现引资、引智、引技相结合。

（八）打造最具活力的创新生态系统

从国际经验看，以思想解放、学术自由为主要内涵的科学文化和制度与体制创新等，在世界科技强国形成过程中发挥着重要作用，恰似阳光雨露泽被万物。必须着力打造最具活力的创新生态系统，着力解决好创新要素不能有序流动、创新成本高风险大等问题，处理好激励创新与宽容失败的关系、知识共享与产权保护的关系、小众创新与万众创新的关系。从法制、政策、文化、环境等方面着手，鼓励首创、提倡协作，厚植科学精神和创新文化，引导全社会特别是科技界树立和强化赶超、跨越与引领全球的创新自信，培育敢于创新、便于创新、乐于创新的土壤。

1. 依法治理科技创新，优化完善科技和创新发展政策体系

加强法制化建设，以法律方式规范国家创新体系及其主体的定位、功能与建设要求，保持国家科技发展重大战略和方向的科学性、稳定性、适应性及其落实与调整的严肃性，规范科技与开发投入、国家创新人才的发展方式与格局，确保企业创新主体地位及对中小型企业的有力扶持，并为创新制度环境建设提供总体依据与法律保障。营造激励创新、保护创新、支持创新的政策环境，培育尊重知识、崇尚创造的文化氛围，着力解决科技创新政策间不衔接、不匹配、不落实的问题。

探索建立符合中国国情、适合科技创业企业发展的金融服务模式，研究制定商业银行对中小企业创新支持的激励措施，实行税收减免、税前列支优惠、贴息补助等政策。鼓励银行业金融机构创新金融产品，拓展多层次资本市场支持创新的功能，探索完善对创业风险投资和天使投资及孵化器（众创空间）等创新创业平台的税收优惠政策，运用互联网金融支持创新，完善创新创业环境。

2. 实施知识产权、标准、质量和品牌战略

深化知识产权领域改革，加快建设知识产权强国。深入实施知识产权战略行动计划，着力加强知识产权保护和管理，改革完善知识产权管理体系，提高知识产权的创造、运用、保护和管理能力。引导支持市场主体创造和运用知识产权，以知识产权利益分享机制为纽带，促进创新成果知识产权化。充分发挥知识产权司法保护的主导作用，增强全民知识产权保护意识，强化知识产权制度对创新的基本保障作用。培育壮大知识产权服务市场，发展知识产权投融资体系，提高企业知识产权管理管理和运营水平。健全防止滥用知识产权的反垄断审查制度，建立知识产权侵权国际调查和海外维权机制。

推动质量强国和中国品牌建设。提升中国标准水平，强化基础通用标准研制，健全技术创新、专利保护与标准化互动支撑机制，及时将先进技术转化为标准。推动我国产业采用国际先进标准，强化强制性标准制定与实施，形成支撑产业升级的标准群，全面提高行业技术标准和产业准入水平。支持我国企业、联盟和社团参与或主导国际标准研制，推动我国优势技术与标准成为国际标准。完善质量诚信体系，形成一批品牌形象突出、服务平台完备、质量水平一流的优势企业和产业集群。制定品牌评价国际标准，建立国际互认的品牌评价体系，推动中国优质品牌国际化。

3. 构建有利于创新创业的文化环境

在科技界倡导百家争鸣、尊重科学家个性的学术文化，增强敢为人先、勇于冒尖、大胆质疑、勇攀高峰的创新自信，培育和践行创新科技、服务国家、造福人民的科技价值观。重视科研试错探索价值，建立容错纠错机制，营造宽松的科研氛围，保障科技人员的学术自由。深化科技评价制度改革，树立正确的评价导向，设立符合科技创新规律的评价标准，建立严格、透明的分类评价体系和评价程序，规范科技评价活动，引导形成健康的学术生态。加强科研诚信建设，引导广大科技工作者恪守学术道德、追求学术卓越、清明学术风气、坚守社会责任。加强科学教育，丰富科学教育教学内容和形式，强化基础教育阶段的创新教育以及高等教育阶段的创新创业教育，激发青少年的科技兴趣，不断增强创新创业意识，培育创新精神和创客文化。

加强科学技术普及，提高全民科学文化素质，积极倡导尊重知识、崇尚创造、鼓励创新、宽容失败的创新文化，使创新创业成为全社会共同的价值追求和行为习惯。引导各类媒体加大对创新创业的宣传力度，及时宣传报道创新驱动发展的新进展、新成效，普及创新创业知识，推广成功经验，大力宣传广大科技工作者爱国奉献、勇攀高峰的感人事迹和崇高精神，推动创新创业成为民族精神的重要内涵。让创新驱动发展理念成为全社会共识，调动全社会参与支持创新积极性。

4. 大力推动大众创业、万众创新

建立和完善创业投资引导基金体系，支持建设众创空间等创业孵化平台，并在税收和贷款等方面给予政策优惠。加快研究建立市场准入等负面清单，破除不合理的行业准入限制。深化商事制度改革，为创业创新提供便利的工商登记服务。将创业精神培育和创业素质教育纳入教育体系，实现创业教育和培训制度化、体系化。大力发展创业投资和天使投资，对投向种子期、初创期等创新活动的投资给予税收优惠。

健全保护创新的法治环境，构建综合配套精细化的法治保障体系。培育开放公平的市场环境，加快突破行业垄断和市场分割，降低企业创新成本，扩大创新产品和服务的市场空间。推进要素价格形成机制的市场化改革，强化能源资源、生态环境等方面的刚性约束，提高科技和人才等创新要素在产品价格中的权重，让善于创新者获得更大的竞争优势。

研究编撰人员（按姓氏笔画排序）

尹高磊　甘　泉　汪克强　黄晨光　蒋　芳　樊永刚　穆荣平

参考文献

[1] 习近平．中国共产党第十九次全国代表大会报告．http://www.china.com.cn/cppcc/2017-10/18/content_41752399.htm［2017-10-18］．

[2] 中共中央，国务院．国家创新驱动发展战略纲要．http://www.most.gov.cn/kjzc/gjkjzc/gjkjzczh/201701/t20170117_130531.htm［2016-06-19］．

[3] 白春礼．科学谋划和加快建设世界科技强国．人民日报，2017-05-31（第07版）．

[4] 白春礼．全面深入推进世界科技强国建设．学习时报，2017-12-15（第A2版）．

[5] 汪克强．引领新时代科技强国建设的重大战略．人民日报，2017-11-07（第07版）．

下篇

中国建设科技强国的重大创新领域

建设世界科技强国，必须坚持走中国特色自主创新道路，面向世界科技前沿、面向国家重大需求、面向国民经济主战场，加快重大创新领域科技发展，前瞻谋划和布局未来重点方向，加强基础研究和应用基础研究，突破关键科学和技术问题，抢占科技竞争的制高点。

本篇选择了新时代事关国家重大战略和社会经济可持续发展的信息、能源、材料、空间、海洋、生命与健康、资源生态环境和基础前沿交叉八大科技创新领域，以及支撑科技发展的重大科技基础设施和数据与计算两类平台，系统分析研判世界科技发展前沿趋势和国家创新发展战略需求，立足现有基础和当前发展现状，结合已有的重大科技布局和领域规划，按照全面建成小康社会和全面建设社会主义现代化国家的战略部署（2020 年、2035 年和 2050 年），提出我国在上述领域、平台的发展目标、重点布局和路径，以及促进相关领域、平台科技发展的战略举措和政策建议。

第十三章　信 息 领 域

当今世界，信息技术创新日新月异，以数字化、网络化、智能化为特征的信息化浪潮蓬勃兴起。信息技术与生物技术、新能源技术、新材料技术等交叉融合，正在引发以绿色、智能、泛在为特征的群体性技术突破。以物联网、云计算、大数据和人工智能等为代表的信息通信技术（ICT）飞速发展，成为推动传统制造技术深刻变革的核心动力。信息技术的主要特点是渗透性，如同水银泻地，无孔不入。21 世纪上半叶仍将是信息技术唱主角，生物、材料、能源等技术的发展离不开信息技术的支撑。各行业的信息化已成为经济发展与升级的必经之路。

回顾中国信息领域的发展历程，中华人民共和国成立后 30 年的主要任务是打破封锁，改革开放后 30 多年的主要任务是打破垄断。目前，中国已成为信息科技和信息产业大国，推进“互联网+”是中国科技强国战略的重要途径，建设科技强国的首要任务之一是做强信息科技和信息产业。但我国信息产业仍然“头重脚轻”，消费侧强、供给侧弱，关键核心技术受制于人的局面尚未根本改变。党的十九大报告提出要建设科技强国、网络强国、制造强国、数字中国、智慧社会，这些都需要依靠信息科技发展提供支撑。未来 30 年，我国要加快信息领域的科技创新，力争实现跨越引领，成为名副其实的信息科技强国，为加快建设创新型国家和科技强国奠定坚实基础。

一、信息领域科技发展的重大作用和意义

（一）人类社会正在步入信息社会，信息基础设施成为国家经济社会发展的基石

从世界范围来看，信息化是一个国家现代化水平的核心指标。信息技术的绝

对领先是美国保持全球领导地位的关键因素之一。互联网的发展使得信息服务设备成为人们使用频次最高的工具，工业 4.0、互联网金融、人工智能等正在深刻改变着实体经济、社会治理和人们的日常生活。麦肯锡公司 2013 年预测了 12 项颠覆性技术对未来全球经济的影响，认为移动互联网、智能软件等新一代信息技术到 2025 年可能产生 5 万亿 – 10 万亿美元经济效益，是影响最广泛深远的领域[1]。

中国是经济全球化和互联网发展的最大受益者。世界大型企业联合会 2015 年经济数据表明，1994–2014 年，中国信息技术投入对 GDP 拉动贡献为 1%（未统计香港、澳门、台湾数据，下同），远远高于美国（0.6%）、英国（0.6%）、德国（0.4%）、法国（0.3%）、日本（0.3%）等发达国家。2016 年中国数字经济规模已达到 22.4 万亿元人民币，占 GDP 比重达到 30.1%，增速为 16.6%，已在经济发展中起到引领和主导作用[2]。根据 2017 年互联网趋势报告，全球前 20 强的互联网企业中，中国占据 7 席，腾讯、阿里巴巴、百度 3 家上市公司进入前 10 强，其中，腾讯、阿里巴巴市值更是超过了 3000 亿美元[3]。

信息基础设施包括电信网络、互联网、广电网、物联网、内容分发网络（CDN）、云计算中心与超算中心、大数据中心、容灾备份中心等，涵盖了信息的获取、传输、处理、数据资源和核心应用平台等。对中国这样国土辽阔、人口众多的大国来说，信息基础设施更为重要。阿里巴巴、腾讯、百度、滴滴已经成为贸易、社交、信息入口、出行等事实上的国家基础设施。超算和大数据也成为科学研究除理论、实验外的两种新手段，推动了科学技术的迅猛发展。

（二）智能技术与智能化应用引发生产和生活方式变革，正在成为国家现代化的主要推动力

近年来，人工智能技术飞速发展，在语音、图像、视频、自然语言、博弈对抗的处理上，呈现出接近甚至超越人的智能水平。照此趋势发展下去，人工智能将引发工业、农业、服务业的巨大变革，深刻改变人类社会生活、改变世界。当前，人工智能已成为国际竞争的新焦点，各国都在加强布局，力争在新一轮国际科技竞争中抢占先机。人工智能已成为经济发展的新引擎，智能相关产业已经成为中国乃至世界经济最重要的增长点之一。仅智能手机一项，根据国际数据公司（IDC）的报告，2016 年全球出货量约 14.7 亿台，中国厂商华为、OPPO 和 VIVO

已跻身世界前五强[4]。根据 2017 年 7 月 8 日国务院发布的《新一代人工智能发展规划》，到 2020 年我国人工智能核心产业规模要超过 1500 亿元，带动相关产业规模超过 1 万亿元[5]。人工智能发展进入新阶段，推动着经济社会各领域从数字化、网络化向智能化加速跃升。党的十九大报告明确指出“推动互联网、大数据、人工智能和实体经济深度融合”，这为我国发展智能经济，建设智能社会明确了方向，也开启了迈向智能时代的新征程。

历史上，英国研制了首个蒸汽发动机，率先进入工业时代，成为工业时代的全球霸主；美国研制了首台通用电子计算机，领先进入信息时代，成为信息时代的世界领导者。按照这个规律，谁先进入智能时代，谁就有可能引领这个新时代的发展。面对新形势和新需求，我国必须抓住人工智能发展的重大机遇，研判发展大势，积极布局谋划，引领人工智能发展新潮流，全面提升经济社会发展和国防应用智能化水平，为建设现代化国家提供重要支撑。

（三）新一代信息技术与先进制造技术深度融合，将为促进制造业转型升级、加快制造强国建设提供重要引擎

先进制造技术与信息技术深度融合，将推动两个领域技术的突破。一方面，制造过程的复杂性、多样性及技术的实时性、可靠性、安全性要求，将拉动信息技术突破更高的技术指标。例如，5G 能否取代工业以太网进行通信，人工智能能否取代工程技术人员进行决策，都是信息技术面临的新挑战。另一方面，在信息技术推动下，机器人、3D 打印、数控加工等先进制造技术将取得重要突破。例如，泛在感知、机器人视觉、机器学习等信息技术，使得机器人更为智能，免编程、人机协作、多模态交互成为智能机器人的重要特征。

智能制造是基于新一代信息通信技术与先进制造技术深度融合，贯穿于设计、生产、管理、服务等制造活动的各个环节，具有自感知、自学习、自决策、自执行、自适应等功能的新型生产方式。信息技术对智能制造的支撑作用体现在：

1）网络化互联：从信息系统到自动化系统，从产品设计到制造，从供应链的上游到下游，不同层面、范围的网络将上述过程的软硬件互联，构成制造网络。

2）数字化空间：物理空间的实体对象抽象为数字化模型，映射到数字化空间，以数字化模型作为对物理空间对象操纵的载体，提高物理空间的运行效率。

3）平台化支撑：将通用、共性、基础的资源、功能抽象为服务，通过统一接口将服务共享和发布，使得智能制造相关参与方能够灵活地访问到服务，最大可能地聚合制造资源、降低服务使用成本。

智能制造能够有效缩短产品研制周期，提高生产效率和产品质量，降低运营成本和资源能源消耗，对于提高制造业供给结构的适应性和灵活性、培育经济增长新动能都十分重要。加快发展智能制造，是培育我国经济增长新动能的必由之路，是抢占未来经济和科技发展制高点的战略选择，对于推动我国制造业供给侧结构性改革，打造我国制造业竞争新优势，实现制造强国具有重要战略意义。

二、信息领域科技发展现状及趋势

（一）信息技术正在进入三元计算和万物互联阶段，中国正处于信息技术发展三个历史阶段并行的时期

自 1946 年由美国宾夕法尼亚大学设计和制造的第一台数字电子计算机问世以来，信息技术经历了三个大的发展阶段[6]。目前正在迎来人机物三元计算和万物互联的阶段[7]。据业界估计，到 2035 年，全球将有万亿级的传感器、数千亿物端设备连接网络。为支持这些新增加的海量联网设备，至 2035 年的信息技术发展将出现以下趋势：计算技术向超高性能、超低功耗、超高通量方向发展；通信与网络向广域覆盖、超高带宽、智能泛在方向发展；信息获取与感知向高精度、集成化、多用途方向发展；集成电路开启超摩尔探索，大规模集成技术将引领光电子发展。

中国的信息学科从 1956 年起步，逐步建立了满足国家安全需要的学科体系和工业基础，对国防科技和石油等关键行业起到了支撑作用。改革开放以后，借全球化大势，中国成为信息产业与信息化大国，在联想微机、腾讯微信、高性能计算机等一些单点上走到了国际前列。中国“新四大发明”——高铁、网购、移动支付、共享出行中，信息占了三席。引领创新的未来 30 年，在信息领域实现“弯道超车”“变道超车”，通过发展颠覆性技术和集成创新，抢占国际竞争制高点，成为信息技术与信息化的强国，是中国信息科技的新目标。

信息技术发展经历的三个阶段

- 计算（Computation）阶段：主要目标是提高计算力，通过处理信息和数据，仿真自然规律和经济社会规律，以数值天气预报和核爆数值模拟为典型代表，也称单机一元计算和计算机的阶段。
- 通信（Communication）阶段：主要目标是提高连接度，通过传输信息和处理连接，将人类的经济社会活动搬到赛博信息空间，实现了人与人、人与机、机与机的紧密连接，以银行电子交易和网络购物、微信为典型代表，也称人机二元计算和互联网的阶段。
- 融入（Embodiment）阶段：主要目标是提高智能性，通过赋予自然物体和人造物体以信息能力，使它们变“活”，变“聪明”，实现人类社会（人）、信息空间（机）、物理世界（物）的无缝智能融合，以无人驾驶汽车和共享单车为典型代表，也称人机物三元计算和万物互联的阶段。

但是，在进入第三个阶段的今天，前两个阶段的任务并没有完成，很多地方还必须补课。虽然 Wintel（Windows-Intel 架构）的主流地位已经动摇，但我国必须发展安全可控替代性的 CPU 和操作系统。在集成电路进口额超过了石油进口额的现状下，改革开放的法宝“引进消化吸收再创新”“以市场换技术”还要用，先做大做强中国集成电路（IC）产业。信息服务业快速发展，企业利用国内互联网用户众多的“网民红利”实现了快速增长，但软硬件还很弱，尤其是针对企业的软硬件和服务增长缓慢，而且核心技术缺失。2017 年福布斯全球企业 2000 强名单中，有美国 14 家芯片公司与 14 家软件公司，中国尚无一家入选。同时，量子信息、类脑智能这类还未走到实用的重要方向也必须加大投入、加快发展。因此，我国在这三个阶段的任务很繁重，也很紧迫，按照什么比例、如何调配资源和确定先后顺序等，都是我们当前面临的“中国式困惑”。

（二）新一代人工智能的理论、技术和应用等整体推进，发展势头迅猛

人工智能经过 60 多年的演进，在移动互联网、大数据、超级计算、传感网、脑科学等相关理论技术以及经济社会发展强烈需求的共同驱动下，开始加速发

展。大数据驱动知识学习、跨媒体协同处理、人机协同增强智能、群体集成智能、自主智能系统、类脑智能、智能芯片开始成为人工智能的发展重点和趋势[5]。随着新一代人工智能国家重大项目的实施落地，智能的理论和技术体系将发生变革性发展。

人工智能浪潮的爆发和深度神经网络的科技应用成果在各领域不断落地，促使人工智能理论取得了超乎想象的进步和发展。混合增强智能、跨媒体感知计算、大数据智能理论、群体智能理论、类脑智能计算理论、高级机器学习理论等智能理论在不断地发展和完善。在智能化时代，人类面临着很多不确定的、脆弱的和开放的问题，目前的人工智能理论还不足以使智能机器完全取代人类。结合人类的作用和机器的认知模型，形成了混合增强智能理论的新形态、新体系。混合增强智能发展过程中有两种基本形式：一种是人机协同混合增强智能，另一种是以机器的认知计算为主的混合增强智能。跨媒体感知计算理论在智能机器的感知获取及言语感知计算方面已有部分应用，但超越人类视觉能力的感知获取和全自主的智能感知理论还需加强建立更全面的理论体系。大数据智能理论以自然语言理解和图形图像分析为核心，建立起数据驱动与知识引导相结合的人工智能新方法，继续研究通用人工智能数学模型和理论。群体智能理论的研究将对未来军事化应用起到举足轻重的作用，在现有理论基础上，应加强群体智能结构理论与组织方法、群体智能学习理论等基础理论的研究。类脑智能计算理论目前尚存在基础体系不完善、不清晰等问题，随着类脑研究的深入，类脑计算理论也将逐步建立起完整的理论体系和技术体系。高级机器学习理论的发展以机器学习、深度学习为基石，基础理论体系完整，未来应在已有基础上加强对高级机器学习算法的研究，努力提高算法的层次和水平。

人工智能技术的发展，核心物质载体是芯片。目前，智能计算采用的芯片主要存在三个技术路线：①适用于海量并行计算的图形处理器（GPU），以英伟达 Tesla 系列为代表，目前占据智能市场 70% 以上的市场份额，主要应用方向有数据中心、自动驾驶、嵌入式芯片等。②现场可编程门阵列（FPGA），如赛灵思（Xilinx）推出的基于 FPGA 架构的 XPU。Intel 也收购了 FPGA 制造商 Altera，借用 FPGA 技术来为自身的智能化发展做贡献。③专门的智能芯片，如寒武纪神经网络处理器和谷歌（Google）的张量处理器（TPU）。寒武纪是国际上首个深度神经网络处理器，其智能处理能效可达传统芯片的百倍，目前已集成在华为 Mate10 手机中，实现了千万规模应用。Google TPU 在神经网络推断方面性能优秀，以往需要海量 CPU 和 GPU 联合运行的 AlphaGo，仅仅需要 4 块 TPU 进行联合计算，极大地缩小了用于智能计算的硬件设备的体积。目前，由于智能芯片还未普及，国际上人工智能算法硬件计算只能以 GPU 为主要平台，随着智能基础软硬件的发展，未来有望能改变这种局势，形成基于智能芯片的智能产业生态。

目前，人工智能正快速进入大规模商业应用。IBM Watson 智能系统在全球已经拥有超过 100 万注册用户，Watson 识别皮肤癌的准确率高达 95% 以上，而人类识别皮肤癌的准确率只有 84% 。微软小冰机器人正在成为整个微软的人工智能基础设施。全国已经有超过 400 家大中型医院加入阿里巴巴集团公司的“未来医院”计划。Google 的人工智能机器人 AlphaGo 第一代就能与人类棋手相匹敌，第二代的阿尔法元（AlphaGo Zero）将价值网络和策略网络整合为一个架构，整合蒙特卡洛搜索不断迭代，通过海量自对弈训练，能够达到超越人类的水平。

IBM Watson 智能系统

Watson 是一个通过自然语言处理和机器学习，从非结构化数据中解释洞察的技术平台。2011 年，Watson 在美国最受欢迎的智力问答电视节目中亮相，一举打败了人类智力竞赛的冠军。在 IBM 的规划中，Watson 的使命是“助力行业转型”以及“为专业人士赋能”。如今，Watson 已经发展为一个商业化、基于云的认知系统，应用到电子、能源、教育、汽车、医药、高性能材料及相关服务等行业。

注：资料源自 IBM 网站 Watson 专栏，http://www-31.ibm.com/ibm/cn/cognitive/outthink/watson/index.html。

总体上看，人工智能作为一种使能技术，是各种信息新技术的黏合剂，加上它就能使互联网、工业、农业、军事、金融、社会治理等众多行业应用都具备某些类人的智能，提升信息化的高度。虽然实现强人工智能的道路还很漫长，但广义的人工智能已经能够实现部分应用落地。国际上任何一个有能力的国家都会参与到人工智能的逐鹿中，无论是智能处理器芯片、智能超算系统、智能算法、无人驾驶汽车，还是智能学科的人才，各国都在激烈竞争。我国应努力在人机物无缝智能融合的新时代赢得先机，力争成为智能信息社会的领跑者。

2017 年 11 月 15 日，我国新一代人工智能发展规划暨重大科技项目正式启动。通过规划实施和启动重大科技项目，突出基础前沿和高端引领，形成新一代人工智能技术体系的前瞻布局，大规模推进人工智能创新应用，促进人工智能与实体经济深度融合，引领带动智能经济和智能社会发展，打造我国人工智能先发优势。根据部署，我国首批将建设自动驾驶、城市大脑、医疗影像、智能语音四个国家新一代人工智能开放创新平台。

（三）生产制造系统的网络化、数字化、平台化特征日趋明显，未来将进一步向协作化、虚拟化、生态化方向发展

1. 生产制造系统的网络化与协作化

工业 4.0 的基础是网络化互联，纵向管控集成、产品生命周期端到端集成、供应链横向集成三大核心任务都要依靠网络化互联，其中纵向管控集成要依靠控制网和管理网的互联，产品生命周期端到端集成要依靠产品生命周期设计、制造、服务环节的互联，供应链横向集成要依靠供应链上下游企业的互联。正是由于网络互联，才使得传统层次化的生产制造系统向扁平化、高效化发展，构成云制造、工业互联网等的技术基础，如图 13-1 所示。

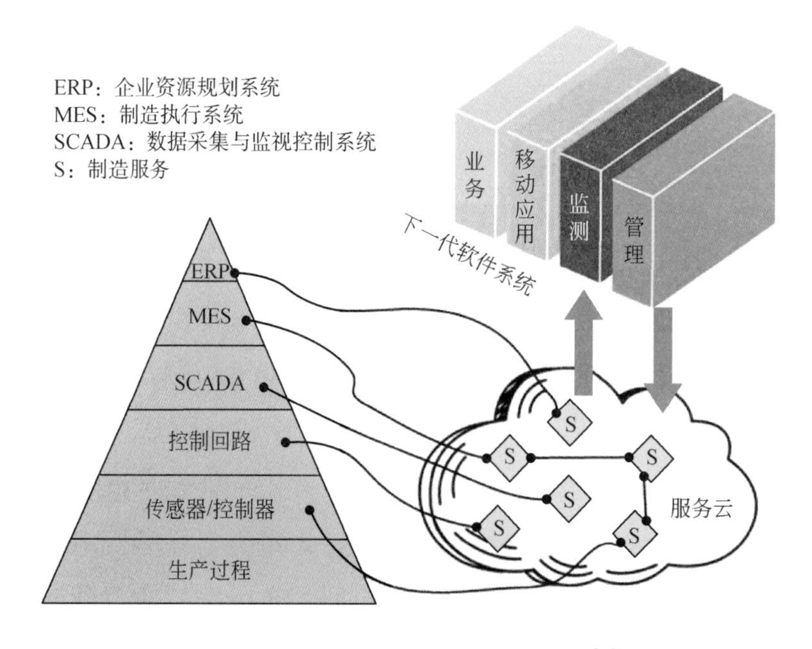

图 13-1　生产制造系统的网络化[8]

智能制造产业链未来将进一步向协作化发展。在协作化模式下，企业的技术开发、产品设计、原材料采购、元部件生产、产品组装、物流配送、市场销售、售后服务、功能升级、废品回收、再制造等部分，独立成高效的专业化公司，根据生产的需求重新组织，形成满足特定产品需求的高效协作化制造网络（图 13-2）。生产组织的集中与分散共存，生产链条由更专业的单元灵活组织，是未来的发展趋势。

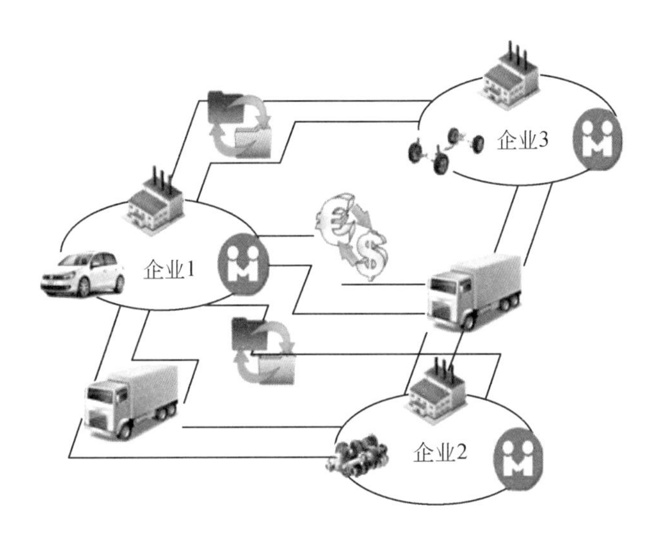

图 13-2 制造网络的协作化

2. 产品全生命周期的数字化与虚拟化

数字化仿真技术和三维 CAD 技术不仅使设计技术产生变革，而且向产品的全生命周期发展。数字化模型全面覆盖产品设计、生产和服务各个阶段，与传统方式相比，产品设计-制造周期显著缩短，企业运行更为高效（图 13-3）。美国国防部最早提出利用数字孪生（Digital Twin）为飞行器提供维护与保障，首先在数字空间建立模型，通过传感器实现与飞机真实状态同步，每次飞行后，根据结构现有情况和过往载荷，及时分析评估是否需要维修、能否承受下次任务载荷等。

生产制造模式未来将进一步向虚拟化发展。虚拟制造以数字化模型为基础，构建一个与制造物理空间对应的虚拟制造信息空间，对真实物理制造过程进行仿真模拟。信息空间实时、准确、全面、深刻地反映制造物理过程的动态特征，并提供对制造物理过程进行控制的机制和手段（图 13-4）。

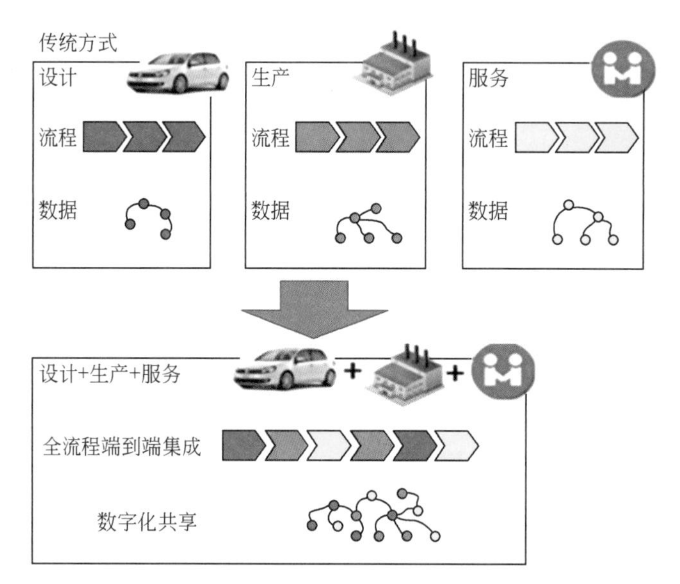

图 13-3　产品全生命周期的数字化

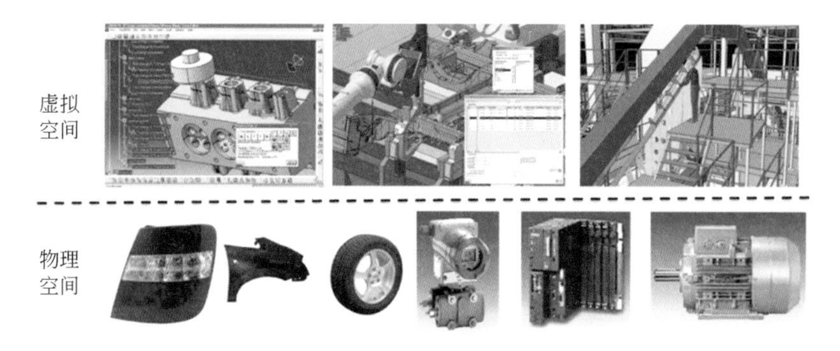

图 13-4　虚拟制造

3. 智能制造服务的平台化与生态化

互联网+智能制造背景下，以开放、互联、共享为特征的互联网技术对制造技术的深刻变革，集中体现在制造系统的服务化和平台化上。智能制造平台将包括工业物联网、机器人、3D 打印在内的庞大智能制造关键技术整合，提供核心的平台、数据、网络互联等服务，支撑个性化定制、产品众筹设计等智能制造创新应用（图 13-5）。国外、国内都十分重视智能制造服务平台的建设。例如，美国 GE 公司提出工业互联网概念后，推出了工业互联网产品——Predix 平台，基于云的模式，既可以集中技术与运营力量进行创新，也可以协同创新，客户还可以自行发挥创新的主动性。中国航天科工集团公司也推出了智能制造的云平台——航天云网，取得了良好成效。2017 年 11 月，国务院印发《关于深化“互联网+先进制造业”发展工业互联网的指导意见》，规范和指导我国工业互联网发展，支撑制造强国和网络强国建设。

图 13-5　智能制造服务的平台化

智能制造服务未来将进一步向生态化发展。智能制造平台逐渐聚合越来越多的上下游企业，广泛吸引终端消费者用户的参与，以平台为核心，构建一个覆盖完整产业链的智能制造生态系统（图 13-6）。各参与方都能从生态系统中获取利益，实现利益最大化。系统的构建者扩大了数倍于自己的实力，从而提高了企业的盈利能力和抵御经营风险的能力。

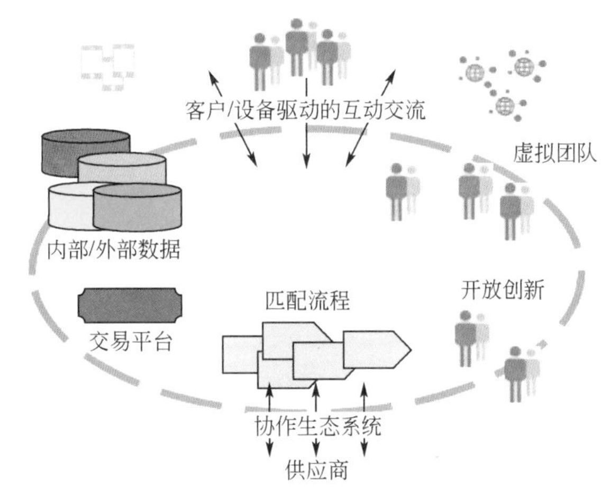

图 13-6　智能制造的生态系统

三、我国信息领域科技发展目标、布局和路径

规划中国信息领域的发展目标与布局首先要满足国家战略需求。我国信息技

术和产业的基本现状是“头重脚轻”，集成电路和基础软件的根基较弱，与国家对网络空间安全的急迫需求有巨大的差距。因此，今后5-10年应重点打好根基，掌握集成电路和基础软件核心技术，着力提高网络空间的安全性。

长远的科技布局要符合信息技术的发展趋势。智能化是今后30年信息技术的主要发展方向，应重点布局发展人工智能技术。中国的互联网应用特别是互联网金融国际领先，着力培育以区块链技术为基础的金融科技有可能动摇美国的金融霸权，这也许是科技强国之路的奇招之一。互联制造系统可以融合中国在制造业和互联网领域的比较优势，走出中国自己的智能制造业发展道路。

长远的科技布局同时也要考虑已有的技术基础。当前，互补金属氧化物半导体（CMOS）集成电路已接近物理极限，而变革性的器件似乎遥遥无期，在20年甚至更长时间内都难以取代CMOS；无线通信的频谱效率已接近香农极限；强人工智能应是百年以后的事，30年内不会出现惊人的变化。未来20-30年是经济长波的衰退期，也是重大发明的爆发期。这些都是我们在进行科技布局时需要深入研判的问题。

（一）总体目标

2020年的短期目标是固根基。在信息技术上以引进为主，大幅度提高集成创新能力；同时着力提高自主创新能力，解决制约创新发展的急迫问题。着重发展信息安全、信息基础设施、集成电路三大产业，补齐重要的门类，使中国全面成为信息科技大国。在信息领域的若干细分产业，如无线通信、网络金融服务业、部分人工智能应用率先进入全球价值链中高端。

2035年的中期目标是求发展。部分信息技术要从并行走向领跑，从根本上转变重要领域关键核心技术受制于人的局面，着重发展人工智能、互联网金融、互联制造系统、交叉应用，进入信息科技强国行列。

2050年的长期目标是谋颠覆。着重发展量子计算机、新器件、类脑技术，在信息领域产生影响世界、引领创新的颠覆性技术，并开创若干新产业，进入信息科技强国前列。

（二）重点科技布局和发展路径

1. 信息安全

信息安全是国家安全的基础与重要组成部分。密码学是信息安全的基石，密码算法和密码协议需要随着信息技术的发展而推陈出新。硬件固化、封闭的特点制约着信息安全的应用。软硬件越来越复杂，给安全性证明带来巨大挑战。网络攻防对抗首要因素在于“人”，网络空间安全体系需要融合社会科学、生物科技，研究心理学、社会工程学与密码学、生物无口令认证、移动目标防御、攻击检测分析技术的交叉应用。

（1）核心科学问题与关键技术

面向云计算、大数据、物联网、移动通信等新型信息技术场景，研究同态加密、轻量级密码、零知识证明等密码算法和密码协议。

突破密码与安全硬件技术壁垒，研究软硬件安全性证明方法和软硬件结合的弹性防御技术。

研究心理学及社会工程学在安全防御中的应用，构建人机物三元融合的协同防御统一体系。

（2）发展目标

至 2020 年为弹性融合阶段。在核心软硬件受制于人且短期难以改变的前提下，发展多元异构、有毒带菌网络空间组件，采用弹性防护的新思路，以入侵容忍、拟态安全、信息欺骗为核心移动目标防御技术，在非可信软硬件环境下构建自主可控防御系统，解我国信息安全之燃眉之急。

至 2035 年为核心组件突破阶段。攻克轻量级密码、零知识证明、同态加密等密码算法的理论和实现技术，力争实现通用处理器芯片、AI 芯片、生物芯片、通信芯片以及工业控制系统芯片的自主产权，构建主要核心部件完全自主产权下的关键基础设施自主可控防护，消除我国信息安全的心腹之患。

至 2050 年为主动防御阶段。全面突破 FPGA（现场可编程门阵列）、DSP（数字信号处理）、嵌入式芯片以及 CPU（中央处理器）、GPU（图形处理器）、Flash（闪存）等硬件工艺和算法实现方法，结合量子计算、生物计算、人工智能等新技术实现主要信息系统、基础应用和关键设备的完全自主可控与安全自定义，开展基于新技术应用和自主产权的自主可控安全防御，构建信息安全的战略平衡。

2. 信息基础设施

信息基础设施建设重点包括：全球覆盖的陆海空天立体信息网络，实现天基信息网络、互联网、5G 移动通信网、水下通信网的深度融合，国家超算中心环境，新的计算基础设施——云计算平台，新的数据基础设施——大数据平台等。

（1）核心科学问题与关键技术

中国应发展基于自己原创技术的“信息高速铁路”系统，构建未来网络、物端计算的新型系统结构和生态，解决人多物多条件下如何保障服务质量、提高用户体验等问题；推广我国互联网服务商自发的“去 IOE”行动（去掉 IBM 小型机、Oracle 数据库、EMC 存储设备，取而代之在开源软件基础上开发的系统）经验，建立自主可控的计算机软硬件生态系统，夯实国家网络空间安全的基础。

（2）发展目标

2020 年，建设摆脱垄断的信息基础设施。在超级计算机、关键办公桌面系统、智能手机等的核心芯片、操作系统等方面，要努力在主流市场上摆脱垄断，特别是芯片和操作系统等信息基础设施的核心部分，力争再用十年左右时间，使关键行业的计算机软硬件达到 95% 的自主可控率。

2035 年，建设无缝智能的信息基础设施。针对我国信息化、工业化、城镇化的历史性升级需求，提供高能效的信息基础设施，实现人机物三元世界中的智能业务的命令与响应，保障端到端良好用户体验，有效支撑我国的“互联网+”、智能制造、智慧城市、特色小镇等战略行动。

2050 年，建设普惠计算的信息基础设施。构建全民个人信息账户，为十二亿用户提供个性化智能服务，满足他们在生产、生活、生态上的需求。在合理平衡信息安全、隐私保护、依法监管三者的基础上，实现人均信息消费居于世界领先水平。

3. 集成电路

集成电路产业市场规模大、资金投入大、垄断性强、技术人才密集。夺取 IC 产业的主导权，是未来信息领域白热化国际竞争的主战场之一。

（1）核心科学问题与关键技术

半个多世纪以来，以硅基 CMOS 为基础的集成电路技术沿着摩尔定律快速推进，主流技术已进入 10nm 及以下节点，硅基 CMOS 器件已逼近其材料和器件的物理极限。新材料、新结构和新原理的“后摩尔”时代集成电路技术受到学术界和工业界的高度重视。同时，将光电、射频、传感、微机械、显示、生物等器件/芯片与硅基 CMOS 电路异质集成，以实现功能更丰富的集成电路产品，是“后摩尔”时代的另一条发展路径。

当前集成电路技术面临的关键科学和技术问题仍集中在性能和功耗上。我国最先进的集成电路量产工艺已达到 28nm，14nm 及以下工艺节点也已开始布局攻关。但总的来说，与国际先进技术仍存在 2 代以上的差距。如果沿着这条道路发展，我国将始终扮演追赶者的角色。因此，解决我国集成电路发展瓶颈的关键在于新材料、新结构和新原理器件以及异质集成技术的突破。

（2）发展目标

2020 年，我国集成电路制造技术进入 22nm 技术节点，部分集成电路关键材料和制造设备实现国产化，在智能应用等专用 CPU、高密度三维存储、异质集成技术等方面实现技术突破，新原理逻辑和存储器件实现小规模量产。

2035 年，我国集成电路制造技术进入 10nm 及以下技术节点，与国际主流技术代差缩小到 1 代以内，主要材料与设备实现国产化，集成电路产品自主率达到 40%，实现新原理器件的产业化应用。

2050 年，我国集成电路制造技术达到国际先进水平，集成电路产业链更加完善，集成电路产品自主率达到 80% 以上，成为集成电路产业强国。

4. 人工智能

人工智能是信息领域科技发展的战略必争方向。中国在智能应用上有比较优势，市场巨大，创业者众多，从事人工智能的华人学者数量也最庞大，在神经元网络深度学习芯片上走在国际前列。

（1）核心科学问题与关键技术

智能的物质基础和本质。智能历来被认为是人类所特有的能力，通过长期进化而形成。对于智能的物质基础和本质的揭示，将为人工智能的发展提供坚实的基础。

智能程度的度量。长期以来，对智能程度的度量一直是一个重要的基础性问题。与此相联系，人类的智能活动能否通过计算加以实现，是人工智能研究的重要基础性问题。

智能的表示问题。不同模态智能要实现相互作用和交互，必须先解决不同智能之间的表示问题，并实现这些表示之间的过渡与转换。

感知智能与认知智能的结合与反馈。通过感知智能，提供认知能力的基础和逐步完善能力。通过认知智能，提供对感知智能的启发和假设。

元人工智能机器的构建。解决元人工智能机器的模型和实现问题，在此基础上获得智能的自动提升。

人工智能芯片的发展。人工智能芯片是智能的核心物质载体，需要解决人工智能芯片的性能、能效、精度等一系列技术问题，建立我国主导的国际智能软硬件生态。

（2）发展目标

2020 年，人工智能在封闭世界问题中得到广泛应用，极大地提升金融、物流、交通、工业控制等领域效率，降低成本。以自动驾驶汽车为代表的智能移动机器人开始进入限定领域的应用，以计算机视觉和自然语言为核心的多模态任务取得初步进展，在对话系统、机器人等应用中取得突破。

2035 年，在跨模态智能信息的表示方面取得突破，大规模的结构自学习取得突破性进展；人工智能在医疗辅助/自动诊断方面取得重大突破，对若干重要疾病的自动诊断能力超过人类医生的水平；自动驾驶得到大规模普及。

2050 年，突破类似人类全方位感知和认知能力的问题，构建具有类似全人智能的智能机器。智能机器成为社会生活中不可或缺的组成部分。

5. 互联网金融

互联网金融是颠覆美元世界霸权的历史机遇，以区块链技术为核心的虚拟货币试图颠覆传统货币和信用卡体系。中国领先的支付宝、微信支付等网络支付实践，为广大用户点对点支付快捷体验提供了相应的技术基础设施，在全球独领风骚，且其影响力正在持续扩大。

（1）区块链关键技术及应用

区块链技术在互联网这样不具备信任基础的网络环境中，实现了靠技术和算法保证的较为可靠的信任效果。从应用角度看，以区块链技术为核心，不仅可以构建颠覆传统货币和信用卡体系的民间虚拟数字货币，也可构建绕开美元霸权、发挥中国地缘影响力和人口优势的区域性虚拟商圈币、结算币，让人民币走出国门，配合“一带一路”倡议在国际上有所作为。此外，区块链技术对构建供应链金融和消费金融体系、对产品进行防伪溯源、对各种数字权益和大宗资产进行确权/登记/交易/结算、对保护数据主权前提下的大数据交易、对数字权益和数字取证与物联网设备的对接，乃至对构建企业级安全可靠高可用容灾架构等方面也有独到的优势。作为区块链支柱技术之一的分布式共识技术，源于古代的军事应用，因此把区块链技术引入现代军事领域也有重要意义。

区块链技术

狭义来讲，区块链是一种按照时间顺序将数据区块以链条的方式组合成特定数据结构，并以密码学方式保证的不可篡改和不可伪造的去中心化共享总账，能够安全存储简单的、有先后关系的、能在系统内验证的数据。

广义的区块链技术则是利用加密链式区块结构来验证与存储数据、利用分布式节点共识算法来生成和更新数据、利用自动化脚本代码（智能合约）来编程和操作数据的一种全新的去中心化基础架构与分布式计算范式。

从技术的角度看，区块链是分布式数据存储、点对点传输、共识机制、加密算法等计算机技术的新型应用模式。区块链技术具有去中心化、时序数据、集体维护、可编程和安全可信等特点，特别适合构建可编程的货币系统、金融系统乃至宏观社会系统。

注：资料源自袁勇，王飞跃．区块链技术发展现状与展望．自动化学报，2016，42（4）：481-494。

当前，熟悉区块链技术、通晓区块链应用解决方案的人群基数很大，但掌握区块链相关底层技术的还为数不多。对代码的自主掌控程度还不够理想，有些区块链平台的核心技术也没有完全实现开放源代码。应全方位支持区块链技术的研究，掌控区块链底层核心技术，大力扶植区块链相关产业发展，提前布局中国主导下的区块链技术跨国跨境应用。同时，对区块链技术的某些去中心化应用可能引发的系统性风险，特别是系统性金融风险，进行重点防范。

（2）发展目标

2020 年，建设完善的区块链相关学科体系、公共基础设施服务体系、技术创新体系、产业化投资体系，推动区块链及相关互联网金融技术不断发展。

2035 年，攻克区块链相关的关键技术难题，实现区块链领域核心技术的全部自主可控。

2050 年，实现基于区块链的全民信用服务，全面建成价值互联网，并成为主导全球价值互联网的首屈一指的技术、金融和信用大国。

6. 互联制造数字化平台系统

互联制造数字化平台系统是实现智能制造的关键抓手。它将制造物理空间各类软硬件实体泛在互联，构建网络化基础设施，以数字化手段构建智能信息空间，通过平台为智能制造的参与者提供控制、决策与优化的智能制造服务。

（1）核心科学问题与关键技术

核心科学问题包括：生产资源动态实时调度，即企业内部各类生产资源扁平化互联之后，如何实时调度，满足动态生产任务需求。产品全生命周期跨领域异构建模，即如何建立企业跨产品生命周期各个阶段的数字化模型，定义异构模型的统一接口，实现模型的动态组合和集成；产品全生命周期参考模型架构。复杂制造网络多目标协同优化，即如何对生产制造网络的成员、结构、参数进行全局协同优化，满足生态系统各参与方多目标冲突利益诉求，实现生产制造网络多目标优化运行。

关键技术包括：高速实时无线通信，制造系统软硬件动态重构，制造系统跨层次集成，异构设备互联互通互操作，动态制造过程智能管控。产品数字化抽象建模，产品跨生命周期信息集成，产品远程监控与预测性维护，产品设计-制造一体化仿真。制造资源虚拟化，工业云技术，制造网络动态协作管理，敏捷供应链。

（2）发展目标

2020 年，以智能管控系统为支撑，实现互联生产，制造业重点领域智能化水平显著提升。扩展应用工业无线网络等技术，初步构建工业互联网平台体系，同时建立相应标准。实现企业内部各类软硬件实体的扁平互联，构建支持互联生产的智能管控系统。

2035 年，以产品数字化模型为核心，实现产品全生命周期数字化互联，制造业重点领域全面实现智能化，实现国际领先。重点面向大型工程，以数字化模型为基础，应用工业互联网，实现产品设计、生产制造、服务之间的跨领域集成，提高产品全生命周期管理智能化水平。

2050 年，以制造网络为基础形成互联制造生态系统，实现产业链互联协作，制造业主要领域具有创新引领能力。建成制造者与用户深度参与互动、产业链上下游企业紧密协作的互联制造生态系统，形成国际领先的技术与产业体系，综合实力进入世界前列。

互联制造

互联制造旨在充分运用信息技术实现制造过程全要素的泛在互联，全面运用人工智能技术提升人机物融合的水平，突破传统的分层结构制造系统造成的设计制造周期长、生产效率低、产业链关联弱等问题，提高制造系统对产品和市场变化的弹性。

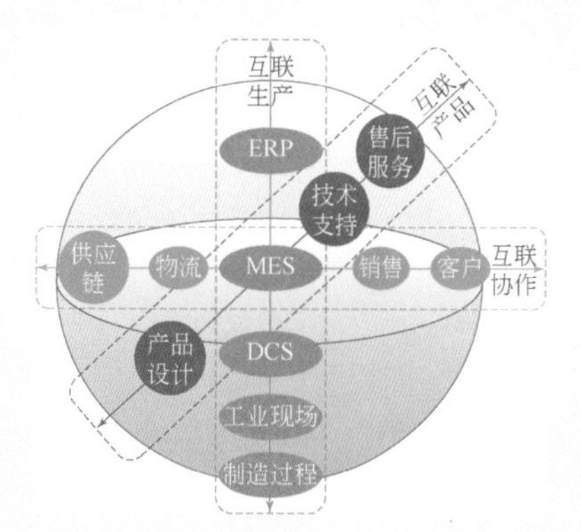

互联制造体现在三个方面：①互联生产：使生产系统从分层、顺序结构变为平面结构，形成管理、控制、生产一体化互联；②互联产品：基于产品的数字化模型，实现产品全生命周期端到端数字化互联集成；③互联协作：产业链上的企业紧密结合，形成虚拟互联、协作制造的网络。

7. 信息技术在相关重点领域的交叉应用

交叉应用是信息科技未来发展的大趋势，未来 20 年信息技术的主要方向可能是向其他领域渗透。例如，生命科学研究领域各种组学数据的解析、基于个性化生命组学数据的精准医疗、机器人与控制技术、虚拟现实、文化创意、教育等都是高度依赖信息技术的重点交叉领域方向。

（1）信息技术在生命健康领域的交叉应用

生命健康领域对信息技术的核心需求，是如何对超指数级速度增长的生命健康数据进行有效解读与展示，实现疾病的早期预警和精准治疗。针对上述需求，信息领域需要着重发展针对生命健康数据特征的计算分析与整合预测方法，利用人工智能等手段，实现对具有样本量小、异质性高等特征的生命健康数据的精准解析与预测。

发展目标是：2020年，建立我国生命健康的相关数据库，系统性开展针对生命健康数据特征的解析方法研究。2035年，建成系统的生命健康数据解析与疾病预测方案，具备对生命健康数据的深度挖掘与精准解析能力，实现对部分疾病的早期预警及个性化诊疗方案的建议。2050年，根据个人的基因型与生理状态等特征，实现从出生至老年全过程的健康状况监测、饮食与生活方式建议、疾病预警和个性化精准诊疗方案的制订。

（2）机器人与控制技术

与计算机、通信学科相比，控制学科仍具有极大的扩展空间。随着中国智能制造的发展，需重点加强控制与计算机学科交叉方向的研究部署，如机器人“感知-控制-执行”一体化、自编程、人机交互智能化、学习能力、智能化系统等。

发展目标是：2020年，实现自编程、自主作业机器人。2035年，服务机器人进入家庭。2050年，机器人成为人类伙伴，从工厂到学校、医院、家庭，机器人为人类提供全面服务。

（3）虚拟现实/增强现实/混合现实（VR/AR/MR）

虚拟现实/增强现实/混合现实主要涉及四个方面的关键问题：虚拟内容的生成、虚拟内容的呈现、虚拟环境与真实环境的感知和交互以及支撑虚拟环境运转的计算设施。

虚拟现实/增强现实/混合现实

虚拟现实/增强现实/混合现实（VR/AR/MR）都是使我们的大脑将计算机生成的对象视为现实的一部分或用户参与的某种现实。三者之间的主要区别是如何呈现这个“现实”，以及计算机生成的对象如何与用户和环境交互。

- 虚拟现实（VR）：利用电脑模拟产生一个三维空间的虚拟世界，提供使用者关于视觉、听觉、触觉等感官的模拟，让使用者如同身历其境一般，可以及时、没有限制地观察三维空间内的事物。
- 增强现实（AR）：通过电脑技术，将虚拟的信息应用到真实世界，真实的环境和虚拟的物体实时地叠加到了同一个画面或空间同时存在。

• 混合现实（MR）：尝试将 VR 和 AR 的优势结合起来，合并现实和虚拟世界而产生新的可视化环境，在新的可视化环境里物理和数字对象共存并实时互动。

注：资料源自 VR 资源网，http://www.vrzy.com。

发展目标是：2020 年，初步建立虚拟现实标准规范，出现 VR/AR/MR 开源系统，涌现各种虚拟现实应用，针对前述四个关键问题开展基础交叉研究。2035 年，研究与开发基本能够挑战人类视觉认知的虚拟内容生成技术与设备；研究与开发融合人体运动行为交互、语音交互等多种交互技术与设备。2050 年，借助脑科学的研究成果，大脑有望成为虚拟内容呈现系统，人体成为虚拟现实的一部分。

8. 量子计算机

中国在量子通信基础研究和技术实用化方面处在世界领先水平，但量子计算还处在初级发展阶段。

（1）核心科学问题与关键技术

量子计算的发展在基础和技术方面仍面临重大挑战，亟须在这两方面都获得突破。通用量子计算机需要同时、高精度地操控大量（百万个级别）的量子比特，这就需要量子计算系统具备可拓展性。目前量子计算实验中存在的主要问题是还不具备可拓展地产生多比特量子纠缠态的能力，还没有抑制多体量子纠缠态退相干的有效方法。相比于通用量子计算，专用量子计算（也称量子模拟机）对量子纠缠资源的需求低得多，对于某些特定的物理或数学模型（如玻色子采样、量子多体系统模拟等），专用量子计算机只要几十个量子比特的资源，就可以超越目前超级计算机处理该类问题的能力。

近期，在专用量子计算机方面可能会首先取得突破；远期，随着人们对量子比特调控能力的提升、新量子算法的发展、新量子器件的发明，通用量子计算将逐渐获得突破。

量子计算机

量子计算机是一种使用量子逻辑进行通用计算的设备。不同于电子计算机，量子比特可以制备在两个逻辑态0和1的相干叠加态。换句话讲，它可以同时存储0和1。

考虑一个N个物理比特的存储器，若它是经典存储器，则它只能存储2^N个可能数据当中的任一个，若它是量子存储器，则它可以同时存储2^N个数，而且随着N的增加，其存储信息的能力将呈指数上升。通俗来讲就是：达到约50个量子比特之后，量子计算机在特定问题方面的处理能力将一骑绝尘，超级计算机只能望“量子”兴叹。50比特的量子计算机，一步就能进行2的50次方运算，即一千万亿次计算。

量子计算机有很多实现的方法，如超导、超冷原子、光子、半导体量子芯片和离子阱等路径。2017年5月，中国科技大学潘建伟团队自主研制成功世界首台超越早期经典计算机的单光子量子计算机，在超导电路中实现10比特纠缠和并行逻辑运算，性能比人类第一台电子管计算机（1946年诞生）和第一台晶体管计算机（1954年诞生）快10–100倍。

2017年11月，IBM公司商业部门宣布其已经研究与开发了20个和50个超导量子比特的样品，但是没有公开的相关测试结果。此前的一个月，IBM的研究人员还利用Lawrence Livermore国家实验室的Vulcan超级计算机分别对49量子比特（7×7）和56量子比特（7×8）的特定量子随机电路进行了模拟。谷歌的学者曾提出，当量子随机电路的比特数目达到50且电路层数超过一定阈值，经典超算将不可能对该量子线路进行模拟（即量子霸权）。IBM所模拟的两个电路的层数分别为27和23。

注：资料源自中国科学院量子信息与量子科技创新研究院，*MIT Technology Review*，https://www.technologyreview.com/s/609451/ibm-raises-the-bar-with-a-50-qubit-quantum-computer。

（2）发展目标

2020年，实现30–50个量子比特的相干操纵，验证有应用价值的量子算法；针对特定问题进行量子模拟；对玻色子采样、量子随机电路的求解能力接近一般超算水平；对凝聚态物理中若干重要的物理过程进行量子模拟。

2035 年，实现 200 个量子比特的相干操纵，突破规模化量子计算机的芯片工艺；研制量子模拟机，推广玻色子采样等技术，求解密码及相关领域经典困难问题；量子模拟机应用于模拟复杂物理系统，量子化学，指导新材料设计，解决高温超导等物理问题，在特定模拟问题的求解能力超过超级计算机；量子计算与神经网络、机器学习结合，大幅提高信息处理能力。

2050 年，实现对大量量子比特的相干操纵，建立通用量子计算原型机，应用于密码分析、大数据分析等问题；应用于惯性约束核聚变机制等重大问题；广泛地应用于信息处理的各个领域。

9. 新器件

超导电子、光电子、非易失性存储三类新器件将给冯·诺依曼架构的计算、传输、存储带来革命性的性能提升。

(1) 超导电子器件

基于约瑟夫森结（JJ）的超导单磁通量子电路，用微米级制造工艺就能实现 50G-160GHz 的超导运算部件，速度提高 15-50 倍，功耗只有 CMOS 器件的几百分之一，约瑟夫森结集成度达到每平方厘米 10^9 后，通用超导计算机将有望实现。

核心科学问题是新型极低功耗超导逻辑器件和低温储存器机理。关键技术问题包括：超导大规模集成（$>10^8$JJs/cm^2）工艺技术；超导大规模集成电路 EDA（电子设计自动化）工具库建模、设计和仿真技术；高速低温储存器技术；低噪声、磁屏蔽、多通道高频测试以及低温封装技术。

发展目标是：2020 年，完成 6-8 英寸[①] 0.15μm 超导大规模集成工艺线建设，实现基于 1μm 约瑟夫森结的 10^4JJs/cm^2 片上集成度；设计超导大规模 SFQ（超导单磁通量子）电路基本逻辑门；确立超导/CMOS 集成低温储存器技术，研制超导/铁磁/超导储存器件。2035 年，实现 0.5μmJJ、10^6JJs/cm^2 片上大规模集成度；完成超导大规模集成电路 EDA（电子设计自动化）工具中标准单元库建模与仿真以及工具箱的设计，验证演示系列逻辑门；实现 64 位超导计算机原理样机和应用演示。2050 年，实现 10^8JJs/cm^2 片上超大规模集成度；研制 64 位超导计算机，时钟频率≥50GHz，吞吐量≥10^{12}bits-op/s、功耗≤100mW；实现低功耗高速超导

① 1 英寸=2.54 厘米。

超级计算机、大数据中心处理器、超高速网络开关等应用。

（2）光电子器件

光子取代电子是突破数据传输瓶颈的有效手段。以硅基衬底材料作为光学介质的硅光子技术发展前景良好，未来芯片内部将可能实现全光互连，芯片引脚实现全光端口。未来应重点发展集成化的超高速光电子芯片，解决光电子器件设计分析、芯片制备和测试封装等关键技术问题；发展低功耗小体积的高效光电转换器件；发展光电子器件的动态可重构功能，完成多信道的快速转换，不同参数的动态快速调控。关键技术问题涉及硅基光电子技术、光电子混合集成技术、微波光子技术。

发展目标是：2020 年，建立先进的光电子器件研究与开发平台，突破核心信息光电子器件的技术瓶颈，建成多个国家级光电子器件产业化基地，大幅度提高中低端光电子器件国产化率。2035 年，形成标准化光电子芯片及器件研究与开发与生产能力，实现中低端光电子器件的自主可控，中高端光电子芯片综合研究与开发能力达到国际先进水平。2050 年，构建世界一流的光电子器件创新研究体系，引领光电子芯片技术的原始创新和跨越发展。

（3）非易失性存储器件

非易失性存储器件是可能颠覆数据存储的技术。忆阻器、STT-RAM（自旋转移力矩随机存取存储器）、基于量子自旋霍尔效应的拓扑绝缘自旋技术都在并行发展，离大容量存储可能还要 10–20 年。非易失性存储器的出现会导致冯 · 诺依曼架构出现重要变化，传统按照寄存器、缓存、内存、外存的存储层次将可能被彻底打破，统一在一块存储区，实现真正的非易失计算机。

非易失存储主要需要突破器件制备问题。非易失性存储器件发展有多种技术路线，如相变存储器、铁电磁性存储器、自旋存储器、阻性存储器等。用非易失性存储替代所有片上存储单元，将会带来体系结构的重大变化，打破传统计算机的设计层次。要实现这一点，需要解决可靠性问题。另外，非易失性存储器件都存在寿命问题，需要依赖体系结构和系统技术加以弥补。

发展目标是：2020 年，16GB（千兆字节）的 STT-RAM 成功制备，STT-RAM 作为内存介质。2035 年，制备出 TB（万亿字节）级独立的非易失性存储器，非易失性存储器嵌入到片上，提供大容量片上存储，以解决大数据、智能应用需要的大容量片上存储需求。2050 年，非易失器件可能取代寄存器，实现完全意义的非易失计算机，并实现存算一体化。

10. 类脑技术

类脑智能和类脑计算是发展未来人工智能技术的重要途径之一。类脑智能是受脑结构、机制和认知行为启发，以计算建模为手段，并通过软硬件协同实现的机器智能。类脑智能系统在结构和信息处理机制上类脑、认知功能和行为上类人。目标是使机器实现人类具有的各种认知功能及其协同能力，最终实现通用智能，达到并超越人类智能水平。类脑计算是支撑类脑智能实现的计算平台和器件的探索。

（1）核心科学问题与关键技术

如何受脑启发，实现基于可塑性的类脑学习理论，支持有监督、半监督、小样本、在线自适应学习。

如何受不同类型的神经元及其连接模式的启发，提出并实现更接近生物脑，效能比更高的新一代类脑神经元和神经网络模型，支持不同认知任务的实现。

如何受多脑区和认知功能协同的启发，实现复杂任务下不同认知功能的自主协同和对未知问题的高度自适应。

如何受脑启发，实现智能系统的自组织、自学习、智能发育及认知功能进化。

如何应用上述类脑智能模型与算法，实现新一代计算基础器件和计算平台。

（2）发展目标

2020 年，借鉴现有脑与神经科学研究结论，将类脑可塑性理论、神经元和突触的工作机理融合到人工神经网络、脉冲神经网络模型中，逐步提升各种认知任务的性能和可解释性。

2035 年，基于脑与神经科学在多尺度学习理论上的全新认识，研究与开发出新一代类脑神经元与神经网络模型，实现具有高度自适应能力、鲁棒性、进化能力的类脑感知、学习、决策、推理、预测神经网络，并实现相应的类脑芯片和计算系统。

2050 年，类脑智能系统能够协同绝大多数人类认知功能，能够自主定义问题，自组织形成任务处理环路，解决复杂、未知的任务，实现自主进化，最终全面实现通用智能。

四、促进我国信息领域科技发展的战略举措和政策建议

（一）启动实施信息领域基础设施重大专项

目前，国家重点研究与开发计划在信息领域中安排了高性能计算、云计算和大数据、量子调控与量子信息以及信息材料方面的纳米科技和电子材料等专项。建议在国家科技计划中进一步加大对信息基础设施相关科研与评测的支持力度，做好国家科技重大专项梯次接续的战略布局，为面向2035年的信息基础设施提供有效支撑。

同时，信息基础设施在军民融合创新方面有广阔的发展空间，建议做好顶层设计和规划，在基础技术、前沿技术、关键技术等方面进行全面部署，创新体制机制，建立军民科技协同创新平台。

（二）设立“一带一路”信息基础设施建设基金

信息通信产业通过“互联网+”、物联网、云计算、大数据以及信息流、资金流、物流的三流合一，全方位地为各行各业服务，也为“一带一路”相关项目的顺利实施提供技术支撑和信息服务。2015年第二届世界互联网大会上，中国企业签署备忘录发起成立100亿美元的基金，以支持“一带一路”国家加强全球网络信息技术基础设施建设。

建议国家设立“一带一路”信息基础设施建设基金，为中国企业参与“一带一路”数据中心等建设和供应链提供金融支持，同时积极探索区块链构造交易所、区块链结算、数字货币等金融科技应用走出国门。

（三）制定促进人均信息消费额的中长期规划

2013年8月，国务院发布《国务院关于促进信息消费扩大内需的若干意见》。近年来，中国在移动互联网、智能终端等领域创新频出，中国人在线生活的便利性领先全球。2016年中国信息消费规模达到3.9万亿元，成功实现年均增长20%的目标。2017年8月，国务院发布了《国务院关于进一步扩大和升级信息消费持续释放内需潜力的指导意见》，明确提出“到2020年信息消费规模预计达到6万亿元，年均增长11%以上”的发展目标[9]。

建议在此基础上，制定面向 2035 年的中长期规划，发展以人工智能为主要特征的信息社会基础设施和环境，促进信息消费。推动实现 5G 全面覆盖，提供泛在人工智能云的接入，促进人工智能广泛用于互联网、工业、农业、交通、金融、社会治理和军事等各方面。争取到 2035 年人均信息消费位于世界前列。

（四）加快发展互联制造数字化平台

我国与国际制造强国相比总体水平落后，深层次原因是制造系统和技术存在短板，包括生产效率低、设计制造周期长和产业链关联弱等。解决我国制造业面临的问题，迫切需要全新的技术手段作为支撑。目前，国外大公司已经注意到基础平台对于实现互联制造的重要推动作用，推出了如 SAP 的 HANA、GE 的 Predix 云和西门子的 TIA 工业自动化等系列平台。国外平台已经拥有自主的研究与开发工具链，具备完善的研究与开发与试验体系。

我国智能制造多关注上层的创新应用模式，忽略了更为基础、核心的智能制造平台和自主技术体系，长此以往将面临“空心化”危机。因此，我国急需发展自主可控的互联制造数字化平台，保障制造业产业安全。建议国家重点部署互联制造数字化平台的研究与开发和建设，鼓励科研机构和技术水平较高的制造业企业合作，搭建系统原型，针对有特色的地区或者典型行业率先开展互联制造示范应用。

研究编撰人员（按姓氏笔画排序）

于海斌　王　鹏　王天然　王秀杰　刘　明　孙凝晖　李国杰　陈熙霖　林东岱
侯自强　祝宁华　徐志伟　蒋　芳　谭　民

参考文献

[1] 李国杰，徐志伟．从信息技术的发展态势看经济．中国科学院院刊，2017，32（3）：233-238.

[2] 李国杰．数字经济引领创新发展．人民日报，2016-12-16（第 7 版）.

[3] Meeker M. Internet Trends 2017. http://kpcb.cc/internet-trends [2017-09-21].

[4] IDC. Apple Tops Samsung in the Fourth Quarter to Close out a Roller Coaster Year for the Smartephone Market. https://www.idc.com/getdoc.jsp? contasnerId=pris42268917 [2017-09-21].

[5] 国务院．新一代人工智能发展规划．http://www.gov.cn/zhengce/content/2017-07/20/content_5211996.htm [2017-09-21].

[6] 孙凝晖，范灵俊．抢占网络信息技术高地．人民日报，2016-11-22（第7版）.

[7] 中国科学院信息领域战略研究组．中国至2050年信息科技发展路线图．北京：科学出版社，2009.

[8] Karnouskos S, Colombo A W, Bangemann T, et al. A SOA-based architecture for empowering future collaborative cloud-based industrial automation. Proceedings of the 38th Annual Conference on IEEE, Industrial Electronics Society. Montreal, Canada: IEEE, 2012: 5766-5772.

[9] 国务院．国务院关于进一步扩大和升级信息消费持续释放内需潜力的指导意见．http://www.gov.cn/zhengce/content/2017-08/24/content_5220091.htm [2017-09-21].

第十四章　能 源 领 域

能源作为人类生存和社会发展的公用性资源，是国家和地区经济社会发展的基本保障，是人类文明发展的重要物质基础。能源不仅是国家的经济命脉，更是战略资源，攸关国家安全和国际竞争力，是全球经济和战略新格局形成演进的重要筹码。2014 年 6 月，习近平总书记在中央财经领导小组第六次会议上提出要推进能源生产和消费革命。党的十九大报告再次强调要“推进能源生产和消费革命，构建清洁低碳、安全高效的能源体系”。

能源领域具有投资大、周期长、惯性强、关联多的客观规律[1]，也是我国建设科技强国必须加快发展的重大创新领域。当前，新一轮能源革命正在孕育和兴起，能源科技创新和竞争发展成为推动新一轮能源革命的重要引擎。要重视能源发展客观规律，科学制定能源发展战略和规划，加快能源领域科技创新，为我国重塑能源格局，走可持续发展道路提供强有力支撑。

一、能源领域科技发展的重大作用和意义

（一）能源科技发展是国家能源安全的重要保障

能源安全是关系国家经济社会发展的全局性、战略性问题，对国家繁荣发展、人民生活改善、社会长治久安至关重要。面对能源供需格局新变化、国际能源发展新趋势，保障国家能源安全，推动能源生产和消费革命，必须依靠能源科技创新。我国经济社会发展进入新常态，面临能源需求压力巨大、能源供给制约较多、环境污染问题突出等严峻挑战。全球正处于新一轮能源供应格局重组、能源消费模式转型、能源结构重塑的起步期，可再生能源、智能电网、分布式能源、大容量储能、能源互联网等新技术已成为这一轮能源革命的主要方向。科技决定能源的未来，科技创造未来的能源。能源科技发展将在能源革命中起决定性

作用，必须摆在能源发展全局的核心位置。

（二）能源科技发展是社会进步和产业发展的重要推动力

能源科技发展水平，与一个国家的工业化进程、社会发展水平以及可持续发展能力紧密关联。在人类文明演进的历史长河中，煤炭的大规模使用催生了蒸汽机诞生，成为第一次工业革命的里程碑。石油进入主流能源，推进了电气化和内燃机的普及，成就了第二次工业革命。能源革命推动了社会生产力和人类文明的飞跃，社会进步和产业发展又不断要求能源取得新的进步和变革。

能源领域的科技创新是我国科技创新体系的重要组成部分，也是我国社会进步和产业发展的重要推动力，准确判断能源科技突破方向，强化能源科技战略导向，加强能源科技创新与供给，对我国抓住能源创新先机、抢占能源科技战略制高点尤为重要。

（三）能源科技发展是生态文明建设和可持续发展的重要支撑

推进生态文明建设，实现可持续发展，是中国特色社会主义事业的重要内容，关系人民福祉，关乎民族未来。以化石能源为主的传统能源消费带来的环境污染、温室气体排放等问题凸显，能源供应与消费不仅面临资源供应的保障问题，也面临越来越严峻的生态环境制约。2030 年左右我国二氧化碳排放将达到峰值，面临的减排和能源结构调整压力巨大。为此，迫切需要通过能源科技创新，一方面提高能源使用效率，增加非碳能源的供应，减少化石能源消耗，提高可再生能源的稳定性和经济性，实现更加灵活的多元供给；另一方面，加强能源输配网络和储备设施建设，采用绿色清洁技术，提供更清洁的能源产品和技术，加快构建绿色、低碳的能源技术体系，大幅减少能源生产过程中的污染排放。

二、能源领域科技发展现状及趋势

（一）世界能源领域科技发展趋势

当前，新一轮能源技术革命正在孕育兴起，能源科技不断取得新的突破。化石能源清洁高效利用、非常规油气和深水油气、可再生能源、储能、能源互联网等一些重大或颠覆性技术创新在不断创造新的产业和形成新的业态，改变着传统能源格局，引领能源生产和能源消费不断发生变革。

美国能源信息署（EIA）发布的《国际能源展望2016》显示，在全球所有能源品种中可再生能源增速最快，煤炭消费将趋于稳定，天然气消费在2030年左右超越煤炭（图14-1）。未来，电力将可能成为最主要的终端能源，而其他可再生能源、天然气和煤的发电份额将在2040年左右基本相当（图14-2）。

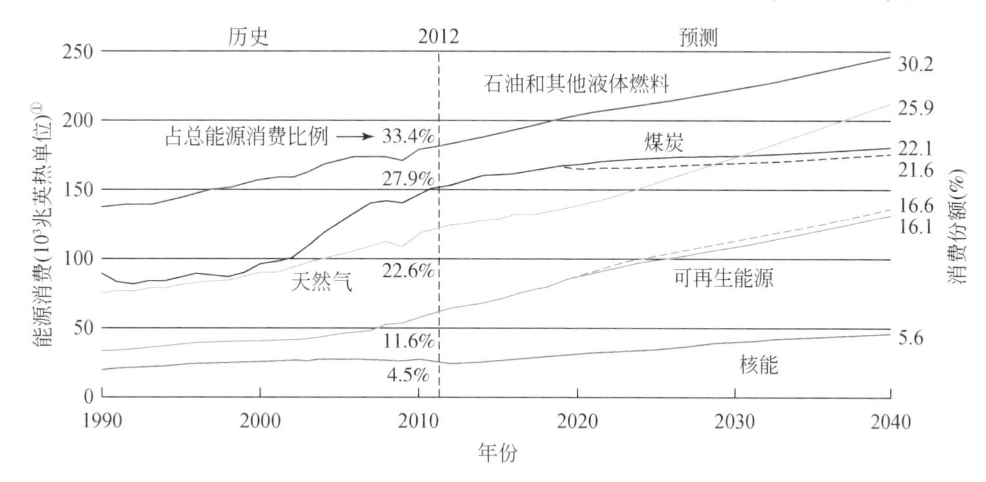

图14-1　1990–2040年世界能源消费变化趋势[2]

注：虚线部分表示美国清洁能源计划下的趋势。

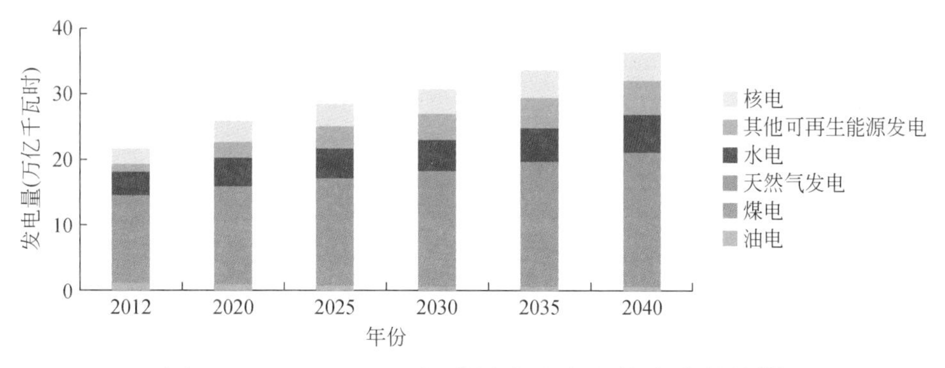

图14-2　2012–2040年世界净发电量的变化趋势[2]

全球新一轮能源革命呈现出“能源供应多元化，传统能源清洁化，低碳能源规模化，终端用能高效化，能源系统智慧化”的鲜明特色，变革传统能源开发利用方式、推动新能源技术应用、构建新型能源体系成为世界能源发展的方向[3]。

1）能源供应多元化。全球天然气利用的比例不断增大，太阳能、风能、生

① 1英热单位=1.055 06×10^3焦。

物质能等可再生能源规模化利用、先进安全核能等一批新能源技术已经在改变传统能源结构。这些改变表现在针对不同能源的资源禀赋特点而形成的开发、转化、利用、污染物控制等各个环节。

2）传统能源清洁化。化石能源的清洁高效开发和利用一直是能源科技的主要任务，超超临界燃煤发电等煤利用技术、碳捕集与封存技术等快速发展，表现出煤炭超低排放利用与深度低碳化兼容发展的态势。

3）低碳能源规模化。能源结构由高碳化石能源向低碳清洁能源转变，天然气和可再生能源成为世界能源发展的主要方向。除了继续发展集中式发电系统技术外，可再生能源利用也朝着与化石能源多能互补、分布式利用的方向发展。尤其是可再生能源发电与现代电网的融合，是提高可再生能源利用比例必须跨越的技术瓶颈。

4）终端用能高效化。绿色能源消费模式是终端能源消费的主要方向，终端能源未来将更多地转向电力消费。能源消费端致力于研究与开发低能耗、高效能的绿色工艺与装备产品，工业生产向更绿色、更轻便、更高效方向发展。

5）能源系统智慧化。随着以智慧优化和调控为特征的能源生产消费新模式的涌现，智能电网、分布式智慧供能系统等发展迅速，交通运输向智能化、电气化方向转变，建筑向洁净化、绿色化、智能化方向发展，能源互联网发展应用正在引发用能模式和业态变革，智慧能源新业态初现雏形。

能源是跨学科交叉融合的领域，能源科技进步与多个学科和领域的发展息息相关。材料科学是与能源最密切相关的学科之一。高性能的发动机、透平、锅炉等需要更为先进的高温材料、保温材料、特种金属功能材料的突破，具有间歇性、低能量密度等缺点的可再生能源利用促进了新型电池材料、先进复合材料、高性能结构材料、新型高分子材料等的不断涌现，新的能源转换、传输和存储形式的发展推动了高温超导材料等新型储能材料、高效催化剂材料、先进电力电子器件的发展与创新。未来，能源科技将会与信息、生物、材料等领域进一步交叉融合，推动新一轮科技革命和产业变革。

近年来，世界主要发达国家和经济体纷纷把创新能源科技视为新一轮科技革命和产业变革的突破口，以中长期能源科技战略为顶层指导，以重大科研计划和科研项目为牵引，调动社会资源持续投入，以增强国家竞争力和保持领先地位。美国为推动能源战略转型和聚焦未来能源研究与开发应用新机遇，先后出台《未来能源安全蓝图》《全面能源战略》等战略规划及配套行动计划。欧盟率先构建了面向2020年、2030年和2050年的能源气候战略框架，围绕能源系统转型开展研究与创新优先行动。日本将能源科技创新战略重点放在产业链上游的高端技术，提出了能源保障、环境、经济效益与安全并举的方针，确定了节能挖潜、扩大可再生能源和建立新型能源供给系统三大主题。德国持续以可再生能源为主导进行能源结构转型，并实施国家级研究计划开展四大重点方向攻关：构建新的智慧电网架构、转化储存可再生能源过剩电力、开发高效工业过程和技术以适应波动性电力供给以及加强能源系统集成创新。

纵观全球能源科技发展动态和主要能源大国推动能源科技创新发展的举措，可以发现：①能源科技创新进入高度活跃期，新兴能源技术正以前所未有的速度加快对传统能源技术的替代；②绿色、低碳、智慧、高效和多元成为能源科技创新的主要使命，科技创新重点集中在传统化石能源清洁高效利用、新能源大规模开发利用、核能安全高效利用、大规模储能技术、能源互联网、先进能源装备及关键材料等领域[4]；③世界主要国家均把能源科学和技术视为新一轮科技革命和产业革命的重要突破方向，制定各种政策措施抢占发展制高点，增强国家竞争力并保持领先地位。

美国能源转型研究与开发战略及重点领域

奥巴马政府执政期间，美国先后发布了《未来能源安全蓝图》《全面能源战略》《四年度技术评估》等系列战略规划，并出台了太阳能Sunshot计划、清洁能源制造计划、电网现代化计划等能源技术创新重大行动计划，从战略到战术层面推动美国的能源体系变革。美国能源部通过对能源体系发展趋势的评估指出，未来能源研究与开发应用的新机遇存在于以下7个领域。

1）电力系统现代化；

2）先进清洁发电技术；

3）提高建筑能效；

4）提高先进制造业能效；

5）清洁燃料多元化；

6）先进清洁交通系统；

7）能源与信息、水资源、材料等领域交叉技术。

欧盟面向2020年、2030年和2050年的能源气候战略框架

2014年1月，欧盟公布了《2030年气候与能源政策框架》，构建了面向2020年、2030年和2050年的能源气候战略框架。该框架围绕能源系统转型开展研究与创新优先行动，将能源系统视为一个整体来聚焦转型面临的若干关键挑战与目标，以应用为导向打造能源科技；围绕可再生能源、智慧能源系统、能效和可持续交通四个核心优先领域，以及碳捕集与封存、核能两个适用于部分成员国的特定领域，开展十大研究与创新优先行动；推进能源及相关产业的绿色转型，建立安全、可持续和有竞争力的低碳能源体系，带动欧盟产业调整及经济增长。

欧盟气候变化及能源主要量化指标

主要量化指标	主要目标		
	2020年	2030年	2050年
温室气体减排（相比1990年的水平）	减少20%	减少40%	减少80%–95%
可再生能源普及率	所有部门：无具体目标	所有部门：不低于27%	尚无具体目标
	电力部门：提高到20%	电力部门：提高到45%	
能效	提高20%	尚无具体目标	尚无具体目标

注：资料源自European Commission，*Green Paper*：*A 2030 Framework for Climate and Energy Policies*，https：//ec. europa. eu/environment/efe/themes/climate-action/2030-framework-climate-and-energy-policy-en。

（二）我国能源领域科技发展现状

我国是世界最大的能源生产和消费国。随着经济转型和改革深化，能源发展进入消费增长减速换挡、结构优化步伐加快、发展动能转换升级、科技创新驱动发展的战略转型关键期，能源生产与消费革命正在不断深化，新兴产业与新业态不断出现并蓬勃发展。近年来，我国在能源科技领域先后启动了煤炭洁净高效利用、大型先进压水堆及高温气冷堆核电站、未来先进核裂变能、天然气水合物开发与利用、可再生能源低成本规模化开发利用、节能技术与装备、智能电网、电网安全稳定等方向的重大能源科技研究与开发项目和示范工程，有效提升了能源

科技自主创新能力，实现了一系列能源科技重大突破。

1. 煤炭清洁高效利用技术快速发展

以煤制清洁燃料和化学品技术、低阶煤分级分质利用技术为代表的煤炭清洁利用技术得到快速发展。煤炭气化、液化、热解以及煤制烯烃技术等均已实现产业化，低阶煤分级分质利用正在进行工业化示范。火力发电超临界机组向更高参数发展，百万千瓦超超临界燃煤机组实现自主开发，大型循环流化床发电、大型整体煤气化联合循环发电（IGCC）、大型褐煤锅炉等已具备自主开发能力，涌现出甲醇制烯烃、煤炭间接液化等一批代表性的世界领先科技成果。

神华宁煤400万吨/年煤炭间接液化项目

2016年12月28日，世界最大煤制油项目——神华宁煤集团400万吨/年煤炭间接液化示范项目在宁夏建成投产。该项目总投资550亿元，承担着37项重大技术、装备及材料的国产化任务，项目国产化率达到98.5%。习近平总书记专门致信祝贺，指出这一重大项目建成投产，对我国增强能源自主保障能力、推动煤炭清洁高效利用、促进民族地区发展具有重大意义，是对能源安全高效清洁低碳发展方式的有益探索，是实施创新驱动发展战略的重要成果。

400万吨/年煤炭间接液化示范项目是基于我国“富煤、贫油、少气”的资源禀赋状况设立的，它采用中国科学院自主研究与开发的核心技术，通过工艺技术的系统集成和优化，大量应用先进的节能环保技术，最大限度地降低煤、水等资源消耗、减少“三废”排放，实现了煤炭的清洁高效利用转化。它的成功投产标志着我国自主研究与开发的煤炭间接液化技术历经中试、工业示范，正式进入商业化运营阶段。

注：资料源自科学网《中科院煤制油技术在神华宁煤实现百万吨级工程应用》，http：//news.sciencenet.cn/htmlnews/2017/1/365954.shtm。

2. 油气开发利用技术不断发展

页岩油气勘探开发技术、煤层气开发技术取得重大突破，初步掌握了页岩气、致密油等勘探开发关键装备技术，攻克了高煤阶煤层气开发等关键技术，煤层气实现规模化勘探开发，3000 米深水半潜式钻井船等装备实现自主化，复杂地形和难采地区油气勘探开发部分技术达到国际先进水平，千万吨炼油技术达到国际先进水平，大型天然气液化、长输管道电驱压缩机组等成套设备实现自主化。

3. 新能源和可再生能源发展迅速

2015 年，我国包括水能、风能、太阳能、生物质能等在内的可再生能源利用量在一次能源消费总量的占比超过 10%。可再生能源发电技术与国际先进水平差距显著缩小，光伏、风电等产业化技术和关键设备与世界发展同步，光伏发电实现规模化发展，风电成为我国新增电力装机的重要组成部分。至 2016 年底，全国风电、光伏并网装机已分别达到 1.49 亿千瓦、7742 万千瓦，“十一五”“十二五”连续两个五年计划均超过设定目标，且成本持续下降。

各类生物质能、地热能、海洋能和可再生能源配套储能技术也有了长足进步。秸秆水相催化制备航空燃油/汽油技术取得重大突破，建成国际首套百吨级水相合成生物航空燃油中试示范系统，生物航油产品质量高，整体技术处于国际领先水平。

采用了自主知识产权技术的 10 千瓦鹰式海上波浪能发电平台在广东省万山海域成功投放，实海况发电运行稳定，我国波浪能发电技术已获国际第三方权威机构认可。我国南海神狐海域天然气水合物试采工程全面完成了海上作业，取得了持续产气时间最长、产气总量最大、气流稳定、环境安全等多项重大突破，创造了产气时长和总量的世界纪录。

电网总体装备和运维水平处于国际前列，电网技术与信息技术的融合不断深化。电动汽车、分布式电源的灵活接入取得重要进展，纯电动、混合动力等新能源汽车技术不断突破，产业不断扩大，2016 年新能源汽车产量达 51.7 万辆。

4. 核电技术与世界先进水平保持同步

三代核电技术研究与开发和应用走在世界前列，“华龙一号”作为我国具有完全自主知识产权的三代压水堆核电技术品牌，因成熟而优秀的技术水平在全球备受瞩目，已经在我国核电企业“走出去”的进程中发挥重要作用。四代核电技术、模块化小型堆等技术取得突破，四代安全特征的高温气冷堆示范工程已开工建设。中国科学院战略性科技先导专项“未来先进核裂变能”在加速器驱动次临界系统（ADS）研究中取得重大成果，并在国际上首次提出一种新核能系统——加速器驱动先进核能系统（ADANES），集嬗变增值与发电为一体，可望将铀资源利用率由目前技术的“不到1%”提高到“超过95%”，处理后核废料量不到乏燃料的4%，放射寿命由数十万年缩短到约500年，核电站内可进行简易乏料再生循环，实现燃料只进不出。

5. 能源科技发展仍面临严峻挑战

虽然我国的能源科技水平取得了长足进步，但在支撑我国构建可持续能源体系、做强做大能源产业和能源装备制造业方面仍面临严峻挑战。

1）我国能源技术创新速度还赶不上新兴能源产业的发展速度，关键核心技术、核心装备、核心关键材料受制于人的局面尚未得到明显改善。重大能源工程依赖进口设备的现象仍较为普遍，引进消化吸收的技术成果较多，自主创新的技术和装备仍然不足。由于能源产业的技术锁定性强，一旦选定技术，改变技术路线的资源投入和时间与机会成本非常大。因此，能源技术创新需要加快步伐，能源产业发展的目标设定也需要与科技发展相协调。

2）我国虽然在能源技术的许多方面已取得显著突破，但对能源系统集成创新和重大能源问题解决方案的研究仍需要加强部署。化石能源与可再生能源共存的混合型能源系统、发电技术和输配电技术的相互融合、互联网技术和能源系统融合而成的智慧型能源系统和新一代能源基础设施，都是我国能源科技发展应该高度关注的方向，是我国能源科技有可能走向全球前列的潜在领域。

三、我国能源领域科技发展目标、布局和路径

为建设世界科技强国，加强能源科技创新体系建设，我国政府高度重视能源科技领域的战略部署，相继发布了《能源技术革命创新行动计划（2016－2030年）》[4]《能源生产和消费革命战略（2016－2030）》[5]《能源发展“十三五”规划》《能源技术创新“十三五”规划》等一系列战略规划。以保障安全为出发点，以节约优先为方针，以绿色低碳为方向，以主动创新为动力，提出了我国能源生产革命和能源消费革命战略目标，加快能源科技创新步伐，推动能源技术自主创新，着力突破重大关键能源技术，抢占能源科技发展制高点。

《能源技术革命创新行动计划（2016–2030 年）》相关要点

为充分发挥能源技术创新在建设清洁低碳、安全高效现代能源体系中的引领和支撑作用，国家发展和改革委员会、国家能源局于 2016 年 4 月发布了《能源技术革命创新行动计划（2016–2030 年）》，部署了能源技术创新的 15 个重点任务。

1）煤炭无害化开采技术创新。

2）非常规油气和深层、深海油气开发技术创新。

3）煤炭清洁高效利用技术创新。

4）二氧化碳捕集、利用与封存技术创新。

5）先进核能技术创新。

6）乏燃料后处理与高放废物安全处理处置技术创新。

7）高效太阳能利用技术创新。

8）大型风电技术创新。

9）氢能与燃料电池技术创新。

10）生物质能、海洋能、地热能利用技术创新。

11）高效燃气轮机技术创新。

12）先进储能技术创新。

13）现代电网关键技术创新。

14）能源互联网技术创新。

15）节能与能效提升技术创新。

（一）总体目标

针对建设世界能源科技强国要求，根据能源科技发展趋势和国家能源战略需求，在《能源技术革命创新行动计划（2016–2030 年）》基础上，结合我国能源革命战略目标[5]，提出我国能源科技发展目标如下。

到 2020 年，能源自主创新能力大幅提升，一批核心科学问题和关键技术取得重大突破，能源技术装备、关键部件及材料对外依存度显著降低，我国能源产业国际竞争力明显提升，能源科技创新体系初步形成；能源消费总量控制在 50 亿吨标准煤以内，非化石能源占比 15%，主要工业产品能源效率达到或接近国际先进水平，能源自给能力保持 80% 以上，基本形成比较完善的能源安全保障体系。

到 2035 年，建成与国情相适应的完善的能源科技创新体系，能源自主创新能力全面大幅度提升，能源科技水平整体达到国际先进水平，部分领域实现国际引领，支撑我国能源产业与生态环境协调可持续发展，进入世界能源科技强国行列；二氧化碳排放在 2030 年左右达到峰值并争取尽早达峰，大部分工业产品能源效率达到国际领先水平，基本建成现代能源体系。

到 2050 年，建成世界领先的能源科技创新体系，完全依靠自主创新，引领能源科学发展，掌握能源领域的核心关键技术，推动能源产业发展水平国际领先，位于世界能源科技强国领先行列；能源消费总量基本稳定，非化石能源占比超过一半，能效持续保持世界领先水平，建成现代能源体系。

（二）重点科技布局

目前，我国能源发展进入战略转型关键期，能源科技创新高度活跃，未来能源科技发展将为我国可持续能源体系在能源资源、能源生产、能源输运、能源消费、能源系统集成、能源材料、能源装备等多个方面的变革或者转型升级提供全面支撑。此外，还需继续加强能源科学基础研究，为能源技术的发展和突破夯实基础，提供新方向。

1. 能源技术

（1）能源生产端

煤炭清洁高效梯级利用是我国能源转型发展的立足点和首要任务，应坚持“科学开发、全面提质、先进发电、转化升级、输配优化、节能减排”的全链条发展战略[6]，未来发展方向包括煤炭深加工分级分质转化、先进高效率低排放燃烧发电和煤炭利用环保减排等；多学科联合攻关和高精度的表征与计算能力将解决太阳光高效吸收、传递和转换等关键科学问题，未来发展方向包括高效低成本光伏发电、太阳能高效热利用等；风能利用的关键问题是大型高效、大规模、可持续开发的风电利用技术；生物质能将作为一次能源实现高效清洁燃烧和作为二次能源实现高效定向转化，未来发展方向包括纤维素乙醇和工程微藻产油产业化、高产能源作物原料培育，以及高效生物燃气技术等；廉价的规模制氢技术及安全高效的储氢和输氢技术仍将是未来氢能发展面临的两大核心问题；新型高能规模化储能技术从单一功能向多元化，从功能性示范到需求导向型应用是储能技术发展的关键；可持续性、安全性、经济性和防核扩散能力的先进核能技术将是核能发展的重中之重，未来发展方向集中在开发固有安全特性的第四代反应堆系统，燃料循环利用及废料嬗变堆技术等。

（2）能源消费端

工业生产向更绿色、更智能、更高效方向发展，余热、余压等工业余能的深度回收利用技术和设备将进一步减少工业能耗，提高工业余能的回收利用效率；重大能源装备制造技术未来将向绿色、高效、智能、规模化的方向发展，包括新型高效锅炉、窑炉技术，新型高效节能电机技术以及高效燃气轮机技术等；建筑节能技术将向建筑工业化、装配式住宅、超低能耗建筑等先进技术方向发展，高效能热泵等主动型建筑节能技术、高效节能建筑材料等被动式节能技术与产品、光伏建筑一体化等节能技术将不断推动现代节能建筑的发展；高效节能交通工具技术未来将向电动汽车和燃料电池汽车发展，而互联自动驾驶技术和智能交通系统的发展能够极大地提高交通用能效率。

（3）能源输运

高效安全的能源输运特别是电力输运是国家能源安全的重要保障。未来技术将以电力输配基础设施和装备技术、信息通信技术，以及智能调控技术的突破为主，包括特高压交/直流输电技术、柔性直流输配电技术、超导直流输电技术等先进输变电装备技术，以及新型绝缘介质与传感材料、高温超导材料等用于电力设备的新型材料，电力系统通信技术、微型电力传感技术、电网智能调度等电力系统与信息系统深度融合的输运技术，将极大地提高能源输运的安全稳定与高效利用。

（4）能源系统集成

大规模发展可再生能源需要以系统集成的方式高效融合相关技术，未来技术重点包括大型光伏/光热/风/水/气/储互补发电系统技术、天然气及可再生能源的分布式能源系统技术、可再生能源与化石能源和电力系统高效融合技术等。以能源和信息技术深度融合创新的能源互联网技术是能源革命的重要突破点，互联网技术的融入有可能改变能源生产端单向适应能源消费端的传统模式，通过需求两侧互动适应的新模式，为供应侧提供可以实现发电设施保持高效运行的负荷需求，实现能源体系的信息化、精细化管理和调控。

（5）先进能源材料

先进材料是能源技术发展的关键保障。高性能、高参数的能源重大装备需要重点发展以高温特种金属功能材料、高性能结构材料、绝缘材料、保温材料的研制与部件制造为主的高性能、高稳定性制备技术。可再生能源大规模利用需要发展新型半导体材料、先进复合材料、高性能结构材料、新型高分子材料技术。新型能源转换、传输和存储技术发展需要推动高温超导材料、石墨烯材料、高效催化剂材料、先进电力电子器件的发展与创新。

我国能源技术布局要坚持应用与研究与开发同步推进，做到三个“一批”，即应用推广一批相对成熟的技术，包括燃煤发电机组超低排放、油气田高效勘探开发技术、三代压水堆技术、特高压交直流输电技术等；示范试验一批有待检验的技术，包括煤基多联产、复杂油气田提高采收率、大型先进压水堆、海上风电场规模化开发、大容量柔性直流输电等；集中攻关一批重大前沿技术，包括超高参数燃煤发电、“两深一非”油气高效开发技术、核燃料后处理技术、可再生能源高效发电技术和大规模并网集成技术、大规模储能技术（非抽水蓄能）等。

上述我国能源科技发展的主要方向，可归纳总结如表 14-1 所示。

表 14-1　我国能源科技发展中的重要技术

<table>
<tr><th>分类</th><th colspan="3">重要技术方向</th></tr>
<tr><td rowspan="14">能源生产</td><td rowspan="7">煤炭清洁高效梯级利用技术</td><td rowspan="3">煤深加工洁净转化技术</td><td>先进煤气化技术</td></tr>
<tr><td>先进煤热解技术</td></tr>
<tr><td>合成气转化技术</td></tr>
<tr><td rowspan="2">先进高效低排放燃烧发电技术</td><td>化学链燃烧技术</td></tr>
<tr><td>富氧燃烧及其相关升级技术</td></tr>
<tr><td rowspan="2">煤炭利用过程中环保、减排技术</td><td>碳捕集、利用与封存集成技术</td></tr>
<tr><td>污染物联合脱除技术</td></tr>
<tr><td rowspan="7">先进核能技术</td><td rowspan="3">先进核能堆型技术</td><td>快堆技术</td></tr>
<tr><td>先进模块化小型堆</td></tr>
<tr><td>950℃超高温气冷堆关键技术</td></tr>
<tr><td rowspan="3">燃料循环利用及废料嬗变堆技术</td><td>乏燃料后处理技术</td></tr>
<tr><td>快堆嬗变技术</td></tr>
<tr><td>事故容错燃料技术</td></tr>
<tr><td>嬗变、增殖、产能及乏料再生循环集成技术</td><td>ADANES 技术</td></tr>
</table>

续表

<table>
<tr><th>分类</th><th colspan="3">重要技术方向</th></tr>
<tr><td rowspan="27">能源生产</td><td rowspan="4">太阳能高效利用技术</td><td rowspan="2">高效太阳电池技术</td><td>薄膜太阳电池产业化关键技术</td></tr>
<tr><td>新型高效太阳电池产业化关键技术</td></tr>
<tr><td rowspan="2">太阳能光、热利用技术</td><td>太阳能热发电技术</td></tr>
<tr><td>光伏系统和平衡部件关键技术</td></tr>
<tr><td rowspan="5">大型风电技术</td><td colspan="2">大型风电机组及部件关键技术</td></tr>
<tr><td colspan="2">基于大数据的风电场设计与运维关键技术</td></tr>
<tr><td colspan="2">大型风电机组测试关键技术</td></tr>
<tr><td colspan="2">海上风电场设计、建设及开发成套关键技术</td></tr>
<tr><td colspan="2">风电设备回收处理及循环再利用技术</td></tr>
<tr><td rowspan="4">先进生物质利用技术</td><td colspan="2">生物燃气技术</td></tr>
<tr><td rowspan="3">生物燃料技术</td><td>生物航空燃油关键技术</td></tr>
<tr><td>木质纤维素乙醇关键技术</td></tr>
<tr><td>生物质能源农场构建技术</td></tr>
<tr><td rowspan="5">氢能与燃料电池技术</td><td rowspan="3">氢的制取、储运及加氢站</td><td>大规模制氢技术</td></tr>
<tr><td>分布式制氢技术</td></tr>
<tr><td>以固态材料为储氢介质的长距离、大规模氢的储运技术</td></tr>
<tr><td rowspan="2">先进燃料电池技术</td><td>氢气/空气聚合物电解质膜燃料电池（PEMFC）技术</td></tr>
<tr><td>甲醇/空气聚合物电解质膜燃料电池（MFC）技术</td></tr>
<tr><td rowspan="6">新型高能规模化储能技术</td><td rowspan="2">电磁储能技术</td><td>高温超导储能技术</td></tr>
<tr><td>超级电容器储能技术</td></tr>
<tr><td rowspan="2">电化学储能技术</td><td>高安全性、长寿命、低成本锂离子电池技术</td></tr>
<tr><td>新型化学储能技术</td></tr>
<tr><td rowspan="2">大规模机械储能技术</td><td>新型压缩空气储能技术</td></tr>
<tr><td>飞轮储能技术</td></tr>
</table>

续表

分类	重要技术方向		
能源消费	重大能源装备绿色制造	新型高效锅炉、窑炉技术	新型高效煤粉锅炉技术
			低热导率纳米绝缘保温材料技术
		新型高效节能电机技术	新型磁阻电机技术
			稀土永磁同步电机技术
		高效燃气轮机技术	先进高温合金涡轮叶片制造关键技术
			燃气轮机机组设计
	高效节能交通工具	纯电动汽车和插电式混合动力汽车	
		燃料电池汽车	
		互联自动驾驶汽车	
		智能交通系统	
能源系统集成	可再生能源系统集成技术	大型光伏/光热/风/水/气/储互补发电系统技术	
		可再生能源为主及全可再生能源的分布式能源系统技术	
		可再生能源与现有化石能源和电力系统高效融合技术	
	能源互联网技术	能源生产消费智能化技术	
		能源互联网架构和核心装备技术	
		能源互联网系统规划技术	
		能源与信息深度融合技术	
		能源互联网系统集成支撑与管理技术	

2. 能源科学

能源清洁高效开发和利用涉及多尺度、多层次、多学科的过程。空间上跨越基本粒子、原子核、分子/原子、团簇/纳米、介观/微观、反应单元、系统等不同尺度。能量利用形式包括多个层次，其中有核能向热和电能的转化、化学能与热/电能之间的转化、热与电能之间转化、太阳能与化学能和电能之间转化。涉及的学科有物理、化学、材料、生物、环境和工程等。需要进一步加强布局的基础和共性科学问题主要包括以下几点。

（1）介尺度机制和调控

能源清洁高效利用涉及材料、反应器和系统三个层次，三个层次中介于各自边界尺度之间，即存在介尺度问题。应以“竞争中的协调原理”为核心建立完整和普遍的介科学理论基础。定量分析和表征特定复杂系统中介尺度结构的特征、性质和形成机理；揭示尺度间的作用机制和定量关系，确立复杂系统中跨尺度关联的稳定性条件。在此基础上完善针对气固、气液和湍流等系统的介尺度模型、发展针对颗粒流、材料表界面和复杂分子等系统的介尺度研究，形成新的计算模式，逐步建立具有普遍意义的介尺度理论和方法，推动建立介科学。发展基于介尺度理论的虚拟过程工程方法和软硬件技术平台，促进研究与开发模式的转变。应用介尺度理论和虚拟过程工程技术针对国家经济、社会和安全的重大需求，服务煤炭、石油、材料等领域的过程放大与强化，装备优化与运行控制等，发展产业核心技术。

(2) 微纳体系表界面调控

催化和电化学等过程是能源化学过程、能源高效转化以及能源规模储存的核心和关键，这类过程的根本是分子在催化剂、电极表面以及与其形成的多相界面上的相互作用，因此微纳体系表界面是决定相关过程的关键。重点研究在小尺度特征下固体表界面所特有的热力学/动力学性质，通过定向的结构构建、环境介质的相互作用、外场调控等过程对微纳尺度表界面电子态进行调控，面向能源应用实现在催化、电化学、生物膜等过程中反应性能的增强，同时发展适用于微纳尺度功能表界面体系的新理论。主要解决以下科学问题：微纳尺度上表界面局域原子结构与电子态的奇异特性及其定向构建；环境和外场与微纳尺度功能表界面的相互作用及反应性能的调控规律；微纳表界面的高灵敏高分辨原位表征和构效机制研究。

(3) 高时空分辨的能源过程原位动态表征

通过跨学科、多技术的交叉协同创新，发展多种动态表征手段对能源利用过程进行原位研究。基于同步辐射光源、散裂中子源、自由电子激光光源等先进光源发展原位表征新技术，发展基于新原理的表征技术。发展多尺度时间分辨、超高空间分辨和超高能量分辨的原位表征技术，单分子/原子检测和表征技术，单粒子表征技术，具有高选择性探测界面特性的表征新技术，表/界面增强光谱学技术。发展基于微纳尺度的功能表界面体系的 Operando 技术、真空互联系统、多表征技术联用系统。在更深的层次（时间及空间）上认识工作环境下真实的结构（尤其表面精细结构）。同时，发展理论计算手段，进行含时间、温度、压力的表界面反应过程理论研究，发展非平衡态过程的理论研究和模型/方法，开展从头算动力学、第一性原理结合分子反应动力学的理论研究。

(4) 能源仿生

自然界中的生物经过亿万年的进化和优胜劣汰，已造就了近乎完美的结构、形态和功能，通过研究生物某种功能的实现机制和结构特点、抽象出物理模型并建立数学模型、采用技术手段、制备实物模型、实现对生物系统的工程模拟，仿生学可以与能源领域的技术突破和创新进行深度融合。借鉴生物系统的结构、原理、功能等特征，未来能源的勘探、开采、转化过程将更为智慧和高效，材料、建筑、产品将更为生态和可循环，特别是资源分散和低品质的可再生能源利用与仿生学融合，能量富集和转换将有可能大幅提高效率和减低成本，甚至可以大大提高人造树叶的反应速度，实现廉价高效地利用太阳能把水转化为氢气和氧气，为新能源的发展提供解决方案。

（三）发展路径

围绕我国建设世界科技强国的“三步走”战略目标，实现能源结构的多元化、低碳化、清洁化，能源消费体系更加智能化和电气化，建成适应我国国情的完善的能源科技创新体系，需要在节能减排、煤炭的清洁利用、核能、新能源与可再生能源、能源系统集成、绿色交通等方面于 2020 年、2035 年、2050 年达到相应的目标，走出一条适合我国国情的能源科技创新之路（图 14-3）。

四、促进我国能源领域科技发展的战略举措和政策建议

（一）从满足多重目标需求角度前瞻布局能源科技发展重点

要满足实现“两个一百年”奋斗目标和中华民族伟大复兴的中国梦、建设美丽中国、应对气候变化行动承诺、建设世界能源科技强国等多重目标，我国需通过能源科技创新加快化石能源高效清洁利用，大力发展新能源和可再生能源，大幅减少终端用能部门能耗和污染排放，加强废弃物能源化、资源化综合利用，构建多种能源协调发展的清洁、高效、智能、多元的能源科技体系。我国能源利用效率总体尚处于较低水平，这就要求必须通过能源科技创新，提高用能设备设施的效率，增强储能调峰的灵活性和经济性，推进能源技术与信息技术的深度融合，加强整个能源系统的优化集成，实现各种能源资源的最优配置，构建一体

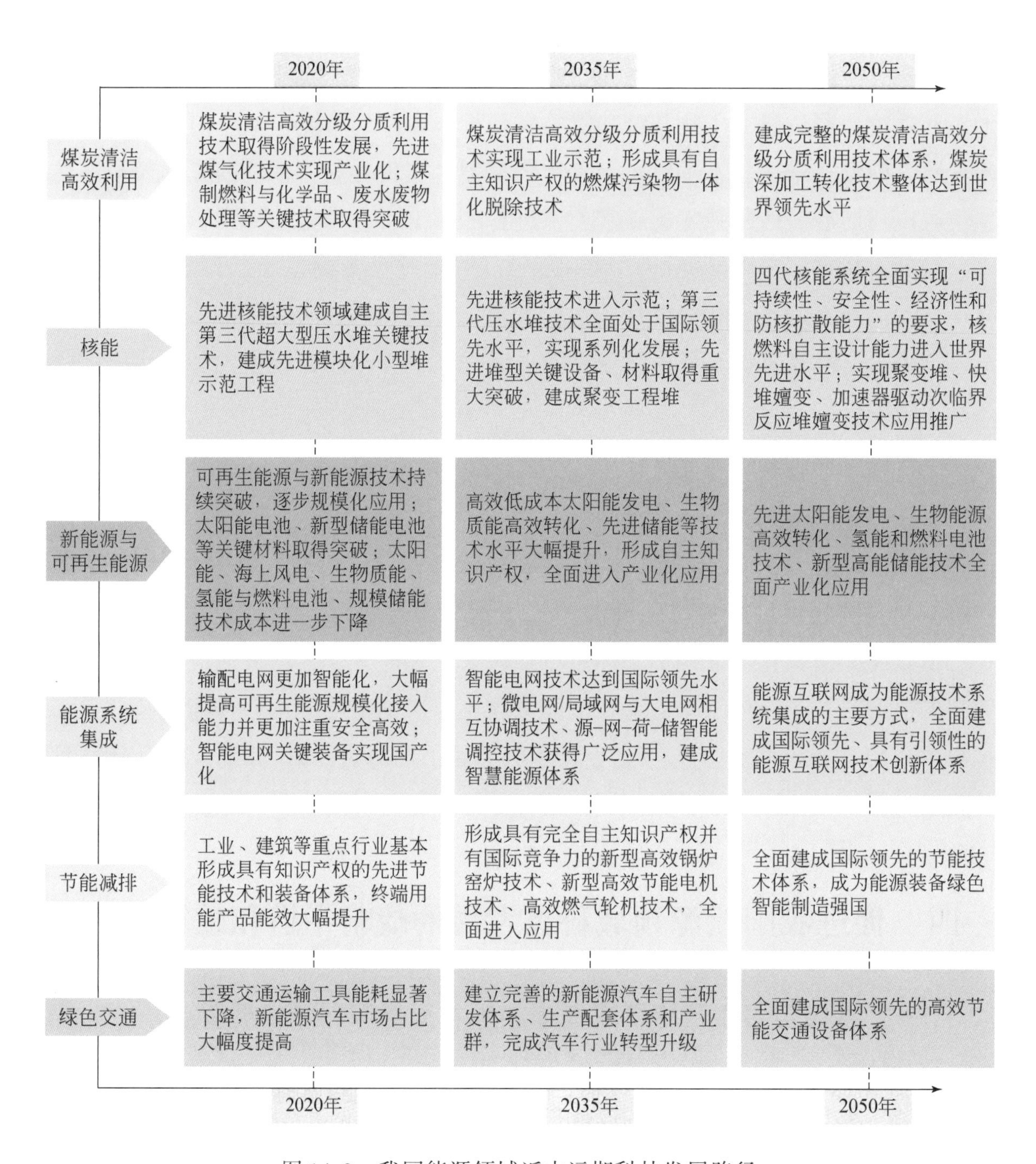

图 14-3　我国能源领域近中远期科技发展路径

注：参考《能源技术革命创新行动计划（2016-2030 年）》等。

化、智能化的能源科技体系。绿色低碳能源技术创新及能源系统集成创新很可能会成为引领新一代工业革命的关键因素，应着力培养能源科技自主创新生态环境，集中攻关一批核心技术、关键材料及关键装备。

（二）基于能源知识体系内在逻辑设计能源研究综合体

依据能源知识体系的逻辑，优化重组能源研究机构和相关部门，在全面考虑不同能源类型的应用特征和学科交叉的基础上，设计形成统一的能源研究综合体，揭示整个能源领域的关键技术和共性科学问题，科学组建团队、构建研究平台，加强不同研究单元知识和技术上的合作与共享，通过研究方法、理论、技术的突破所引发的变革促进不同学科的贯通[7]。引入大数据的科研模式，带动科研环境与方式的革命性变革，探索大数据背后隐藏的用能规律和需求本质，使大数据广泛应用成为能源科研模式变革的重要牵引。提高对创新技术的可持续性评估能力和产业化模式设计能力，延伸创新技术的价值链条。该新型的能源研究综合体将为规划组建能源领域国家实验室奠定基础。

（三）调动各创新主体积极性推动技术创新政策的落实

建立健全能源领域相关法律法规及科技成果转化、知识产权保护、标准化、评价和激励等配套政策法规，创造良好的能源科技创新生态环境。建立健全企业主导的能源技术创新机制，推动企业成为能源技术与能源产业紧密结合的重要创新平台。健全“政产学研用”协同创新机制，树立“能源大格局”的发展理念，建立统筹全局的创新体系，加强能源科学基础研究，在能源生产端、消费端、系统集成等重大技术突破过程中，鼓励重大技术研究与开发、重大装备研制、重大示范工程和技术创新平台建设的四位一体创新，整合资源，协同作战。

（四）整合能源领域核心力量成立国家实验室

鉴于能源在国家发展中的重要地位，应依托最具优势的单元，整合我国能源领域的科技创新核心力量，尽快成立国家实验室。能源领域国家实验室是体现国家意志、承担为我国能源发展提供可持续技术方案的使命、代表国家最高水平的能源领域战略科技力量，是国家能源科技创新体系的核心和龙头。牵头组织优势力量开展重大关键技术集成创新和联合攻关，突破重大能源科学瓶颈问题，攻克关键共性技术、前沿引领技术、现代工程技术和颠覆性技术，开展战略性、前瞻性、基础性、系统性、集成性科技创新，组织和发起能源领域大科学计划与大科学工程，成为军民融合、多学科集成的国际一流综合性国家能源创新平台，建成突破型、引领型、平台型一体化的大型综合性研究基地，不断推动能源科技创新能力显著提升。

研究编撰人员（按姓氏笔画排序）

马隆龙　王树东　许洪华　肖立业　何京东　张　宇　陈　伟　陈　勇　赵黛青
徐瑚珊　葛　蔚　韩怡卓　蔡国田　漆小玲　戴松元

参考文献

[1] 中国科学院能源领域战略研究组．中国至2050年能源科技发展路线图．北京：科学出版社，2009.

[2] EIA. Analysis of the Impacts of the Clean Power Plan (May 2015). https://www.eia.gov/analysis/requests/powerplants/cleanplan/pdf/powerplant.pdf [2017-07-29].

[3] EIA. International Energy Outlook 2016. https://www.eia.gov/outlooks/ieo/pdf/0484(2016).pdf [2017-07-29].

[4] 国家发展和改革委员会，国家能源局．能源技术革命创新行动计划（2016-2030年）. http://www.ndrc.gov.cn/zcfb/zcfbtz/201606/t20160601_806201.html [2017-07-29].

[5] 国家发展和改革委员会，国家能源局．能源生产和消费革命战略（2016-2030）. http://www.fdi.gov.cn/1800000121_23_73771_0_7.html [2017-07-29].

[6] 谢克昌，等．中国煤炭清洁高效可持续开发利用战略研究·综合卷．北京：科学出版社，2014.

[7] Li J. Exploring the logic and landscape of the knowledge system: multilevel structures, each multiscaled with complexity at the mesoscale. Engineering, 2016, 2(3): 276-285.

第十五章 材料领域

材料是人类社会的物质基础。当前，材料领域的发展日新月异，新技术和新材料的不断出现与推广应用，不仅有效带动了传统产业的升级，促进了战略性新兴产业的形成和发展，还显著改变了人们的生产和生活方式。因此，世界各国都高度重视材料领域的研究和发展，把发展材料领域作为科技发展战略的重要组成部分，在制定国家科技与产业发展计划时，纷纷将材料技术列为 21 世纪优先发展的关键技术之一。

一、材料领域科技发展的重大作用和意义

（一）材料科技是科学和技术发展的物质基础与先导

材料科学既与其他学科交叉融合，又是许多相关科技领域发展的基础，对材料本质及规律认识的重大突破必将带动科技的整体发展。材料既是当代高新技术的重要组成部分，又为其他高新技术的发展提供了物质基础和先决条件[1]。“一代材料、一代技术、一代装备”正成为人们的共识，“材料先行”成为新产业发展的重要特征。正因有了高强度合金、耐高温材料及各种非金属材料的出现，才会有航空和汽车工业；正因有了光纤发明，才会有今天的光纤通信；正因有了半导体工业化生产，才会有今天高速发展的计算机技术和信息技术。当今世界各国在高技术领域的竞争，在很大程度上是新材料技术水平的较量。同时，材料科技与其他高技术互相依存、互相促进。高技术的飞速发展对新材料提出了更高的要求，而精密测试技术、电子显微技术、高速大容量计算技术等的发展，也为材料科技的发展提供了有力的支撑。

（二）材料科技发展有力促进了社会经济发展和产业升级

材料产业是战略性、基础性产业，是国民经济发展的基础。我国钢铁、建

材、有色金属、化纤、纺织的工业产量和规模均居世界第一位。早在2010年，量大面广的基础性原材料产业，如钢铁、有色金属、石化、纺织、轻工、建材等6个产业的从业人员就已达到6000万（占城镇就业人员的15%左右）。此外，先进材料（具有优异性能和特殊功能的材料，或采用新技术、新工艺和新装备，性能有明显提高或产生新功能的传统材料）对传统产业转型升级起到了重要的支撑作用，并催生了许多新产业。例如，耐热材料的发展促进了煤电行业提高燃烧效率，减少污染，实现洁净高效利用；发展具有良好焊接性能的高质量、大尺寸的高强度钢板实现了大型水电装备的国产化；超大容量信息存储材料及技术保证了微电子技术的快速发展。一些高新技术产业，例如汽车、轨道交通、信息与通信、新能源等对新材料的发展都有着极大的需求，带动我国新材料市场近年来以20%以上的速度递增。2015年新材料产业的产值达到2万亿元[2]，具有极为广阔的发展前景和上升空间。

（三）材料科技发展是维护国家安全和国防建设的重要保障

战略关键材料是支撑国家重大需求和维护国家安全的重要基石。目前我国关键材料支撑保障能力不足，受制于人的问题还比较突出，在国家重大需求的关键材料中，约1/3还属国内空白。一些高性能武器装备对材料性能要求极高，使用环境苛刻，促使结构材料朝着性能极限、结构与多功能一体化、耐苛刻环境和极端条件等方向发展。同时，我国民用航天、航空事业的发展也不断对材料研究提出新的要求，包括轻质高强、高温耐蚀和结构功能一体化的高性能材料，以及新一代功能材料与器件。以飞机发动机为例，有研究认为，发动机性能的提高，约70%来自于新材料的贡献。新材料的研究与开发和重大突破，将会有助于解决国家安全面临的诸多重大瓶颈问题。

（四）材料科技发展为可持续发展和改善民生福祉提供了重要支撑

发展先进材料有助于促进社会的可持续发展，改善民生福祉。应对节能减排等能源问题和挑战，需要提高能源效率、开发新型能源，这对能源装备用结构材料和能源储存及转换材料的性能提出了更高要求。在环境问题日益受到国际广泛关注的情况下，加强环境保护、实现人与自然的和谐发展对材料制造新技术、环境友好材料和空气净化材料不断提出了新需求。在自然资源不断紧缩的情况下，需要发展新型材料及其制备加工技术，以及材料的循环使用和回收利用技术。我国即将迎来人口老龄化高峰，人口健康对生物医用材料提出了新要求。除医疗器械材料外，还需要发展人体植入材料、药物控释材料、早期诊断技术所用新材料等。这些都对材料科技发展提出了迫切需求，亟须依靠材料科技创新来提供有力支撑。

二、材料领域科技发展现状及趋势

（一）材料领域科技发展趋势

1. 新材料不断追求更高的使役性能，以满足社会进步和科技发展对材料提出的新要求

人类对于空间资源的探索、开发和利用，需要大量快速穿越大气层、重复往返或长时间在外层空间轨道运行的各种“跨大气层空天飞行器”。空天飞行器的发展是对现有航天、航空技术的提升和跨越，对耐高温和超高温结构材料也提出了更高需求。海洋资源尤其是深海资源的开发，需要大量耐高压、耐腐蚀的高强结构材料。矿产资源开发深度的不断增加，对矿井支护材料的抗压和隔热性能要求也不断提高。随着核电工业的发展，核废料日益增加，需要大力发展抗辐射材料、固化材料等。随着人类步入信息化时代，对超大容量信息传输、超快实时信息处理和超高密度信息存储的需求，加快了信息载体从电子向光电子和光子的转换步伐，光纤通信、移动通信和数字化信息网络已成为信息技术发展的大趋势，相应地，发展具有更高性能的信息功能材料成为决定性因素和竞争的焦点。

2. 新材料向着个性化、复合化和多功能化的方向迅速发展，强调对增材制造等新型加工方式的应用与支撑

以原子、分子为起始物质进行材料合成，并在微观尺度上控制其成分和结构已逐渐成为可能，由微观、介观到宏观等不同层次上，按预定的形状和性能来设计和制备新材料的技术日益成熟。以增材制造（3D 打印）为代表的“按需设计和制造材料”的多尺度、多功能、跨层次的新型材料研究与开发和制造受到了世界各国的广泛关注，并对医疗、建筑、食品和制造等诸多行业产生了

革命性的影响。

2016 年 2 月美国发布的《国家制造业创新网络战略规划》和《国家制造业创新网络年度报告》再次强调了新兴材料制造业的重要地位，美国国防部和能源部先后建立了 3D 打印等制造创新机构。英国政府 2013 年 6 月宣布资助 3D 打印项目，支持新制造技术的开发以帮助英国在全球保持技术和设计领先地位。日本政府在 2014 年预算案中划拨了 40 亿日元，由经济产业省组织实施以“3D 成型”技术为核心的制造革命计划。欧盟 2015 年 1 月发布的《欧洲冶金路线图：生产商与终端用户展望》报告中，对先进的材料制造技术进行了重点关注[3]。

3. 新材料技术更加注重缩短研究与开发周期和降低研究与开发成本

改变传统的“试错法”主导的材料研究与开发观念，缩短新材料的研究与开发周期，降低研究与开发成本，实现新材料研究与开发由“经验指导实验”的模式向“理论预测、实验验证”的新模式转变已经成为材料研究领域的共识。这一共识集中体现在“材料基因组计划”[4]，其基本思路是：借用生物基因组的概念，研究材料的成分、微结构、相组织等基本属性及其组合规律和比例与性能之间的关系，通过融合高通量计算（理论）、高通量实验、专用数据库等三大技术，变革新材料研究与开发理念和模式。欧盟、日本和印度等也针对各自国家或地区材料的发展现状和需求，相继启动了类似的研究计划。

材料基因组计划

2011 年 6 月 24 日，美国总统奥巴马宣布启动一项超过 5 亿美元的“先进制造业伙伴关系计划”（AMP）。“材料基因组计划”（Materials Genome Initiative，MGI）是 AMP 计划的重要组成部分，计划投资超过 1 亿美元。

经过信息技术革命后，美国充分认识到材料科技创新对技术进步和产业发展的重要作用。MGI 拟通过新材料研制周期内各个阶段的团队相互协作，加强“官产学研用”相结合，注重实验技术、计算技术和数据库之间的协作和共享，目标是把新材料研究与开发周期减半，成本降低到现有的几分之一，以增强美国在材料领域的国际竞争力。

美国国家科学基金会、国防部、能源部、国家航空航天局和国家标准技术研究院先后投入经费支持“材料基因组计划”相关研究。2014 年 12 月，美国发布了《材料基因组战略规划》，将“材料基因组计划”上升为国家战略。

4. 新材料技术更注重解决能源、资源短缺的约束，促进社会的可持续发展

随着人类社会的发展，原材料短缺、能源匮乏、温室气体排放等已成为全球面临的共同问题，绿色、环保、节能和减排等成为发展的重要目标。新材料的研究与开发也将可持续发展放在越来越重要的位置。发展高效、绿色、低能耗、可回收再用的新材料，实现制备和使用过程绿色化等，已成为新材料发展的重要方向。高性能材料对资源，特别是稀有贵重金属元素的依赖愈发显著，开展材料中稀贵元素的替代研究已成为当前各国材料研究的重要方向。日本早在 2007 年就发起了“元素战略计划”，并在随后每年陆续设立相关课题。美国于 2012 年成立了“关键材料创新中心”，开展“减量、替代、循环”（3R）研究。欧盟“第七框架计划”（FP7）中最大专项——合作计划 2013 年的优先项目就包括“关键金属替代新材料开发”。

（二）我国材料领域科技发展现状

近年来，我国新材料技术的研究与开发与应用快速发展，大大缩小了与世界先进水平的差距，个别领域已经达到或处于国际领先水平。同时，我国新材料产业不断发展壮大，在体系建设、产业规模、产业升级等方面取得了长足进展，为国民经济做出了重要贡献。

1. 研究与开发能力不断提升，部分关键材料取得重大突破

我国历来重视材料领域研究，在国家科技计划中均给予了重点支持。随着国家的持续投入，我国材料领域研究与开发力量与研究与开发水平在不断积累中逐步增强，自主创新能力不断提升，部分关键材料取得重大突破。2011－2015 年，我国材料领域发表 SCI 论文 114 734 篇，其中高被引论文达到 1517 篇，均居世界首位[2]；2016 年我国材料领域论文被引用次数上升至世界首位。在金属材料、无

机非金属材料、高分子材料、光电子材料、纳米材料、高温超导材料与器件、高效能源材料等领域，取得了一批具有自主知识产权的核心技术成果，已形成一定优势和特色，显著增强了材料领域持续创新能力[5]。

2. 科技进步推动材料产业不断发展和壮大

我国新材料领域已基本形成了包括研究与开发、设计、生产和应用，品种门类较为齐全的产业体系。通过技术转移转化，一大批科技成果转化为生产力，实现了规模生产，为经济社会发展和国防建设提供了许多关键新材料。进入21世纪以来，我国新材料产业发展迅速。稀土功能材料、先进储能材料、光伏材料、有机硅、超硬材料、特种不锈钢、玻璃纤维及其复合材料等产能居世界前列。在一些新兴材料领域，如半导体照明工程、新型平板显示技术、全固态激光器及其应用等，加强了工程化技术开发，明显提升了产业的国际竞争能力，为加快发展和培育战略性新兴产业奠定了良好基础[5]。另外，我国新材料产业正在呈现快速集聚并形成特色产业集群的趋势，已初步形成了特色明显、各具优势的区域分布格局。材料产业已发展成为国民经济的重要支柱产业，总产值约占GDP的23%。

3. 存在的问题与挑战

我国已经是材料大国，但与世界材料强国相比，还存在很多问题和挑战：①传统材料生产能力提高很快，但是很多关键高端材料仍未实现自主供应。我国传统材料目前普遍面临提高品质、降低成本、降低能耗和升级换代等问题。如我国钢铁产量世界第一，一些品种供大于求，但质量达到世界先进水平的钢材不足20%，每年仍需进口3000多万吨优质钢材（相当于国内产量的10%）。我国水泥产量居世界首位，但高标号水泥只占总产量的17%，且能耗高、污染大。据统计，在国家重大工程及国家安全领域，大多数高端制造业关键材料自给率只有14%左右。②新材料技术水平和产业整体水平还不高，不能完全满足我国经济和社会发展的需求，还没有形成相对独立的材料体系。差距主要包括新材料跟踪仿制多，拥有自主知识产权的专利成果尤其是国际专利还不够多；某些高技术关键材料的质量和产量不能满足自给，严重依赖进口；新材料的相关技术标准未取得突破，被动跟踪国外先进标准的情况比较突出，难以满足新材料国际经济技术交流合作需求等。③在材料领域科技发展方面，材料研究机构大多针对某一方向和需求进行研究，不同学科之间缺少深层次的交流和交叉，原创性的思想、概念、理论、方法还比较匮乏，且科技成果的转移转化不足。

三、我国材料领域科技发展目标、布局和路径

（一）总体目标

至 2020 年前后，基本建成材料科学技术的创新体系。基本满足国家重大工程建设、国家安全、装备制造、交通运输等领域对材料的需求，自主创新能力有效提升，基础研究和新材料新工艺研究与开发能力接近世界先进水平，部分重点新材料关键科学技术和重大应用取得重要突破。

至 2035 年前后，基础材料制造水平国际领先，实现由材料大国向材料强国的战略性转变，从跟踪发展实现自主创新，重点新材料形成全面自主可控保障能力，满足我国国民经济、国家安全、社会可持续发展对材料的需求。传统材料实现大规模绿色制备加工和循环利用。材料产业竞争力达到国际领先水平。

至 2050 年前后，建成世界领先的材料科技创新体系，依靠自主创新全面满足需求，掌握和突破材料领域的核心科学问题和关键技术，研究与开发能力和产业竞争力位于世界材料科技强国领先行列。

（二）重点科技布局与发展路径

为了满足我国经济社会发展和国家安全等对材料领域的重大需求，提升材料领域的创新能力，支撑制造强国建设，我国对材料领域的科技发展已经进行了系统部署和规划。国家先后发布了《中国制造 2025》《“十三五”国家科技创新规划》《“十三五”材料领域科技创新专项规划》和《“十三五”新材料产业发展规划》等，针对材料领域的重大、核心和关键技术问题，从基础前沿、重大共性关键技术到应用示范进行全链条设计。未来材料领域应当以增强自主创新能力为核心，为产业和经济社会发展提供有力支撑。

在国家材料领域相关规划的基础上，面向建设科技强国的目标，根据材料科技发展趋势和特点，从满足国家重大需求和促进社会的可持续发展出发，提出三个需要重点发展的方向，即材料的全寿命成本及其控制技术、材料智能化和材料

绿色化，并分别提出相应的关键科技问题与阶段性发展目标，以期更好地推动我国材料领域的科技创新和产业化发展。

《中国制造 2025》相关要点

国务院 2015 年 5 月 8 日发布《中国制造 2025》，是中国政府实施制造强国战略第一个十年的行动纲领。通过“三步走”实现制造强国的战略目标：第一步，到 2025 年迈入制造强国行列；第二步，到 2035 年制造业整体达到世界制造强国阵营中等水平；第三步，到中华人民共和国成立一百年时，综合实力进入世界制造强国前列。

新材料是《中国制造 2025》大力推动突破发展的十大重点领域之一。以特种金属功能材料、高性能结构材料、功能性高分子材料、特种无机非金属材料和先进复合材料为发展重点，加快研究与开发先进熔炼、凝固成型、气相沉积、型材加工、高效合成等新材料制备关键技术和装备，加强基础研究和体系建设，突破产业化制备瓶颈。积极发展军民共用特种新材料，加快技术双向转移转化，促进新材料产业军民融合发展。高度关注颠覆性新材料对传统材料的影响，做好超导材料、纳米材料、生物基材料等战略前沿材料提前布局和研制。加快基础材料升级换代。

《“十三五”科技创新规划》材料领域相关要点

在面向 2030 年的重大科技项目中，部署了“重点新材料研究与开发及应用”重大工程，重点研制碳纤维及其复合材料、高温合金、先进半导体材料、新型显示及其材料、高端装备用特种合金、稀土新材料、军用新材料等，突破制备、评价、应用等核心关键技术。

立足构建具有国际竞争力的现代产业技术体系，强化重点领域关键环节的重大技术开发，突破产业转型升级和新兴产业培育的技术瓶颈，提出发展新材料技术，围绕重点基础产业、战略性新兴产业和国防建设对新材料的重大需求，加快新材料技术突破和应用。具体包括：

1）发展先进结构材料技术，重点是高温合金、高品质特殊钢、先进轻合金、特种工程塑料、高性能纤维及复合材料、特种玻璃与陶瓷等技术及应用。

2）发展先进功能材料技术，重点是第三代半导体材料、纳米材料、新能源材料、印刷显示与激光显示材料、智能/仿生/超材料、高温超导材料、稀土新材料、膜分离材料、新型生物医用材料、生态环境材料等技术及应用。

3）发展变革性的材料研究与开发与绿色制造新技术，重点是材料基因工程关键技术与支撑平台，以短流程、近终形、高能效、低排放为特征的材料绿色制造技术及工程应用。

1. 材料的全寿命成本及其控制技术

随着经济社会的发展和科学技术的进步，考虑材料的全寿命成本并研究应用相应的控制技术已成为必然趋势。材料应用以追求最大限度发挥材料的性能和功能为出发点，在控制成本时仅仅关注某些环节中的单一或若干方面成本，是无法满足进一步发展需求的。在面临能源、资源、环境等重大挑战时，材料研究和使用必须充分关注其全寿命成本，既要使材料易于制造和加工，使材料具有更好的性能，又要减少对资源和能源的依赖，减少对环境的污染和破坏。

材料的全寿命成本及其控制技术是材料领域最具广泛性、紧迫性和前瞻性的重大命题之一。全寿命成本的制约因素很多，主要有对资源的依赖成本、材料生产加工过程本身的成本、由材料性能质量和可靠性决定的使用效率和成本、污染成本和回收利用率等。材料科学技术综合水平的提高则是实现全寿命低成本的关键。例如，为了节约资源和能源，需要发展材料的短流程制备技术、稀缺元素替代技术、洁净成型技术、智能化制备与加工技术、材料结构功能一体化技术和回收利用技术，为了减少对环境的污染，需要发展环境友好材料、绿色制备和节能加工技术、失效防护技术以及废弃物资源化技术。

（1）关键科学和技术问题

1）材料使役行为的预测、设计与控制。通过对材料结构组织性能关系的清楚认识，对材料性能进行准确预测，进而实现精确的工艺控制和材料设计。

2）材料高效循环利用。从材料组成结构设计入手，实现材料的制备、稳定化和再生技术的协调和统一，并对现役材料和结构器件的失效过程进行评估预测，对老龄材料与结构进行修复，延长使用寿命。

3）材料结构功能一体化。功能材料与器件相结合，并趋于小型化与多功能化，实现材料结构功能一体化，进而发展出智能材料技术和高智能多级结构复合材料，既满足结构设计需要，又能实现器件功能要求。

4）材料分析检测技术。研究材料的微观组织、原子结构和电子结构，获得材料微观特征对其性能的影响；研究材料微观结构的演变及样品表面的物理、化学反应的动态过程，同时完成材料的微观结构表征与原位性能测试；研究和发展新的评价与表征技术的实验方法和理论，并提高分析方法的精确度，实现评价与表征技术的自动化、数字化和可视化。

（2）发展目标

2020 年，基础原材料制备能耗降低 50%，材料可循环再生利用率达到 10%，现有材料寿命延长 50%，碳排放减少及再利用达 20%。

2035 年，现有材料寿命延长一倍，材料可循环再生利用率达到 20%，碳排放减少及再利用达 50%。

2050 年，材料可循环再生利用率达到 50%；具有自修复和自愈合功能的仿生材料获得应用，智能材料成为主导材料之一；材料的结构与性状可被精确设计与预见，其工艺过程可精确地控制与实现。

2. 材料智能化

材料智能化是指使材料具有感知环境（包括内环境和外环境）刺激，并进行分析、判断、处理，进而采取一定的措施进行适度响应的功能，这类材料也称为智能材料。构成智能材料的基本组元包括压电材料、形状记忆材料、光导纤维、电/磁流变体、磁致伸缩材料和智能高分子材料等。智能材料是材料科学不断发展的必然结果，已成为材料科学与工程领域的研究热点之一，其设计与集成涉及多门类、多学科交叉，将伴随着其他相关学科的发展而飞速发展、协同增效。智能材料是未来设计智能产品以及智能社会的基础保障和先导支撑，无论对于推动科学技术的进步，还是促进国民经济的发展，都具有重大的战略意义。

（1）关键科学和技术问题

1）智能材料的多功能化发展。智能无机材料包括形状记忆合金、电/磁流变体、电致变色材料及压电材料等。智能高分子材料包括高分子智能膜和智能凝胶等。智能材料研究目前正由单一功能向多功能、一般功能材料朝超功能材料方向发展；由单纯的材料研制、模型实验，朝着多学科的交叉与集成、个性化定制与服务智能化工程应用的方向发展。

2）敏感材料与器件研究。研究生化敏感微结构材料与器件、智能敏感材料与器件，多功能及智能化传感材料集成技术；发展具有体积小、重量轻、反应快、灵敏度高、可高度片上集成以及成本低的半导体敏感材料与器件。

3）材料非线性行为与系统内部通信、系统设计与建模。通过对材料物性参数的控制，改善基体特性与传感、控制及执行功能。从整体配置、参数分配、耦合方式、材料选择、制备工艺等方面进行综合考虑，探索设计和建模方法，避免盲目试探式的研究，缩短研究与开发过程。

4）实现从“机敏”（smart）材料到“智能”（intelligent）材料的升级。机敏材料只有传感和执行两种基本功能，比智能材料少一个处理功能。目前智能材料中相当一部分属机敏材料，随着研究的进展，逐步实现机敏材料向智能材料的升级，最终将会发展到具有类似人类的部分智能。

（2）发展目标

2020 年，我国智能材料研究的相关理论和方法取得显著突破，智能材料产业拥有大量具有自主知识产权的核心技术，部分重要的智能材料基本实现自给，技术水平处于国际并跑阶段。

2035 年，先进的智能材料在全社会实现广泛应用，部分领域达到国际领先水平。智能电网、智能机器人、电子皮肤、太阳能智能服装、智能药物释放体等领域的国产化率超过 70%。

2050 年，智能性组织工程产品进入应用，绝大部分智能材料与器件研究领域处于世界领先水平，国产智能材料将完全满足我国信息社会的需求。

3. 材料绿色化

材料绿色化是 21 世纪最重要的发展趋势和研究热点之一，是材料科学与绿色化学、资源生态环境、清洁能源、绿色制造等多学科领域交叉融合的新兴方向。20 世纪 90 年代，美国环境保护署（EPA）推动了绿色化学的建立，其中 Anastas 和 Warner 提出的 12 条基本原则构成了化学绿色发展的基础[6]；同期，材料学者也关注在满足产品使用性能的同时如何达到良好的环境协调性，并研究与开发更多能改善环境的功能材料，日本学者山本良一将这种材料定义为生态环境材料[7]。绿色材料在1988年被首次提出之后，随着发展逐步形成了比较统一的定义：在原料采取、产品制造、应用过程和使用以后的可再生循环利用等环节中，对地球环境负荷最小、对人类身体健康无害的材料。

纳米材料、生物技术、先进制造等新材料、新技术的快速发展，既为材料绿色化带来了新的挑战，也为拓宽和延伸传统材料的绿色设计和产品创新提供了新的科学支撑。可以预期，新型催化剂、纳米组装、基因组与仿生、新反应介质与加工技术等将大大推动材料绿色化的发展。材料绿色化科技的发展，将会为党的十九大报告提出的“建立健全绿色低碳循环发展的经济体系”“壮大节能环保产业、清洁生产产业、清洁能源产业”等提供重要支撑。

（1）关键科学和技术问题

1）材料绿色化理论基础与环境协调性评价方法。包括新材料（如纳米颗粒、纳米碳材料等）的毒性/环境效应评价与构效关系，材料的绿色设计、环境负荷与使役行为评价预测研究；天然、生物质、可降解、可再生等绿色化产品原料的制备、加工与应用技术，不可再生资源与有毒有害原料减量化与替代方法，多组分复合、掺杂、合金化等材料的绿色、可降解/再生循环原料利用、长寿命低能耗产品设计与规模化应用技术；材料基因组、介科学、超分子结构、原子经济性等基础研究的应用技术开发。

2）材料绿色化制备关键技术与新型装备。包括无溶剂/溶剂减量、水性溶剂、新型介质等应用技术，新型催化剂研制、绿色短流程工艺以及在高效、低能耗、无副产物制备过程的应用技术；生产过程中资源、能耗、三废排放评价方法与无害化技术体系，纳米组装、仿生技术、3D打印、表面功能化、结构一体化、轻量化、微观结构优化设计等新技术规模化应用；原位检测控制技术与过程智能化控制，高效提纯分离技术与功能材料研究；电催化、光催化、声催化、超临界、离子液体、微反应器、微波/红外快速加热、激光/离子束/原子沉积等技术应用与专用装备研制。

3）材料绿色化与环境生态治理/修复相关材料与技术。包括能源储存转换、隔热保温、热电转换、高效防腐、精密成型加工、温室气体储存转化等材料绿色化关联技术开发应用，化石能源高效清洁利用与替代技术研究；大气灰霾及臭氧前体物污染治理新材料与关键技术，水资源污染净化材料与技术研究与开发；稀贵元素减量化、替代化技术，土壤修复、沙漠化、重金属治理等技术研究；材料与节能减排耦合技术与新型装备等。

4）废旧废弃材料的再生与循环再生利用技术。包括工业大宗废弃物的减量化与循环再生利用技术，废弃脱硝催化剂、锂电池等固/危废物质再生利用；城市矿产与危险化学物品的科学化管理、资源化处置技术研究；绿色低碳生活工作方式实施技术细则等。

（2）发展目标

2020 年，建全大宗材料的环境负荷数据库，形成材料绿色设计与评价基础理论框架；挥发性有机物（VOCs）污染源头替代技术市场占比超过 80%，生物降解与生物基复合材料在农业、医药、包装等行业开始大规模应用；新型膜分离材料与技术成为城市污水处理循环、海水淡化的有力支撑，气体污染治理新材料新技术在工业窑炉、室内空气、柴油车等领域得到广泛应用；天然、生物质、可降解、可再生等绿色化产品原料初步满足市场需求；3D 打印、纳米组装、新型催化剂等技术达到批量生产应用能力；材料绿色化一些关键方向达到国际先进水平，作为新的经济增长点，显现出新动能的引领作用。

2035 年，解决生物降解高分子复合材料的品种差别化技术，推动生物降解塑料产业世界领先；突破长寿命、高通量、高选择性的膜分离材料的低成本制备技术，在沿海城市海水淡化等技术中普及使用；高效、低能耗、无副产物绿色化信息化制备工艺成为工业主体，纳米组装、仿生技术、3D 打印等新技术新装备得到大规模应用，新能源、新型催化剂、新的节能减排等技术与环境生态材料的应用市场规模大幅度提升，土壤修复与固沙植被取得明显成效；材料绿色化发展水平跻身创新型国家前列，支撑绿色低碳循环发展的经济体系基本建成。

2050 年，形成环境友好材料与材料绿色化设计、评价、预测信息化系统理论与技术体系；在环保材料、污水处理、汽车尾气排放净化材料、废弃物循环利用、生物降解塑料、温室气体固定和利用等研究与开发利用方面形成完备的技术体系；实现资源的高效和循环利用，助力生态环境退化速率零增长；引领材料绿色化国际发展方向，为建成富强民主文明和谐美丽的社会主义现代化强国提供重要支撑。

四、促进我国材料领域科技发展的战略举措和政策建议

围绕提升材料科技创新能力，建立具有中国特色的材料科技创新体系，促进

材料领域科技发展，实现由材料大国向材料科技强国的转变。建议重点考虑以下几方面的政策。

（一）从体制机制上落实“材料先行”战略

践行“材料先行”理念至关重要，否则不仅难以摆脱材料成为制约科技和经济发展瓶颈的问题，而且难以发挥材料的引领和带动产业发展的作用，在国际竞争中将处于被动局面。因此，要在体制机制上确保“材料先行”战略落到实处。加强材料领域前沿科学和关键技术研究与开发，促进材料应用从“末端治理”向“源头治理”的转变，设计、制造、使用等环节应共同认识材料全寿命成本的意义。应以立法的方式，进一步鼓励发展降低能耗、节约资源、环境污染较少的材料与工艺，鼓励大量采用可再生资源和最大限度地利用废弃物资源，推行材料工业的生态化模式和循环经济。

（二）加强产学研结合，推动全链条发展

加强产学研结合，实现从基础研究到产业技术的全链条发展。加强前沿基础研究，给予多元化稳定支持，形成促进多学科交叉研究的机制。进一步推动材料与其他科学技术领域的交叉融合，加强基础研究领域与国内外产业界的合作。坚持新材料新技术研究与开发与传统材料技术升级改造并重，材料研究与工艺技术研究开发并重。加强材料科技规划同产业发展规划及地方性计划的衔接，构建跨区域、跨行业、跨学科的材料科技创新链。重视材料工程化研究和研究成果的转移转化，完善技术转移及知识产权交易制度，完善科技创新激励机制和奖励政策。重视材料技术标准修订和制定工作，建立与国际接轨又有中国特色的材料标准体系。

（三）强化顶层设计，加强材料科技创新体系建设

针对国家战略需求，加强顶层设计和组织引导，依托国内材料领域的优势单元，整合相关研究与开发力量，积极谋划建设材料领域国家实验室，统筹资源配置，充分发挥战略科技力量的旗舰作用，集中力量突破材料科技重大瓶颈问题，增强材料产业发展核心竞争力。针对材料军民两用的特性，围绕军民融合国家战略，加强在技术、装备和人才方面的资源共享，建设材料研究与开发的军民科技

协同创新平台和基地，推动形成完善的材料领域军民融合科技协同创新体系。

研究编撰人员（按姓氏笔画排序）

万　勇　王小伟　卢　柯　杨　乐　李秀艳　李锐星　张兴旺　陈运法　唐　清

参考文献

[1] 中国科学院先进材料领域战略研究组. 中国至2050年先进材料科技发展路线图. 北京：科学出版社，2009.

[2] 工业和信息化部，国家发展和改革委员会，科学技术部，等. 新材料产业发展指南. http：//www. miit. gov. cn/n1146295/n1652858/n1652930/n3757016/c5473570/content. html [2017-09-20].

[3] European Commission. Metallurgy Made in and for Europe：The Perspective of Producers and End-users Roadmap. http：//ec. europa. eu/research/industrial_technologies/pdf/metallurgy-made-in-and-for-europe_en. pdf [2017-09-20].

[4] White House. Materials Genome Initiative：A Renaissance of American Manufacturing. https：//obamawhitehouse. archives. gov/blog/2011/06/24/materials-genome-initiative-renaissance-american-manufacturing [2017-09-20].

[5] 科学技术部. "十三五" 材料领域科技创新专项规划. http：//www. most. gov. cn/mostinfo/xinxifenlei/fgzc/gfxwj/gfxwj2017/201704/t20170426_132496. htm [2017-09-20].

[6] Anastas P T，Warner J. Green Chemistry：Theory and Practice. Oxford：Oxford University Press，1998.

[7] 山本良一. 环境材料. 王天民译. 北京：化学工业出版社，1997.

第十六章　空 间 领 域

自古以来，浩瀚无垠的星空始终吸引着人类的目光，激发着人类的好奇与梦想，对太空的观测和探索贯穿了人类文明进步发展的全过程。21 世纪以来，空间科学与技术的发展日新月异，人类探索宇宙的步伐越来越快，人类活动向太空的延伸也越来越深远。空间科技已经成为世界强国高度重视和竞相抢占的重要科学前沿和战略高技术领域。没有空间科技强国，就不可能成为世界科技强国。

2016 年 5 月 30 日，习近平总书记在全国科技创新大会、中国科学院第十八次院士大会和中国工程院第十三次院士大会、中国科学技术协会第九次全国代表大会（简称“科技三会”）上指出，“空间技术深刻改变了人类对宇宙的认知，为人类社会进步提供了重要动力，同时浩瀚的空天还有许多未知的奥秘有待探索，必须推动空间科学、空间技术、空间应用全面发展”。党的十九大报告进一步明确提出要建设航天强国。这些重要论述和要求为我国空间领域科技发展指明了方向。

一、空间领域科技发展的重大作用和意义

当今世界，新一轮科技革命蓄势待发，物质结构、宇宙演化、生命起源、意识本质等一些重大科学问题的原创性突破正在不断开辟新的前沿。*Science* 杂志在创刊 125 周年之际，公布了 125 个最具挑战性的科学问题，包括宇宙由什么构成？宇宙是否唯一？是什么驱动宇宙膨胀？第一颗恒星与星系何时产生、怎样产生？超高能宇宙射线来自何处？是什么给类星体提供动力？黑洞的本质是什么？地球人类在宇宙中是否独一无二？地球生命在何处产生、如何产生？太阳系的其他星球上现在和过去是否存在生命？……这些问题的答案很多都有赖于人类在空间科技领域的探索。

（一）空间科学拓展人类认知新疆域

诚如爱因斯坦所言“未来科学的发展无非是继续向宏观世界和微观世界进军”。空间科学以空间飞行器（科学卫星、载人航天器等）为主要平台，其研究对象包括宇宙、生命、暗物质、引力波、太阳活动规律和地球系统演化等，占据了自然科学的宏观和微观两大前沿。当代科学发展的历史已经充分证明，大量科学发现和进展来自于人类对宇宙和太空的探索。自 1957 年以来，科学家在空间科学相关领域所取得的研究成果已荣获 11 次诺贝尔奖。空间科学已成为人类认知自然并获取新知识的重要源泉，是实现基础前沿突破的重要平台。

（二）空间技术抢占战略技术制高点

空间技术是进入、探索和利用太空以及地球以外天体的综合性工程技术，主要包括运载与发射技术、航天器平台技术、空间有效载荷技术、在轨服务与维护技术、临近空间飞行器技术等。自 20 世纪 60 年代以来，随着阿波罗登月、航天飞机、国际空间站等航天任务的实施，空间技术集成了材料、化工、能源、导航与控制、电子、通信和信息技术等众多领域的最新成果，同时又有力推动了这些领域的发展，为现代高科技发展不断注入新的活力。空间领域前沿技术的转移转化还能引领战略性新兴产业的发展。例如，先进空间技术的应用推广，显著带动了星际自主导航、新一代信息技术（保密通信、新型传感器、太空互联网）、新能源、新材料、高端装备制造、生物医药等产业的发展，为国民经济持续、健康发展提供了新的增长点。

（三）空间应用服务国民经济主战场

空间应用作为空间科学、空间技术发展水平与成果的综合体现，直接服务于国民经济主战场。卫星通信技术为现代社会提供了移动通信、卫星电话、远距离数据传输、电视转播、远程医疗等多种服务，深刻改变了人类生活。以全球定位系统（GPS）、北斗卫星导航系统（BDS）等为代表的卫星导航应用产业已经成为重要的高新技术产业，不仅在国防领域，也在民用航天、航海、搜救、授时、车辆调度等领域得到广泛应用。空间遥感在开展对地观测、测绘、城市规划、防灾减灾方面发挥了巨大的作用。卫星通信、卫星导航及空间遥感等各种空间应用，已经深入渗透到经济社会发展和人民的生活中，形成了规模巨大的产业。

由空间科学计划的特殊需求带来的技术创新还可直接辐射到人类生活的方方面面。比如，美国国家航空航天局（NASA）20 世纪 70 年代为登月宇航员研制的液冷式太空服，后来被改装用于帮助烧伤患者；80 年代，NASA 协助为消防员开发了一种轻量呼吸系统。美国哈勃空间望远镜带动发展起来的 CCD 成像技术，以及用于深空探索的 CMOS 成像技术，均已成为我们日常生活中必不可少的应用。欧盟的空间计划在确保欧洲安全与经济繁荣方面也发挥着关键的作用，被称为"财富的发电机"和"保持全球竞争力的支柱"[1]。此外，卫星遥感数据对城市规划、农作物估产、防涝减灾等发挥了显著作用；导航应用也随着移动互联网的爆发式增长不断发展出更多的基于位置的服务（LBS）应用。可见，对空间科学与探索的投入，除了知识所带来的潜在产出以外，也会有显著的经济和社会效益。

总体而言，空间科技领域是人类和国家发展的重要战略领域，其所包括的空间科学、空间技术和空间应用三者之间是相互需求和支撑的关系（图 16-1）。科学引领技术，技术推动科学，技术服务应用，应用牵引科学。人类进入太空 50 余年来，空间科学、技术和应用的发展不仅极大扩展了人类的认知领域，牵引和带动相关高技术的发展，同时还极大地推动了国家经济社会发展和科学技术进步。可以设想，如果没有新的空间科学和空间应用的牵引，空间技术将失去持续发展的动力。如果空间技术不再继续进步，空间科学就无法达到新的高度和探索新的领域，空间应用也就成为无源之水、无本之木。空间科技不仅可以提升人类认识客观物质世界的能力，也因其自身具有的前瞻性、技术综合性、创新性和重大性，在维护和保障国家安全、促进经济社会发展和改善人类生活等方面发挥着重要作用，成为国家综合国力和国际竞争力的重要体现。

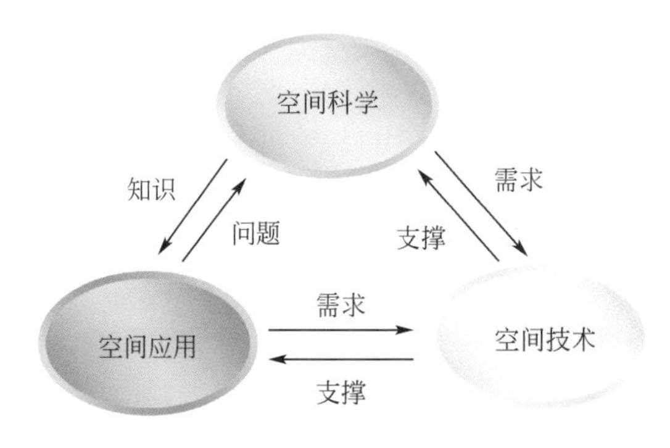

图 16-1　空间科学、空间应用和空间技术三者之间的关系

二、空间领域科技发展现状及趋势

（一）放眼世界，洞悉国际空间科技发展态势

1. 战略规划先行是世界空间科技强国成功的重要经验

世界各主要发达国家均意识到了发展空间科技的重要战略意义，纷纷制定和实施长远的空间科技发展规划，不断部署空间科技任务和计划。

美国发布了《全球探索路线图》《战略空间技术投资规划》等涉及空间科学、技术和应用领域的战略规划，持续提升其在空间科技领域的创新能力。在月球探测方面，奥巴马政府实施了“重力回溯及内部结构实验室”（GRAIL）任务等；2017年10月，特朗普政府宣布将“重返月球”，再次实施载人登月任务并在月球上建立永久性基地；在火星探测方面，NASA将载人空间探索的优先目标确定为火星，公布了登陆火星“三步走”计划。由美国主导的国际空间站将维持运营至2024年，届时将完成数千项科学实验、科学观测、空间应用和技术试验，是人类有史以来规模最大的空间研究活动。美国仍将空间探索作为战略制高点，近5年对NASA的经费投入每年均在180亿美元上下，稳中有升。

欧洲空间局（ESA）确定了《宇宙憧憬（2015–2025）》计划中的一系列卫星和航天器任务。2014年，罗塞塔（Rosetta）探测器搭载的“菲莱”（Philae）着陆器在彗星“丘留莫夫–格拉西缅科”（67P）上成功登陆，实现了人类探测器首次登陆彗星；普朗克（Planck）卫星更精确地测绘了宇宙微波背景辐射，有力地支持了宇宙大爆炸模型。此外，ESA研制的国际空间站哥伦布舱在微重力和空间生命等领域取得了众多科学成果。

俄罗斯航天工业于2015年进行了体制改革，俄罗斯联邦航天局改制为股份制公司ROSCOSMOS，同时与俄罗斯联合火箭公司合并。2016年，俄罗斯联邦政府批准了《2016–2025年联邦航天计划》，并于2017年发布了《2025年前ROSCOSMOS发展战略》，旨在保障航天工业持续发展，全面维护国家利益。

国际空间站

国际空间站（International Space Station，ISS）是主要由美国、俄罗斯、欧洲、日本和加拿大联合推进的重大国际空间合作计划，是人类历史上规模最大的空间科学研究平台。

该平台自 1998 年 11 月开始建设，于 2011 年 12 月完成了基本建造任务，将运营至 2024 年。国际空间站主要开展空间生命及空间物理、航天医学、地球观测、先进探测系统、先进空间技术研究及开发等方面的科学研究工作。

注：资料源自 NASA，https://www.nasa.gov。

日本至今已发射了近 30 颗科学卫星和太阳系统探测器。“隼鸟”号探测器于 2010 年实现了人类探测器首次在月球之外的小行星着陆并采样返回地球。

近年来，印度也在空间探索方面取得了一系列进展，如实施 Chandrayaan 月球任务、MOM 火星任务等，并已批准在 2021 年或 2022 年实施火星登陆，并在其后开展金星轨道器任务。

2. 国际空间科学前沿向更深、更广拓展

随着探测手段的不断完善及人类认知能力的不断提高，空间科学领域的探测与研究也在向更深、更广、更精细化的方向不断拓展，涉及太阳系起源和演化规律、地球系统全球变化、生命起源和地外生命探索、人类生命离开地球能否生存、地球之外是否有生命（包括智慧生命）、太阳大爆发是否会威胁人类的生存、微重力环境下基础物理理论验证等基本和重大基础前沿科学问题[2][3]，主要包括以下方面[4]。

1）开展小尺度的精细结构和大尺度的物理规律的科学探索，加深对宇宙基本物理过程的认识。研究极端条件下的物理规律和暗物质与暗能量的物理本质及其在宇宙中的分布。空间引力波天文将开创多信使天文研究的新时代，并有望取得新的革命性发现。

2）探测系外行星并观测其大气等表面特征，回答地球和人类在宇宙中是否独一无二这一根本性科学问题，并研究不同类型行星的发展和演化规律。

3）通过对太阳小尺度的精细结构进行高时间/空间分辨率观测和对大尺度活动、长周期结构及演化进行整体观测，建立小尺度运动与大尺度变化的联系，揭示太阳磁场、太阳耀斑和日冕物质抛射的物理成因及其相互作用。

4）通过对日地空间关键区域开展探测，了解日地空间天气链锁变化过程及其变化规律，认识太阳活动对地球空间和人类社会的影响，为精确的实时空间天气预报服务。

5）开展太阳系探测，拓展人类活动疆域，增进对太阳系天体起源与演化的认识，为寻找地外生命提供线索。

6）将地球作为一个系统开展研究，重点关注驱动地球系统的关键循环过程，回答各循环系统如何变化、成因是什么、未来变化趋势是怎样的等问题。

7）通过微重力环境下的实验开展流体物理、燃烧科学、材料科学等基本物理过程和规律的研究，揭示因重力存在而被掩盖的物质运动规律；通过空间实验进行基本物理理论和物理定律预言的检验，探索当代物理的局限；提供新一代时空基准。

8）开展空间环境下生命科学基础与机理研究，探索地外生命及人类在地外空间的生存表现和能力，研究生命的起源、演化与基本规律，为人类空间探索提供生命保障。

3. 世界空间技术发展迅猛

进入21世纪以来，随着各航天大国载人航天、空间科学卫星以及月球与深空探测任务的不断实施，空间技术获得了稳步发展并不断进步。

在运载与发射技术方面，各航天大国都在致力于高可靠、低成本、高性能、可重复使用、无毒无污染的新一代推进技术发展，如液氧-煤油低温推进技术，并将核动力推进、激光推进、电推进等新型推进技术作为未来的发展重点。

在航天器平台技术方面，其各类平台正从以任务为导向、定制化、功能专一，向以能力为导向、宽适应性、功能复用发展；平台的柔性化、高功能密度化、可重构化、自主智能化、网络协同化成为发展方向。面向未来载人月球探测和载人火星探测等深空探测任务，各航天大国积极发展新一代载人航天器技术，如美国NASA正在为深空探测任务研究与开发新一代“猎户座”载人飞船，内华达公司在研究与开发“追梦者”小型航天飞机，俄罗斯正在研制“联邦”号飞船。

在空间有效载荷技术方面，随着航天任务的不断推进，空间载荷技术获得了长足的发展，尤其是近 20 年来，逐步向智能化、低成本、高性能、长寿命的方向发展。

在轨服务与维护技术方面，航天员和机器人协同在轨服务技术获得了很大的进步，同时，太空增材制造技术成为未来深空探测的一项关键技术，近年来逐步向材料多样化、工艺混合化、装备智能化、装备精密化、功能复杂化方向发展。欧美针对工程塑料、复合材料、月尘月壤、生物制造分别进行适应太空环境的增材制造工艺开发，研制了一系列空间增材制造装备，小型 3D 打印机已送入国际空间站开展了技术试验与初步应用。欧美利用在轨维护技术，多次进行空间站、航天飞机的健康监测、维修作业和升级更换作业。

在临近空间的开发利用方面，各国重点开展临近空间高、低动态飞行器技术的发展，如高超声速飞行器、平流层飞艇、长航时高空气球等临近空间平台技术，以实现临近空间自由进出、长时可控飞行作为未来发展的目标。

4. 空间应用逐步全球化

在空间应用领域，随着卫星对地观测资料的逐渐丰富，对地观测系统已经从国家、区域性组织，向提供全球性综合地球观测数据共享和服务发展。例如，美国发展了地球观测系统（EOS），发射一系列的卫星；而欧洲则从单一的国家空间活动，形成了由若干成员国参加的对地观测系统或组织，如重大科技发展计划“哥白尼计划”、欧洲气象卫星组织。国际上也成立了卫星观测委员会等，协调和发展全球性的活动。2005 年开始，在日内瓦成立的地球观测组织（GEO）围绕空间应用的不同社会受益领域开展综合、可协调的地球观测数据共享和应用开发。

在全球卫星导航系统方面，美国、俄罗斯、中国、欧洲分别主导的全球定位系统（GPS）、格洛纳斯（GLONASS）、北斗卫星导航系统（BDS）和伽利略（GALILEO）四大卫星导航系统格局基本确定，导航定位能力不断提升，技术手段多样化发展。未来随着卫星导航与物联网、大数据、云计算相融合，将拓展出更加广阔的应用空间。

在空间信息资源获取方面，全球范围的对地观测数据已成为重要战略性资源。为实现快速获取全球对地观测数据，世界航天大国或国际组织已经建成具有相当规模的全球卫星数据接收站网。对地观测卫星中，最为典型的是美国地质调查局（USGS）的 LANDSAT 系列卫星、欧洲空间局（ESA）的 SENTINEL 系列卫星和法国空中客车公司（AirBus）的 PLEIADES 系列卫星。

（二）认清国情，把握我国空间科技发展现状

我国航天事业自 1956 年创建以来，走过 60 多年的光辉历程，逐步形成了比较完善的航天工业基础能力和配套能力，空间技术、空间应用得到充分发展，取得了以“两弹一星”“载人航天”“探月工程”三大里程碑为代表的一系列辉煌成就，在加强国防、普及应用和激励民众方面发挥了重要作用，我国已成为具有重要国际地位及影响力的航天大国。2016 年，我国政府发布《中国的航天》白皮书，首次提出了“航天强国”发展愿景。近年来，我国在空间科学、空间技术、空间应用等方面加快创新发展，取得一系列重大进展。

1. 空间科学开局良好，孕育基础前沿重大突破

进入 21 世纪以来，我国实施了双星计划等空间科学任务，并借助载人航天与探月工程、实践系列卫星、应用卫星等空间平台开展了系列空间科学研究，取得了一批科学成果，在学科领域设置、科研队伍培养、基础设施建设等方面取得了长足进展，形成了良好发展势头。

在中国科学院 A 类战略性先导科技专项空间科学专项（以下简称空间科学先导专项）的支持下，自 2015 年以来，我国已陆续成功发射了暗物质粒子探测卫星（“悟空”）、“实践十号”返回式科学实验卫星、量子科学实验卫星（“墨子号”）及硬 X 射线调制望远镜卫星（HXMT 卫星，即“慧眼”）等系列科学卫星，空间科学成为近期我国空间科技的发展亮点，获得了广泛的国际关注及高度评价[5]。其中，“墨子号”在国际上首次成功实现了千公里级的星地双向量子纠缠分发、星地量子密钥分发及地星量子隐形传态，标志着我国在量子通信领域全面达到了国际领先地位。*Science* 和 *Nature* 等国际顶级学术期刊 5 年来逾 10 次追踪报道中国空间科学卫星的重要进展，指出“中国将科学发现放到了其空间计划的核心位置”“凸显了中国创新的广度以及对于创新的承诺”。这些进展表明我国空间科学已进入了新的快速发展阶段。

但迄今为止，空间科学先导专项尚未纳入国家科技重大专项，我国尚未建立长期稳定的空间科学国家财政经费资助渠道。长此以往，将制约我国在空间科技领域持续取得重大突破，或将对中国空间科技的可持续发展产生不利影响。

中国科学院A类战略性先导科技专项空间科学专项

“十二五”期间，中国科学院实施了A类战略性先导科技专项空间科学专项。总体目标是：在最具优势和最具重大科学发现潜力的科学热点领域，通过自主和国际合作科学卫星计划，实现科学上的重大创新突破，带动相关高技术的跨越式发展，发挥空间科学在国家发展中的重要战略作用。

空间科学先导专项“十二五”部署的暗物质粒子探测卫星、实践十号、量子科学实验卫星及硬X射线调制望远镜（HXMT）卫星等均已成功发射，陆续产出了一批具有国际重要影响的重大科学成果，取得系列重大进展。

“十三五”期间，中国科学院将继续组织实施空间科学先导专项（二期）任务，持续引领和推动我国空间科学发展。

暗物质粒子探测卫星

暗物质粒子探测卫星（“悟空”）是中国科学院空间科学先导专项的首发星，于2015年12月17日发射升空。“悟空”是目前世界上观测能段范围最宽（5GeV–10TeV）、能量分辨率最高（优于1.5%）的空间探测器。“悟空”在轨运行的前530天共采集了约28亿例高能宇宙射线，其中包含约150万例25GeV以上的电子宇宙射线。基于这些数据，科研人员获得了世界上迄今最精确的高能电子宇宙射线能谱。“悟空”首次直接测量到了这一能谱在1TeV的拐折，这对于判定部分电子宇宙射线是否来自暗物质起着关键性作用。“悟空”的数据初步显示在1.4TeV处存在能谱精细结构，一旦该精细结构得以确证，将是粒子物理或天体物理领域的开创性发现。

2. 空间技术发展迅速，支撑关键技术重大突破

在运载与发射技术方面，推进技术发展迅速，“长征五号”等新一代火箭采用了无毒、无污染的推进技术，电推进技术也逐步开始应用。正在进行百吨级重型火箭的预研和可重复使用运载器技术的论证和研究与开发。

在航天器平台技术方面，正在进行新一代多用途载人飞船的论证和研制，以适应未来载人登月任务和近地轨道、小行星和火星任务的需求。

在空间有效载荷技术方面，空间激光通信正在开展关键技术攻关，已进行初步技术试验验证，未来发展方向是实现星间实用化大容量通信及星间组网，构建新一代天地一体化通信网络。新型空间通信技术也正在积极探索中，就时频基准与比对技术而言，通过“天宫二号”空间实验室，我国已发射入轨国际首台空间冷原子钟，日稳定度达到10^{-16}量级。随着冷原子钟技术的进步，我国正在发展新型高精度导航与时频载荷技术，以满足国家导航空间基础设施升级换代、空间高精度时频基准和未来深空探测的需要。在有效载荷支持技术方面，仍需进一步加强先进信息支持、微扰动控制、低温制冷、自主可控元器件及新型材料等技术研究，以满足空间有效载荷发展需求。

在轨服务与维护技术方面，开展了工程塑料及复合材料太空增材制造的关键技术攻关，并利用失重飞机开展了初步技术试验，未来将面向桁架结构、卫星天线、大型望远镜等空间大型结构和载人深空探测任务开展金属太空增材制造技术、基于月尘月壤的在轨制造技术等新技术研究与开发。我国在空间在轨维护技术方面起步较晚，大多处于研究论证阶段，正在向自主化、精细化和在轨升级等方向发展。我国近年来逐步重视在轨服务与维护技术的发展，正在积极推动相关专项的立项。

在临近空间飞行器技术方面，高、低动态飞行器材料、能源、动力推进等技术有所进步，尤其是以太阳能电池为代表的新能源极大促进了临近空间长航时低动态飞行器技术的发展。

3. 空间应用均衡发展，具备天空地一体化能力

遥感应用领域以多源立体遥感观测为手段，以研究人类生存和生活环境为基础，以提高对地球系统的物理、化学、生物、社会等过程和要素的时空特征认知

为科学目标，以加深对地球和人类生存环境的理解为导向，事关国民经济发展、国防建设、国土安全、国家科技创新能力等诸多方面。

我国已具备了天空地一体化综合观测能力，并根据需求牵引的发展思路，部署了一批气象、海洋、资源、环境减灾科研和业务卫星，以及地面、业务应用等建设项目。正在实施的高分辨率对地观测系统和空间基础设施，为发展业务卫星体系奠定了坚实基础；已建立起覆盖我国全部国土及周边国家和地区的对地观测卫星数据实时接收网络，并初步具备了对国外卫星观测数据的快速获取能力。根据国民经济和社会发展需求，已建立了涵盖多部门的遥感应用技术体系。

在全球应用方面，科学技术部国家遥感中心组织开展了全球生态环境遥感监测并发布年度评估报告；一些科研院所、大学以及行业部门初步具备了全球遥感监测与应用技术能力；中国气象局、国家测绘局启动了全球卫星气象监测与全球测图等计划；中国科学院以绿皮书形式发布了遥感监测报告。

伴随着高分辨率、定量遥感时代的来临，我国遥感数据获取与信息服务能力均得到了前所未有的发展，但在遥感科学与技术前沿仍存在一系列瓶颈，如全球综合地球观测系统、高精度遥感模型与参数反演、遥感产品真实性检验与不确定性、遥感数据与地球系统模式同化以及遥感大数据与主动服务等，都亟待加强研究和突破。

国家民用空间基础设施重要综合应用方向

2015 年，国务院办公厅印发的《国家民用空间基础设施中长期发展规划（2015-2025 年）》进一步明确了中国地球观测卫星的发展，以满足各用户部门自身业务需求和特定应用目标为主的 7 个重要综合应用方向：

1）资源、环境和生态保护综合应用；

2）防灾减灾与应急反应综合应用；

3）社会管理、公共服务及安全生产综合应用；

4）新型城镇化与区域可持续发展、跨领域综合应用；

5）大众信息消费和产业化综合应用；

6）全球观测与地球系统科学综合应用；

7）国际化服务与应用。

注：资料源自《国家民用空间基础设施中长期发展规划（2015-2025 年）》。

三、我国空间领域科技发展目标、布局和路径

我国空间领域科技发展要以“加快建设创新型国家，建设科技强国、航天强国”为统领，坚持创新、协调发展，按照以航天工程技术创新为主体，空间应用、空间科学为两翼的“一体两翼”新思路发展航天事业，推动我国空间科技总体水平进入世界科技强国之列，早日实现我国从航天大国向航天强国的战略性跨越。为此，根据空间领域科技的国际发展趋势，结合我国国情和国家战略，进行领域发展的顶层设计，制订我国空间科技领域的发展目标和路径。

（一）总体目标

至2020年，空间科学、空间技术、空间应用全面协调发展初见成效，建成空间科学卫星系列，中国科学院空间科学先导专项产生一批重大原创成果；载人空间站核心舱发射，在微重力流体物理、基础物理等领域开展科学实验，取得一批有价值的研究成果；月球与深空探测工程实施月球探测任务，推动空间飞行器在轨服务和维护；发展空间地球大数据综合基础设施和应用；开展空间科学国家实验室建设。

至2035年，形成完善的空间科学研究体系，在可能取得具有重大科学突破的创新方向上规划实施新的国家重大任务，载人空间站完成建造并在轨运营，开展大规模空间科学研究与应用，在空间科学前沿探索的重点领域方向进入世界先进行列，突破并掌握一批战略性关键核心技术，为解决国家迫切需求的重大应用问题提供先进的解决方案和手段，取得重大应用效益；顺利实施火星采样返回、木星穿越等任务；推动月基空间对地观测新技术研究和实施，完善空间地球大数据综合应用服务；突破先进有效载荷、先进载运、超高精度时空基准等方面的若干关键共性及前沿技术；空间科学国家实验室建设完成，跻身国际一流行列；建成空间科技领域顶尖创新人才高地，中国空间科学家团队进入国际一流方阵；我国空间科技总体水平进入创新型国家前列，实现并跑与领跑。

至2050年，实施飞向太阳系边界空间科学任务、载人月球探测、小行星与火星等深空探测任务，开展月基对地观测系统建设，实现空间地球大数据全球化应用。建成空间科技强国，在世界空间科技竞争中赢得先机，实现领跑，引领世

界空间科学、技术与应用的发展，为建设世界科技强国做出不可或缺的贡献，推动人类文明进步。

（二）重点科技布局和发展路径

1. 面向世界科学前沿，探索宇宙基本规律

重点围绕宇宙和生命的起源及演化、太阳系与人类的关系两大主题开展重大前沿科学问题研究[6]。中国科学院牵头组织完成的《2016–2030 年空间科学规划研究报告》明确了未来需要进行的重点布局和路径。

至 2020 年，新立项研制 5–6 颗科学卫星，发射载人空间站核心舱，在国际前沿探索领域开展较大规模的空间科学研究，致力于在黑洞、暗物质、时变宇宙学、地球磁层–电离层–热层耦合规律、全球变化与水循环、量子物理基本理论和空间环境下的物质运动规律与生命活动规律等方面取得重大科学发现与突破；同时部署新的预先研究项目与背景型号项目，为后续立项的科学卫星做好准备。

至 2035 年，完成已立项的科学卫星发射，并新立项研制 13–15 颗科学卫星，发射载人空间站实验舱和光学舱，开展多学科领域的大规模空间科学实验，研究并致力在极端条件下的物理规律、黑洞和中子星的物理本质、系外类地行星、太阳磁场与爆发、日冕物质传播规律、日地空间环境、临近空间与全球变化、极端天体物理、空间引力波探测和太阳矢量磁场测量等方面取得若干项原创性重大科学发现。

面向 2050 年，通过立项并研制新的空间科学卫星，实施载人月球探测、小行星和火星等深空探测任务，进一步针对宇宙和生命的起源及演化、宇宙早期演化、地外生命探索、太阳和太阳系如何影响地球及人类生存与发展，以及是否存在超越现有基本物理理论的物理规律等重大科学问题开展研究，取得一批具有国际重大影响的科学发现和重大突破。

2. 面向国家重大需求，发展新一代空间技术

结合国际空间技术发展态势、国家航天中长期发展规划及国家重大战略需求，未来需要重点布局的关键技术和发展路径如下。

至 2020 年，显著增强空间任务的支持保障能力。面向载人空间站建造任

务，重点攻关新一代载人飞船、全光通信的空间信息网络技术、塑料/复合材料太空增材制造技术等；面向空间科学与应用任务需求，重点发展低成本微小运载火箭、在轨自组装可重构卫星、长航时高空气球、大孔径合成及主动光学技术、轻量化低成本微型合成孔径雷达（SAR）载荷、小型空间光学频率原子钟、小型化高性能星敏感器等技术，为空间应用任务的顺利实施提供有力技术支撑。

至 2035 年，实现空间应用技术能力的显著跃升。面向空间站在轨长期运营及维护，重点攻关微小卫星集群在轨服务、面向大型构件的空间机器人自主建造系统与增材制造技术等；面向空间应用任务需求，重点发展大型光机结构在轨组装、全天时高动态相机技术、激光测风雷达技术、微小卫星在轨制造等；面向未来载人月球探测任务，重点发展重型运载火箭技术、天地一体化信息网络系统技术等。突破一批在先进有效载荷、先进载运及超高精度时空基准等方面的关键共性技术、前沿引领技术，实现颠覆式技术创新。

至 2050 年，引领国际空间技术领域的跨越发展。面向载人月球探测和月球基地建设任务，重点突破月球基地自主建造技术、基于月壤月尘的在轨增材制造技术等；面向小行星与火星探测任务，重点发展小行星接近、悬停以及附着的自主导航与轨道控制技术，大尺度广域量子通信网络技术，太赫兹通信等新型通信技术以及 X 射线脉冲星导航技术等。

3. 面向国民经济主战场，提升国家空间应用能力

根据《国家民用空间基础设施中长期发展规划（2015–2025 年）》和国家经济社会发展需求，空间应用领域未来发展目标及需要重点布局的关键技术和发展路径如下。

至 2020 年，主导完成中国“全球综合地球观测系统”（Global Earth Observation System of Systems，GEOSS）建设，确立国际地球观测组织（GEO）框架下我国空间应用在亚太地区的主导地位；面向地球大数据发展，进行空间地球大数据关键技术研究，开展遥感定标与真实性检验服务平台，全球长时序空间信息产品生产、共享与主动服务平台，全球资源环境监测信息服务平台建设。建成“数字地球科学平台”重大基础设施，解决全球尺度复杂地理过程观测、分析和模拟中的大数据及多学科等共性问题；构建“数字丝路”综合信息

平台，在“一带一路”国家优先发展的重点领域开展应用。大力推进导航应用，完成北斗全球系统建设。重点研究与开发导航在城市公共安全应用中的关键技术、面向“一带一路”的星基广域增强系统、基于北斗导航的应急物流技术、北斗系统陆基长波导航授时备份系统、国家级 PNT 信号监测数据共享数据库以及原子钟。构建具有国际先进水平的全球对地观测地面站网体系，并适度建设境外卫星地面站。

至 2035 年，充分利用 GEOSS 这一全球平台，开展中国全球综合地球观测（China GEOSS）体系与能力建设。基本完成遥感定标与真实性检验服务平台等的建设并服务于全球监测。针对全球变化和气候变化研究，开展遥感在地球系统科学领域的数据产品体系研制和空间信息数据中心建设。立足于国内现有的数据接收站，突破卫星数据接收与快速响应、地面系统运行统筹管理与远程监控等新型技术，进一步提升国内卫星地面站网的规模和能力，满足国家民用空间基础设施及我国空间科学卫星计划的发展需求，国家空间应用能力与水平跻身世界前列。

至 2050 年，以发展对地观测基础设施，特别是月基对地观测基础设施，构建地球大数据科学平台及其业务化服务为主线，综合利用空间信息，模拟与预测气候变化、区域水循环与水安全、碳循环与生态环境、陆表覆盖变化、突发自然灾害等，寻找与发现新能源、新资源，大幅提升空间科技支撑发展的能力和水平。同时，有效破除我国在经济社会发展新阶段所面临的能源与资源短缺等瓶颈制约，并在应对全球变化、生态退化、重大自然灾害等问题上形成重大突破，实现我国从空间应用大国向强国的战略性跨越。

四、促进我国空间领域科技发展的战略举措和政策建议

（一）建设空间科学国家实验室

空间领域建设国家实验室已成为美国等空间强国不断取得重大科学发现和原创突破的重要组织保障，成为其抢占空间科技战略制高点的重要创新平台。如美国国家航空航天局（NASA）、日本宇宙航空研究开发机构（JAXA）等，都是由国家主导投入，实现预定目标，满足国家安全和战略需求的重要机构。我国建设航天强国，从目前分析看，有两个短板：一个是空间科学，另一个是空间应用。

其中空间科学的发展，相比空间技术和空间应用尤其薄弱。我国目前在空间科学领域的投入在航天领域的占比要远远低于上述航天强国；科学卫星任务以五年计划为周期布局，分布不均匀造成管理和资源投入的不平衡；承担任务的科研机构均需要通过其他途径的经费维持生存和发展。这些问题都对空间科学的进一步发展造成一定的制约，不利于重大项目的布局和吸引青年科学家加入，将会影响空间科技长远的发展。

通过建立国家实验室，探索新的创新管理体制和机制，可以实现空间科学的可持续发展，有望补齐建设航天强国的短板。

（二）推动在航天领域实施市场机制，推动空间应用发展

空间应用是我国建设航天强国的另一个短板。虽然我国在通信卫星、气象卫星、遥感卫星和导航卫星方面有很大发展，但仍然局限在政府用户方面，在空间应用领域还存在巨大的市场潜力没有发掘出来。建设航天强国，应进一步推动体制机制改革，打破行业部门壁垒，促进资源共享和协同创新，降低数据应用门槛，提高数据应用质量，提升整体效益。因此，应发挥市场机制的调节作用，推动建立以需求为牵引的立项机制，开放社会资金投入，逐渐实现运载火箭、发射服务、卫星平台及载荷、空间信息应用服务、航天地面设备及制造等领域的市场采购机制，促进空间应用领域快速发展，为商业航天发展探索经验。同时，加强顶层设计及资源的统筹协调，利用军民融合机制促进空间科技基础设施、平台、成果及科学数据的共享，使我国在 2035 年基本实现建设航天强国的目标。

（三）倍增空间科学国际合作成效

国际合作在空间科技领域中占有重要地位。空间科学的国际合作是实现和平利用外层空间的重要窗口。空间科学同样也是外交与国际合作的主要阵地之一[7]。科学发现“只有第一，没有第二”，这决定了世界各国在制定耗资巨大的科学卫星规划、开展卫星研究与开发时，都非常强调国际合作，以避免重复。同时，开展国际合作还可以实现成本分担、降低风险等目的。目前，我国在航天领域特别是空间技术领域的国际合作还受到美国等西方国家的阻碍。以空间科学领域为突破口开展空间领域国际合作，可以回避敏感问题；务实合作并增进相互的理解与共识，以逐步扩大国际合作的领域与深度，进而建立起多边、多层次、多

种形式的空间领域国际合作渠道及伙伴关系。

研究编撰人员（按姓氏笔画排序）

王 赤 任丽文 吴 季 范全林 赵光恒 施建成 顾行发 顾逸东 郭华东 蔡 榕

参考文献

[1] 中国科学院. 科技发展新态势与面向2020年的战略选择. 北京：科学出版社，2013.

[2] 顾逸东. 我国空间科学发展的挑战和机遇. 中国科学院院刊，2014，29（5）：575-582.

[3] 吴季. 发展空间科学是建设世界科技强国的重要途径. 中国科学院院刊，2017，32（5）：504-511.

[4] Wu J. Calling Taikong：A Strategy Report and Study of China's Future Space Science Missions. Beijing：Science Press，2016.

[5] 中国科学院空间科学战略性先导科技专项研究团队. 开启中国认识宇宙的新篇章. 中国科学院院刊，2014，29（6）：754-763.

[6] 吴季，张双南，王赤，等. 中国空间科学中长期发展规划设想. 国际太空，2009，（12）：1-5.

[7] 吴季. 空间科学——我国创新驱动发展的重要阵地. 中国科学院院刊，2014，29（5）：583-589.

第十七章 海洋领域

21 世纪，人类进入了大规模开发利用海洋的时期。海洋在国家战略和经济社会发展格局及对外开放中的作用更加重要，在维护国家主权、安全、发展利益中的地位更加突出。党的十八大作出了建设海洋强国的重大部署。2013 年 7 月 30 日，习近平总书记在主持中共中央政治局第八次集体学习时强调，要进一步关心海洋、认识海洋、经略海洋，推动我国海洋强国建设不断取得新成就[1]。党的十九大报告再次强调“坚持陆海统筹，加快建设海洋强国”。海洋科技水平和创新能力主导着新一轮世界海洋竞争的话语权和主动权，决定着一个国家在开发利用海洋上的深度和广度。我国海洋强国建设和“一带一路”倡议，亟待海洋科技创新提供更加强大的支撑。

一、海洋领域科技发展的重大作用和意义

（一）海洋科技发展是人类认识海洋和应对全球变化的重要依赖

海洋覆盖了地球 71% 的表面积，是地球系统中的重要组成部分，其拥有巨大的热容量、碳容量，对全球气候及其变化起着重要调节作用，是地球系统动力演化、气候与环境变化的主要驱动力和调节器、地球生命系统的保障系统。围绕海-气界面、海-陆界面和海-底界面，聚焦海洋物理过程与生物地球化学和生态过程的相互作用及其对全球变化的响应和影响，从海洋系统的视角开展大气-水体-生物-岩石等多圈层相互作用的前沿综合性研究，是深刻认识海洋和研究气候全球变化的必然要求。

近年来，全球极端气候及灾害频繁发生并呈增强趋势，印太交汇区作为全球海洋大气能量汇集和交换最强烈的海域，极端气候过程的发生尤为显著和强烈，是 ENSO（厄尔尼诺和南方涛动的合称）和台风等海气过程的主要发源地。提高

对深海大洋与气候变化的观测、探测及模拟预测水平，提升对多圈层多尺度海洋动力过程的科学认知和预测预报能力，方能感知海洋、预测变化、提升防灾减灾能力。

（二）海洋科技发展是维护国家安全和国家海洋权益的重要保障

进入21世纪以来，国际上对海洋权益和海洋资源的竞争日趋激烈，“谁控制了海洋，谁就控制了世界”。海域划界、海洋探测、海洋资源开发、海洋环境安全保障等，对认知海洋特别是深海的能力和技术装备水平提出了更高的要求，海洋科技成为新一轮海洋发展竞争的重要支撑。海上交通、海洋环境安全等与地缘政治构建关系密切，是影响国家海洋地位的控制性因素。应对海洋灾害、建设“21世纪海上丝绸之路”、建立安全海洋通道，首先要保障海洋环境安全，需要发展健全的海洋环境信息感知、获取与传输能力，海洋灾害预警与突发事件的监测能力，先进的海洋平台系统与安全运载能力，构建实时服务的保障体系。这些都对海洋科技发展提出了一系列重大和迫切需求。

（三）海洋科技发展是提高海洋资源开发能力、推动海洋经济向质量效益型转变的重要支撑

海洋是人类尚待开启的资源宝库，至今被人类开发利用的海洋资源仅占很小部分。海洋矿产、油气、渔业、生物医药等能源资源，都是人类赖以生存和发展的必要物质基础，尤其资源丰富、空间广阔的深海更引起国际高度关注。我国人口众多，能源、资源供给压力巨大，更加迫切需要提高海洋资源开发能力。战略性资源和能源的开发利用需要海洋科技发展提供必要支撑。

《2016年中国海洋经济统计公报》显示，我国海洋生产总值达70 507亿元，比上年增长6.8%，占国内生产总值的9.5%。据测算，2016年全国涉海就业人员有3624万人[2]。海洋经济已成为国民经济新的增长点和支柱性产业。我国海洋经济发展正面临着从数量规模型向质量效益型的转变，产业结构、生产方式和产品结构等都需要进一步转型升级、提质增效，海洋科技创新是新旧动能转换的根本动力。依靠科技创新，突破关键技术，推动海洋渔业、盐业、矿业、油气等传统海洋产业转型升级，大力发展包括海洋生物医药、海洋新能源、海水利用、海洋化工等新兴产业，是我国经济社会发展的重大需求。

（四）海洋科技发展是保护海洋生态环境、实现海洋可持续发展的根本保证

海洋生态文明建设是生态文明建设的重要组成部分，是海洋健康和可持续发展的根基，也是建设海洋强国的必然要求。随着海洋经济的发展，海洋环境日益恶化，海岸带与近海环境污染加剧，生态系统功能持续退化、渔业资源锐减、生态灾害频发等问题凸显，海洋生态环境保护任务日益繁重。迫切需要依靠海洋科技进步，建设集监测与预警功能为一体的海洋环境质量监测体系，控制海洋环境污染，发展海洋生态修复和保护技术，恢复海洋生态系统健康，确保海洋的可持续发展。

二、海洋领域科技发展现状及趋势

（一）国际海洋领域科技发展趋势

1. 国家重大战略需求导向更加突出

海洋科技发展、海洋能力建设对国家海洋权益的支撑作用日趋凸显。海洋科技服务于经济、社会发展和维护国家权益的目标更为突出和强化，国家重大战略需求日益成为海洋科技发展的强大动力。开发海洋蕴藏的巨量生物资源、能源以及各种战略性金属和非金属矿产资源，成为未来各临海国家开发海洋的重大战略选择。例如，北极海冰的融化使北极海底油气资源和航道资源的开发成为可能，引起环北极国家乃至世界的广泛关注。同时，技术装备的创制和革新是海洋科技支撑海洋强国能力发展的制高点，海洋大国的格局直接取决于海洋装备和观测与探测技术的进步。

面向这些重大需求，研究与开发高端海洋观测探测技术装备、建立全球立体观测网络、发展先进海洋工程技术装备、研究与开发深海资源开发设备、开展海量数据采集分析、研究与开发海洋数值预报模式等，成为海洋领域科技创新的重要任务。

2. 国际化大科学研究思想达成共识

当今海洋科学技术的发展具有典型的国际化和大科学的特征，空天海洋一体

化发展思路在海洋研究中越来越显现出来，从单一学科向多学科交叉融合，从近海到深远海、极地的发展趋势十分明显。从海洋科学体系的范畴看，包括物理海洋学、化学海洋学、生物海洋学、海洋地质学和海洋技术等，是涵盖众多学科的大科学体系[3]。海洋中的物理过程、化学过程以及生命过程交织在一起，是多学科交叉融合的重大创新领域。从地球系统科学理论角度开展海洋系统研究，已经成为海洋科学研究的重要思想基础，多圈层之间的相互作用将是未来海洋领域研究的热点之一，包括海水升温、海洋酸化、低氧层扩大以及这些问题对海洋生物地球化学循环过程、海洋生物多样性和生态系统功能的影响。

2017 年，联合国教科文组织发布《全球海洋科学报告》，首次综合评估了当前全球海洋科学研究现状，列出了世界各国及国际上综合交叉研究的 8 个高优先级主题：海洋生态系统功能和过程、海洋和气候、海洋健康、人类健康与福祉、蓝色经济、洋壳和海洋地质灾害、海洋技术、海洋观测和海洋大数据[4]。

3. 全球立体观测成为必然趋势

长期以来，国际海洋科学组织和海洋强国针对与社会经济发展和国防建设密切相关的海洋现象或特定的海洋科学问题，致力于发展海洋观测探测技术，建设全球或区域的海洋观测探测系统，组织实施一系列阶段性或长期的海洋科学观测计划。例如，全球海洋观测系统（Global Ocean Observing System，GOOS）、南大洋观测系统（Southern Ocean Observing System，SOOS）和深海观测战略系统（Deep Ocean Observing System，DOOS）等。一批长时间序列的观测项目，如欧洲的“浮游生物连续观测计划”、美国的“加利福尼亚海洋渔业资源联合调查计划”等，在很大程度上揭示了海洋生态系统的变化及气候过程等的驱动效应。在维护现有的观测计划的同时，国际上的“海洋持续性跨学科时间序列环境观测系统”和美国的“海洋观测行动”等一批新的观测计划和观测系统也开始实施和应用。

海洋观测必将从区域观测走向全球观测，从单一学科观测走向多学科综合观测，利用多种观测手段从太空、空中、水体到海底的立体观测将成为必然趋势。因此，国际层面的科技调查与合作将如雨后春笋，形成大数据发展态势。为实现数据传输实时化、数据管理系统化、数据分析应用的信息数字化，建立海洋信息感知互联系统，形成“智慧海洋”的大格局，全球各国的海洋科学组织、团体正在形成和不断加强新的合作。

4. 重大海洋科技计划成为重要组织模式

综观20多年来国际海洋科学研究发展，几乎都是在一系列重大研究计划的实施中得以实现。以经济社会发展需求为导向，通过重大科学计划的组织成为海洋科学发展的重要模式。如“综合大洋钻探计划”（Integrated Ocean Drilling Program，IODP，2003-2013），从2013年开始变为“国际大洋发现计划”（International Ocean Discovery Program，IODP，2013－2023）；“全球海洋通量联合研究计划”（Joint Global Ocean Flux Study，JGOFS，1987-2003）、“全球海洋生态系统动力学研究计划”（Global Ocean Ecosystem Dynamics，GLOBEC，1999-2009）、“全球有害藻华的生态学与海洋学研究计划”（Program on the Global Ecology and Oceanography of Harmful Algal Blooms，GEOHAB，1998－）、“上层海洋－低层大气研究”（Surface Ocean-Lower Atmosphere Study，SOLAS，2004-）、“国际海洋生物普查计划”（Census of Marine Life，CoML，2000-2010）、“海洋生物地球化学与生态系统集成研究计划”（Integrated Marine Biogeochemistry and Ecosystem Research，IMBER，2001-）等国际海洋科技计划陆续实施。在这些计划中，我国都发挥了积极的作用，在有些计划中起到主力军作用。

（二）我国海洋科技发展现状

“十二五”以来，我国通过实施海洋领域国家科技重大专项、国家重点研究与开发计划、战略性先导科技专项等一批重大科技任务，海洋科技创新取得了重要进展，正从近海走向深海大洋，由跟跑向并跑甚至领跑转变，更加自信和主动地参与国际科技竞争。海洋环境监测技术体系已初步构建，深海大洋综合探测能力显著提升，深海关键技术取得重大突破，部分海洋资源实现近海开发与利用，海洋科研基地平台和人才队伍体系基本建成。我国在近海生态与环境安全、西太平洋环流研究、海洋农业理论与技术、深海观测探测能力建设等领域取得重要进展，涌现了“蛟龙”号、“深海勇士”号载人深潜器和西太平洋潜标观测网、万米级深渊科考等为代表的一批重大成果。

然而，我们还应该清醒地认识到，与发达国家相比，我国的海洋科技总体水平还是较为落后，海洋技术研究与开发原始创新不足，部分领域与世界先进水平还存在较大差距，国防安全、海洋防灾减灾、海洋资源开发利用和海洋环境安全等方面存在的瓶颈问题未能从根本上得到有效解决，海洋科技创新仍面临一系列严峻的挑战。

我国深海科学考察挺进万米时代

2016 年 6 月至 8 月，我国“探索一号”科考船在马里亚纳海域开展了我国海洋科技发展史上第一次综合性万米深渊科考活动。中国科学院自主研制的万米级自主遥控潜水器“海斗”号，最大潜深达 10 767 米，创造了我国无人潜水器的最大下潜及作业深度纪录。

此次万米级深海科考，执行了 84 项装备试验及科考任务，其中 3 种由我国自主研制的万米级深海装备 5 次超过万米深度，装备稳定性得到验证，并取得了一大批珍贵样品和数据。

2017 年 1 月至 3 月，“海斗”号重返马里亚纳海沟“挑战者”深渊，最大下潜深度达 10 911 米，创造我国水下机器人最大下潜及作业深度的新纪录；同时首次利用光纤传输技术将万米深渊海底视频实时传输到水面。

1. 海洋生态领域

我国拥有世界上最宽广的大陆架，与全球其他区域相比，我国近海属于全球海洋中的高生产力区，生物资源丰富，支撑着重要的渔场。近 20 年来，我国近海基础生产力水平总体呈现升高趋势。在水深 15 米等深线以外的近海海域，基础生产力仍然处于高水平，且主要是由对渔业生产有益的饵料生物产生，能够被近海食物网高效利用和转化，生态承载力高，具有很高的渔业支撑能力。

然而近 40 年来，全国大规模围填海使滨海湿地累计损失约 2.19 万平方公里，相当于全国沿海湿地总面积的 50%[5]。我国近海海域特别是海湾污染情况严重，陆源输入量增加，导致海洋初级生产力结构变化，加之过度捕捞导致大型肉食性鱼类资源下降，食物链短缺，营养盐传递在较低的食物链水平，引发赤潮、绿潮、水母、海星、蛇尾暴发，导致恶性循环，给近海和海岸带生态系统健康造成严重破坏。

近年来，在国家有关部门的大力投入下，我国近海生态环境治理卓有成效，取得了一些代表性科技成果，如系统揭示了水母暴发的关键过程、受控机理、生态环境效应和发展趋势；阐明了长江口邻近海域春季藻华演替过程与生物学机制以及有害藻华分布格局的关键控制因素；明确了南黄海浒苔绿潮起源与早期发展过程；逐步揭示了我国近海生态系统的演变特征、关键过程和控制机制，提出了不同条件下的近海生态系统发展趋势，以及相应的调控对策、保护措施与方法等。但是，我国近海和海岸带生态系统健康面临的形势依然严峻，还需要进一步依靠海洋科技创新的持续投入加大治理和修复力度。

2. 海洋环境领域

我国系统开展了北太平洋、西太平洋、印度洋环流变异对我国近海动力环境以及东亚气候变化影响的研究，取得一批重大科技成果，构建了国际上最大规模的从近海到大洋的西太平洋科学观测网。该观测网已经进入标准化、批量化、常态化运行阶段，并在国际上首次实现了深海潜标观测数据的实时传输，形成预报产品并应用，首次以我国科研机构命名的海气耦合模式（IOCAS ICM）向国际提供 ENSO 预报。

但与此同时，我国海洋环境监测技术与数据获取能力仍然需要进一步提升，对海洋气候变化的掌控度、海洋环境安全保障能力需要进一步加强，海洋科技创新支撑我国海洋经济发展和维护海洋权益、保障国防安全的能力也亟须加强。

国际规模最大的西太平洋科学观测网

在中国科学院战略性先导科技专项等重大科技任务支持下，中国科学院在西太平洋海域构建了深海潜标观测阵列并实现稳定运行，建成国际上最大规模的西太平洋科学观测网。

针对深海观测数据实时化长周期稳定传输的世界级难题，该观测网研究与开发了无线水声通信和有线数据传输两种方案，对深海观测数据进行实时采集并传至陆地，两种方案均试验成功。深海观测信息的实时传输将加速我国海洋业务化预报系统的建设步伐，标志着我国进入深海实时监测新纪元。

3. 海洋生物领域

海洋生物技术已成为推动海洋经济发展、保障国家粮食安全、改善国民营养和膳食结构的重要支撑。我国海洋生物技术产业化发展迅猛，总体处于中等偏上水平，构建了从种质创制、苗种繁育、健康养殖、精深加工、高值利用到生物制品和海洋药物等较为完整的产业链。“十二五”期间，我国海水生态养殖业创造了1.3万亿元的年产值，占海洋经济总产值的26%[6]。

但是，我国海洋资源高值利用的基础仍然薄弱，产业发展缺乏总体布局，技术支撑不足，生产方式较为粗放。随着全球变化和人类活动不断加剧，我国海洋生物和环境资源人均总量不断下降、二氧化碳减排压力增大，海洋生物技术产业化极易受到影响。因此，必须依靠科技创新等，实现我国的传统海洋生物资源利用模式向高效、绿色、低碳、可持续的现代海洋生物技术产业发展。

4. 海洋资源领域

2016年5月，习近平总书记在全国科技创新大会上指出，“深海蕴藏着地球上远未认知和开发的宝藏”“必须在深海进入、深海探测、深海开发方面掌握关键技术”。我国在海洋油气和矿产资源开发领域取得一批重要进展。“海洋石油981”深水半潜式钻井平台、“海洋石油201”深海铺管起重船、“海洋石油286”深海水下工程船交付使用，标志着中国石油勘探走向深水。2013年7月，国际海底管理局核准中国提出的3000平方公里西太平洋富钴结壳矿区勘探申请，我国率先成为世界上首个对3种主要国际海底矿产资源（多金属结核、硫化物、富钴结壳）均有专属勘探权和优先开采权的国家。2017年5月，中国首次成功实现海域天然气水合物试采，成为全球第一个实现海域可燃冰试开采获得连续稳定产气的国家，展现了我国在海洋能源开发方面的实力。但是，我国海洋资源的基础研究相对薄弱，系统研究尚有欠缺，特别是探测、开发深海战略性资源的整体能力不足。

5. 海洋装备领域

深海探测、海洋环境安全保障、海洋生物资源开发利用、海水淡化等领域都严重依赖于海洋装备技术的发展，经过几十年的努力，我国海洋仪器装备已取得了巨大进步。海洋浮标、缆控水下机器人、自主式水下机器人、载人潜器、水下滑翔机等，为深海观测和探测提供了重要的手段；“科学”号、“海洋地质十号”综合科考船以及“蛟龙”号、“海斗”号、“海马”号、“深海勇士”号等潜水器的成功研制，极大缩小了我国与国际先进水平的差距；“西太平洋科学观测网”的建立，也有力提高了我国对深海大洋的认知水平。

同时，由于我国海洋科技特别是深海领域起步晚，与发达国家相比，我国在装备和技术体系的建设方面差距还较大。

“科学”号海洋科学综合考察船

“科学”号是我国创新设计理念和技术架构，自主建造的第一艘新一代海洋科学综合考察船，引领了我国新一代科考船的建设发展。该船总吨位 4711 吨，续航力 15 000 海里，自持力 60 天，最大航速 15 节，定员 80 人。自 2012 年 9 月交付使用至今，“科学”号航行已逾 13 万海里，完成了南海成因演化、深海热液、冷泉和海山、西太平洋深海地质、热带西太平洋主流系和暖池综合调查，曾开创了单一科考航次布放、回收深海潜标套数和观测设备数量最多的世界纪录。

三、我国海洋领域科技发展目标、布局和路径

（一）总体目标

面向国家重大需求和国民经济主战场，瞄准国际海洋科技发展前沿，以建设海洋科技强国为目标，坚持“原创驱动、技术先导、重点突破、创新跨越”的发展思路，重点围绕“近海环境、深海大洋与极地、海洋资源”三大方向，系统阐明全球变化和人类活动对海洋环境、海洋资源的影响以及多圈层相互作用过程和机理，重点突破海洋环境安全保障技术、大型海洋工程装备、海洋探测与空天一体化技术、海洋资源高效开发与持续利用技术，着力打造一批海洋大数据中心、海洋观测与预警预报等系列创新平台，不断提升我国的海洋科学研究水平和海洋

开发管理能力，抢占海洋科技发展的战略制高点，服务“海洋强国”战略的实施，支持“21世纪海上丝绸之路”建设，为维护国家海洋权益、保护海洋生态安全、促进产业转型升级提供科技支撑，实现我国从“海洋大国”向“海洋强国”的跨越。

（二）重点科技布局与发展路径

根据建设世界科技强国的“三步走”战略部署，应重点加强以下关键布局，发展路径和阶段目标如图17-1所示。

1. 深入挖掘海洋科学新认知

（1）近海生态安全与海岸带可持续发展

在人类活动与全球变化影响下，我国的海岸带与近海海域出现了一系列环境问题，生态系统显著动荡，灾害频发，对社会经济持续发展的支撑能力下降，亟须针对近海生态安全与海岸带可持续发展开展研究。围绕健康海洋以近海生态系统健康为核心，针对海洋低氧区的扩大、海洋酸化、富营养化、有害藻华和一些海洋生物的异常生长带来的一系列生态问题，通过实施基于生态系统的海洋管理，满足我国在维护海洋可持续发展方面的战略需求，实现我国海洋生物资源可持续利用、海洋生态灾害预警与防控、海洋生态环境健康可持续发展。

关键科学问题：①人类活动与邻近大洋如何驱动我国海岸带环境与近海生态系统演变；②关键海域海岸带环境与近海生态系统演变的关键过程与机制；③海岸带环境与近海生态系统演变的模拟和预测。

重点任务：①海岸带环境过程与可持续发展；②近海生态系统关键过程与资源效应；③近海生态环境演变与发展趋势；④近海生态灾害发生机理与防控；⑤近海生态系统承载力；⑥近海生态系统模拟；⑦新型海洋污染物的生态环境效应及评估；⑧近海受损生态系统修复；⑨加快推进南海岛礁建设，实施生态岛礁工程，并形成基于生态系统的海岛综合管理格局；⑩海洋生态系统健康评估，基于近海生态系统的科学管理。

（2）深海、大洋观测探测和极地研究

从地球系统的视角出发，通过多学科交叉融合，开展全球变化下的深海大洋和极地多圈层相互作用研究，系统揭示“两洋一海”海洋系统的大气-水体-生

战略目标	建设世界海洋科技强国			
战略需求	◆维护国家海洋权益	◆保护海洋生态安全	◆促进产业转型升级	
能力建设	海洋大数据中心	建成基于定点、走航观测等数据专业局域网，构建数据定点采集传输网络；建立标准化和规范化数据库和信息产品	构建物理海洋、海洋生态、海洋化学、海洋地质、海洋生物等专业信息检索数据库；建立网络远程访问和用户反馈收集信息系统；形成各种数据产品并进行应用；建立专家决策系统	构建基于海洋数值模式的可视化信息系统；建成海洋大数据共享创新基地；根本上推动科研模式的改变，并起到强有力的“资源池”效应
	海洋观测与预警预报平台	建设多维海洋实时定点及走航观测的研究网络平台，包括天基对海观测、水下固定与机动观测、深海工作站、海洋浮标与潜标	建立海底立体观测网及配套陆基、海基实验观测平台；建成共享的海洋观测和探测大型平台；建成海底观测网、深海空间站	建立覆盖海洋功力环境的实时立体监测平台，实现多平台、多任务海洋立体监测系统和生态灾害预报预警平台；建设近海、大洋观测系统技术集成平台；建设世界一流的海洋观测探测体系
技术突破	海洋环境安全保障技术	建设海上综合观测平台、垂直剖面浮标、潜标、漂流浮标系统，空间–水面–水体–海底一体化的同步观测网	建设完成覆盖中国近海–邻近大洋、可靠性高、通用性强的海洋综合立体观测网，实现对重点海域海洋信息的实时传输和掌控	建成完善和共享的海洋观测和探测大型平台，实现目标海域海洋环境全方位、多要素、全天候、全自动的，世界一流的海洋观测体系
	海洋装备探测与天空一体化	实现海底长期连续、全天候、实时和高分辨率的多界面立体综合观测	突破超深水半潜式钻井平台和生产平台、浮式液化天然气生产储卸装置和存储再气化装置、深水钻井船等海洋工程装备关键技术	建成深水采矿作业平台，构建多金属结核动载技术和深海富钴结壳采掘技术体系
	海洋资源高效开发技术	初步建成智能化陆海统筹海洋生态牧场，实现天然气水合物勘查和试采	实现全过程标准化管控的工厂化养殖与陆海统筹海洋生态牧场的广泛应用；初步建成具有生产能力的天然气资源勘查开发示范基地	普通采用良种化与健康养殖；实现深海新生物资源的高效发掘利用；实现深海油气资源的开采与运输
科学认知	近海生态	掌握关键区域生态系统变化规律，基本阐明典型生态灾害成因并提出防控对策	实现近海生态环境变化的实时掌控，准确模拟近海生态系统变化过程，实现近海生态系统健康状况评估	对近海生态系统变化做出短、中、长期预测，实现基于海洋生态系统的科学管理
	近海环境	开展印太交汇区和极地海区多学科调查，自主研发高性能海气系统数值模式，构建多圈层相互作用过程的理论体系	将观测研究的范围拓展到整个热带印太海盆和极地海区，揭示低纬和中高纬海洋热量、能量和物质交换过程及气候效应	揭示全球海洋多圈层过程物质能量汇聚、交换和变化途径和机理，形成全球海洋环境观测和模拟及预测能力
	海洋资源	获得有价值的深海新资源，海洋资源认知能力实现新突破	揭示特殊极端环境生命活动规律及环境适应机制；初步阐明重要海洋资源的成矿及勘查机理	系统阐明极端环境生命过程，海洋资源的开发利用水平达到世界领先水平
时间安排		2015~2020年	2021~2035年	2036~2050年

图17-1　海洋领域科技关键布局的发展目标及路径

物-岩石等多圈层相互作用的关键过程和机制，深入了解气候变暖条件下极地海洋系统的响应及资源和环境效应；构建深海大洋和极地综合观测研究平台，发展和改进高性能的地球系统模式，全面提升我国对深海大洋和极地环境的探测、预测能力和科学认知水平，为满足国家安全和海洋权益维护、深海资源评估和开发、减灾防灾等重大需求提供科技支撑。

关键科学问题：①印太交汇区复杂环流系统及其物质能量输运、交换和汇集过程；②海洋物理过程与生物地球化学和生态过程的相互作用及对全球变化响应和影响；③西太平洋和印度洋板块俯冲的动力机制、物质循环过程及资源环境效应；④深海极端环境特征及特殊生命代谢过程与机制；⑤极地海洋系统演变及其对全球气候变化、碳通量和生物地球化学循环的贡献。

重点任务：①印太交汇区物质能量交换过程；②海洋多圈层典型作用过程与环境效应；③海洋系统及多圈层耦合模式与预报平台研究与开发；④深海极端环境与生命过程；⑤板块俯冲过程及资源环境效应；⑥环南海复杂汇聚过程及其对印太通道的调控作用；⑦极地与中高纬度海洋的热量、能量和物质交换；⑧极区变化对全球及我国气候的影响；⑨极地大洋在全球碳通量和生物地球化学循环中的作用。

（3）海洋资源可持续开发利用

针对海洋生命过程与生物产业链关键环节、深海极端环境生物的起源与演化、海洋油气及矿产资源成矿机理等重大基础科学问题，明确“聚焦深海、拓展远海、深耕近海”三大发展方向，围绕海洋特有的群体资源、遗传资源、产物资源等生物资源及深海油气矿产资源，一体化布局海洋资源开发利用重点任务创新链，重点突破基因组解析、生物育种、绿色养殖、深海极端环境生命过程等前沿理论及技术，培育优良品种、促进健康养殖、创新生物制品，重点突破深海热液硫化物、多金属结核和富钴结壳等海洋矿产资源的富集与分布规律理论及关键技术，全面提升我国海洋资源认知水平和可持续开发的自主创新能力，满足中国经济社会发展和人民日益增长的美好生活的需求，促进海洋资源开发利用的可持续发展。

关键科学问题：①海洋生物适应进化机制及其驱动因子；②深海极端环境新生物资源的开发与利用；③重要生物代谢产物的形成机理；④海水养殖生物优势性状的调控机制及遗传基础；⑤海洋绿色高效农牧化的理论基础与关键技术；⑥海洋生物炼制的生化基础与关键过程；⑦海洋油气、天然气水合物和深海海洋矿产资源的成矿机理。

重点任务：①海洋生物适应进化与生物多样性保护；②深海极端环境生命过程及新生物资源发掘与利用；③海洋生物组学解析与种质创新；④海洋牧场原理与高效绿色养殖；⑤海洋生物炼制生化基础与新制品创制；⑥深海生物科学与资源评价；⑦远洋生物资源开发与综合利用；⑧创新海洋药物与高端生物制品研究与开发；⑨绿色海洋水产品加工与高值化利用；⑩以深海热液硫化物、多金属结核和富钴结壳为主的海洋矿产资源富集与分布规律。

2. 实现海洋技术自主创新

（1）海洋环境安全保障

①发展近海环境质量监测传感器和仪器系统、深远海动力环境长期连续观测重点仪器装备，自主研究与开发“两洋一海”海洋动力环境数值预报模式；②开发集监测与预警为一体的近海海洋监测技术体系，为实现海洋环境的早期预警、动态保障和应急处置提供核心技术；③构建国家海洋环境安全保障平台原型系统，在我国重点海域及“21 世纪海上丝绸之路”开展应用示范；④构建中国近海及邻近大洋典型海域断面调查和浮标/潜标阵列，建设关键海域长期变化规律研究的定点观测网络；⑤提升海洋环境调查仪器搭载平台功能，在已有无人、载人潜水器的基础上，进一步开发多用途系列产品，实现模块化、谱系化水下航行器技术；⑥建设海上综合观测平台、垂直剖面浮标系统、潜标系统和漂流浮标系统，构建点-线-面结合、空间-水面-水体-海底一体化、多要素同步测量的观测网络；⑦建设完成覆盖中国近海-邻近大洋，可靠性高、通用性强的海洋综合立体观测网，实现对重点海域海洋信息的实时传输，研究与开发水下数据传输及大数据压缩技术。

（2）海洋探测空天一体化

由于全球海洋 90% 以上的区域都是深海，如何开展对广袤深海的观测和探测是个非常重要的技术问题。通过卫星遥感观测实现对大范围的表层海洋观测；通过 Argo 浮标实现对 0-2000 米水深范围内的海洋进行长期连续观测；通过深海 Argo 对更深的海洋（4000-6000 米）进行长期有效观测；研究与开发大洋滑翔器（Ocean Glider）有效补充海洋长期观测；研究与开发自主式水下机器人（AUV），对一些特殊的海洋环境进行自动观测；实现我国自主的万米级全海深载人/无人深潜和深渊探测；进行无人深潜器，包括 AUV 和水下滑翔机的长航程、高智能、组网技术的研究与开发；突破深海钻探关键技术，建造大洋钻探船。

围绕地球系统科学和全球气候变化的前沿科学研究，服务于海洋环境监测、灾害预警、能源资源与国家权益等方面的综合需求，通过卫星遥感、Argo 浮标、大洋滑翔器、潜标、浮标、海底观测网共同组成的深海观测体系协同工作，在大量自动观测设备长期工作获取大量数据的基础上，配合科学考察船的现场探索与实验，实现从太空、空中、水体到海底的立体综合观测，构建海底长期连续、全天候、实时和高分辨率的多界面立体综合观测网。

（3）海洋资源开发技术

海洋生物资源开发技术：①基于重要海水经济物种的基因组解析，研究生殖与遗传操作技术，结合基因编辑等最新技术，实现海洋生物遗传操作和新种质资源开发技术突破；②突破重要海水经济生物病原现场快速检测新技术，研制安全高效疫苗和抗病生物制品；③在系统评估养殖生物的环境容纳量的基础上，研究增养殖动物驯化、控制和制御技术，突破海洋生态牧场生态安全和环境保障技术，实现近海生态牧场建设与离岸深水设施养殖；④建立深海生物战略资源库。

海洋油气与矿产资源：①突破天然气水合物勘探和开采核心技术，实现南海天然气水合物的长时间连续商业开采；②解决与深水油气资源有关的深水区沉积体系与储集层预测技术，发展高分辨率地震勘探和多波多分量（4D/4C）地震勘探技术，突破海洋油气勘探开发核心技术；③针对我国多金属结核、富钴结壳和多金属硫化物矿的勘探开发需求，突破 6000 米水深多金属结核开发关键技术。

3. 强化海洋平台能力建设

（1）海洋大数据系统

①建设海洋探测空天地一体化信息综合处理系统，包括海洋基础数据库、海洋环境与动力模型、动态仿真、虚拟现实与可视化平台；②开发与建设数据库、海量存储系统、海洋数值预报系统、可视化和数字产品网络化共享平台；③构建生态灾害和典型生境专题信息检索数据库；④建成海洋环境动态变化和模拟平台、大数据分析平台和展示系统；⑤实现数据的高效共享交流、各类基础信息的集成和综合展示及数值模拟，建立数字海洋公用平台、高性能科学计算与数据平台；⑥开发覆盖不同时空尺度的可视化数字产品；⑦建成针对热点问题的专题信

息展示平台，建设具备数据接收、分类检索和交互式共享功能的综合数据中心；⑧构建基于海洋数值模式的可视化信息系统。

（2）海洋监测与预警预报平台

建成完善和共享的海洋观测和探测大型平台，实现目标海域海洋环境全方位、多要素、全天候、全自动的海洋观测和监测。①针对深海大洋发展固定式、移动式等多功能观测及预警预报平台，包括野外和近岸观测平台、科学考察船、卫星遥感平台、水体或海洋表面的浮标、海底观测平台；②建设多维海洋实时定点及走航观测的研究网络平台，包括天基对海观测、水下固定与机动观测、深海工作站、海洋浮标与潜标；③建立海底立体观测网及配套陆基、海基实验观测平台。

围绕防灾减灾与资源开发建设海洋监测平台。①形成近海多要素、多参数、高灵敏度、低功耗的原位监测和技术体系，发展海洋观测/监测新型传感器技术，开发海洋环境质量综合监测平台；②建设深海观测技术研究与开发平台，研究与开发新型生化海洋传感器，建立覆盖海洋动力环境的实时立体监测平台，实现多平台、多任务海洋立体监测系统和生态灾害预报预警平台；③推进河口海岸观测台站建设，实现定点同步长期监测，为全球变化和人类活动对近海生态系统的影响研究和预测提供数据支撑。

四、促进我国海洋领域科技发展的战略举措和政策建议

（一）创新海洋科技体制机制，促进产学研用全面发展

结合海洋科技发展趋势和我国发展现状，瞄准海洋生物、能源、矿产资源的可持续利用，海水高效利用，近海生态系统安全与可持续发展，海洋国防安全等重大需求，创新体制机制，打破部门行业壁垒，加强顶层设计和统筹协调，推动国内各类创新单元海洋科技力量的有效集成与整合，加强中国海洋创新体系建设，推进海洋领域国家实验室的建设。

建立有效促进海洋科研、教育和产业发展的产学研联合机制，促进以创新为核心的产业创新体系建设，不断推进海洋科技的自主创新和关键技术的创新集成，为海洋经济建设和社会可持续发展提供知识基础和技术支撑。

（二）加大海洋科技投入和基础设施建设，提升基础条件保障能力

与国际海洋强国相比，中国海洋科技投入长期偏低，特别是基础设施建设差距较大，导致难以保障海洋资源调查和观测等基础性工作对海洋科技发展的有效支撑，需要进一步加强平台和基地建设。海洋观测依然是中国海洋科技发展的最大瓶颈，需要大力投入，加强海洋科学立体观测网建设，并推动观测数据的有效共享。

未来几十年是中国海洋科技发展的关键时期，国家需要在政策和资金上给予有力支持，加大投入。同时，要建立相关机制，引导和鼓励企业加大科技投入，形成多元投入的有利局面，推动基础设施的发展和研究与开发能力的提升。

（三）加强海洋科技国际交流合作，提高主导引领发展能力

通过国际科技合作计划等形式，在“21 世纪海上丝绸之路”沿线国家，不断实施双边及多边参与的区域海洋科学研究计划，着力解决沿线国家间的跨区域海洋科学问题。充分发挥已经构建起来的海洋合作中心及观测平台的作用，加快构建与东盟、斯里兰卡、巴基斯坦、泰国、印尼等的海洋科技合作平台，不断形成沿线区域的海洋科技合作网络体系。同时，组织参与国际大洋发现计划（IODP），实施更多以我国为主的钻探航次，推动我国成为第三个平台提供者。与此同时，重点扩展与北美、欧洲等地区发达国家国际著名研究机构的伙伴式合作关系；建立和强化与俄罗斯、日本、印度、韩国等周边国家重点海洋机构的长期稳定合作关系。

在国际合作中，加强顶层设计，着力赶超引领，力争在部分优势领域实现以我国为主的国际合作，进一步提升中国海洋科技的国际话语权和影响力。

（四）加强海洋科技科普宣传，增强海洋科技强国意识

建设海洋强国，更好地开发海洋、利用海洋、保护海洋、依靠海洋，不仅需要政府和高层决策人员的战略眼光和魄力，更需要社会公众的认可和支持。必须加强海洋科普宣传，通过制订和实施一系列海洋科技宣传计划，组织开展形式多样的科学体验、海洋知识普及，组织大中小学生和社会各界参与海洋科学探索活动，培育和提高全社会的海洋意识，提高全社会对开发、利用、保护海洋的认

识，为海洋科技的持续创新营造良好氛围，为建设海洋科技强国凝聚更多支持力量。

研究编撰人员（按姓氏笔画排序）

于仁成　王　凡　王东晓　王秀娟　孙　松　孙　黎　孙晓霞　杨红生　李超伦
李富超　吴园涛　沙忠利　宋金明　张立斌　赵　君　侯一筠　俞志明　徐振华
黄良民

参考文献

[1] 习近平. 进一步关心海洋、认识海洋、经略海洋，推动海洋强国建设不断取得新成就. http://news. xinhuanet. com/politics/2013-07/31/ c_116762285. htm [2017-01-23].

[2] 国家海洋局. 国家海洋局发布《2016 年中国海洋经济统计公报》：总量稳步增长　增速缓中趋稳　结构持续优化. http://www. soa. gov. cn/xw/hyyw_90/201703/t20170316_55229. html [2017-03-16].

[3] 中国科学院海洋领域战略研究组. 中国至 2050 年海洋科技发展路线图. 北京：科学出版社，2009.

[4] UNESCO. Global Ocean Science Report：The Current Status of Ocean Science around the World. http://unesdoc. unesco. org/images/0025/002504/250428e. pdf [2017-06-08].

[5] 关道明. 中国滨海湿地. 北京：海洋出版社，2012.

[6] 科技日报. 创新驱动引领农业现代化“十二五”农业农村科技谱新篇. http://digitalpaper. stdaily. com/http_www. kjrb. com/kjrb/images/2016-05/31/14/DefPub2016053114. pdf [2016-05-31].

第十八章 生命与健康领域[①]

21 世纪是生命科学的世纪。当前，世界范围内的生命科学和生物技术发展迅猛。生命科学与物质科学、信息科学、认知科学、工程科学等多学科汇聚，正在孕育重大的科学技术突破，将提升人类对健康的认识与对疾病的防控能力，推动传统卫生医疗模式向新型的、提供全生命周期卫生与健康服务的大健康模式转变。基于干细胞与再生医学、生物治疗技术和大数据健康管理等新技术的生物医药和健康产业，在引领未来经济社会发展中的战略地位不断增强，将成为民生福祉和国家繁荣的重要支柱。与此同时，以基因组学等为核心的现代农业生物技术快速发展，以绿色、智慧、高效为特征的农业生产技术加速应用，正在引领现代农业发展方式发生变革，将显著提高农业综合效益和竞争力，促进农业增长从资源依赖型向创新驱动型转变。

一、生命与健康领域科技发展的重大作用和意义

（一）生命与健康领域直接关系人民福祉，是建设世界科技强国的出发点与落脚点

人民健康是民族昌盛和国家富强的重要标志。2016 年 8 月全国卫生与健康大会上，习近平总书记明确指出“没有全民健康，就没有全面小康”。“健康中国”已上升为国家战略。近年来，党中央、国务院先后发布《“健康中国 2030”规划纲要》《国民营养计划（2017-2030 年）》《“十三五”卫生与健康科技创新专项规划》《“十三五”健康产业科技创新专项规划》等面向大健康时代的战略规划。《“十三五”国家科技创新规划》将“脑科学与类脑研究”“健康保障”等列入“科技创新 2030-重大项目”，与“重大新药创制”“艾滋病和病毒性肝炎等重大

① 本章包含生命科学和技术的两个领域方向：人口健康、现代农业。

传染病防治”等国家科技重大专项形成战略衔接和延伸。同时，上海、北京正在建设中的“具有全球影响力的科技创新中心”，也将人口健康领域作为科技创新布局的重要内容。

《“健康中国2030”规划纲要》科技创新相关要点

- 启动实施脑科学与类脑研究、健康保障等重大科技项目和重大工程，推进国家科技重大专项、国家重点研究与开发计划重点专项等科技计划。
- 发展组学技术、干细胞与再生医学、新型疫苗、生物治疗等医学前沿技术，加强慢病防控、精准医学、智慧医疗等关键技术突破。
- 重点部署创新药物开发、医疗器械国产化、中医药现代化等任务，显著增强重大疾病防治和健康产业发展的科技支撑能力。
- 力争到2030年，科技论文影响力和三方专利总量进入国际前列，进一步提高科技创新对医药工业增长贡献率和成果转化率。

农业的健康发展，对保障粮食安全、改善人民生活和促进社会协调进步具有重大意义。党的十九大报告提出要实施乡村振兴战略，加快推进农业农村现代化。当前，我国农业现代化建设已经到了加快转变发展方式、改善粮食供给结构的新阶段，农业发展的主要矛盾由总量不足转变为结构性矛盾，矛盾的主要方面在供给侧。2017年《中共中央 国务院关于深入推进农业供给侧结构性改革 加快培育农业农村发展新动能的若干意见》提出“强化科技创新驱动，引领现代农业加快发展”[1]。《“十三五”农业科技发展规划》也提出要“建成世界农业科技创新强国，引领世界农业科技发展潮流，对全球农业科学发展做出重大原创性贡献，为中国成为世界农业强国提供强大支撑”[2]。

《“十三五”农业科技发展规划》科技创新相关要点

- 11个重点领域：现代种业、农业机械化、农业信息化、农业资源高效利用、农业生态环境、农作物耕作栽培管理、畜禽水产养殖、农作物灾害防控、动物疫病防控、农产品加工、农产品质量安全。

● 18 项重大科技任务：区域农业综合解决方案、化肥农药减施、耕地保育与质量提升、农业用水控量增效、畜禽育种、全程全面机械化、精准农业与智慧农业、健康养殖和重点动物疫病、现代海洋渔业创新、淡水渔业产业转型升级与可持续发展、农业废弃物资源化利用、农田土壤重金属污染防治、农业面源污染综合治理、食用农产品质量安全主要危害因子识别风险评估与防控、农产品加工副产物综合利用、鲜活农产品流通电商体系建设、草地高效利用、热带农业创新。

● 5 项前沿与颠覆性技术：合成生物技术、C3 植物的 C4 光合作用途径及高光效育种技术、动植物天然免疫技术、农业生物固氮技术、农产品食物营养组学与加工调控技术。

（二）生命与健康领域的科技进步是国家安全战略的重要组成部分

重大疾病严重危害我国人口健康和社会稳定。随着我国进入老龄化社会，糖尿病、肿瘤等非传染性慢性疾病成为人民健康的主要威胁。世界卫生组织（WHO）发布的《2014 年非传染性疾病国家概况》显示，我国非传染性疾病的死亡总数达到 984.6 万人，占所有死亡人数的 87%（全球为 63%）[3]。国家卫生和计划生育委员会发布的《中国居民营养与慢性病状况报告（2015 年）》显示，慢性病导致的疾病负担占总疾病负担的 70%，慢性病毒性肝炎、耐药结核病、艾滋病等重大传染性疾病防治每年直接医疗费用占 GDP 的 2% 左右[4]。SARS、高致病性禽流感、手足口病、登革热、埃博拉出血热、寨卡病毒感染等世界范围传播的新发突发疫情，频次加大、疫情加剧、防控变难。针对上述重大疾病研究与开发有效的药物、疫苗等防控措施至关重要，迫切需要人口健康领域的有力科技支撑。

农业不仅关乎国家粮食安全、资源安全，也关乎国家生态安全、社会安全。我国人均耕地仅为世界平均水平的 31.8%，化肥、农药有效利用率不足三分之一，生物种业发展面临跨国公司的强大冲击，农业生态环境脆弱，保障粮食供给和提升农产品质量的任务艰巨。大力提高食物生产效率和持续增产潜力是必由之路。习近平总书记曾强调“农业出路在现代化，农业现代化关键在科技进步”。依靠农业领域科技创新，发展适应我国农业生态环境的新型作物品种和优良的畜牧水产业养殖品种，提高应对生物及非生物抗性和养分利用效率，减少资源消耗和环境负担，实现“少投入，多产出”，是保障我国食物安全、资源安全和生态安全的重大需求。

（三）生命与健康领域新技术、新业态、新产业不断涌现，是经济转型升级、转变发展方式的重要抓手

人口健康领域科技创新成果层出不穷，孕育着巨大的市场空间。《经济学人》发布的报告预测，2020 年全球药物市场可望达到 1.263 万亿美元。医学技术评估公司（Evaluate MedTech）预测，2020 年全球医疗器械市场将达到 4775 亿美元。美国智库信息技术与创新基金会 2016 年报告指出，仅美国神经科学相关的经济机遇就超过 1.5 万亿美元，占其 GDP 的 8.8%；锡安市场研究公司（Zion Research）报告预测，全球远程医疗市场可望在 2020 年达到 350 亿美元；内斯特市场研究公司（Research Nester）的预测指出，全球组织工程在再生医学市场可望在 2021 年达到 501.1 亿美元。预计 2030 年我国 65 岁以上老龄人口将占到总人口的 14%，成为全球人口老龄化程度最高的国家之一。党的十九大报告指出“积极应对人口老龄化，构建养老、孝老、敬老政策体系和社会环境，推进医养结合，加快老龄事业和产业发展”。营养保健、健身娱乐、心理服务、旅游疗养等新型健康产业逐渐成为新的经济增长点。

农业科技创新也为产业升级带来新机遇。当前，高通量测序和基因组学技术为育种带来了革命性的突破，分子模块设计育种开始应用于农业生产实践，引领生物技术产品的更新换代，将为我国生物育种产业实现跨越发展奠定基础。农业生产技术向资源高效、环境友好的方向发展，土水肥利用效率逐步提高，将有望缓解资源环境的瓶颈约束。随着物联网技术、生物制造技术、精深加工装备的研究与开发应用，农产品加工产业正在向高技术、智能化、低能耗、高效益的方向发展，加工农产品更加注重优质、营养、安全、健康、个性化、多样化。从生物种业、农业生产到农产品加工的全链条技术创新，正在带来农业发展方式的巨大和深刻变革。

（四）生命与健康领域多学科加速融合，变革性技术相继涌出，是我国科技实现弯道超车的重要方向

生命与健康领域是典型的多学科高度交叉融合的领域。当前生命与健康领域

正处于融合集成式创新与颠覆式创新的时代。我国在干细胞、结构生物学等前沿基础研究已经跟上国际步伐，未来发展精准医疗也存在许多优势。我国有全世界最大的国家基因库，政府投入力度大，产业跟进快，市场需求迫切。这些给中国生命与健康领域带来“弯道超车”和跨越发展的难得机会，该领域是我国最有可能实现从“跟跑”转变为“并跑”和“领跑”的重大创新领域之一。

现代农业科技集中体现出学科交叉融合和技术集成创新的特点。前沿和颠覆性技术正在持续开启农业未开发的潜力，带动农业产业格局重大调整和革命性突破。例如，合成生物技术作为公认的颠覆性技术，集成大数据生物信息分析、基因组编辑、细胞全局扰动、代谢工程等技术，对农业生物进行基因组水平的定向改造与重组，将从根本上改变农业生产和产业组织形式。此外，植物光合作用、生物固氮等研究的重大突破将对全球农业生产产生重要和深远影响。当前，现代生物技术、信息技术、新材料和先进装备等日新月异、广泛应用，生态农业、循环农业等技术模式不断集成创新，“互联网+”助推现代智能农业发展，为我国农业在不久将来实现“弯道超车”提供良好契机。

二、生命与健康领域科技发展现状及趋势

（一）人口健康领域科技发展的现状和趋势

1. 生命组学和系统生物学研究促使生命科学从个别基因或蛋白质的碎片化研究模式转变到系统的整体研究模式

20 世纪下半叶，以分子生物学为代表的生物实验科学的主要目标是寻找特定基因或蛋白质，从而在分子水平上解释生命活动。然而研究者逐渐认识到，过去得到的图景过于简单，生命实际上是一个由成千上万种基因、蛋白质和其他化学分子相互作用构成的复杂系统。20 世纪 90 年代初，美国率先提出了人类基因组计划，把研究目标锁定在测定人类遗传信息载体 DNA 的所有核苷酸的排列顺序，从而破译人类全部遗传信息。在此基础上拓展的转录组学、蛋白质组学、代谢组学等生命组学，形成了不同于以往经典生物实验科学的全新研究方式——生物大科学，从整体和网络角度诠释生命活动。

随着 21 世纪初人类基因组计划的完成，生命科学进入后基因组时代，在基

因组学和一系列生命“组学”的基础上，形成了一门新的交叉学科——系统生物学。系统生物学以“自上而下”的策略、侧重认识生命过程“模式”为特色，整合了基因组学、蛋白质组学和代谢组学等各种生命“组学”研究平台上产生的海量生物学数据，一方面采用经典生物实验科学“假说导向”的研究思路，另一方面利用系统科学、计算数学等理论和工具，全面综合分析生命复杂系统。系统生物学是健康医学和转化医学的主要研究策略和基础，利用系统生物学有望揭示重大复杂疾病发生的病理过程与机制。在此基础上，有机地整合生命科学基础研究与医学实践，形成了以个体化医学为特征的精准医学。

2. 汇聚研究促使生命科学以新的研究范式认识、调控及再造生物复杂系统与生命复杂过程

21 世纪初，在基因组学和系统生物学的基础上，生命与健康领域进一步引入工程学概念，采用理性设计和“自下而上”的正向工程策略，从头创建或改造重构具有特定功能的人工生物体系。系统生物学和合成生物学等新兴交叉学科的相继诞生，表明生命科学领域的研究范式，继以分子生物学为基础的分子层次和以基因组学为基础的全局层次之后，进入了第三种范式时代——多领域学科汇聚。工程师、物理学家与生物学家及临床医生将共同参与解决生命与健康领域新的科学难题和挑战。

汇聚研究范式提升了对生物复杂系统和生命复杂过程的研究，包括探究生命起源、演化、进化以及生命运动规律，实现从以观测、描述及经验总结为主的“发现”阶段，跃升为可定量、可计算、可预测及工程化合成的“创新”阶段。

3. 转化型研究推动生命科学基础研究与经济发展和社会进步的重大需求紧密结合

转化型研究是当前生命与健康领域受到广泛关注的研究模式，其以社会实践与应用中的科学问题为出发点，以最终应用于社会实践为目标，在高通量分析海量生物样本基础上，开展深度挖掘高维度大数据的大科学研究[5]。相关的基础资源积累、重大科学基础设施建设、大数据分析技术工程平台建设，成为创新研究和技术突破的重要条件和保障。近年来，发达国家和新兴工业化国家都开始重视包括生物样本在内的生物大数据资源，纷纷加大对战略性生物资源获取、存储和分析开发等相关的科技基础设施建设投入。对生物大数据的保存、挖掘和利用，

已经成为生命与健康领域发展的重点。

转化型研究是建设普惠全民大健康保障体系的主要途径。其战略目标是将抗击肿瘤、糖尿病等重大慢性病的“关口前移”，大力发展健康医学，将健康保障和疾病预防结合，推动医学模式由疾病治疗为主向预测和干预为主转变。目前，正在通过深入理解重大慢性病的分子和细胞致病机理以及早期发生发展的分子事件，在此基础上发展出早期预警、预防干预的新方法和新手段；建立精确区别健康、亚健康和疾病状态的检测、评估技术，显著提高对人体系统的生理及病理状态的连续监测和诊断防治的能力。

（二）现代农业科技发展的现状和趋势

1. 以基因组学为代表的生物技术正在重塑现代农业的科学基础

基因组学作为生命科学的前沿学科，正逐渐成为驱动未来经济的颠覆性技术之一。经过全球许多国家科学家的共同努力，已完成 807 种动物和 261 种植物的全基因组测序。我国是世界上较早启动农业基因组学研究的国家，从最初的被动参与到现在的全面引领，研究水平已居世界前列，为我国农业跨越式发展提供了重要科学基础和战略机遇。我国科学家主导或通过国际合作，已完成水稻、番茄、马铃薯等世界 70% 以上重要农作物的基因组测序。其中，七大农作物中，主导完成了水稻、小麦、马铃薯、棉花、油菜 5 个基因组测序；6 种主要畜禽生物中，主导完成了猪、羊、鸡和鹅 4 个基因组测序；23 种主要园艺作物中，主导完成了黄瓜、番茄、西瓜、白菜、桃、橙、苹果等 11 个基因组测序。我国还开发了基于高通量基因组测序的基因型鉴定方法，成功开展了水稻、玉米等重要农作物全基因组关联分析，为充分利用基因组数据进行农作物新品种的分子改良奠定了基础。

从整体来看，传统育种已面临技术瓶颈，急需现代生物技术尤其是基因组学技术的支撑，开展全基因组设计育种计划、农业生态基因组计划等，推进基因组技术在农业领域中的应用[6]。其中，全基因组设计育种计划将开展主要农作物、园艺作物和畜禽资源测序，完成新种质材料的创造、突变体库的构建，实现组学技术下的育种理论创新等。农业生态基因组计划将研究病虫害基因组和土壤宏基因组，利用组学手段研究不同因子间的互相作用机制，为绿色生态农业的发展提出新的理论和技术指导。

生物技术已经成为农业科技革命的强大推动力，不仅在实现传统农业向现代农业跨越中发挥重大作用，还将成为解决食物安全、生态环境、资源保护等重大社会与经济问题的有效手段。近年来，生物技术及其产业呈现快速发展的态势，动植物分子育种技术日臻成熟，转基因作物也走向大规模推广应用，农业与农村经济发展对生物技术发展的需求与日俱增。因此，大力发展现代农业科技，获得具有自主知识产权的基因资源，争夺更大的农产品市场，已成为世界各国竞争的焦点。

2. 绿色农业、智慧农业正在成为农业发展的主要方向

过去几十年中，我国农业发展长期依靠化肥、农药的大量使用。这种生产方式在显著提高产量的同时，破坏了土壤结构，污染了水源，给环境带来相当严重的负面影响，对生态系统构成很大威胁。20 世纪 80 年代中期，绿色农业理念逐步形成，并成为现代农业发展思潮主流。绿色农业是指以可持续发展为基本原则，充分运用先进科学技术、先进工业装备和先进管理理念，以促进农产品安全、生态安全、资源安全和提高农业综合效益的协调统一为目标，把标准化贯穿到整个农业产业链条中，推动人类社会和经济全面、协调、可持续发展的农业发展模式。

绿色农业主要强调遵循自然规律和社会经济规律，追求经济效益、社会效应和生态效益的有机统一，注重因地制宜地进行农业生产经营活动，充分合理地利用各种农业资源，加大农业科技含量，减少环境污染。同时，绿色农业有更丰富的内涵。首先，绿色农业突出大农业思想，不仅包括农业生产的各个环节，也包括农产品的加工、运输、储存、销售等；其次，绿色农业注重大地域空间生产要素的优化配置；再次，绿色农业将效益和生态协调置于优先地位，更切合我国人多地少、人均资源占有量少、农民收入偏低和农业粗放式经营的实际；最后，绿色农业是基于环境保护、科技应用等的有机整合而提出的，强调农业增长方式的根本转变和形成大生态农业格局的最终目标。

随着现代科学的进步，信息技术在农业生产中得到广泛应用，农业信息化得到了全方位推进和飞速发展。“智慧农业”作为近年来新兴的概念，是农业活动的高级阶段。它广泛采用信息技术成果，包括物联网技术、“5S”技术（GPS、RS、GIS、ES、DSS，即全球定位系统、遥感、地理信息系统、专家系统、决策支持系统）、云计算技术、大数据等，实现“三农”产业的数字化、智能化、低碳化、生态化、集约化，从空间、组织、管理整合现有农业基础设施、通信设备

和信息化设施，使农业生产实现“高效、聪明、智慧、精细”和可持续生态发展，是将最新科学技术进展融合在农业发展领域中的具体实践和应用。

绿色农业和智慧农业相辅相成，通过生产领域的智能化、经营领域的差异性以及服务领域的全方位信息服务，推动农业产业链的升级换代，实现农业精细化、高效化与绿色化，保障农产品安全、农业竞争力提升和可持续发展。

3. 结构调整和供给侧优化是农业领域科技发展的主要牵引力

我国由于多年来过度追求粮食增产和快速工业化，导致农产品全面阶段性地过剩，造成农作物比价关系失衡和工农产品价格失衡，从而使我国农业结构陷入整体性失衡的困境。进入 21 世纪以来，中央又连续发布以“三农”为主题的一号文件，持续不断地推动农业转方式、调结构。这对农业科技在节本、高效、智能、绿色等方面提出了更高的要求，迫切需要依靠良种培育、高效生产、食品安全、资源化利用和装备制造等方面的全面创新，逐步实现农业发展由依靠资源要素投入向依靠科技进步的转变。

2016 年 12 月召开的中央经济工作会议提出要积极推进农业供给侧结构性改革。2017 年中央一号文件把推进农业供给侧结构性改革作为“三农”工作的主线。农业供给侧改革的主旨是围绕居民消费升级和市场需求变化，通过体制机制创新，提高农业供给体系的质量和效率，促进农业发展，由过度依赖资源消耗、主要满足量的需求，向追求绿色生态可持续、更加注重满足“质”的需求转变。推进农业供给侧结构性改革，实现农产品由低水平供需平衡向高水平供需平衡跃升，既能解决当前农业发展的突出问题，又能促进农业健康可持续发展，这是今后一个时期农业科技工作面临的重要任务。

三、人口健康领域科技发展目标、布局和路径

瞄准世界科技强国建设目标，要针对人口健康领域的重大科学问题，从分子到细胞到个体多层次、从出生到衰老的生命全周期，进行全面和系统的解析。与此同时，要加强面向国家重大需求和关键战略技术的重大任务部署，形成从系统化科学认知、工程化技术研究与开发到转化应用的完整创新链条。要研究和发展面向人口健康领域的一系列具有突破性、颠覆性的生物技术，推动从偏重治疗向预防为主的

转变，引领医药健康产业重大变革，并成为国家新经济新业态的主要推动力。

（一）面向科技前沿和重大科学问题，需要前瞻布局的重要方向

根据当前生命科学前沿的重大科学问题，从分子水平、细胞水平到个体水平，重点部署生命元件的全息解析、细胞命运决定与个体发育、脑认知的神经机制与相关疾病等前瞻布局；按照生命全周期的“大健康观”部署生殖健康与衰老机制的前瞻布局。争取到 2050 年，在这些研究方向上全面达到国际先进水平，其中部分核心研究领域引领国际发展，为认识、改造乃至合成生命提供前所未有的知识基础，并在解决人口健康相关的重大科学问题上取得突破，引领国际复杂生命现象和复杂性疾病的研究。

1. 生命元件的全息解析

生命活动的执行有赖于各种组成元件，包括蛋白质、核酸、糖、大分子机器等。解析生命元件的结构、功能、相互作用、动态变化等全息信息是破解生命奥秘、绘制生命蓝图的重要途径之一。同时，在原子和分子水平阐明生命元件的运转机制，是与疾病、健康、药物研究与开发等相关的重要国际研究前沿，也是与我国人口健康领域密切相关的重大战略需求，对于引领我国生命科学发展、通过原始创新提升生物医药产业创新能力和水平具有深远意义。

到 2020 年的近期目标是：进一步完善发展全息解析生命元件的技术方法；在染色质高级结构、细胞自噬蛋白复合体、真核膜蛋白功能与结构、RNA 蛋白复合体等生命元件的功能与结构解析等方向取得重大成果。

到 2035 年的中期目标是：深入解析各种生命元件的结构与功能，在细胞内膜系统的动态维持、病原体跨膜感染机制、光合膜蛋白结构与功能及组装机理等方向取得引领性重大成果，在生命元件的人工模拟与改造等方面取得重大突破；突破超大分子机器高分辨率全息解析、超高分辨率单分子成像、超灵敏度生物纳米功能器件等关键技术瓶颈，在硬件研制、流程整合、技术发展和方法创新等多方面取得突破性发展。

2. 细胞命运与个体发育

细胞是生命的基本结构和功能单元。生物的生长、发育、繁殖与进化等一切

生命活动都以细胞为基础。多细胞生物包含多种形态与功能各异的细胞，所有这些细胞都是由单个受精卵增殖分化而来。细胞一旦产生就面临着增殖、分化和死亡等各种不同的命运，而在生物个体发育的过程中，细胞身份和状态时刻都面临维持还是转变的选择。“细胞命运与个体发育”是解析细胞生老病死和个体发育等复杂生命现象的重大前沿科学领域。

到 2020 年的近期目标是：建立与完善从单一分子的局部性研究转变为多层次系统性研究的新体系；揭示在个体发育过程中多种重要细胞结构形成和变化的新规律，阐明复杂信号转导网络动态调控内在规律；同时揭示 DNA 与组蛋白修饰等表观遗传调控新的分子机制，发现新型非编码 RNA 形式并阐明其加工机制。

到 2035 年的中期目标是：在阐明解释细胞生命本质及活动规律方面取得重大突破，揭示个体发育过程中细胞行为的时空特异性，阐明调控细胞形态和功能多样性新机理，描绘细胞信号转导网络的分子功能图谱；阐明 DNA 与组蛋白修饰等表观遗传调控方式的协同效应，揭示非编码 RNA 与蛋白质复合体相互作用的分子机理及功能调控。

3. 生殖健康与衰老机制

计划生育和人口老龄化是我国人口健康领域的两个主要特点，因此，需要把重心放在一“小”一“老”、一“生”一“死”上。针对困扰中国人口健康领域的核心矛盾和问题，布局生殖健康与衰老机制方面的前瞻性科学研究，立足生命繁衍的根本性和基础性事件，阐明生殖、发育及衰老的本质以及相关重要疾病的发病机制，重点部署早期诊断、早期预防和治疗方面的相关研究。

到 2020 年的近期目标是：揭示生命繁衍的遗传与表观遗传的分子基础；从遗传和环境影响等多方面全面系统解析生命发生、发育及衰老过程的本质，认识生命繁衍的基本规律，为人类健康以及重大疾病的防治提供理论基础和候选分子靶标。

到 2035 年的中期目标是：揭示重大疾病及衰老的精准调控机制，从关口前移的视角追溯生命繁衍各环节相关重大疾病发生的本源，为其诊疗和预后提供新的靶标和药物治疗策略；发现组织器官发育及其稳态维持的作用机理，解析在组织器官自我更新与再生过程中各种功能细胞的动态变化及协同作用机制。

4. 脑认知的神经机制与相关疾病

随着基础神经科学的发展以及与认知、信息、纳米等学科的交叉融合，核磁共振成像、人机交互、生物传感、纳米阵列电极、大数据处理等新技术不断涌现，极大地推动了脑科学的发展，并酝酿着重大突破。

到2020年的近期目标是：突破脑重要功能环路的神经连接组结构、功能图谱绘制；阐明脑基本功能的神经环路及其运作原理，认识人类思维、意识和语言等高级认知功能的运作机制，绘制重要功能环路的全景式脑连接组图谱，研制出国际上第一批可用于脑认知和脑疾病研究的转基因和克隆猴群。

到2035年的中期目标是：实现对人类几种重要认知功能在介观尺度的环路结构和信息处理机制深度解析；阐明脑工作的基本原理；在重大脑疾病的机理研究、早期诊断和干预手段的研究与开发上获得重大成果。

（二）面向国家重大需求和关键战略技术，需要重点部署的重大任务

为了满足我国人口健康领域的战略需求，需要重点部署干细胞研究与器官重建技术、创新药物研究与生物治疗技术、精准营养技术与肠道微生物组技术、生物安全与传染性疾病防控技术、心理与行为研究及心理健康促进技术等重大任务。争取到2050年，这些技术全面达到国际先进水平，其中部分关键技术引领国际发展，为我国人口健康方面的战略需求提供重要技术支撑，实现我国从医药大国向医药强国的转变，并为现代医药、健康产业带来跨越性乃至颠覆性发展的机遇。

1. 干细胞研究与器官重建技术

干细胞与再生医学是现代生命科学中发展最为迅速和最受关注的领域之一。近年来，干细胞在神经、心血管、生殖系统及肝、肺等器官的再生与修复方面展现出巨大潜力，基于干细胞的器官重建也成为当前生命医学领域的热点和国际竞争的重点。干细胞研究和器官重建将推动一批创新性的再生医学技术与产品，在有效治愈病患、提升健康的同时，有机衔接健康事业与健康产业。

到2020年的近期目标是：阐明干细胞发生、发育及成熟的基本规律，器官形成及功能实现的调控机制；建立可产品化、小型化的生物器官或功能模块系

统，系统评价其安全性及生物学功能；选择合适疾病，建立通过功能模块移植治疗疾病的方案和应用规范。

到 2035 年的中期目标是：针对肾、肝、胰腺和眼等器官，通过工程化方式集成人体器官模块系统，通过异种再造等途径构建可供移植的再造器官，通过原位诱导等方式实现部分器官的原位重建；系统评价器官产品或重建技术，建立相关质量标准和应用规范，形成临床治疗标准和方案；推动以干细胞和器官制造为重要特色的重大疾病治疗和防控体系。

2. 创新药物研究与生物治疗技术

创新药物和生物治疗技术研究集中体现了生命科学和生物技术领域前沿的新成就和新突破。伴随生命科学和生物技术的进步，除了新机制、新靶点的个性化小分子药物，重组蛋白、疫苗、单克隆抗体等生物技术药物研究开发异军突起，基因治疗、细胞治疗均取得了重要的研究进展。随着人口老龄化、疾病谱变化、生态环境及生活方式变化等，亟待研究与开发作用独特、疗效确切、使用安全的创新药物，开展新靶点和新生物标志物发现和确证研究，提升药物原始性创新研究能力。

到 2020 年的近期目标是：建立具有我国特色、技术完备、系统集成的药物创新体系，形成良好的药物创新生态环境；创新药物、新型生物治疗技术研究与开发紧跟国际先进水平，部分创新药物、新型生物治疗技术在发达国家开展临床研究，并在上市新药与治疗技术中实现突破。

到 2035 年的中期目标是：在快速跟进中追求自我特色，并实现快速跟进与原始创新的均衡，在此基础上初步形成我国药物原始性创新架构以及生物治疗技术研究与开发体系；实现我国自主知识产权的创新药物在发达国家上市，在全球每年上市新药中占有重要的一席之地。

3. 精准营养技术与肠道微生物组技术

人类社会已经进入精准营养时代：一方面从评价群体的营养是否“合理”到精确评价特定个体营养的合理性；另一方面认识到肠道微生物组正在被视为新（类）器官，是调控人体营养状态的重要参与者。为此，要建立符合中国人群特点的精准营养评估、疾病预测及营养干预技术和体系，要发展肠道微生物组的干预和调控技术等颠覆性技术。这些新技术将促进我国人口健康领域的战略性新兴产业的发展。

到 2020 年的近期目标是：获取食物摄入和体内营养生物标记物，建立相应的评估预测模型；阐明个体之间导致膳食营养应答多样性的生物学机制；研究与开发个体化的营养干预和医学食物配方；建立和完善肠道微生物组结构表征与功能分析鉴定技术平台，揭示个体精准营养的肠道微生物组基础；建设中华健康肠道微生物资源库和数据库；发现针对代谢疾病和老年健康维护等至关重要的肠道微生物菌群，并建立相关的干预技术。

到 2035 年的中期目标是：建立适合中国人群特点的精准膳食营养评估、疾病预测和干预方案；结合新营养代谢生物标志物和营养研究，借助云计算、大数据与人工智能等技术实现对个体营养健康状况进行动态监测；全面建成包括不同民族和地区、幼少青中老等不同年龄段的中华健康肠道微生物资源库和数据库；获得一批靶向肠道微生物菌群的一类新药分子；形成若干基于肠道微生物组健康保障技术的战略性新兴产业。

4. 生物安全与传染性疾病防控技术

生物安全威胁已经成为国家安全必须面对的重大和长期战略挑战。生物恐怖和两用生物技术的误用及滥用，也给我国的现代化进程带来潜在的威胁。我国必须坚持以预防为主的传染性疾病防控策略。

到 2020 年的近期目标是：在进一步完善覆盖全国的传染性疾病监测和预警预报体系的基础上，建立涉及传染病侦、检、消、防、治全链条的生物安全保障平台和技术支撑平台；建成国家菌毒种资源保藏中心，完成重要病原的战略资源储备；建立生物危害因子的风险评估方法，构建生物风险因子资源储备和情报信息平台；发展生物风险因子检测新技术新方法，初步阐明我国传染性疾病的分布和流行规律；在重大传染性疾病病原学、病原和宿主的相互作用关系、病原微生物耐药机理、疫苗和抗病毒药物等研究方面有所突破；完成重要病毒抗血清、疫苗和抗病毒药物的战略储备，初步建立具有我国特色的突发公共卫生事件应急反应体系及生物防范体系。

到 2035 年的中期目标是：建成我国传染病预防与控制研究的生物安全平台保障体系和技术支撑体系；建成国家菌毒种保藏体系，完善菌毒种保藏资源库和信息库；获得多种实用型风险因子的检测新技术，系统阐明多种重要传染性疾病的流行病学和病原学；阐明重要烈性病毒的致病机理、宿主免疫应答/耐受机制和跨种传播机理；研制出多种烈性病毒疫苗和其他新发传染病的预防、治疗性疫苗及抗病毒药物；完成我国重要病毒疫苗和抗病毒药物的战略储备，建成具有我国特色的突发公共卫生事件应急反应体系及生物防范体系。

5. 心理与行为研究及心理健康促进技术

开展促进国民心理健康和推动社会和谐发展的基础及应用研究，做好心理健康知识和心理疾病科普工作，规范发展心理治疗、心理咨询等心理健康服务。

到 2020 年的近期目标是：研究与开发心理疾患的早期识别新指标或新技术，确定心理疾患人群在认知、情绪等心理行为及生物学指标上的共性，提出和应用新干预措施；揭示群体行为规律及决策特征，建立网络和虚拟环境及现实情境中群体心理与行为监测分析体系；建立服务于公共管理的群体心理状态感知监测及预警系统，建设精细化社会治理成果应用推广示范点。

到 2035 年的中期目标是：建立符合中国国情的心理疾患早期识别与早期干预体系和心理健康促进体系，建立基于“生物-心理-社会-工程”模式的心理健康促进系统；建立社会心态和群体行为监测分析与预警系统，实现该领域基础与应用研究重大创新突破，在精细化社会治理中广泛应用。

四、现代农业领域科技发展目标、布局和路径

我国现代农业的重点是发展资源高效、环境友好的农业生产体系，其核心是发展生物农业、集约化农业、智能设施农业、精准养殖业等技术体系。未来需要充分应用系统生物学、现代信息技术成果，以种业发展为主线，系统解析重要性状的遗传机制，创新育种技术，创制适于集约化农业生产需求的突破性新品种；注重农业供给侧结构优化，树立大食物观，围绕全产业链展开协同攻关，探索产出高效、产品安全、资源高效、环境友好的现代农业发展新理论和新模式。

力争到 2050 年，建成高效协同的现代生物种业创新体系，实现主要动植物

良种全覆盖，良种在农业增产中的贡献率达到70%以上；建成资源高效、环境友好的农业生产体系，农业综合生产能力大幅提升；农产品质量安全水平大幅提高，全面实现优质化、营养化、功能化；农业发展方式得到根本转变，农业资源利用效率显著提高，农业信息化、数字化、精准化水平大幅提升，农业生态系统功能明显增强。

（一）面向世界科技前沿与战略性技术，需要前瞻布局的重要方向

1. 植物定向发育及环境胁迫应答

综合运用各种组学、系统生物学和计算生物学等手段，解析植物重要或者特化性状形成的遗传基础与进化规律、性状发育的物质与能量代谢调控机制，研究植物对干旱、极端温度、盐碱、贫瘠、弱/强光照等非生物胁迫以及主要作物虫害、病害等生物胁迫的感知、信号传导机理，解析植物应答环境胁迫与植物生长发育的交叉调控规律，揭示物质、能量流动与植物性状形成、环境胁迫应答的分子遗传调控网络，为保障国家粮食安全及生态环境安全提供基础理论和基因资源。

到2020年的近期目标是：重点解析植物多样性形成与响应逆境信号的分子基础；系统研究代表性植物的生态适应性和驯化过程的基因组进化机制，揭示花、果相关性状进化的分子机制；以光能高效吸收利用、碳氮耦合代谢及能量流动、生物活性小分子代谢以及物质运输为切入点开展研究，挖掘农作物重要复杂性状的关键调控基因，阐明其功能及作用机理，揭示其演化规律；解析植物细胞定向分化发育的分子生理基础，解析植物分生组织建立与维持、器官的发生与发育、植物的时序性发育以及植物衰老和死亡的分子机制；解析植物免疫与生长发育的关联机制及病原危害植物的效应机制。

到2035年的中期目标是：揭示产量、品质、抗病虫、耐逆、养分高效利用等复杂性状形成的遗传基础及其调控网络；揭示各性状的进化式样、过程与遗传变异基础，植物杂种优势及劣势形成的遗传学基础，植物生长发育、环境胁迫应答及其交互作用的遗传与表观遗传机制；解析植物营养效率和高光效的分子机制，植物次生代谢组的调控网络以及植物代谢产物分配和再分配的路径控制机理，重要植物活性代谢物的合成途径解析及合成生物学创制研究；绘制调控植物产量与品质形成、环境胁迫应答的物质和能量基础蓝图。

2. 分子设计育种关键理论与技术

基因组学、系统生物学和合成生物学等新兴学科的发展加深了在基因、网络、组学水平上认识生物性状的遗传基础，为解析生物复杂性状的分子遗传基础和调控网络带来了机遇；以转基因技术和基因组编辑技术为代表的现代生物技术为开展精准动植物遗传改良提供了可能；与基于表型和经验选择的常规育种相比较，基于基因和基因组选择的分子设计育种将带来育种理念的变革，成为育种科学的前沿和种业发展的战略制高点。

到 2020 年的近期目标是：解析控制复杂性状分子模块的构成及其调控，分子模块之间的互作机制及有效耦合；建立种间或亚种间杂交转移技术，发现决定重组的重要因子，揭示同源染色体配对与重组的规律，发展定向重组新方法；开发关键物种转基因和定向基因组编辑技术，打破自交不亲和性，建立远缘杂交新技术，实现全基因组定点改造及创造优良等位变异；探索新形成及人工合成多倍体稳定的分子机制，多倍体化基因组演化及其生物学效应。

到 2035 年的中期目标是：发展网络计算和性状模拟技术，建立用于预测多模块耦合优化生物学效应的系统模型、最佳耦合算法和设计路径；实现多基因，甚至一个生化代谢途径高效转移和整合，为创制人工染色体奠定基础；通过对多倍体的二倍化和多倍化机制的了解，结合计算模拟选择优良组合，实现规模化和智能模块化育种组装体系，开展主要农作物的人工合成多倍体育种。

3. 交叉技术体系及平台建设

信息技术和自动化技术等的广泛应用，极大地提高了生产效率，也改变着农业的发展。高通量、智能化和精准化技术体系及其与产业示范基地的有机结合，将引领我国农业可持续发展。

到 2020 年的近期目标是：针对动植物核心种质野生种、农家种、栽培品种及其进化相关物种，建立系统的基因组、蛋白组、代谢组、表观组和表型组的储存、图示及比较分析平台，实现基因挖掘、注释、基因进化关系分析、基因组进化分析等核心功能；建立高通量、智能化表型组平台，在可控及大田环境下，实现对植物生长发育过程中不同器官的形态、生理、生化、分子水平变化全扫描，实现对于影响作物生长发育相关性状的定量分析。

到2035年的中期目标是：建立基于网络、开放式的与育种相关的综合性权威数据库及育种决策平台；建立表型组平台的数据获取与数据库存储、数据分析及系统模型预测的实时联动机制，结合表型组及基因组等数据，实现全基因组水平关联分析及模块挖掘，能有效鉴定模块互作关系；对各类种质资源的分子标记、分子模块、表型组及种质标识、储存及标准化管理信息的系统存储；建立核心作物系统模型体系，构建模块化、标准化、可替换的系统模型构建框架；发展统一的模型输入、输出标准，模型参数化、验证、优化所需核心算法；建立模型输入、输出、演化、备份等模型开发所需标准；针对影响动植物产量、质量、耐逆性等关键过程，构建遗传模型及机理模型；建立植物与土壤、大气、水系等环境互作的物理模型；建立模型与动植物分子模块系统耦合技术；建立结合系统模型、全基因组选择技术及种质资源模块信息，优化生物产量、质量的育种导航技术。

4. 畜禽健康养殖的应用基础研究

突破优良品种的选育与基因资源挖掘、饲料资源短缺、畜产品安全保障和品质提升以及养殖环境等困扰畜禽健康养殖的关键和瓶颈问题，聚焦畜禽生态营养机理的前沿科学问题，为畜产品及生态环境的安全保障提供基础理论支撑。

到2020年的近期目标是：规模化挖掘畜禽及其野生近缘种的基因资源；解析畜禽胃肠道功能发生发育与维持、微生物功能组和生理调控机制；探讨畜禽对饲草饲料的感受与响应、功能性营养调控物质、环境因子对畜禽健康养殖的主效应机制；全面解析影响畜产品品质主效基因的调控网络，揭示肌纤维类型转化、肌内脂肪沉积以及肌肉与脂肪组织互作等分子规律。

到2035年的中期目标是：解析功能性物质调控的作用机理及其交互作用，指导家养动物的改良育种；研究与开发畜禽养殖环境关键因子监测系统，构建环境友好型的健康养殖技术体系；开展以优质、高效为目标的技术集成，开发出优质、安全、生态的畜产品。

5. 水产生物经济性状的遗传基础

解析水产生物生殖与性别、生长、免疫抗病、耐低氧及低温等主要经济性状的遗传基础，为培育高产、抗病或抗逆水产养殖新品种提供理论基础和基因资源。

到 2020 年的近期目标是：绘制水产生物性染色体精细图谱，揭示生殖质发生和原始生殖细胞（PGC）特化与迁移、性别决定和分化、配子发生与成熟的分子机制；揭示水产生物下丘脑–垂体控制生长的基因调控网络、性成熟和生长的相互协调及其调控机理、肌肉细胞增殖和蛋白/脂肪平衡的作用机理等；探讨低温或低氧等环境因子对水产生物的主效应机制。

到 2035 年的中期目标是：发展性别特异分子标记高效筛选和性别鉴定的分子技术，建立鱼类生殖和性别控制新技术；鉴定抗病关键基因，揭示水产生物先天免疫系统的信号通路、重要水产生物病原的致病机理和病原与宿主免疫系统的相互作用及作用机制；鉴定水产生物耐受低氧或低温的关键基因及其结构、功能、表达调控机理和信号调控网络。

6. 农业生态系统管理与调控

以农业高产高效、环境安全和资源安全为核心，系统认识农业生态系统结构功能优化的能量物质转化机理，生长性生物和生境中生物、理化环境的相互作用关系及生态功能机制；明确农业生态系统管理和调控的系统原理，优良品种性状表达的环境要素精确匹配机制，农业生产全局优化的生态系统管理调控原理和技术方法；开展不同农业区域类型的生态系统管理调控试验和长期验证。

到 2020 年的近期目标是：研究基于卫星遥感技术、无人机、地面调查及农业物联网等技术的区域农田生态系统监测诊断方法与数据融合和信息挖掘技术，改进作物和环境协同区域模块优化技术，发掘区域环境资源优化配置指标与机理，生产性共生物种对生态系统生物间物质能量转化和食物链的生态调节机制；化学肥料和化学农药在生态系统转化、吸收中的生物作用机制，主要土壤障碍因子的演变机理及作物适应机制；农业生态系统作物、动物生长模型及农业生态系统结构功能优化设计和模拟模型；构建高效复合农业生态系统。

到 2035 年的中期目标是：打造农业大数据优化分析系统与决策平台，开发生产力空间差异分区与生产潜力评价的软件系统，研究与开发作物种植结构和品种适应性种植的区域环境精准配置技术，优化配置区域农业生态系统种植结构、种养结构、种养加一体；研究农业生物质组分结构与生物质循环转化的生物（微生物、植物、动物）作用机理，植物资源、化学投入品和农业废弃物资源化与农业生态系统的耦合机制及农业模式构建与高效调控的技术体系；发展农业生产全局优化的技术集成理论和系统工程设计方法，建立区域资源转化利用综合模型和优化配置的现代农业模式。

（二）面向国民经济主战场，亟须重点布局的重要方向

按照“稳增长、调结构、促效益”的原则，开展以核心技术研究与开发与提质增效为目标的综合集成示范，提高农牧、水产业生产系统的资源高效利用和可持续发展能力，为农业转型升级提供模板。

1. 生物种业

围绕生物种业的新一代革新技术，形成科学与研究分工合理、产学研紧密结合、资源集中、运行高效的生物育种新体系和新机制。利用精准、高效的基因优化编辑和模块耦合技术，充分利用目标性状突出、综合性状优良的分子模块资源，培育高产、优质、多抗、广适并且适应机械化作业、设施化栽培的新品种。

到2020年的近期目标是：初步形成生物育种新理论、新技术和应用体系，大幅提升生物种业自主创新能力，进入生物种业创新型国家行列，基本建成有中国特色的现代生物种业创新体系。建立较为完整的生物种业种质资源基因组大数据库，在主要动植物全基因组和功能基因组研究领域、转基因育种、分子标记辅助选择育种、分子模块设计育种领域进入国际先进行列；开发高通量基因型和表型分析重大平台设施，优化动植物基因型和表型鉴定、基因组编辑、全基因组选择等关键技术，为提升我国生物种业可持续发展和国际竞争力提供战略储备。

到2035年的中期目标是：形成具有国际影响力的生物种业研究与开发集群，使我国进入生物种业创新型国家前列，实现生物种业科技创新从跟踪到领先的跨越，进入全球产业价值链中高端，为建成生物种业强国奠定坚实基础。创新育种技术体系，实现种业以自主创新为核心，引领基因组设计、物种从头合成等科技发展，大幅度缩短生物育种周期，创制具有颠覆性的生物育种新种质，实现生物种业的标准化、规模化、智能化和工厂化；创制具有自主知识产权的突破性优良品种，实现国产生物种业国际化，占领国际种子市场总价值的10%份额。

2. 中低产田改造与绿色丰产增效技术集成

通过研究与开发和形成改善中低产田土壤障碍因子的关键技术，培育适宜的

突破性品种，优化种植结构，选育特色经济植物，挖掘中低产田增产增效潜力，成为保障国家粮食稳定供给的“稳压器”。

到2020年的近期目标是：持续推进“渤海粮仓”科技示范工程，重点开展耐盐抗逆小麦玉米品种选育、玉米无隔离制种和不去雄制种技术的研究与开发，开展中低产田作物高效用水调控及农田节水保墒、农田多水源高效利用技术，滨海盐碱土壤改良关键技术的研究与开发；研究与开发耐逆新种质创制与品种改良技术，选育耐逆优质特色适生植物，创新中低产田耐逆适生植物和种植与产业发展模式，与企业等合作开展规模化种植示范，形成中低产田和盐碱地改造利用的新模式；研究与开发并示范砂姜黑土改良、耐逆适生品种、赤霉病综合防控、农林牧耦合、肥料农药控施增效、物联网+水养监控、应急性灌溉、秸秆还田菌剂等技术。

到2035年的中期目标是：构建“点片面”试验、示范、推广的黄淮海中低产地区小麦-玉米产业示范链；加快推进淮北“第二粮仓”科技示范工程，进行“土-肥-水-种-药-农机-物联网”全产业链科技创新，建立中低产田改良技术模式，突破中低产田障碍瓶颈，实现粮食增产与农业增效可持续，为国家“第二粮仓”计划的全面实施提供可复制、推广的示范样板和建设方案。

3. 生态草牧业科技示范

聚焦我国北方草地退化、生产力水平较低、生态功能发挥不够等问题，以草地生态和生产功能的合理配置与协调为内涵，以规模化草牧业试验示范为抓手，建设集约化高效人工草地、恢复和合理化利用天然草场的试验示范，提升生产效能，发挥生态功能；开展草产品加工、草畜优良品种培育，提高草畜转化效率，探索适应草牧业发展的生产模式与技术路线，为农业供给侧改革和结构转型做出贡献。

到2020年的近期目标是：补齐草牧业科技短板，深度开展科研与产业的融合，打造大型国有企业或政府引导龙头企业和农牧户主导的草牧业发展模式；协调发展“生态、生产、生活”，并逐步辐射推广，发展草牧业科技示范技术体系。

到2035年的中期目标是：依托试点网络，在牧区高端草畜产品区、半农半牧草畜产品区和农区特色草畜产品区打造不同草牧业发展模式；推广科技示范经验，在全国不同区域发展生态草牧业，为我国农业结构调整做出贡献。

4. 高效生态水产技术集成与示范

针对我国水资源恶化和养殖鱼类病害频发等制约沿海与淡水渔业发展的瓶颈问题，围绕沿海、长江流域生态区养殖鱼类的品种培育和种质工程，开展生殖发育调控、营养饲料、免疫调控、病害防控的基础研究到应用技术研究与开发；通过科学投放人工设施和养殖环境系统设计，提供水产生物栖息及繁殖场所，修复受损生境，形成稳定的立体混养和生态牧场体系。

到 2020 年的近期目标是：重点研究养殖鱼类生殖和性别调控、饲料高效转化、抗病、耐低氧和低温等主要经济性状的遗传基础，病原与宿主相互作用的分子机理和稻渔综合种养协同共生机制等科学问题；研究与开发海水养殖新品种与关键装备，构建健康高效、环境友好、生态和谐的海洋牧场养殖示范基地。

到 2035 年的中期目标是：培育适于污染零排放、养殖要素可控的集约化工厂养殖模式或生态化稻田综合种养模式的高产抗逆品种，进行种业技术集成与示范；研究与开发高效环保饲料，集成精准投喂、水质调控和病害防控技术，发展稻渔综合种养和大水面生态渔业技术，建立环境友好的高效生态淡水渔业新模式；逐步将海洋生态牧场示范范围拓展到不同区域，促进海洋渔业增产、增收和环境保护的协调发展。

5. 化肥农药减施增效与生物防控技术创新及集成示范

研究化肥、农药在土壤和靶标植物体中的迁移转化、残留消解与沉积流失特征，肥料与植物养分供需耦合与协同增效机制，农药及其助剂对药靶作用效率和沉积规律，结合区域示范进行规模化应用，为我国农作物生产“转方式、调结构”做出引领性贡献。

到 2020 年的近期目标是：研制系列新型增效复混肥料、缓/控释肥料、绿色环保增效剂、微生物菌肥和生物功能有机肥、炭基生物肥，新型绿色农药和助剂等新产品；以危害主要粮食作物、果蔬经济作物、林草的主要病虫害为对象，研究与开发植物、微生物、动物来源的新型广谱或针对性抗生素和抗菌、抗病毒制剂，研究 RNA 干扰调控等新型生物技术与产品，研究与开发作物免疫诱导调控、天敌生态防控技术与产品，获得相关行业许可。

到 2035 年的中期目标是：以规模化应用为抓手，建立化肥农药减施的绿色丰产升级技术以及高效生物固氮新技术；研究与开发与之配套的施肥施药装备，与工业化生产相结合形成规模化生产流程及技术标准。

6. 植物工厂关键技术创新、集成与示范

围绕我国食品质量安全与植物工厂产业化的战略需求，开展保障民生的安全水果、蔬菜和药材的生产技术集成研究，建立植物工厂产业化的高效技术体系。

到2020年的近期目标是：重点开展植物生长条件的系统优化，开发适宜于不同类别的果树、蔬菜、药用植物的专用模组设备、照明系统与植物营养液；进行栽培模式的创新与栽培技术集成，实现植物工厂产业化若干核心技术突破。

到2035年的中期目标是：以机械化和高度自动化为目标，探索建立高度智能化“植物工厂”，建成国内领先、国际一流的创新研究与开发示范与生产基地，引领行业跨越发展，为精准设施农业和非耕地农业发展提供科技支撑。

五、促进生命与健康领域科技发展的战略举措和政策建议

（一）推动生命健康领域科技体制机制改革，完善重大基础研究平台与数据共享机制

推动以学科交叉、技术创新、平台建设和转化研究为目标的体制机制改革。打破单位和地域限制，建立以重大任务为导向的科研组织模式，形成生命与健康科技发展战略的整体布局。顺应资源与资助体系多元化趋势，建立国家层面的稳定资助机制，及时为前瞻性布局安排足够资源。加强对学科交叉新技术和新方法研究与开发的支持力度，建立有利于学科交叉的评价体系与体制机制，鼓励国内相关单位建立协同创新、合作互赢的创新体系。

加强重大基础研究平台等技术支撑体系的建设，利用国家实验室提升生命与健康科学的研究能力，促进科学与技术的协同发展。建设精准营养与健康相关的社区和临床应用与推广体系，促进相关产业化基地和产业集群建设发展。开发高通量基因型和表型分析重大平台，优化动植物基因型和表型鉴定、基因组编辑、全基因组选择等关键技术，加速新技术推广应用。发展国家健康产业联盟、国家健康医学大数据联盟、国家健康素养教育联盟等。健全资源共享相关制度，加强

数据集成、信息集成、知识集成和服务集成，提高资源共享水平和利用效率。

（二）建立与国际接轨的新药研究与开发机制，促进健康产业发展

新药研究的突出特点是周期长、投入大、风险高。要实现我国创新药“弯道超车”，必须不断优化促进药物创新研究与开发的政策环境，从注册监管、医保报销、药物审批、财税金融等方面加大对创新药物的扶持力度，鼓励多创新、快创新、高水平创新。

有计划、有步骤地提升新药研究与开发的技术审评和监管等方面的水平，加快我国新药研究与开发技术规范、审评、监管与国际接轨；对一些突破性创新，还需建立特殊审批政策，让其尽快投入到生产和应用中；遵循药物经济学原理，根据新药疗效合理进行成本/效果、成本/效用分析，加快将优秀创新药物纳入医保；鼓励推进商业医疗保险，使我国人民及时享有最新和可靠的药物创新成果；建立政府引导、多方参与的新药基金，吸引制药企业加大创新投入。

（三）建立以现代种业为龙头的全链条农业发展新模式

构建科研分工合理、产学研紧密结合、运行高效的生物种业创新体系。统筹生物种业相关先导科技专项、重点研究与开发计划、种业创新工程、行业专项等国家科技任务实施。加强科技创新与市场发展的融合，形成国家实验室、院校、企业在种质资源创制、种业科技创新和市场开发的合理分工及高效协同。引导种子企业加快兼并重组步伐，培育一批“育繁推一体化”的现代生物种业集团。完善生物种业创新的激励要素和政策法规，加强以法律手段整治和打击侵权套牌行为。

改变“品种专营、委托制种、区域代理销售”的传统模式，打造“从研究与开发到餐桌”的全产业链经营模式。逐步以备案登记制取代现行的品种审定制，由品种登记者承担种子推广带来的风险。鼓励育种企业和其他企业合作，提供从供种、播种、施肥、收获、晾晒或烘干、收购等全方位服务，推动种子、种植、饲料、养殖、食品产业融合发展。建设科技示范服务技术团队，打造区域农业转型发展核心示范区。

（四）加强生物安全与伦理相关研究及立法，构造生物安全防控体系

伴随着新兴生物技术不断走向应用，转基因作物、合成病毒、基因筛查、胚

胎干细胞等引发了全社会对生物伦理和生物监管的广泛关注。生物安全威胁已经成为我国必须面对的长期战略挑战，预防与处置传染病、检疫病虫害、外来物种入侵、遗传修饰生物和生物武器的策略与措施，成为生物安全的核心问题。要实现生命与健康领域的创新发展，需要加强生物安全与伦理相关研究与立法，构建高度整合、协调有效的生物安全威胁防御系统，制定符合国际规范和中国国情的生物伦理监管规范。

针对维护国家生物安全的重大需求，研究确定我国传统与非传统生物风险因子安全目录，发展先进适用的生物安全技术、方法、装备和产品，形成从风险评估、监测预警、识别溯源、应急处置、预防控制到效果评价的全方位防控体系。加强生物遗传资源研究，建立健全生物遗传资源保护法律法规体系；规范生命科学研究伦理，健全生命科学研究伦理审查监督制度；构建科学合理的生物技术标准体系，加强技术安全性评估，完善检测监测、法律法规和监督管理体系；强化生物产业风险预警和应急反应机制。

研究编撰人员（按姓氏笔画排序）

于建荣　王红梅　田志喜　刘小龙　刘双江　杨维才　吴家睿　沈竞康　张　宇
张可心　陈　雁　陈凯先　林　旭　周　琪　袁志明　徐　涛　郭爱克　蒋　芳
傅小兰　储成才　薛勇彪

参考文献

[1] 农业部．“十三五”农业科技发展规划．http://www.moa.gov.cn/zwllm/ghjh/201702/t20170207_5469863.htm［2017-07-25］.

[2] 中共中央，国务院．关于深入推进农业供给侧结构性改革　加快培育农业农村发展新动能的若干意见．http://www.gov.cn/zhengce/2017-02/05/content_5165626.htm［2017-07-25］.

[3] 世界卫生组织．2014年非传染性疾病国家概况．http://www.who.int/nmh/countries/zh/［2017-07-25］.

[4] 国家卫生计生委．中国居民营养与慢性病状况报告．北京：人民卫生出版社，2015.

[5] 中国科学院人口健康领域战略研究组．中国至2050年人口健康科技发展路线图．北京：科学出版社，2009.

[6] 中国科学院．科技发展新态势与面向2020的战略选择．北京：科学出版社，2013.

第十九章　资源生态环境领域

资源生态环境问题是人类共同面临的重大挑战，关乎国家和社会的可持续发展。党的十八大将生态文明建设纳入了“五位一体”总体布局，十九大报告提出“建设生态文明是中华民族永续发展的千年大计”，并将“坚持人与自然和谐共生”作为新时代坚持和发展中国特色社会主义的基本方略之一。资源生态环境是生态文明建设的主体和重要内涵，是我国转变发展方式的重要出发点和落脚点。资源生态环境领域的发展，是建设美丽中国的重要组成部分，也是建设世界科技强国的重大任务。

一、资源生态环境领域科技发展的重大作用和意义

改革开放三十多年来，高速工业化及快速城镇化进程推动了我国经济社会发展水平的加速提升。相较于发达国家，我国人口基数大，人均资源少，工业化进程起步晚、速度快，前期经济发展和城市化进程过多依赖于资源要素投入，导致资源与生态环境问题集中出现，资源大量短缺、生态系统退化、环境快速恶化、减排压力巨大以及国土空间开发无序等。资源和生态环境承载能力面临严峻挑战，区域可持续发展进程受到严重影响。未来几十年，随着我国经济社会发展和经济结构转型，加之公众对宜居环境、生活质量和食品安全等方面诉求日趋强烈，资源生态环境问题仍将长期存在。因此，必须大力发展资源生态环境科技，根据资源与生态环境承载力进行经济社会发展布局，实现资源集约利用与供给安全、生态环境质量改善与生态系统良性循环，更加清洁、高效、安全地支撑经济社会的可持续发展。

（一）资源生态环境领域科技发展是实现经济社会可持续发展的基础

资源生态环境作为经济社会发展的基本载体和根本要素，是国家可持续发展的

重要保障。空气、水和土壤提供了人类赖以生存的生态环境，与我们的生产和生活息息相关。煤、石油、天然气、金属和非金属矿产等资源提供了90%以上的能源与工业原料以及70%以上的农业生产原料；国土空间是建设美丽家园的空间载体，是国家重要的公共资源；生物资源是人类社会进步与经济发展的重要源泉。我国经济发展进入新常态，但仍处于工业化后期及城镇化加速期，面临的环境改善和资源需求压力依然巨大。我国在发展过程中必须高度重视对这些不可再生的国家战略资源的监测、开发、整治、规划和管理，迫切需要依靠科技创新，大力治理污染和减少排放，实现各种资源的高效勘探开发和有效利用，保证空间资源的合理开发和品质提升，推动形成人与自然协调发展现代化建设新格局，不断增强可持续发展能力。

（二）资源生态环境领域科技发展孕育产业转型升级的新机遇

绿色低碳是新一轮科技革命和产业变革的主题方向之一。党的十九大报告提出“构建市场导向的绿色技术创新体系，发展绿色金融，壮大节能环保产业、清洁生产产业、清洁能源产业”。大力开展资源生态环境领域科学和技术研究是加快经济转型的基本要求。“绿水青山就是金山银山”，环保和生态产业已成为发达国家国民经济的新兴支柱产业，一些国家的相关产值已占GDP的10%以上，并呈稳步上升趋势。相比而言，我国的环保和生态产业还有较大的发展空间。资源产业作为基础产业，处于产业链前端，发展方式和技术装备相对传统粗放，亟待依靠科技创新推动产业转型和升级，由粗放开发向集约绿色转变。因此，亟须按照“全产业链、全创新链”的设计思路，围绕产业链布局创新链，统筹配置创新资源，通过科技创新来驱动资源生态环境产业转型升级和提质增效。

（三）资源生态环境领域科技发展事关国家资源安全与生态安全

资源安全、生态安全是国家新安全体系的重要组成部分，资源和生态环境领域发展与国家安全息息相关。资源争夺是国际冲突的重要动因，“得资源者得天下”。获得对经济社会发展至关重要的战略资源，是维护国家资源安全的重要任务。目前，我国大部分基本金属、石油等资源国内探明储量有限，将长期依赖进口。据统计，铁、铝、铜、镍、钾等大宗矿产品对外依存度均已超过70%[1]，石油对外依存度已超过65%[2]。而具有优势储量的稀有金属、稀土和非金属等资源，因产业链创新能力严重不足，高附加值产品被国外巨头长期垄断，有效的中高端供给短缺。因此，必须依靠科技进步，加强现有资源的高效开发和有效利用，统筹利用好国内外“两种资源”，切实提升国家资源安全保障水平。维护生态系统的完整性、稳定性和功能性，是确保国家具备保障人民生存发展和经济社会可持续发展的自然基础。为此，需要加大关键地区的保护力度，改善生态系统功能和环境质量状况，促进人口资源环境相协调、经济效益和生态效益相统一。

（四）资源生态环境领域是践行绿色发展、展现大国担当的重要领域

气候变化、环境污染防治、生物多样性保护等已成为人类面临的共同挑战，衍生出一系列跨国界和全球性生态环境问题，也是世界大国政治、经济、科技、外交角力的焦点。为应对全球环境变化的挑战，需要加快环境与健康、化学品控制、全球环境履约等方面科技创新。

目前，我国正在积极推进“一带一路”倡议，沿线国家和地区多处于生态环境脆弱区，加快转变经济发展方式、推动绿色发展的科技需求十分强烈，迫切需要通过开展科技合作，维护好共同的生态环境，并推进产能合作与技术输出，由单一资源开发、产能合作向技术转移、产业合作发展，实现资源共享、共同发展。

基于上述情况，中国作为负责任的大国，将“绿色发展”作为五大发展理念之一，以生态环境质量总体改善为统领，把节约资源和保护生态环境的重要性提到了空前高度。这既是我国建设美丽中国的必然选择，也是对维护全球生态安全的庄严承诺，彰显中国的大国担当。在当前绿色发展领域缺失全球领导力的情况下，我国有望深度参与甚至引领全球可持续发展治理。

二、资源生态环境领域科技发展现状及趋势

（一）世界资源生态环境领域科技发展趋势

1. 全球性生态环境问题受到广泛重视，生态系统与人类活动、自然环境和社会经济的集成研究成为主体思路

生态与环境的可持续发展是当前人类面临的重大挑战与科学问题，与各国政治、经济和外交关系日益密切，得到国际社会的广泛关注。自 20 世纪 80 年代以

来，国际上相继启动了“世界气候研究计划”（WCRP）、“国际地圈生物圈计划”（IGBP）、“国际生物多样性计划”（DIVERSITAS）和“国际全球环境变化人文因素计划”（IHDP）等重大科学计划。2012 年，在整合已有研究计划基础上，国际科学理事会等组织发起了“未来地球”（FE）计划，旨在增强全球可持续发展的能力，应对环境变化给社会带来的挑战，将可持续发展提到了一个新的高度[3]。欧盟于 2011 年和 2014 年相继发布了《生态创新行动计划》和《2030 气候和能源框架》等战略规划。联合国 2016 年启动了《改变我们的世界——2030 年可持续发展议程》计划，进一步促进人口、资源和环境相协调，推动社会经济可持续健康发展[4]。

发达国家纷纷推动新能源、新生物资源、海洋资源利用、气候变化适应与减缓等核心科学问题的研究与技术发展，带动重大科学突破和技术创新；重视生态系统对全球变化响应与反馈等方面的研究，加强对生态环境的监测、预测，健全风险预警与决策机制；重视多方向多尺度集成，向深海、深地、深空领域拓展，强调地球系统综合研究，挖掘全球资源潜力，抢占资源配置主动权；发展低碳技术和绿色经济，促进能源结构优化和产业升级；强调科学界、政府、企业、公众等利益相关者的共同参与、合作研究，以全新的方式支持建立更灵活的全球创新体系，实现人类社会向可持续发展加速转型。

“未来地球”计划

为应对全球环境变化给各区域、国家和社会带来的挑战，加强自然科学与社会科学的沟通与合作，为全球可持续发展提供必要的理论知识、研究手段和方法，国际科学理事会和国际社会科学理事会（2017 年 10 月，两组织就合并事宜达成一致，将于 2018 年合并成立新的国际科学理事会）倡议，联合国教科文组织和联合国环境规划署等组织及机构共同牵头发起了为期十年（2014–2023）的“未来地球”（Future Earth，简称 FE）大型科学计划。该计划通过政府、企业、资助机构、科学家、公众等利益相关方协同设计、协同实施、协同推广（co-design，co-produce and co-deliver）科研成果和解决方案，向社会普及知识，为决策者提供依据，进一步增强全球可持续性发展的能力，填补全球变化研究和实践的鸿沟，使自然科学与社会科学研究成果更积极地服务于可持续发展。

2. 全球气候变化及其影响认知日益加深，应对气候变化亟待加强

政府间气候变化专门委员会（IPCC）自 1988 年成立以来，一直致力于提供客观、科学、公开的气候变化及其影响和风险信息，极大推进了气候变化及相关领域科技发展。IPCC 先后发布了 5 次评估报告，系统阐述了不同时间尺度上的全球与区域气候变化事实、过程和机制，指出工业化革命以来全球气候系统已明显变暖，人类活动影响日益加剧；气候变化已对自然系统和人类社会造成广泛影响，其中许多影响不可逆且弊大于利；未来温室气体的继续排放将使全球气候进一步变暖，并将对自然和人类社会造成更大的风险，适应和减缓气候变化亟须加强。

为协同应对气候变化，2015 年 12 月，《联合国气候变化框架公约》195 个缔约国家一致通过了 2020 年后的全球气候变化新协议——《巴黎协定》，就控制全球升温相对工业化革命前期不超过 2℃ 并努力限制在 1.5℃ 以内达成了政治共识[5]。但作为全球第二大碳排放国的美国，于 2017 年 6 月宣布退出《巴黎协定》，给全球气候治理进程带来了极大的不确定性。

为加深理解气候系统变化并科学应对气候变化风险，未来国际气候变化研究将呈现如下趋势：重点关注全球大气、海洋、冰冻圈等多圈层协同作用过程与机理，系统探究全球能量、水和生物地球化学循环等多要素相互作用，深化区域尺度气候变化认知，有效提升全球和区域尺度气候预测预估准确度；建立并完善气候变化影响与风险评估技术体系，突破气候变化减缓与适应等关键技术，实现减缓与适应技术的有效融合。在生态环境领域，需要聚焦全球气候变化对生态环境作用的过程和机理，尤其是对荒漠化、土地退化、水安全及生态安全等的影响。

3. 全球环境保护和治理取得诸多进步，污染防控与修复仍然任重道远

联合国环境规划署 2016 年发布报告显示，过去几十年，环境保护领域取得诸多进步，使人类健康状况有所改善，也在经济和社会发展方面获益匪浅；但全球环境总体形势依然严峻，水、空气和土壤污染给人类带来沉重的健康和经济代价。

空气污染对人类健康的影响仍获高度关注，转向寻求标本兼治的解决方案。世界卫生组织资料显示，空气污染导致的死亡人数每年高达七百余万人。国际能源署发布了《IEA 世界能源展望 2016：能源与空气质量特别报告》，首次专门讨论能源、空气污染和健康之间的关联，希望通过成熟的能源政策和技术削减世界

各地主要的空气污染。

水污染问题一直是各国污染防治的重点。发达国家各类水污染问题已经得到基本控制和解决，并形成了各具特色的治理模式，如美国的多元主体协同治理模式、法国的混合型网络治理模式和欧盟的综合性流域治理模式等。未来国际水污染治理的主要趋势为：由局地治理转变为整体性治理，由单项治理转向综合防治，并逐步实现水资源可持续发展。

土壤污染方面，发达国家普遍建立了较成熟的法律体系来保护土壤（如“污染者付费”原则），将土壤环境风险评估贯穿土壤环境管理全过程，开展土壤环境监测和分类保护，研究与开发先进的土壤修复技术并推广示范应用。近年来，土壤污染防控和修复方面出现了一些新趋势：重视土壤污染形成、迁移积累和修复过程等方面的机理研究；发展综合型的绿色土壤修复技术，实现净环境收益的最大化；发展点面结合的土壤环境综合集成监测系统；完善土壤污染物风险评估方法与标准，健全土壤环境法律与监管体系。

4. 资源环境承载力成为国土空间开发的重要考量，城市发展方式转型正在成为世界性的议题

国土空间保护开发和区域可持续发展，是世界各国逐步达成共识的政府管控对象。目前和未来一段时间，围绕提升国土空间资源环境承载能力进行科技研究与开发已成为重要发展趋势。各国特别是发展中国家迫切需要高度重视生态系统修复和现代绿色基础设施体系建设，探索地下空间、虚拟空间和外空间的综合利用，通过“流空间”的高效配置实现资源利用增效，加强不同尺度空间内部和区际的循环经济模式建构。此外，强调资源环境、经济产业等物质空间同社会文化等非物质空间的协调，增强实体管制、设施建设与制度创新的融合，加强社会科学和自然科学以及工程技术的协作，密切研究者与决策者的互动联系，都将对空间治理能力的提升和未来国家竞争能力的走势产生深刻影响。

为了推进全球可持续城市战略，联合国人居署于 2016 年推出《新城市议程》，旨在倡导构建包容的、安全的、适应力强、有恢复力且可持续的社会。目前，可持续城市发展的特点和趋势是：开展涵盖社会、经济和生态与环境等方面的城市可持续发展研究；推进新能源、新材料、新技术、资源高效利用、社会转型、地理与城市规划和政策等研究与实践；提倡清洁能源、循环利用、低碳消费等新的生活方式。

5. 矿产和油气资源的勘查与高效利用，越发依赖新理论的指导和新技术的应用

矿产资源领域科技发展呈现一些新趋势：重要成矿区带成矿规律的认识更加深入，找矿预测研究向覆盖区和地球深部发展，“三稀”金属矿产的研究和开发成为热点，矿产资源高效清洁利用成为科技创新的重要方向，海洋和极地区域的矿产资源调查研究受到高度关注，资源替代和循环利用成为资源科技新方向。

油气资源领域呈现出天然气替代石油的趋势，非常规油气钻探开发的技术创新已成为引领油气勘探开发技术发展的前沿。油气勘探开发向岩性地层油气藏、深层–超深层、深海盆地方向发展，新理论、新技术在成熟盆地的应用将带来又一轮的油气发现和生产高峰。国际油气资源科技的发展将越来越遵循高效环保的原则，更加注重环境友好和开发技术的复合与集成，油气地质学理论和认识不断取得突破，高、精、尖将成为未来油气资源科技的重要特征，大数据、新材料、信息、纳米、生物等技术创新将带来油气田采收率技术的大大提高，深部、深水和极地地区油气勘探开发技术将更兼顾安全性和低成本，海域天然气水合物开采技术将步入实用化。

6. 区域水资源领域合作加强，水资源科技创新成为人类可持续发展的关键支撑

在联合国有关机构和国际科学计划的推动下，世界各国在水资源、水环境、水生态、水灾害和水管理等方面取得了较好进展。区域水资源领域方面的合作需求日益旺盛，构建合作平台、分享水资源领域的最佳实践，成为实现可持续发展目标的重要手段。2015 年 11 月，由中国、柬埔寨、老挝、缅甸、泰国、越南等国家共商、共建、共享的澜沧江–湄公河合作机制正式建立。2016 年，联合国教科文组织发布报告《水、超大城市与全球变化》，基于全球 15 个超大城市的案例，分析了其面临的生态环境等挑战与解决方案，并针对水与气候变化的适应等议题展开了讨论。同年 11 月，全球水峰会主要商讨了与水有关的联合国可持续发展目标的落实问题。2017 年 3 月，联合国发布《2017 年联合国世界水资源发展报告》，主要聚焦水资源利用效率，分析了废水再利用的发展情况[6]。

近年来，水资源领域科技与其他学科的交叉融合不断涌现新特征，生物技术、信息技术、制造技术、新材料技术等融入水资源领域科技发展的步伐加快，多学科相互融合力度快速提升。

7. 生物资源的战略价值日益凸显，在全球变化的背景下，生物多样性格局与生态系统功能演变过程及机制成为新的研究重点

生物经济将成为继农业经济、工业经济、信息经济之后的第四种经济形态。经济合作与发展组织（OECD）《面向2030生物经济施政纲领》战略报告提出，生物经济实质就是以生物资源为基础发展的农业、工业和医药经济。各国政府都认识到生物资源的重要作用，投入大量人力和财力进行生物资源的收集与研究。英美等发达国家已经收集保存了世界各地的大量生物资源，纷纷制定并实施了新的生物资源开发与保护战略，抢占生物经济发展的先机。德国2013年批准的生物经济战略，旨在利用战略生物资源创新技术进行可持续农业生产、基于生物质的燃料开发等。2012年，美国农业部和能源部颁布生物质联合研究与开发计划，利用生物质资源促进生物燃料生产和原料改良的技术研究与开发。同时，保藏生物资源，保持生物多样性，对生态系统功能维持还具有重要意义。

（二）我国资源生态环境领域科技发展现状

近年来，我国对资源、生态与环境问题日益重视，前瞻部署了一系列重大科技项目，在全球气候变化应对、环境污染防控、生态系统修复、资源开发与高效利用等相关领域科技创新上已取得了显著进展。当前及今后一段时期，我国仍面临着生态退化、环境恶化、资源短缺等重大科技和民生问题，科技发展水平与发达国家相比还存在较大差距，突出表现为科技基础薄弱、自主创新能力不强、环保业产值明显偏低，相关产业总体上仍处于全球价值链低端，一批关键技术仍受制于人等。因此，亟须加强水、土和生态系统保护理论与关键技术研究，加快大气、水、土壤污染以及生态退化等防治与修复关键方法及适用技术研究与开发，突破资源开发和高效利用关键新技术，为保障国家生态与环境安全、实现可持续发展提供科技支撑和服务。

1. 气候持续变暖严重威胁到我国粮食、水、生态和城市安全等

我国是气候变化的高敏感区。近年来，在气候变化科学认识、应对气候变化关键技术等方面取得了一批具有国际水平的研究成果，有效支撑了我国气候变化国际谈判。但在气候变化科技创新、应对气候变化能力建设等方面，仍存在一些亟待解决的重要问题。

2. 生态环境质量总体有所改善，但环境恶化趋势尚未得到根本扭转，污染防治任务依然艰巨

我国在生态保护建设示范、生态功能保护、自然保护区监管、生物多样性保护等方面取得了积极进展。“十二五”治污减排目标任务超额完成，大气污染防治初见成效，大江大河干流水质明显改善。《中华人民共和国环境保护法》《中华人民共和国大气污染防治法》等完成制定及修订，大气、水、土壤污染防治行动计划陆续启动实施，生态保护补偿机制进一步健全。但总体上环境恶化趋势尚未得到根本扭转，荒漠化加剧、冰川湖泊退缩、植被退化、生物多样性加速下降，污染物排放量大面广，78%的城市空气质量未达标，部分流域水体污染依然较重，土壤环境质量总体堪忧。因此，亟须加强生态系统演变规律及机理研究，加强重点地区生态环境关键科学问题研究，突破一批污染防控与生态修复核心技术，为持续改善我国生态环境提供科技支撑。

3. 国土空间开发格局优化的重要性凸显，新型城镇化建设亟待科技支撑

国土空间的开发利用，有力地支撑了国民经济的快速发展和社会进步，同时也衍生了一系列资源、生态与环境问题。我国城镇化率从1978年的18%激增到2016年的57%，主要城市面临着资源过度消耗、规模无序扩张、环境污染、交通堵塞等现实挑战，严重影响我国城市化质量的提升。这种背景下，国土空间开发保护和区域可持续发展科技领域发展迅速，在主体功能区规划、资源环境承载能力评价和资源环境绩效考核的理论、技术与方法等方面取得显著进展。但该领域仍存在着整体薄弱、系统性差的问题，基础数据缺失、不统一、难以共享等情况并存，从而导致牺牲资源环境换取经济增长的方式依然没有彻底改变。未来需要加强区域发展的科技基础能力建设，建立以服务不同尺度空间可持续发展为应用目标的科技支撑体系。

4. 矿产和油气资源领域创新能力显著提升，但核心技术及装备对外依赖度高，与环境协调的可持续开发技术有待进步

我国矿产资源具有人均探明储量少、需求量大、利用水平低、勘探开采深度浅、找矿潜力巨大的典型特征[7]。挖掘我国矿产资源的巨大潜力，提高矿产资源利用效率，缓解我国已探明的主要矿产资源严重短缺的局面，需要在系统认知我国岩石圈独特演化历史的基础上，重点解决巨量成矿物质聚集过程、矿床时空分布规律、成矿模型与找矿模型关系等关键科学问题；重点突破覆盖区和深部矿产

资源探测、矿产资源高效清洁利用、矿产资源替代和循环利用等技术方向，通过矿产资源科技创新确保矿产资源开发利用与生态环境建设协调发展。

我国油气资源较为丰富，基本能够满足立足国内、拓展海外的战略需求。目前主力油气区开发生产已进入高含水和高采出程度的“双高”阶段，未来油气资源主要分布在成熟盆地岩性地层、盆地深层、深海盆地和非常规储层等领域，勘探开发难度大、成本高。需要立足国内、放眼全球，构建独立自主的油气科技创新体系，发展适合我国大地构造演化特点的油气基础理论，提高核心技术和重大装备的研究与开发制造能力，大幅度提高国内油气开发采收率，建立长久稳定的海外油气资源基地，保障国家能源安全。

5. 我国水资源问题具有结构性、系统性、流域性等基本特征，亟须科技创新提供系统解决方案

在产业结构转型升级、公众消费结构转变、要素空间结构不匹配等因素作用下，我国水资源的结构性问题较为突出。2015 年农业用水（含林牧渔业）占总用水量的比重已由 1980 年的 88% 下降到 63%，工业用水由 10% 提高到 22%，城镇生活用水由 2% 提高到 13%，2015 年生态环境用水量占 2%，城乡生活及工业用水的增加，对供水水质和保障率的要求更高。同时水资源、水环境、水生态、水灾害和水管理等水问题相互交织，存在可能危害水安全的系统性风险，水安全与能源、气候、粮食安全的关系越来越紧密[8]。

跨行政区的流域性水问题成为水资源领域科技创新的重点和难点。近年来，流域水循环与水资源高效利用技术、干旱内陆河流域生态恢复水调控关键技术、农村污水处理技术、生态节水型灌区建设关键技术、特大型水轮机控制系统关键技术、大型蒸发冷却水轮发电技术、废水再生利用技术、海水淡化技术等取得长足进展。与此同时，随着人民对水生态、水环境需求的不断提高，用水效率及再生利用、水环境质量、水生态系统服务和水风险防控变得越来越重要，这些方面的科技创新还具有较大发展空间。

6. 生物资源收集保藏数量持续增加，但保藏和利用水平与发达国家相比还存在很大差距

我国对生物资源的收集保藏起步较晚，生物资源保藏和利用仍然面临诸多严峻的挑战，主要表现在生物资源储备不足、开发利用不够、保障体系不全等方面。生物资源支撑产业发展方面也十分乏力，亟须在国家层面上统筹规划，制定我国的生

物资源发展计划。随着经济高速发展和人口规模的扩大，物种灭亡速度也在加快，亟须系统加快生物资源的保藏力度，加大生物资源的开发和共享，提高开发利用水平，使生物资源能够最大限度地发挥支撑国民经济和社会发展的作用。

三、我国资源生态环境领域科技发展目标、布局和路径

为建设世界科技强国，解决社会经济发展中面临的重大资源与生态环境问题，我国资源生态环境领域应瞄准世界科技前沿，以资源开发、生态环境质量改善、风险控制和生态安全为重点，确立优先发展目标，加强前瞻布局，强化系统集成，为建设社会主义生态文明和实现可持续发展提供科技支撑与保障。

（一）总体目标

到 2020 年，自主创新能力大幅提升，一批关键技术取得重大突破，油气、深部矿产资源探测技术及装备对外依存度显著降低；生态环境质量总体改善，生产与生活方式绿色、低碳水平上升，主要污染物排放总量大幅减少，环境风险得到有效控制；生物多样性下降势头得到基本控制，生态系统稳定性明显增强，生态安全屏障基本形成；主体功能区布局初步形成；生态文明建设水平与全面建成小康社会目标相适应。

到 2035 年，建成与国情相适应的完善的油气、深部矿产和水资源等技术创新体系，自主创新能力大幅跃升，技术水平整体达到国际先进水平，支撑我国资源产业与生态环境协调可持续发展；生态环境质量实现根本好转，环境风险得到全面管控，生态环境安全得到有效保障，生态系统功能得到总体恢复；国土空间开发保护格局全面优化，全面完成新型工业化和城镇化进程，美丽中国目标基本实现。

到 2050 年，建成世界领先的油气、深部矿产、水和生物资源科技创新体系，基本依靠自主创新，掌握核心关键技术，研究与开发能力位于世界领先行列；生态文明得到全面提升，生态环境质量全面改善，生态系统实现良性循环；空间治理能力达到世界先进水平，全面实现区域可持续发展和美丽家园的建设目标。

（二）重点科技布局与发展路径

我国对资源生态环境领域的科技创新已经进行了系统部署和规划，颁布了《“十三五”国家科技创新规划》《“十三五”环境领域科技创新专项规划》和《“十三五”资源领域科技创新专项规划》。《“十三五”国家科技创新规划》部署

了“大型油气田及煤层气开发”“水体污染控制与治理”“高分辨率对地观测系统”等重大专项和“京津冀环境综合治理”“科技创新-2030重大项目”，并计划在地球深部探测方面进一步部署重大任务。另外，还围绕改善民生和可持续发展的迫切需求，大力发展生态环保和资源高效循环利用技术，加大资源生态环境、新型城镇化等领域核心关键技术攻关和转化应用的力度，为形成绿色发展方式和生活方式、全面提升人民生活品质提供科技支撑。

“十三五”环境领域科技创新专项规划相关要点

• 总体目标：针对我国社会经济发展中面临的重大生态环境问题，面向建设美丽中国的宏伟目标，以环境质量改善、风险控制与生态安全为重点，深化与民生密切相关的环境健康、化学品安全、全球环境变化等重大生态环境问题的基础研究，突破一批环境污染防治、生态保护与恢复、循环经济、环境基准与标准、核与辐射安全监管等关键核心技术，形成面向重点区域环境问题的整体技术解决方案，融合技术与机制创新，建立一支科技研究与开发、成果转化、工程应用、产业开拓人才互补的高水平人才队伍，全力打造一批符合现代市场模式的、具有衍生复制能力的创新型企业、科技创新平台与产业化基地，为我国环境污染控制、生态环境质量改善和环保产业发展提供科技支撑。

• 重点布局：

1）大气污染成因与综合控制；

2）水环境质量改善与生态修复；

3）土壤污染防治与安全保障；

4）退化生态系统恢复与生态安全调控；

5）废物综合管控与绿色循环利用；

6）化学品风险控制与环境健康；

7）环境国际公约履约；

8）核与辐射安全监管；

9）环境基准与标准体系建设；

10）重点区域生态环境综合治理。

注：资料源自《科技部、环境保护部、住房城乡建设部、林业局、气象局关于印发〈“十三五”环境领域科技创新专项规划〉的通知》(国科发社〔2017〕119号)。

"十三五"资源领域科技创新专项规划相关要点

• 总体目标：根据国家经济和社会发展需求，以深地勘探、绿色开发、智能装备、综合协调等为重点，在水土资源综合利用、资源勘查、油气与非常规油气资源开发、煤炭资源绿色开发、矿产资源清洁开发、资源循环利用、综合资源区划等方面，集中突破一批基础性理论与核心关键技术，重点研究与开发一批重大关键装备，构建资源勘探、开发与综合利用理论与技术体系；建立若干具有国际先进水平的基础理论研究与技术研究与开发平台、工程转化与技术转移平台、工程示范与产业化基地；培养一批高水平的科技人才和创新团队，逐步形成与我国社会经济发展水平相适应的资源科技创新体系，为新常态下国家战略的实施、产业转型升级与提质增效、社会经济可持续发展、资源节约型和环境友好型社会建立以及美丽中国建设提供强有力的科技支撑。

• 重点布局：

1）水资源综合利用；

2）土地资源的安全利用；

3）矿产资源勘查；

4）油气与非常规油气资源开发；

5）煤炭资源绿色开发；

6）金属资源清洁开发与利用；

7）重要非金属资源开发及关键设备研制；

8）资源循环利用；

9）综合资源区划。

注：资料源自《科技部、国土资源部、水利部关于印发〈"十三五"资源领域科技创新专项规划〉的通知》(国科发社〔2017〕128 号)。

立足于国家已有的科技规划和部署，基于国内外资源生态环境领域发展的新态势，根据国家加强生态文明建设的总体要求，资源生态环境领域需要围绕以下 3 个方面进一步深化和加强前瞻布局。

1. 生态环境

(1) 水资源领域重大科技问题研究

按照“需求驱动、开源节流、系统集成、机制创新”的思路，以实现水资源高效利用、保障水资源使用需求为原则，从拓宽和节约水资源两方面入手，着力解决水资源领域重大科技问题，加强系统集成技术攻关，形成自主、持续创新的水资源科技能力，构建符合现代水资源综合管理和系统创新特点的制度体系。

1）水资源科学保护与长期可持续供给及综合管理研究。

建立水资源变化的高分辨率立体监测、预测和预警平台，开展跨境水资源调控以及国家水安全研究；加强水资源领域综合评价技术、生态文明背景下流域综合管理技术集成与优化、生态需水计算方法和调度技术、河湖综合整治与水沙调控技术、工业用水智能管控技术、城市水风险防控与海绵城市建设综合评价技术等研究；开展流域管理机构改革路径、全流域综合管理技术、节水长效激励机制、流域“多规合一”指导原则与技术规程、流域生态保护补偿机制等研究；稳步推进农业水价综合改革和城镇供水水价改革，建立水资源有偿使用及监管技术体系。

到 2020 年，建成我国水资源动态监测平台，初步实现跨境水资源调控技术体系，搭建水资源领域生态文明制度体系，建立健全水资源标准体系，完善水资源管理制度。

到 2035 年，重点江河、湖泊水环境质量根本好转，水生态系统功能初步恢复，构建水资源和流域综合管理体制，进一步完善水资源管理法律法规，构建符合生态文明建设要求的水价制度。

到 2050 年，建成我国水资源综合调控与管理体系，实现水治理体系和治理能力现代化。

2）重点行业、区域和流域水污染防治和高效再生循环利用关键技术研究。

针对长江经济带等国家重大战略区域，加强水污染防控等技术研究与开发；建立重点行业特征污染物识别方法及基于风险评价的排放标准体系，构建重点行业水污染全过程控制技术体系，加大总量控制与水质改善技术研究与开发力度；突破重点用水行业核心高效节水新技术和新工艺、非常规水资源经济开发技术、工业废水“零排放”技术，加大海水淡化、云水开发等技术装备研究与开发力度；以重点流域为单元，构建天地一体、上下协同、信息共享的水环境监测网络；研究与开发村镇适用的分布式用水及污水处理技术装备；加强精准智能农业节水灌溉、农作物节水机理、转基因耐旱节水品种等研究；开展市政环境节水、供水调度、管网漏损监控、再生水安全利用等城镇生活综合节水治污技术自主创新研究。

到2020年，全国水环境质量得到阶段性改善；全社会节水技术水平进一步提升，水资源利用效率明显提高。

到2035年，力争全国水环境质量根本好转，水生态系统功能初步恢复；工业节水达到世界先进水平，用水总量处于零增长平台。

到2050年，实现优美生态环境、生态系统良性循环；农业用水效率大幅提高，水资源利用总体效率达到世界领先水平。

（2）土壤污染治理与土壤环境管理体系研究

通过卫星遥感和监测站加密布局，建立高分辨率一体化土壤环境监测网络，建设土壤环境质量综合预警和应急响应系统；加强重点地区土壤污染关键科学问题研究，包括土壤环境容量与承载能力，污染物多介质迁移、循环和转化机制，土壤污染背景下生物系统的演变和响应规律等；突破一批农田污染防控与修复、工矿业废弃地生态重建、物化-生物联合修复等核心技术，开展应用示范；构建全链条的土壤环境综合管理与技术体系。

到2020年，建成高分辨率土壤环境风险管理综合信息平台，全面掌握我国土壤环境质量状况，解决一系列土壤污染关键科学问题，奠定土壤污染治理和防控的科学基础。

到2035年，强化土壤污染的管理控制，发展自主创新的土壤污染修复技术，全国降低土壤污染风险，明显改善农用地、工矿业用地、固体废物处置场地等土壤质量。

到2050年，建成全链条土壤环境管控体系，全面改善土壤环境质量。

（3）国家应对气候变化战略研究

厘清有关气候变化的一批关键科学问题，重点关注海-陆-气相互作用机理及其对全球气候变化的影响，极端气候及气候灾害的变化规律、机制与预测，“第三极”“一带一路”等关键区域生态与环境变化的时空特征及其对全球变化的响应和影响过程等；突破温室气体排放控制等关键技术，建立国家碳交易制度并与国际碳排放权交易市场衔接，开展低碳试点示范；完善气候变化影响评估和风险预估体系，研究与开发气候变化的适应和减缓关键技术，降低气候变化风险。

到2020年，构建气候变化大数据平台，在全球变化关键科学问题上取得一批原创性成果，认清气候变化的规律和影响，为科学应对气候变化奠定基础，支撑国际气候变化谈判，维护国家合法权益，为国家防灾减灾以及国际合作战略提供准确科学信息与对策方案。

到2035年，发展一批适应与减缓气候变化的关键技术，建成与国际接轨的碳排放权交易市场，大幅度减小气候变化的风险。

到2050年，建成国家适应和减缓气候变化的综合体系，全面提升应对气候变化的能力。

（4）*生态系统保护、修复和可持续性研究*

研究生态系统演变关键过程，健全国家生态安全监测预警平台；加强生物多样性格局和群落演化研究，阐明全球变暖对气候变化敏感区生态系统的影响及相互作用机制；构建生物多样性保护网络，提升生态系统稳定性；认清典型脆弱区生态系统退化过程及驱动机制，构建生态保护技术体系，健全生态保护标准规范；研究与开发生态系统修复与功能提升等关键技术，开展综合应用示范，建立国家生态安全保障体系。

到2020年，在生态系统演变过程及机理领域取得一批创新性成果，健全天地一体化国家生态安全监测、预警和评估平台及网络，完善应急处理和协同防治机制，初步形成我国生态系统安全屏障。

到2035年，突破一批生态系统保护与修复关键技术，实施重要生态系统保护与修复重大工程与示范，根本改善生态系统的质量和稳定性，生态系统安全得到显著提升。

到2050年，健全国家生态系统综合保护与修复体系，实现生态系统的完整性保护与可持续发展。

2. 资源

（1）*矿产资源预测和勘探评价研究*

开展大陆形成演化对矿床时空分布的制约、巨量成矿物质聚集过程和矿床定位空间、基于矿床模型的有效找矿标志、各类矿床定位的四位结构等研究；发展深部矿地球物理和遥感探测及钻探技术、深部矿化信息地球化学提取技术、深部矿精确定位大数据技术；开展“三稀”金属成矿规律研究、“三稀”金属资源潜力预测和评价方法研究；围绕“一带一路”倡议，开展以中亚成矿域、特提斯成矿域、西太平洋成矿域为重点的全球巨型成矿带（域）研究；开展极地和海底矿产资源成矿环境及成矿机制研究、极地和海底矿产资源调查与开采技术及平台研究。

到 2020 年，确定我国主要成矿区带的成矿规律和找矿远景，极地和海底矿产资源调查研究取得初步成效，突破元素野外现场精确测定技术、航空物探技术、成矿信息高精度提取技术，东部地区深至 3000 米左右高分辨率地球物理探测技术。

到 2035 年，建立我国大陆成矿理论体系，突破西部地区地下 3000 米以内的矿产资源高效、高精度探测技术，突破定向智能钻探技术和 3000 米以内的矿产资源开采技术，形成极地和海底矿产资源调查研究的先进技术体系。

到 2050 年，揭示地球系统与成矿系统的关系，突破地下 3000–5000 米矿产资源高精度探测和开采技术，形成极地和海底矿产资源开发利用技术。

（2）矿产资源的高效清洁、循环利用及替代

形成一套适合矿山深部安全高效开采的技术、装备体系，提高矿产资源回收率；针对传统矿石高效利用、共伴生矿石高效利用、低品位矿和“呆矿”高效利用、矿业废弃物循环利用，形成矿产资源高效清洁利用的核心技术和装备，提高矿产资源综合利用率和节能减排效率；实现矿产资源替代和循环利用，重点突破重要金属矿产的替代资源技术、重要非金属紧缺矿产替代资源技术、与新兴产业对应的新资源技术、重要金属材料循环利用和工业废弃物资源化技术等。

到 2020 年，提高重点矿山的矿产资源采、选、冶回收率和共伴生矿床综合利用率，开展紧缺矿产替代资源技术的先导性研究和开发，突破废旧金属高效回收利用技术，积极改善我国矿山生态环境状况。

到 2035 年，突破低品位矿和尾矿高效清洁利用技术，突破非水溶性钾资源的肥料化技术，基本恢复历史遗留废弃矿山的生态环境，基本控制环境污染。

到 2050 年，形成矿产资源高效清洁利用的整套核心技术，突破硅酸盐纤维替代大宗金属材料技术，建成我国可持续的矿产资源供给和利用体系，确保矿产资源开发利用与生态环境建设协调发展。

（3）复杂环境下油气资源高效勘探

发展油气地质理论、研究与开发深层深水油气资源潜力评价技术、油气分布预测技术和不同地域油气资源的准确评价方法；研究与开发复杂山地地区地震数据采集技术、地震资料偏移校正技术、高陡构造地震成像、复杂地表环境下油气化探技术；研究与开发高分辨率三维地震技术、地震数据数字采集技术、四维地震油藏监测技术、多分量地震技术、数据可视化技术；研究与开发陆上深钻超深钻技术、地

质导向钻井技术、深水钻探设备与配套技术、海洋钻井平台与配套技术；研究与开发低渗透油气田有效开发技术、高含水油气田有效开发技术、油藏动态描述技术、地质系统建模和模拟技术。

到 2020 年，突破复杂地表环境下的深层油气勘探技术，突破低丰度、强非均质性低渗透油气田有效开发技术。

到 2035 年，突破深层地质导向钻井技术，突破深水油气资源有效勘探开发关键技术。

到 2050 年，建立复杂环境下油气资源高效勘探及资源评价体系，突破 8000 米超深层油气商业化开发钻采平台及配套技术。

（4）非常规油气地质理论及勘探开发技术研究

发展非常规油气资源（页岩油气、致密油气、油砂、重油、天然气水合物、油页岩、水溶气等）成藏机理和富集规律的理论认识与有利区评价方法，建立涵盖常规油气与非常规油气的油气地质学理论体系；形成包括水平井安全高效钻进的智能钻井技术、致密储层高效改造的压裂技术和微地震监测技术等非常规油气高效开采的核心装备与关键技术；建立包括钻井液、压裂液的回收与循环利用技术、钻井有害物质处理技术等在内的非常规油气藏勘探开发过程中的环境保护及污染控制技术。

到 2020 年，突破页岩油气评价与开发技术，初步建立涵盖常规油气与非常规油气的油气地质学理论体系。

到 2035 年，突破海域天然气水合物评价与开发技术，形成沥青矿、油砂、油页岩等非常规油气矿产的高效开采技术。

到 2050 年，实现非常规油气藏地下改质技术的推广应用，形成海域天然气水合物高效开发技术。

3. 综合性问题与基础平台

（1）国土空间开发保护格局优化研究

建立经济社会和资源环境数据标准体系和采集、存储系统，为各区域和各部门开展空间性规划、评估和管理的统一数据库和标准体系；建立资源环境承载能力和国土空间开发保护适宜性评价技术方法，形成城镇化空间和城镇增长边界、生态空间和生态保护红线、农业空间和永久基本农田保护红线划定的技术规程；健全不同空间尺度，以及同尺度不同类型空间性规划构成的国土空间规划体系，开发用于规划方案优化决策和空间管理的智能化技术平台；构建资源环境承载能力为基础的区域可持续发展状态与前景评估技术标准，建设国土空间开发保护的实时监测、应急管理、常态化运行的业务系统；推动实体地表空间和地下空间、虚拟空间、社会文化空间的一体化开发保护的技术支撑体系建设，探索自然科学、社会科学和工程技术集成解决区域可持续发展复杂性问题的途径；加强科学研究与决策管理者的密切合作，在集约利用国土空间方面履行科技服务功能和辅助决策功能；创新发展中国家科学应对新动能、新机制的理论和方法体系，开拓具有时代特征和面向未来的国土空间开发保护格局优化的新科技领域。

到 2020 年，创新国土空间组织新理论、新模式和开发保护新技术、新方法，健全国土空间规划体系，为初步形成主体功能区格局提供科学保障，成为发展中国家在国土空间开发领域的引领者和示范地。

到 2035 年，完成国土空间开发保护制度改革的基础科技能力建设，重点包括人才系统培养和专业部门设置，以及数据采集和模型库建构、动态监测和评估系统等技术平台建设，确保生态空间和粮食生产空间的安全性能显著改善，新型城镇化、新型工业化和农业现代化建设的空间载体利用效率接近世界先进水平。

到 2050 年，健全空间治理能力现代化的科技支撑体系，在标准化、智能化、精准化等方面达到全球领先水平，确保生产空间集约高效的程度、生活空间的舒适宜居的水平、生态空间自然秀美的品质均达到世界领先水平，实现美丽家园空间载体的建设目标。

（2）可持续性城市建设研究

研究与开发立体化数字城市监测技术，多源信息采集与整合技术，综合利用深度学习、智能识别等信息技术，完善城市大数据公共服务支撑平台；健全城市突发事件的预警和高效应急响应系统，主要发展重大自然灾害和社会公共安全突发事件的科学预测和有效防控技术；发展城市废弃物安全处置与循环利用关键技术；加强多因素城市生态与环境承载力的综合评价和科学规划研究，重点关注城市生态风险与环境质量，探明城市发展与环境要素的相互作用机制，发展绿色城市综合管理技术。

到 2020 年，建立立体化数字城市监测平台，形成科学的城市发展测度与评价体系、可持续性城市建设的综合规划体系。

到 2035 年，健全城市应急与高效响应系统，实现城市发展与环境要素有效融合，建成以城市群为主体的区域协调发展格局。

到 2050 年，突破绿色城市综合管理技术，推动资源高效循环利用，全面实现城市可持续发展。

（3）生物资源建设、保护与综合服务平台

服务国家生物多样性安全，构建本土植物物种的全覆盖收集和安全保存与资源利用的创新链；构建中国大陆生物多样性监测网络；开展物种起源与形成机制、生物种群起源和演化规律、极端环境下生命过程及特异抗性基因资源挖掘等研究，推动我国生物学基础研究与新兴生物产业发展；建设特色与模式动物研究和利用联盟资源共享平台；促进我国微生物与细胞资源的共享利用；建立我国战略生物资源的信息共享门户和综合服务平台。

到 2020 年，实现我国 60% 陆地国土的本土植物收集和安全保存；初步建成综合服务平台并实现共享。

到 2035 年，实现我国 100% 陆地国土的本土植物收集和安全保存，形成标准化的监测研究技术方法与野外实施体系；建成我国完备的特色与模式动物研究及利用联盟资源共享与交流平台，形成覆盖全国的微生物与细胞资源库网络体系。

到 2050 年，全面深入开展生物资源的有效评价、转化与可持续利用，建成我国系列核心种质资源库；建成用于生物资源保藏、研究和功能评价等的全方位共享服务平台。

四、促进我国资源生态环境领域科技发展的战略举措和政策建议

为实现我国资源生态环境领域科技发展的目标，需要在已采取行动的基础上，持续不断地做出努力，在基地平台建设、稳定支持投入、数据协同共享、加强国际合作等方面进一步强化相关政策和措施。

（一）加强基地平台建设，不断增强创新能力

成立由国家相关科研与职能管理部门组成的协调工作组，负责资源生态环境领域科研计划的统一组织与协调管理。面向国家战略需求，创建资源生态环境领域国家实验室、相关国家重点实验室、国家工程技术研究中心和国家资源环境承载能力监测评价及预警中心等国家级科技创新平台。建立健全国家级科技创新平台运行管理制度与机制，形成具有国际先进水平的创新体系。组建跨学科、综合交叉的科研

团队，加强基础研究，强化原始创新，形成一批优势学科集群和高水平科技创新基地，大幅度提升我国的自主创新能力和核心竞争力。优化资源生态环境领域产业技术创新战略联盟布局，充分发挥国家实验室、国家重点实验室和国家工程技术研究中心等的作用，推进产学研联合攻关，促进资源生态环境相关产业创新发展。

（二）强化稳定支持投入，建立多元融资机制

引领经济发展新常态，加强生态文明建设，资源生态环境领域科技创新的重要性、长期性和艰巨性更加凸显，需要长期大量的经费支持。因此，在保障财政资金投入的基础上，要进一步完善财税、金融等政策，引导社会资本积极参与。探索建立多方参与的多元化投融资机制，以国家和行业财政资金为引导，引入社会资源促进产学研合作，充分调动各方在资金投入方面的积极性，广泛吸收民间资本并鼓励地方投入，参与矿产与油气资源开发、生态与环境保护和修复、资源有效开发利用关键技术研究与开发与示范、生态与环境建设重大工程等。完善相关投资、补偿、考评和激励机制，为资源生态环境领域科技创新提供长期、稳定和高效的经费保障。

（三）加强信息化与智能化建设，促进共享与协同创新

依托产学研优势单位，建立一批生态环保和资源大数据平台。充分利用网络信息技术，优化国家资源生态环境领域科技成果信息综合服务平台，提升科技成果线上线下展示、电子商务、科技咨询、中介服务、管理服务等服务能力。加强顶层设计，统筹部署，建立国家环境基准基础数据共享系统，包括物种生物数据、水土气污染物和化学品基本数据及模型预测数据等。搭建基于环境基准的技术服务和日常管理平台，建立环境基准领域国际合作交流平台，促进我国和相关国家环境基准数据的互联互通，在更深层次、更广范围上推动治污减排。为支撑自然资源开发保护、自然生态空间用途管制，开展多元自然资源大数据融合、智能管理与高效处理、深度挖掘分析与决策支持等研究，建设自然资源云平台公共服务和自然资源综合监管平台等。

（四）深化国际科技合作，提升国际影响力

以提升我国资源生态环境领域科技水平和创新能力为目标，分层次、分步骤、有重点地开展国际科技合作。积极参加全球资源开发、生态与环境保护和治

理规则构建，参与国际生态立法，倡导公平合理、合作共赢的全球资源勘探开发体系和生态环境保护治理体系，推进国际生态安全协作与履约。支持“一带一路”倡议，打造“一带一路”沿线国家和地区全球新兴的低碳走廊，通过发挥“亚洲基础设施投资银行”的作用，加强沿线国家和地区在矿产与油气资源勘探开发、生态环境保护、清洁能源发展和应对气候变化资金、技术、标准、科学研究等方面的合作与交流，建立长期稳定的区域合作机制。积极深化与资源优势、技术先进国家的双边和多边合作，重点推进和组织实施一批具有核心技术的合作研究项目，建设资源生态环境科技的国际合作平台与全球合作网络。

研究编撰人员（按姓氏笔画排序）

马洁华　王　毅　王小伟　王会军　毕献武　曲建升　安培浚　孙建奇　杨长春
张丛林　陈　峰　陈活泼　罗晓容　胡瑞忠　姜大膀　高学杰　郭丰源　黄宏文
曾静静　樊　杰

参考文献

[1] 科学技术部，国土资源部，水利部．“十三五”资源领域科技创新专项规划．http://www.most.gov.cn/mostinfo/xinxifenlei/fgzc/gfxwj/gfxwj2017/201705/t20170517_132852.htm [2017-05-08].

[2] 刘朝全，姜学峰．2016年国内外油气行业发展报告．北京：石油工业出版社，2017.

[3] International Council for Science. Future Earth. https://www.icsu.org/topics/future-earth [2017-07-22].

[4] United Nations. Transforming Our World: The 2030 Agenda for Sustainable Development. https://sustainabledevelopment.un.org/content/documents/21252030%20Agenda%20for%20Sustainable%20Development%20web.pdf [2015-08-10].

[5] Climate Action. Find out More about COP21. http://www.cop21paris.org/about/cop21/ [2017-07-22].

[6] UNESCO. The United Nations World Water Development Report 2017. http://www.unesco.org/new/en/natural-sciences/environment/water/wwap/wwdr [2017-07-22].

[7] 中国科学院矿产资源领域战略研究组．中国至2050年矿产资源科技发展路线图．北京：科学出版社，2009.

[8] 中国科学院可持续发展战略研究组．2013中国可持续发展战略报告．北京：科学出版社，2013.

第二十章　基础前沿交叉领域

世界科学技术发展的历程证明，自然科学重大基础前沿问题的突破，往往标志着人类科学技术的重大进步，也是高新技术发展的思想源泉、方向指引与内在动力，而不同科技领域的交叉、渗透、融合，更已成为孕育重大科技创新、推动科学技术发展的主要趋势。重大基础前沿交叉研究的突破，将促进众多学科的基本和关键“瓶颈”问题的解决，对产生原创性、突破性和关键性重大科技成果，实现科学技术跨越发展，从而提高民族创新能力，为人类科技文明做出贡献，发挥不可替代的重大作用。

党的十九大报告强调要“瞄准世界科学前沿，强化基础研究，实现前瞻性基础研究、引领性原创成果重大突破”。我国建设世界科技强国，必须在全面推进科技创新的同时，优先和持续加强基础前沿交叉研究，大幅提高原始创新能力，力争在重大基本科学问题的突破上有所作为，在开辟新的科学领域、构建新的科学理论体系上有所贡献，在若干重大科学领域建成世界科学中心。这是我国实现从科技大国向科技强国转变的根本基础和核心标志。

一、基础前沿交叉领域科技发展的重大作用和意义

众所周知，自然科学研究以认识自然现象，揭示自然规律，获取新知识、新方法为使命，对人类社会进步和经济发展至关重要[1]。宇宙起源、物质结构、生命起源、智慧产生是自然科学的 4 个重大基本问题。围绕这四大基本科学问题形成的一系列基础前沿交叉研究领域，正在不断丰富和扩展人类的认知水平，极大地提高和深化人类认识自然、利用自然、改造自然和与自然和谐相处、共同发展的能力。

人类对宇宙起源的探索与基本粒子的探测属于高精尖技术。无论是处理远至 100 亿光年之外的宇宙深处的极其微弱（但可能是海量）的信号，还是在极高能量下探寻构成物质结构的基本粒子，都不断给探测技术、海量数据分析与处理带来挑

战。我国在发展高性能地面装置与空间探测设备过程中积累的高技术，必将反哺其他领域。暗物质、暗能量探测被认为是目前最重要的基础科学问题。在这一方向的突破有可能让人类重新认识宇宙构成，并可能给人类带来全新的技术和能源。

量子力学自 1900 年诞生以来催生了许多重大发明，如原子弹、激光、晶体管、核磁共振、全球卫星定位等，广泛和深刻地改变了世界的面貌。以量子信息技术为代表的量子调控，使人类对量子世界的探索从单纯“探测时代”走向主动“调控时代”，将带来“第二次量子革命”，在量子通信、量子计算、量子网络、量子仿真等领域实现突破。我国在信息、材料、能源等领域的产业结构调整面临重大科技瓶颈问题，这些突破将为解决此类问题奠定理论基础，提供科技支撑。

对生命起源与进化的研究，已上升到利用“人造生命”认识生命本质的高度。21 世纪初，在现代生物学、系统科学、合成科学等基础上发展起来的、融入工程学思想的合成生物学，以理性设计为指导，采用标准化表征的生物元件，重组乃至从头合成新的具有特定功能的人造生命系统。合成生物学的崛起，颠覆了生命科学传统研究从整体到局部的“还原论”策略，在生命起源与进化的研究中引入了“从创建到理解”的新思维、“自下而上工程化研究”的新战略、“颠覆性使能技术”的新方法，将生命起源、生物进化与“全新”生命分子结构-功能解析相结合，开启了生命科学研究的革命和人类理解生命本质的新时代，将人类对于生命的认识和改造能力提升到了一个全新的层次。同时，合成生物学也为解决人类健康生存、社会和谐发展等全球性重大问题提供了重要途径。

脑科学与认知科学的研究不仅可以探索人类智力起源这一重大科学问题，还有助于推动人类健康与智能技术的发展。人类大脑由数千亿神经元和数倍于此的胶质细胞构成，但目前人类还没有弄清楚它们如何连接与工作。脑科学的突破将在多个方面促进人类社会的发展。在健康方面，通过研究脑工作原理和脑重大疾病机理，将有助于理解和治疗神经发育异常、精神类疾病和神经退行性病变等。在智能技术方面，研究大脑神经元的结构与作用方式，可以产生脑启发的通用型低能耗人工智能技术，并广泛应用于智能机器人、智能制造、智能驾驶等领域。

作为整个自然科学的重要基础和工具，数学与系统科学提供了对自然规律的定量和整体描述的科学方法。回顾科学发展史不难发现，几乎所有重大科学发现，无不与数学的发展与进步相关。科学发现的本质是希望在一定程度上精确描述与预测自然现象，而这显然离不开数学工具的使用。许多重大的科学技术问题由于其复杂性根本无法从理论上解决，而且难以进行实验，但却可以进行计算机模拟。数学、计算机科学与自然科学交叉产生的“计算科学”，大大加强了人们科学研究的能力。由于数据获取手段的飞速发展，信息、生命、天文等领域出现了高维、海量大数据，基于大数据的分析、决策和知识发现的能力，将加速科学发现和创新进程，促进社会进步和经济发展。

此外，作为集前沿性、交叉性和多学科等特征于一身的研究领域，纳米科学已成为当今世界最活跃的科技前沿之一，有力促进了材料、能源和信息等许多领域科学技术的发展。由于纳米技术对经济社会的广泛渗透性，其在科学原理上的重要突破将推动变革性技术的产生，影响一系列重要的社会和经济领域，如先进材料、信息、清洁能源、绿色生态系统、健康与医学等。未来经济社会发展对纳米科技有迫切需求，通过整合纳米科技的基础研究、应用研究和产业化开发，有望在未来 20–30 年产生新技术、催生新产业[2]。

纳米科技

纳米科技是在纳米尺度上研究物质的相互作用、组成、特性、制造方法，以及由纳米结构集成的功能系统的科学技术，主要包括 4 个方面的研究内容。

- **纳米材料**是纳米科技发展的重要基础，是新材料研究领域中最富有活力和影响力的方向之一。例如，纳米材料在能量高效储存与转化中得到了广泛应用；纳米催化技术使在原子、分子水平上对催化剂进行设计变得越来越现实可行。

- **纳米表征技术**是纳米科技发展的重要基础和保障，是研究物质微观结构和化学组成的重要技术手段，可以显著促进纳米制造加工精度的提高、纳米测试数据准确性和可靠性的提升，以及纳米产业中认证认可制度的建立。

- **纳米器件与制造**是纳米科技的前沿和核心研究领域，主要是发展新一代微纳信息器件、纳米尺度的加工与制造，能够有力推动纳米材料、纳米加工、纳米检测等其他分支领域的迅速发展。

• **纳米生物医学是纳米科学的一个重要分支，目前主要研究纳米药物、纳米材料的安全性、重大疾病的早期诊断与治疗等内容，纳米结构的一系列独特性质及功能对生命科学和人类健康等领域的发展具有重要的应用价值。**

二、基础前沿交叉领域科技发展现状及趋势

（一）从基本粒子到星系，探索宇宙起源与构成

过去十多年，宇宙学快速发展并已进入精确宇宙学时期。这很大程度上得益于人类对宇宙探测手段的大幅提升，尤其是天文观测和空间技术的进步。今后十年将是宇宙学承上启下的新阶段。美国激光干涉引力波天文台（LIGO）于2016年探测到黑洞并合产生的引力波，引起了科学界轰动和社会广泛关注，开启了引力波天体物理新时代。但引力波宇宙学研究、原初引力波探测和宇宙起源的探索，仍在酝酿着新的突破性进展。

引力波探测

100年前，爱因斯坦预言了引力波，即时空的涟漪。1974年，美国物理学家泰勒和同行通过对一个双星系统30年的持续观测，得到了引力波存在的间接证据，获得1993年诺贝尔物理学奖。2016年2月以来，美国激光干涉引力波天文台（LIGO）接连公布了3起黑洞并合产生的引力波事例，震惊世界。这是人类首次直接探测到引力波，证实了爱因斯坦引力理论的最后一项预言。2017年10月，被称为LIGO“三剑客”的美国科学家Rainer Weiss、Kip S. Thorne和Barry C. Barish，以其在引力波探测方面的卓越贡献，获得诺贝尔物理学奖。

引力波的信号极其微弱，给实验探测带来巨大挑战。根据起源，信号极其微弱的引力波可分为天体物理起源和宇宙学起源两种。天体物理过程产生的是高频引力波，相应的探测装置覆盖的频率范围在 10^{-9} 赫兹以上。宇宙学起源的引力波主要是极低频的原初引力波和相变引力波。

早在 20 世纪 70 年代，我国科学家就开始了引力波研究，但力量相对分散。目前我国的引力波探测计划包括三大类：①空间引力波探测，包括由中国科学院牵头的太极计划，由中山大学牵头的天琴计划；②脉冲星计时阵，利用国家重大科技基础设施 FAST 开展脉冲星测时来探测引力波；③阿里原初引力波探测计划，该计划是由中国科学院高能物理研究所牵头，于 2017 年 1 月在西藏阿里动工建设世界海拔最高的引力波观测站，建成运行后可首次实现北半球地面原初引力波观测。这些计划的实施，将带领中国原初引力波研究进入国际前沿。

粒子物理与宇宙学交叉中的若干重大问题还远未解决，包括暗物质的组分是什么，是不是一种基本粒子，其物理性质如何影响星系团和星系的结构形成过程，暗能量的物理本质是什么，宇宙极早期产生的原初引力波信号能不能观测到，如何揭开宇宙反物质丢失之谜，等等。

暗物质与暗能量

近代宇宙学研究发现，目前已知的基本粒子只构成宇宙物质中的 5%，而其余 95% 是“暗物质”和“暗能量”。

● 暗物质是指具有质量但不会和光发生直接作用的物质，尚不知道它是由什么粒子构成的。暗物质研究的主要目标是探测其组成的基本粒子。理论上，“弱相互作用大质量粒子”（WIMP）是一种流行的暗物质粒子候选者。目前我国正在开展的锦屏地下暗物质粒子直接探测实验、卫星“悟空”间接探测实验都是围绕着 WIMP 开展的。

● 暗能量是指充满宇宙空间，驱使宇宙膨胀加速、具有负压力的能量，尚不清楚它的物理本质。暗能量研究的主要科学目标是认识它的物理本质，或证实爱因斯坦的宇宙学常数理论，或发现超越爱因斯坦理论的新的暗能量理论或新的引力理论。

暗物质和暗能量之谜被称为21世纪现代物质科学中两朵新的“乌云”，目前世界很多国家都在集中人力、物力和财力组织攻关，争取早日有所突破。

今后一个时期，国际暗物质与暗能量研究的发展，将更加强调天文观测与对其物理性质的理论和实验研究的结合，这是彻底揭开暗物质与暗能量之谜的必由之路，由此将迎来暗物质与暗能量探测的黄金时代，掀开人类探索宇宙奥秘的新篇章。

（二）从观测到调控，开拓信息、能源、材料科学技术新纪元

进入21世纪，量子信息科学与技术研究成为世界科技的前沿热点。世界各国纷纷加大研究与开发投入，力争抢占制高点。例如，美国将量子技术视为增强国家安全的突破性技术，美国国防部、国家标准技术研究院、国家科学基金会、能源部等主要资助机构都将新兴量子技术作为资助重点。

量子科技领域可能发生重大突破的研究重点包括：量子通信与量子计算，冷原子物理及量子仿真，演生物态的调控，基于量子调控、大科学装置和极端条件的精密测量技术。

量子通信是利用量子纠缠效应进行信息传递的新型通信方式。量子保密通信是目前唯一已知的无条件安全的通信方式，在国家安全、金融等信息安全领域有着重大的应用价值和前景。我国在实用化远距离量子通信研究领域处于国际上全面领先地位。

量子计算具有超越经典计算机的强大并行计算和模拟能力。研制通用量子计算机需要发展高精度的量子比特操纵和规模化扩展技术，突破针对一些重大问题的实用化专用量子模拟机，并利用在量子计算研究中发展起来的精确操纵技术，实现突破经典极限的量子精密测量。我国在量子计算的若干方向（如光子、超冷原子）处于国际领先地位。

演生物态的调控主要研究特定条件下，大量微观粒子（如电子、离子、光子等）如何通过彼此间的相互作用演生出凝聚物质中异常丰富的物理现象。通过调控自旋、轨道、拓扑和其他量子特性，与光、电、磁场耦合，获得准零能耗电子输运、高速迁移、高效率能量转换与信息处理的新器件结构与材料，成为多领域

技术革新的先导，并将在信息、能源和国防军事技术方面获得突破性应用。新型非常规超导体和具有超大电、磁、热电和非线性光学响应材料的探索进展很快，将催生未来信息、能源与材料的新技术生长点。我国在这一领域已取得多项国际领先的成果。

（三）创建“人造生命”，认识生命的本质，催生生物产业革命

生命起源和进化是在地球水圈、大气圈的特殊条件下，综合了以细胞单元为基础的化学/生物化学反应，以及基因与基因组变异的复杂体系，并经历了特别漫长的自然选择和环境适应的过程。以创建“人造生命”为目标的合成生物学，为研究生命起源和进化提供了新的思路和手段，有助于了解生命的编码、编程及解码与重编程原理，进而深刻认识生命的本质和生命运动规律；也有助于验证复杂生命体系分化、演化的分子机理和关键动力，认识生命进化过程中环境与基因、基因与基因的互作机理。合成生物学的研究思路、策略和方法，真正将生命科学从以观测、描述及经验总结为主的“发现”科学，提升为可定量、计算、预测，以及工程化合成的、具有颠覆性创新能力的“工程”科学，将深刻影响生命科学研究的整体态势。

标准化生物功能元器件的设计、组装和人工网络在底盘体系中的适配优化，为建立合成生物学的工程化体系奠定了基础。近年来，过程调控网络以及功能元件、模块的设计与合成技术发展迅速。建立标准化的生物元件模块库，发展底盘体系的适配技术，正在奠定合成生物学工程化体系的基础，将对生物工程技术产生革命性的影响。此外，随着生物计算模拟、标准化生物元器件构建、基因组合成和基因组编辑等使能技术的突破，设计合成出可预测、可再造和可调控的人工生物体系成为可能，“人造生命”正帮助我们接近生命起源和进化的真相。

合成生物学近年来在药物、生物能源等方面的应用研究取得突出进展，并显示了其在医药、能源、材料、农业、环境等领域的巨大应用前景，有望深刻改变人类的生产和生活方式。目前在合成微生物学及化学合成生物学推动下的工业生物技术相关成果较为集中，有望针对更复杂、步骤更多的天然产品，模拟乃至设计出更简单高效的发酵过程，合成出更多的有机化工产品。另外，利用合成生物学技术设计各种人工元件，将为癌症、糖尿病等复杂疾病开发出更多有效的药物和治疗手段，使合成生物学走向临床应用。

（四）研究脑科学，推动人类健康与智能技术的发展

美国政府2013年提出“推进创新神经技术脑研究计划”（BRAIN），欧盟于2013年启动了“人类大脑计划”（HBP）。美国BRAIN的目标是探索人类大脑工作机制、开发大脑不治之症的疗法等，要通过10年努力绘制出完整的人脑活动图[3]。这不仅具有科研和医学意义，还将产生巨大的经济社会影响，具有改善全球数十亿人生活的潜力。欧盟HBP的目标是用超级计算机来模拟人类大脑，用于研究人脑的工作机制和未来脑疾病的治疗，并借此推动类脑人工智能的发展[4]。另外，脑与认知科学的研究对国防安全也有意义，美国国防部高级研究计划局、情报高级研究计划署和能源部等机构都设置了相应的研究项目，配合BRAIN的执行。

脑科学关注情感与记忆的神经回路、认知的神经基础、突触可塑性；关注脑老化、神经退行性疾病、精神健康等基本问题；注重发展神经信息学、神经建模与模拟、智能机器人、超级计算神经机器人等；强调在脑研究中的新技术突破，进一步发展和改进影像技术、脑–机接口、神经连接组学、光遗传学、神经科学生物银行、远程监控技术等；研究类脑智能，开展类脑模型与类脑信息处理、类脑芯片与计算平台等。

我国经过多年论证，“脑科学与类脑研究”——中国“脑计划”作为“科技创新2030–重大项目”即将启动，其战略思路为“一体两翼”（图20-1）。“一体”是以阐释人类认知的神经基础（认识脑）为主体；“两翼”指脑重大疾病及人工智能的研究。脑科学与类脑智能技术的结合，是中国“脑计划”的特色，也有别于美国及其他发达国家的脑计划。2012年，中国科学院启动了（B类）战略性先导科技专项脑功能联结图谱项目，研究各个层次下脑的神经环路、神经网络、神经联结图谱。该项目取得的系列成果，特别是在脑疾病灵长类动物模型建立方面的显著进展，如老年认知损害的猴模型、脑疾病的树鼩模型等，为类脑智能或者人工智能带来启发，也为实施中国“脑计划”提供了重要先导和良好基础。

（五）通过交叉融合，数学助力新研究范式的产生

当代数学发展的主要趋势表现为：数学各分支进一步融汇、交叉；数学与众多科学技术领域之间相互渗透与促进；数学对工程技术与高技术发展的广泛、直接参与；科学内在的统一性与还原论方法的局限性导致了复杂系统的兴起。

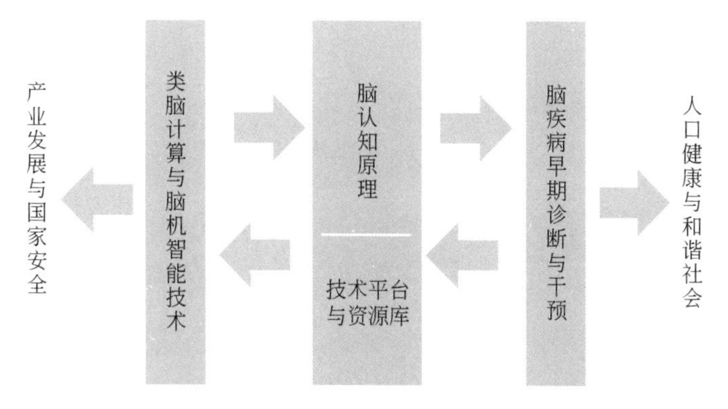

图 20-1　中国脑计划总体格局[5]

近年来，通过数学内部各个学科的相互渗透融合，新兴学科不断出现。一些有上百年历史的重大猜想，如费马大定理、庞加莱猜想等得到解决，开普勒猜想借助计算机得以证明；一些重大问题，如朗兰兹纲领等不断取得重大突破。过去 20 年，是数学快速发展的时代，预计这种发展势头将会持续很长时间。

费马大定理

古代数学家们就已经知道方程 $x^2+y^2=z^2$ 的整数解。1637 年，法国数学家费马提出如下猜想：方程 $x^n+y^n=z^n$，当 $n>2$ 时，不存在正整数解。

300 多年以来，无数数学家试图证明这个猜想，包括大数学家欧拉、勒让德、高斯、阿贝尔、狄利克雷、柯西等。相关研究产生了多个重要的数学概念及分支，该猜想也成为最为重要的数学猜想之一。直到 358 年之后的 1995 年，这个难题才被美国数学家怀尔斯攻克。怀尔斯的证明综合利用了数论、代数几何、椭圆曲线、模形式这些不同数学分支多年来发展的深刻结果，显示了数学理论的深度。

庞加莱猜想

由法国数学家庞加莱提出的“庞加莱猜想”是一个具有百年历史的拓扑学问题。该猜想称“任何一个单连通、封闭的三维流形都同胚于三维球面”。庞加莱猜想所叙述的是几何空间的基本性质，其证明非常困难，因而成为最为重要的数学猜想之一。

1961 年，美国数学家斯梅尔证明了庞加莱猜想对于四维以上空间正确。1983 年，美国数学家福里德曼证明了四维空间中的庞加莱猜想。20 世纪 80 年代，美国数学家汉密尔顿提出使用 Ricci 流这一分析数学方法来解决庞加莱猜想的设想。沿着这个思路，俄罗斯数学家佩尔曼用了 8 年时间解决了其中的关键困难，于 2003 年证明了庞加莱猜想。佩尔曼的证明不仅用到了几何学、偏微分方程和随机分析等数学分支，也受到统计力学的启发，是通过多学科交叉解决重大数学问题的典范。

开普勒猜想

如何将半径相同的球填充到一个充分大的箱子中，使其所占体积密度最大？1611 年，开普勒提出“面心立方填充方式具有最大堆积密度”，即开普勒猜想。所谓“面心立方填充方式”是指每个球与 12 个球相切，上、中、下每层 4 个。这一看似简单的问题，证明却非常困难，直到 2017 年才借助计算机彻底解决。

1998 年，美国数学家托马斯 · 希尔斯（Thomas Callister Hales）宣称借助计算机证明了开普勒猜想，并于 2006 年将其论文发表在《数学年刊》上。虽然计算机产生的证明无法直接验证，但《数学年刊》依旧同意了此论文的发表。2017 年，希尔斯及其团队发表了对于开普勒猜想的形式化证明，即由计算机软件对证明步骤进行严格逻辑验证，最终解决了这一有四百余年历史的数学难题。开普勒猜想的解决表明了计算机在数学研究中将发挥越来越重要的作用。

通过与自然科学和工程技术的交叉融合，数学将进一步在众多领域发挥重要作用，自身也从中受益并得到快速发展。例如，科学与工程计算的兴起是 20 世纪后半叶最重要的科技进步之一，由此产生了计算流体力学、计算材料科学、计量经济学、计算地理学等新兴交叉学科，使得数学和工程技术在更广阔的范围和更深刻的程度上相互作用，极大地推动了数学和工程技术的进步。因此，计算仿真模拟被公认为实验科学和理论推理之后科学研究的一个新范式。

大数据的分析与使用正在成为科学发现的重要手段，也是主要的创新动力之一，被称为继实验科学、理论推理与仿真模拟之后的第四个研究范式。信息技术的发展推动了大数据科学的产生，并使数学成为大数据分析必须依赖的理论基础和方法手段。构建大数据创新生态系统，提高基于大数据的分析、决策和知识发现的能力，将激发整个国家的创新能力，加速科学发现和创新进程，促进新经济增长。

随着现代科学的深入发展，现代科学中越来越多的重要问题不能完全用还原论解决，迫切的需求催生了复杂性科学。复杂性科学或复杂系统研究的基本任务是寻找复杂系统的结构与功能关系以及演化与调控的基本规律。复杂性科学主要涉及自然界演化过程中形成的复杂系统、社会复杂系统、工程复杂系统等，涉及数学、自然科学、工程学、经济学、管理学和人文与社会科学等众多领域。复杂系统研究的实质性进展，将会有力推动许多学科困难问题的解决，其发展的理念、方法和工具具有全局性和带动性。

（六）从基础到应用，纳米科技全链条助力科技和产业发展

纳米科技受到越来越多国家的重视，进入 21 世纪以来，已有 60 多个国家发布了国家级纳米科技发展规划，将纳米科技上升为国家战略，向集成化和国际化方向发展。美国早在 2000 年就发布了“国家纳米科技计划”（NNI），欧盟的“第七框架计划”和最新的“地平线 2020 计划”对纳米技术予以持续支持，英国、法国和德国等国家也分别根据国情，制定了各自国家的纳米科技发展计划。俄罗斯、印度等新兴国家，也纷纷设立自己的纳米研究计划。俄罗斯出台《2008-2010 年纳米基础设施发展》联邦专项计划，投入 152.46 亿卢布（约 6.22 亿美元），统一国内研究与开发资源，建设国家纳米科研公共平台，系统发展纳米科技产业。各国对纳米技术的信心逐渐增强，投资力度逐渐加大，核心科研人数和相关企业数大幅增加，相互之间的竞争也变得愈发激烈。

美国“国家纳米科技计划”

为发展纳米科技，美国政府 2000 年 2 月正式发布了“国家纳米科技计划”(National Nanotechnology Initiative，NNI)。NNI 是一项推动基础性技术发展计划，其支持纳米技术的长期研究与开发，并希望促进相关领域的科技突破。NNI 涉及了 20 个在纳米技术研究与开发及商业化方面享有共同利

益的联邦机构和政府部门，其总体目标是既要处理好当前及未来有关纳米技术应用的问题，又要确保纳米技术及其应用不断取得进展。

NNI 每三年更新一次。2016 年 10 月，美国发布新一轮 NNI 发展战略，其重点是建立一个生态系统，为纳米技术领域的各个方面提供支持。

自 2001 年启动以来，NNI 累计资助金额达到约 240 亿美元，2017 年预算额超过 14 亿美元。

我国是世界上少数几个从 20 世纪 80 年代起就重视纳米科技研究的国家之一。2001 年成立了“全国纳米科技指导协调委员会”，印发了《国家纳米科技发展纲要》，对我国纳米科技发展起到非常重要的引领和指导作用。在 2006 年发布的《国家中长期科学和技术发展规划纲要（2006—2020 年）》中，纳米科技被列为四项重点发展的基础研究领域之一[6]，并成为其中获得资助最多的领域。目前，中国已成为世界纳米科技研究与开发大国，贡献了全球超过三分之一的纳米科研论文，部分基础研究跃居国际领先水平，应用研究与成果转化的成效也已粗具规模。自 2008 年起，中国纳米相关技术的年度专利申请量已跃居世界第一，并且其增长速度远高于世界平均水平。

纳米科技已逐步从聚焦基础研究逐渐向基础研究、应用研究及产业化并举转变。2015 年，NNI 开始设立纳米技术启发的大挑战行动，旨在利用纳米技术解决美国乃至全球面临的关键瓶颈问题，并将实验室研究推向市场，推动产业化发展，如纳米电子技术、纳米制造技术、纳米传感器技术、纳米技术基础设施、水资源可持续发展的纳米解决方案等，已经成为 NNI 的关键研究方向。

纳米科学研究逐渐由单一学科向多学科交叉和融合的方向发展。纳米技术也从早期主要关注材料发展，逐渐向制造、能源、电子、信息以及生物医药等领域拓展，并在这些领域得以广泛应用。NNI 设立的纳米制造技术、纳米太阳能技术、纳米电子技术计划等，均反映出多学科交叉融合的趋势。欧盟早在 2005 年公布的《欧洲纳米技术发展战略》中，就提出要特别加强纳米医学、纳米电子和纳米化学等横向联合，推动纳米技术成果转化。

基于全球纳米科技文献的情报分析表明，纳米制造、纳米能源、纳米生物和纳米测量是当前世界纳米科技的热点前沿，也是未来十年发展的战略方向和趋势（图 20-2）。

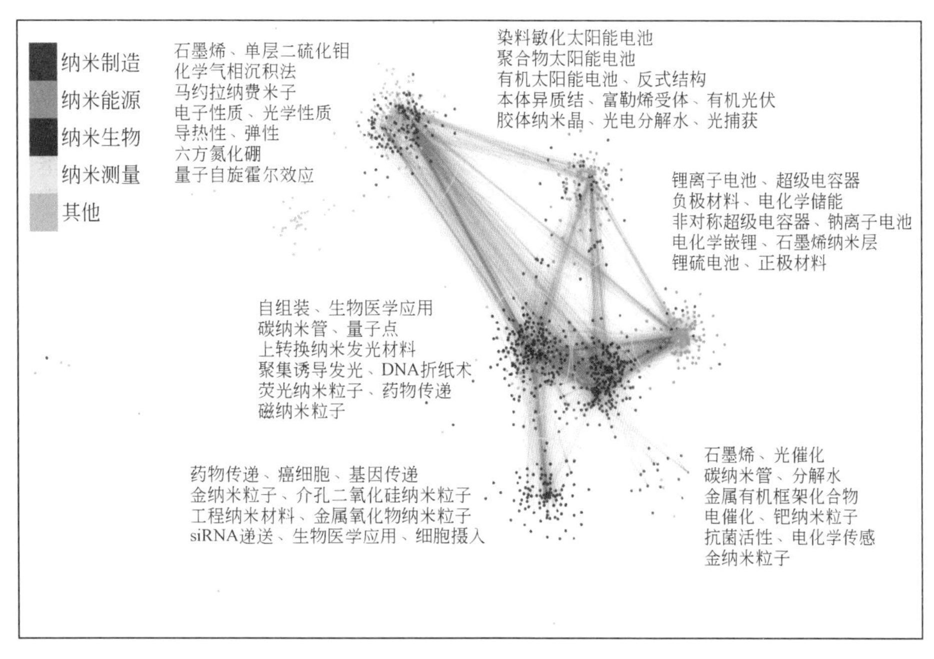

图 20-2　纳米领域前沿知识图谱[7]

注：2016 年，项目组以科睿唯安公司 Essential Science Indicators 数据库中的 11 814 个研究前沿为基础，通过文献检索、专家判读等方法筛选出纳米研究相关研究前沿 1391 个，时间跨度为 2008－2015 年。资料源自中国科学院科技战略咨询研究院、国家纳米科学中心纳米领域前沿知识图谱项目组。

三、我国基础前沿交叉领域科技发展目标、布局和路径

我国对基础前沿交叉领域科技创新已作出近中期规划部署，特别是《“十三五”国家科技创新规划》与《“十三五”国家基础研究专项规划》均部署了基础领域的重大科技专项、战略性前瞻性重大科学问题的研究，国家自然科学基金委员会和中国科学院战略性先导科技专项也有重点部署。基于这些规划部署和世界科技前沿发展趋势，按照建设世界科技强国的“三步走”战略目标和要求，提出基础前沿交叉领域的总体发展目标、布局和路径。

我国“十三五”基础研究重点专项

2016 年 7 月，国务院印发《“十三五”国家科技创新规划》，部署了 13 项面向世界科学前沿和未来科技发展趋势的基础研究重点专项，旨在实现重大科学突破、抢占世界科学发展制高点。

1）纳米科技；
2）量子调控与量子信息；
3）蛋白质机器与生命过程调控；
4）干细胞及转化；
5）依托大科学装置的前沿研究；
6）全球变化及应对；
7）发育的遗传与环境调控；
8）合成生物学；
9）基因编辑；
10）深海、深地、深空、深蓝科学研究；
11）物质深层次结构和宇宙大尺度物理研究；
12）核心数学及应用数学；
13）磁约束核聚变能发展。

注：资料源自《国务院关于印发“十三五”国家科技创新规划的通知》（国发〔2016〕43号）。

（一）总体目标

到2020年，在基础前沿领域的创新能力整体大幅提升，在一批重大基础前沿交叉研究中取得突破，在更多领域与方向起到引领作用。

到2035年，在主要的基础前沿学科高质量产出占世界的25%，具有重大影响力的创新成果与创新研究方向成批出现，基础前沿研究在支撑我国经济社会持续高速发展中发挥重要作用。

到2050年，基础研究水平全面提升、均衡发展，在主要基础前沿领域拥有一批世界级领军人才，不断产出引领性的原创科研成果，开创新的研究领域和学科体系，成为世界自然科学领域最活跃的中心之一。

（二）重点布局和路径

1. 宇宙起源、暗物质、暗能量与基本粒子

（1）宇宙起源

开展宇宙微波背景辐射（CMB）偏振实验和阿里原初引力波探测研究，检验

宇宙起源理论以及电荷共轭-宇称-时间反演（CPT）对称性；开展依托我国南极昆仑暗宇宙望远镜（KDUST）、2 米空间望远镜以及 12 米地面光学/红外望远镜的宇宙学研究。

（2）暗物质、暗能量

在暗物质研究方面，利用我国锦屏暗物质地下实验室得天独厚的优势，大力推进我国的暗物质地下实验；推进我国的暗物质粒子空间探测卫星的科学研究；推进我国空间站实验项目 HERD（宇宙线与暗物质探测设施），开展暗物质及相关的科学研究；依托在建大型实验 LHAASO（高海拔宇宙线观测站）等开展宇宙线物理、暗物质信号寻找等工作。

在暗能量研究方面，开展与暗能量光谱仪器（DESI）、大型综合巡天望远镜（LSST）等国际上下一代空间与地面望远镜巡天项目的合作，充分利用国际资源开展研究，力争取得原创成果。

（3）基本粒子

开展大型强子对撞机（LHC）、环形正负电子对撞机（CEPC）、国际直线加速器（ILC）、超级质子对撞机（SPPC）等当前及未来大型对撞机上的粒子物理和暗物质等新物理的研究。

（4）引力波实验

开展我国的空间引力波探测实验；基于我国的 FAST，并参与国际 SKA（平方公里阵列望远镜）计划等，开展脉冲星测时引力波探测。

在原初引力波探测方面，第一步是充分利用我国阿里地区的地域优势，尽快建成阿里原初引力波地面探测望远镜并开始观测，第二步是开展原初引力波的空间探测。

2. 量子调控与信息、能源、材料等科学技术

（1）量子通信

突破光纤量子通信产业化的核心技术和关键器件瓶颈，实现材料、器件等全面国产化，提升量子存储器的综合性能指标，突破高损耗信道空间量子通信、全天时卫星量子通信、万公里级量子信道建立与保持等关键技术，实现在多个卫星之间以及卫星与地面之间的量子通信组网。

（2）量子计算

实现量子比特的长相干时间和高精度操纵，实现多个量子比特之间的逻辑门和量子纠缠，实现量子纠错等关键过程。量子比特逻辑门操作精度和量子纠错达到容错量子计算的界限，全面突破量子比特高精度制备、操纵和大规模集成技术，实现100个以上量子比特的相干操纵，全面超越经典计算能力，研制具备基本功能的通用量子计算原型机。同时，发展用于通用量子计算机的软件系统与量子算法。

（3）演生物态调控

凝聚态材料在特定的条件下可进入新颖的演生物态，对电、磁、光、热、声的响应行为会更加强烈、突出，为对其物性实现有效的量子调控提供了丰富的可能性和广泛的应用空间。研究重点包括：研究拓扑绝缘体、拓扑半金属、拓扑超导等拓扑新物态及其新奇量子效应；新型非常规超导体和具有超大电、磁、热电和非线性光学响应材料。

（4）人工受限系统

探索原创性的新型低维量子结构和奇异量子现象，并针对其中的奇异量子效应探索调控方法与规律。构建自然界不存在的特殊结构人工材料，阐明晶体结构、电子结构和自旋结构与光电磁特性的内在联系，掌握光电磁等物性调控机理和手段，发展特殊结构表征与光电磁新效应的超敏、超快探测的新理论和新手段。重点方向包括：石墨烯等碳基低维体系的材料结构和物理性质的量子调控，实现与现有半导体技术的兼容，低维氧化物结构材料，低维拓扑结构材料等。

（5）量子精密测量

提升原子钟、量子陀螺仪、原子重力仪等现有量子导航技术的实用性和精度，研制可实用的量子陀螺仪和原子重力仪等不依赖于任何外界信号的自主量子导航设备，以及新一代高精度原子钟和时间频率传输系统。提升量子雷达、痕量原子示踪、弱磁场探测等单量子水平精密探测技术的实用性和精度，研制可实用的量子雷达、痕量原子探测装置、高灵敏磁强计等设备。

3. 生命起源、进化与人造生命

（1）人造非自然生命

突破自然生命局限，利用合成生物技术开发非天然的碱基、氨基酸、脂肪酸等基础物质，获得具有特定功能的生物器件或人工生命系统，创建与自然生命没有交互影响的正交生命、与自然生命属性完全对应的镜像生命、以硅硫代替碳氧的硅硫生命、利用热能甚至核能的热核生命等，探索生命起源的奥秘，揭示生命进化的基本规律。

（2）数字化生命系统

建立高通量、低成本、高保真的基因合成技术，发展基因组装及基因组设计、编辑与合成技术。创建、共享和利用更多的标准化合成生物学元件及模块，使更复杂、更精细的合成基因线路在原核生物及真核生物中得以应用。构建新的底盘体系，使生物功能器件与底盘体系适配，系统组装与调试更加优化。

（3）人造太空生命

解析地球极端环境的生物系统，按照地外环境要求，设计能够适应月球、火星或其他星球的生命体系。以光能或核能为能量输入和 CO_2 为物质输入，合成人类生存所必需的材料、燃料、医药、食品等物质，提高人类在地外空间的生存时间。同时人工模拟物种进化和生态循环，改造星际空间，为保障人类在地外空间的持续生存，甚至星际移民创造条件。

（4）合成生物学颠覆性技术及其应用

建立高效基因合成技术，发展人工基因组设计、编辑与合成技术。创建更多标准化生物元件及模块，针对医药、工业和农业等领域的重要应用问题，结合基因工程、蛋白质工程和代谢工程等技术，发展合成生物学颠覆性技术，提高技术向产品转化的能力，促进生物产业的创新发展与绿色经济的增长。

4. 脑与认知科学

（1）大脑层面的认知问题

探究人类大脑对环境的感官认知，如人的注意力、学习、记忆以及决策制定等；研究人类以及非人灵长类意识的认知，如自我意识、意识形成、意识损害等；探究语言认知、语法及广泛的句式结构，用以研究人工智能技术。

（2）脑结构图谱

开展多学科合作，研究与开发不同原理的脑成像技术，从宏观、介观和微观层面了解神经网络精确结构，神经元与神经元、神经元与胶质细胞等之间的联络，以及相关的神经活动图谱，绘制完整脑结构图谱，从而更深刻地认识和理解人类的大脑结构与工作原理。

(3) 认知神经技术

通过生物电子、医药及治疗的有机整合，利用可复制的3D支架，诱导多功能干细胞分化成神经元，通过模拟大脑的活动，来支持人类神经网络的发展。该技术发展有望进一步理解人类疾病的发生发展过程及神经元增殖，从而理解药物对人类神经网络活动的调节机制，提高药物筛查效率并降低对动物测试的需求，发现治疗痴呆和脑损伤的方法。声光电磁等神经调控技术是脑疾病治疗的新兴领域，也需要大力加强研究与开发。

(4) 老龄化与认知损害

认知损害是阿尔茨海默病的主要表现，其发病原因不明、病理机制不清、早期诊断困难、治疗效果不佳。因此，研究老年认知损伤发生的脑机制，早期发现、早期干预和治疗是解决问题的突破点，这将给人类社会带来不可估量的有益影响。我国老年人超过1亿，是全球阿尔茨海默病第一大国，具有丰富的临床资源和家族遗传病资源，开展老年认知功能损伤研究有独特优势。

(5) 感磁觉

随着航天事业的发展，特别是探月、登月、住月计划的提出和实施，人类将面临非地球环境生存的挑战。空间环境中的磁场强度非常低，亚磁场对航天员的认知功能影响成为生物学和航天科学的关键问题之一。“感磁觉”研究对于载人航天和太空移民具有重要的前瞻意义。如果能够证明“感磁觉”的存在及其功能，将是21世纪神经科学领域最具有启示意义的重大科学发现。

5. 数学与复杂系统科学

(1) 数学重大前沿问题

数学重大前沿问题的突破将带来新的数学方法，从而推动整个数学领域的发展。研究重点是数学中具有根本性的前沿领域与重大问题，如Langlands纲领、算术代数几何与BSD猜想、代数结构的表示理论、代数几何中的Hodge猜想、复分析与复几何、调和分析、随机分析、流体力学方程等。

(2) 数据科学的数学理论与方法

重点方向包括：支持大数据分析与处理的统计学基础与基础算法，数据智能的度量理论，基于数学结构的深度机器学习理论与方法，量子机器学习，随机分析及其在统计物理中的应用，面向典型领域的基于大数据的科学发现及其方法论依据等。

(3) 科学与工程计算

科学与工程计算可以对无法进行解析求解且难以进行实验的物理过程进行模拟，如海啸、气候、核爆等。重点方向包括：材料和多物理过程中的多尺度建模与高效计算、计算流体力学、反问题和成像技术、随机微分方程的求解，以及支撑未来高性能计算的计算方法与应用软件等。

(4) 复杂系统调控

近年来，互联网、基因测序、经济金融等复杂系统产生的高质量海量数据给复杂性科学研究带来新的契机，复杂性科学的突破有可能出现在海量数据与复杂网络的结合处。研究重点包括：海量数据驱动的复杂网络的结构、功能与调控，现实世界主要复杂网络（如物联网、电力网、交通网）的建模与调控理论等。

(5) 计算机数学

计算机数学关注“什么是可以计算的”，对于可计算的问题，设计求解该问题的最好算法。这一领域最著名的问题是 $P=NP$ 问题，即确定一大类非常重要而目前又没有有效计算方法的问题是否可以快速求解。研究重点包括：计算数论、计算代数几何、符号计算、密码学、量子计算的数学问题等。

6. 纳米科学和技术

(1) 纳米材料的精准制备

重点研究内容包括：尺寸、晶体结构、电子结构、表面配位结构等可控的纳米结构；低维纳米材料、纳米结构的热力学和动力学行为；大面积自组织生长的有序纳米材料；纳米结构的精准测量方法；实现精准制备的纳米材料在光、电、磁器件的构筑与集成；建立纳米仿生的设计原理，发展从纳米、微米乃至宏观物质的多级次、跨尺度可控构筑方法，结合理论计算与模拟，实现多级次组装过程中的结构控制与动力学调控。

(2) 纳米催化技术

纳米催化是以纳米催化材料为基础，采用先进表征技术对催化材料和催化反应进行原位动态研究，在理论和计算的辅助和指导下，理解纳米催化体系所表现出的纳米效应并利用其对催化反应方向（选择性）和速度（活性）进行有效调控，实现高选择性、高效、绿色、可持续的催化过程。

重点研究内容包括：从单原子到纳米复合催化剂的制备及其效应，高效纳米催化材料的设计和制备，纳米催化剂在能源转化以及高选择性精细化工合成上的应用。

(3) **纳米新能源技术**

研究实现能源产生与高效转化的纳米能源技术，如能源生产与转化的新型催化剂，长效可再充电电池，高效率低成本太阳能电池和热电转换技术，先进的燃料电池，高效的制氢技术和氢能源。

重点研究内容包括：纳米光电材料；基于量子点、量子线和量子阱的热电材料；基于高性能、长寿命电池的纳米复合材料；无机、有机或无机/有机杂化多孔材料；高效燃料电池催化剂及储氢材料等。

(4) **纳米体外诊断与纳米药物创制**

针对恶性肿瘤、慢性疾病以及重大传染病的体外诊断形成系列多元化检测技术，突破体外诊断的关键技术，形成系统配套的体外诊断仪器。获得多项产品批件，部分产品形成规模化生产并进入市场。建立并逐步完善纳米药物的研究与开发体系。

重点研究内容包括：研制出 1–2 个具有国际影响力的纳米药物制剂，形成一定规模的产业布局；在重大疾病诊疗纳米技术方面，针对目前对民众健康危害最大的恶性肿瘤、慢性病以及重大传染病展开研究，开发基于先导化合物和现有临床药物的创新纳米化药物。

(5) **纳米器件及系统集成技术**

加强具有前瞻性和原创性的纳米器件的物理化学基础和理论探索，发展基于纳米材料和纳米结构新奇特性的信息功能纳米器件，以纳米光子学器件、纳米电子学器件研究与开发为牵引，通过突破纳米结构设计、纳米结构材料与纳米器件可控制备的关键技术，实现纳米结构可控制造，逐步形成完整的纳米器件制造技术。

重点研究内容包括：基于纳米效应的器件设计与制造；纳米光子学器件；纳米电子学器件围绕无线通信在物联网、计算机与移动介质等领域的重要应用开展芯片研究；加强纳米制造支撑体系方面的投入，如建设公共微纳加工平台等。

（6）纳米复合材料

研究纳米复合材料的表界面复合特性，多级次制造技术，长效服役性能等。

重点研究内容包括：针对高蜡原油的低温运输和储存问题，开发新型纳米降黏降凝剂，实现原油的低温降黏降凝及其长效稳定；针对电网特高压对于防污闪和高绝缘的重大需求，开发防污闪复合涂层材料和高绝缘纳米复合电工材料；轻质高强度纳米复合材料；面向航空航天应用的纳米复合材料等。

四、促进我国基础前沿交叉领域科技发展的战略举措和政策建议

服务于世界科技强国建设，确保我国在基础前沿交叉领域的跨越发展，建议完善和加强以下政策与保障措施。

（一）继续加大基础研究投入力度

目前，我国基础研究经费占全社会研究与开发经费投入的比例约为5%，主要由国家财政投入，而发达国家比例在15%左右，并且投入更加多元化。因此，加强基础研究投入必须多措并举，构建多元化的投入机制。一方面继续发挥中央财政的主体作用，加大中央财政对基础研究的投入，提高稳定支持的力度；另一方面，在此基础上建立基础研究投入的协同机制，引导和鼓励政府各部门、企业和社会力量增加对基础研究的投入，不断提高基础研究经费在国家总体研究与开发经费中的占比，形成全社会支持基础研究的新局面。

（二）营造良好的科研创新环境

科学探索是一种创造性活动，而基础前沿研究更难以预测，风险性强，需要大批智慧敏锐、献身科学的优秀人才。要坚持以人为本，进一步加大基础研究和前沿探索领域的人才培养和引进力度，稳定现有骨干人才，形成一支心无旁骛、长期深耕、勇攀高峰的高水平人才队伍，夯实基础研究的长远发展根基。要确立以创新质量和学术贡献为核心的评价导向，倡导“板凳一坐十年冷”“咬定青山不放松”的潜心治学精神，营造勇于探索、敢于创新、宽容失败等有利于基础研究和原始性创新的环境和文化氛围。

（三）进一步加强我国基础研究基地和条件平台建设

结合北京、上海科创中心和北京怀柔、上海张江、安徽合肥综合性国家科学中心建设，在基础前沿交叉领域谋划建立国家实验室，打造国家战略性科技力量，抢占物质科学、生命科学等重大基础前沿交叉领域的制高点。统筹推进国家重点实验室与国家研究中心体系建设，深化体制改革，优化科研布局，与国家实验室形成梯次接续的基础前沿交叉领域创新基地格局。继续强化国家重大科研基础设施的布局建设，改进完善科研条件和服务保障，加强运行管理和绩效评估。完善国家野外科学观测站体系建设，推进联网观测和加强数据共享。加大支持和协调力度，进一步加强科技基础资源和数据平台建设。鼓励重要科研仪器装备自主创新，促进大型仪器设备开放共享。

（四）持续推进和深化国际合作与交流

科学无国界，特别是在基础前沿交叉领域，国际科技合作已经是当代科技发展的重要组成部分。在全球化大背景下，要以国际视野来谋划基础研究领域的发展，进一步加强国际合作，有效利用和整合全球创新资源。围绕“一带一路”倡议和相关国家战略，完善合作体制机制，逐步探索建立有利于我国基础前沿发展的国际合作交流模式，开展多层次、全方位和高水平的国际交流与合作。在积极参与国际大科学计划的基础上，加强顶层设计，发起组织新的国际大科学计划，充分调动国际智力和科研资源，提升国际话语权和影响力，使我国真正成为重大原始创新策源地，引领世界科学发展和技术进步。

研究编撰人员（按姓氏笔画排序）

于　渌　刘鸣华　李泽霞　吴树仙　张新民　陆朝阳　赵国屏　高小山　郭　雷　赫荣乔　熊　燕

参考文献

[1] 中国科学院重大交叉前沿领域战略研究组．中国至2050年重大交叉前沿科技领域发展路线图．北京：科学出版社，2009.

[2] 中国科学院纳米科技领域战略研究组．中国至2050年纳米科技发展路线图．北京：科学出

版社，2009.

[3] National Institutes of Health. The Brain Initiative. https://www. braininitiative. nih. gov/ [2017-08-24].

[4] The European Union. The Human Brain Project. http://www. humanbrainproject. eu/en/ [2017-08-24].

[5] 蒲慕明，徐波，谭铁牛．脑科学与类脑研究概述．中国科学院院刊，2016，31（7）：725-736.

[6] 科学技术部．国家中长期科学和技术发展规划纲要（2006—2020 年）. http://www. most. gov. cn/mostinfo/xinxifenlei/gjkjgh/200811/t20081129_65774. htm [2017-08-24].

[7] 王小梅，邓启平，李国鹏，等．ESI 研究前沿的科学图谱及在纳米领域的应用．图书情报工作，2017，61（12）：106-112.

第二十一章　重大科技基础设施

重大科技基础设施集中体现了当代科学技术发展的最高水平，代表了探索未知世界、发现自然规律、实现技术变革的极限能力，是突破科学前沿、解决经济社会发展和国家安全重大科技问题必不可少的基础条件。重大科技基础设施在一定程度上代表国家科技水平、创新能力和综合实力，是世界科技强国的重要标志。

一、重大科技基础设施的重大作用和意义

当前，人类经济社会发展面临资源、能源、环境、健康等一系列瓶颈制约，依赖科技进步破解瓶颈制约的需求日益紧迫。新一轮科技革命和产业变革孕育兴起，正在以全面的科技创新，驱动社会经济发展方式和人类生产生活方式产生深刻巨变，重塑世界竞争格局，对今后相当长一段时期内各国各民族的前途命运产生重大和深远影响。

在人类不懈探索和认识自然的科学进程中，物质结构、宇宙演化、生命起源、意识本质等基础前沿科学领域正在发生或酝酿重大突破。每一项重大突破的诞生，都伴随着人类探索未知的极限能力达到新的高度。重大科技基础设施对这些基础前沿科学发展发挥了核心作用，也是进一步实现重大科技突破必不可少的支撑条件。中国要建设世界科技强国，责无旁贷地要在重大科技基础设施建设和发展方面主动作为，做出应有的贡献。

2015 年 10 月 26 日，习近平总书记在《关于〈中共中央关于制定国民经济和社会发展第十三个五年规划的建议〉的说明》中强调，“提高创新能力，必须夯实自主创新的物质技术基础，加快建设以国家实验室为引领的创新基础平台”[1]，《国民经济和社会发展第十三个五年规划纲要》将加快国家重大科技基础设施建设作为提升创新基础能力的重要方面，提出要依托现有先进设施组建综合性国家科学中心，把对重大科技基础设施重要性的认识提升到空前高度[2]。

在实施创新驱动发展战略和建设世界科技强国的伟大进程中，重大科技基础设施是突破国家经济社会可持续发展和国家安全许多瓶颈制约的利器；是国家抢占科技制高点、引领重要科技领域、开拓新兴交叉领域的重器；是突破关键核心技术、催生高新技术、开辟新的经济增长点的发动机；是集聚和培养世界级高端人才、建设国际一流科研机构、开展高水平国际科技交流与合作、打造世界科学中心的重要基础；也是我国在人类探索和认识自然的征程中做出历史性贡献、彰显大国形象与强国地位的重要标志。

二、重大科技基础设施发展现状及趋势

从国际上看，重大科技基础设施出现于20世纪中期，直至20世纪末，一直处于平稳发展的状态。从世纪之交开始，随着新科技革命的兴起，全球范围内的重大科技基础设施再次呈现迅速发展的新态势。

（一）重大科技基础设施建设发展的国际竞争加剧

各发达国家都高度重视重大科技基础设施的发展，纷纷制定长远规划并大力推进实施。近十几年来，一批高性能、新一代或新型设施投入运行，将人类认识自然的能力和开展广泛领域创新性研究的能力提升到空前高度。依靠重大科技基础设施提供的崭新或颠覆性研究手段，人类不断产生各种颠覆性技术，推动科技发展和产业变革，为人类破解各方面发展的瓶颈开辟广阔道路。在基础科学领域，依托重大科技基础设施取得了以发现希格斯粒子和成功探测引力波为代表的历史性突破，成为人类探索自然漫长征程的重要里程碑。

今后相当长的一段时期里，重视重大科技基础设施的建设和发展，仍将是科技发展趋势中的主旋律。这当中的一个新特征是，国际竞争日益激烈，抢夺制高点，已成为各国重大科技基础设施的重要着眼点。在能源、生命与健康、地球系统与环境、材料、工程技术等学科领域，抢占突破科学前沿和发展战略性高新技术的制高点，进而占据引领世界经济发展的有利地位，已成为发达国家相关重大科技基础设施的发展目标。

以多学科应用的平台型装置为例。当前，人类已进入物质调控时代，从分子、原子、电子、自旋态的水平来认识，进而调控物质，使其具有期望的功能和

性能，将为人类开发丰富、高效、洁净能源，研究与开发环境友好的材料、工艺和技术，发明高性能和特殊功能的材料和器件，以及发展极大提高人类健康水平的卫生和医疗技术提供前所未有的机会[3]。为了抢占物质调控研究的制高点，发达国家正在竞相规划和建设性能极大跃升的新一代同步辐射光源，向衍射极限的目标推进；高性能硬X射线自由电子激光装置的竞争同样激烈；欧洲5兆瓦散裂中子源动工兴建，以期夺回因美国建设1.4兆瓦散裂中子源而失去的优势。美国能源部基础能源科学咨询委员会的一份报告[4]，在评估这些发展情势后指出，“很显然，国际上建造衍射极限同步辐射和新的自由电子激光的努力，在下一个十年将严重地挑战美国的领导地位”“基础能源科学办公室应确保夺回自己的世界领导地位”。其字里行间弥漫着国际竞争的浓烈火药味。

与此同时，粒子物理和核物理、天文学等重大科学前沿领域，正处于暗物质和暗能量等重大突破的前夜，各科技强国都以率先取得突破为目标，确定各有特色的科学计划，抓紧建设相关研究设施。在此过程中，各国还及时根据发展态势，特别是竞争对手的动态，有针对性地调整设施建设方案和科学研究计划，竞争之激烈前所未有。

（二）应用领域向能源、资源生态环境、生命与健康等扩展

重大科技基础设施的应用领域，从传统的物理学和天文学等少数学科，迅速向能源、资源生态环境、生命与健康等扩展。一方面反映出这些学科或领域已逐渐形成“大科学”研究方式，进而导致对研究条件提出更高的需求；另一方面也反映出在新的社会变革中，依托重大科技基础设施破解全局性、整体性重大科技问题的需求显著增强。

为此，各国政府在继续重视传统“大科学”领域设施发展的同时，着力加强新领域设施的布局建设，并对能源、全球气候变化和生态环境等需要协同建设的重大科技基础设施积极组织开展国际合作研究。

（三）我国重大科技基础设施发展现状及需要关注的问题

我国重大科技基础设施的发展态势与国际发展态势基本一致，但也具有一些自身的特点，还有一些需要特别关注的问题。

过去十年，在国家的重视与支持及科技界共同努力下，我国重大科技基础设施

快速发展，取得显著成绩。设施建设加快向体系化方向发展，投入运行和在建设施总量近50个。新建设施的技术水平和科学产出水平世界瞩目。例如，EAST是世界上首个全超导托卡马克实验装置，成为国际热核聚变实验堆（ITER）计划稳态物理重要的前期实验平台；大天区面积多目标光纤光谱天文望远镜（LAMOST）、FAST等天文观测装置的多项技术性能达到国际领先水平；长短波授时系统守时、授时水平长期保持在国际前列。依托重大科技基础设施，中微子物理研究、粲物理研究、等离子体聚变实验研究等多个方向处于国际领先地位，涌现了发现新的中微子振荡模式和四夸克候选粒子，实现稳态长脉冲高约束等离子体运行超百秒等一批重大成果；利用同步辐射光源平台装置，取得了诸如发现外尔费米子、破解埃博拉病毒入侵人体细胞机理等重要研究成果。

在能源、生命、地球系统与环境、材料、工程技术等领域，我国较早建成的重大科技基础设施，如遥感卫星地面站、长短波授时系统、海洋科学综合考察船、大陆构造环境监测网络等，在载人航天、资源勘探、防灾减灾和生物多样性保护等方面发挥了不可替代的作用。

在《国家重大科技基础设施建设中长期规划（2012–2030年）》的指导下，我国在继续重视传统领域设施发展的同时，进一步加强了对上述领域设施的部署，已经规划和部署建设的重大科技基础设施近20个。目前我国在建和运行的国家重大科技基础设施见表21-1。

表21-1　我国在建、运行和规划的国家重大科技基础设施一览表

"十一五"以前	"十一五"
BPM短波授时台	强磁场装置
BPL长波授时台	子午工程
兰州重离子加速器	重大工程材料服役安全研究评价设施
HI–13串列加速器	农业生物安全科学中心
中国遥感卫星地面站	海洋科学综合考察船
合肥同步辐射实验装置	FAST
北京正负电子对撞机	结冰风洞
"东方红2号"海洋考察船	大陆构造环境监测网络
中国环流器新一号装置	航空遥感系统
神光Ⅱ装置	蛋白质科学研究设施

续表

“十一五”以前	“十一五”
中国地壳运动观测网络	散裂中子源
中国环流器二号A装置	极低频探地工程
中国大陆科学钻探工程	软X射线自由电子激光试验装置
全超导托卡马克核聚变实验装置	
农作物基因资源与基因改良工程	
大天区多目标光纤光谱望远镜	
上海光源	
中国西南种质资源库	
“十二五”	“十三五”
转化医学研究设施	硬X射线自由电子激光装置
精密重力测量研究设施	空间环境地基监测网（子午工程二期）
上海光源线站工程	极深地下极低辐射本底前沿物理实验设施
高能同步辐射光源验证装置	大型地震模拟研究设施
空间环境地面模拟装置	聚变堆主机关键系统综合研究设施
综合极端条件实验装置	高能同步辐射光源
模式动物表型与遗传研究设施	跨尺度生物医学成像设施
高海拔宇宙线观测站	超重力离心模拟与实验装置
加速器驱动嬗变研究装置	高精度地基授时系统
强流重离子加速器	中国大型光学红外望远镜
地球系统数值模拟器	
海底科学观测网	
未来网络试验设施	
大型低速风洞	
高效低碳燃气轮机试验装置	
中国南极天文台	

同时，我国的多个重大科技基础设施发挥了带动和辐射区域创新发展的积极作用，在支持推进产业转型发展和创造新的增长点方面取得前所未有的成效，为创新驱动发展做出了重要贡献。在国家和地方政府的支持下，北京、上海、合肥等基于重大科技基础设施群的综合性国家科学中心正在加快建设。这必将强有力

地促进我国科学技术的快速发展，加速经济社会发展。

总体来说，我国重大科技基础设施建设进展良好，但仍存在一些不足。首先，我国重大科技基础设施的发展水平与先进科技强国相比仍然存在较大差距，与创新驱动发展战略需求还有较大距离。其次，由于多方面原因，一些领域或重要方向的设施布局仍为空白，将影响相关科学研究的发展。最后，由于一些新兴领域里许多设施的形态与传统的大科学装置差别很大，其科学价值的体现、建设组织方式、运行模式、管理体制等众多方面都有强烈的自身特点。对这些问题和挑战，科技界和管理部门尚需加强研究，准确、全面认识和把握，同时坚定不移地加快发展，从设施体系的完整性、总体规模和技术水平等多方面，大力提升国家重大科技基础设施的体系化和支撑能力，特别是有力推动新兴领域设施科学、有效发展，最大限度地提高设施建设运行的效率和效益，在激烈的国际竞争中实现从跟踪到引领的跨越。

三、我国重大科技基础设施发展目标、布局和路径

重大科技基础设施从规划、立项、建设，直至建成投入运行、发挥效益，一般需要 6-10 年时间。如果计入酝酿策划和预先研究，时间还要长得多。因此，必须充分考虑这一特征，加强战略研究，前瞻规划布局。这里主要着眼世界科技强国建设目标，依据国家对重大科技基础设施发展的近中期规划部署，尝试描述至 2050 年我国重大科技基础设施相应的建设与发展目标，并基于对国内外科技发展新态势和国家创新发展新要求的分析研判，探讨促进本领域未来创新发展的战略选择。

（一）2020 年发展目标及路径选择

到 2020 年，重大科技基础设施领域布局基本完善，设施体系初步形成。薄弱领域明显加强，优势方向进一步巩固和发展。设施总体技术水平进入国际先进行列，一批设施的性能居国际领先地位。有效支撑前沿科技领域开展突破性和原创性研究的能力显著增强，基本建成若干综合性国家科学中心。设施整体国际影响力和地位显著提高，为我国进入创新型国家行列提供有力支撑，为进入创新型国家前列和建设世界科技强国奠定坚实基础。

由于从现在到2020年仅有3年时间，真正支撑实现2020年发展目标的是已投入运行和新近建成即将投入运行的设施。因此，重点是深化改革，加强管理，着力提升现有设施的能力和运行效率，充分发挥设施作用和效能，努力早出成果、多出成果、出好成果、出大成果。

1）狠抓建设管理，采取切实措施，确保2020年前完成“十二五”规划项目，2020年后数年内完成“十三五”规划项目。

2）加大支持力度，使新近建成或即将建成的FAST、中国散裂中子源（CSNS）等具有国际领先或先进水平的设施迅速进入高效的开放运行状态，尽快产出高水平成果。

3）尽快解决我国已投入运行设施，包括即将建成投入运行的设施中较为普遍存在的配套能力不足、实验研究终端系统薄弱等问题，大力提升设施的服务和支撑能力，充分发挥其效力。

4）加强战略研究，谋划推进国家重大科技基础设施发展中长期规划工作，完善规划布局和体系建设。

（二）2035年发展目标及路径选择

到2035年，基本建成布局完整的重大科技基础设施体系，其技术水平和科技产出总体居世界前列，若干设施居国际领先地位，能够全面支撑前沿科技领域开展原创性研究。设施的科技效益和经济社会效益显著，率先取得一批重大科学前沿突破，不断为破解各种经济社会发展制约瓶颈提供新知识、新途径，不断催生具有变革性、带动产业升级的高新技术。在设施体系支撑下，基本形成若干具有显著国际影响力的世界科学中心和对国家经济社会发展有显著带动及促进作用的科技创新中心，为我国建设世界科技强国奠定更加坚实的基础。

1）在2020年至2025年，陆续建成近30个性能先进的重大科技基础设施，同时完善并显著提高已有设施的性能与支撑服务能力，发挥其最大效益。

2）在建成投入运行设施总体数量达到50个左右、高水平设施达到30个左右的条件下，应以占领科技竞争制高点、巩固和发展竞争优势、建设全球科学中心及国家创新高地为目标，努力产出一大批具有世界领先水平的原始创新成果。

3）在利用现有设施实施国家重点研究与开发计划项目“大科学装置的前沿研究”的同时，积极开展先期研究，确定利用重大科技基础设施取得重大前沿突破和重要原始创新成果的主攻方向，并据此组织队伍，开展预先研究，为抢占国际创新高地做好充分准备。

4）总结经验，科学筹划，在重要新兴领域，特别是在薄弱和空白的重要方向，部署和组织实施重大科技基础设施建设项目。

（三）2050 年发展目标及路径选择要点

世界科技强国的重要标志之一，就是建成布局科学完善、支撑全面有力、性能和产出水平世界领先、管理体制和机制协同高效的重大科技基础设施体系，依赖新思想、新原理、新技术发展一批具有世界领先水平的新型设施和新一代设施。在其强有力的支撑下，形成一批在世界上能够引领和主导科学发展的国际化科学中心，形成我国在相关领域的全球科技竞争中全面领先的科技创新能力。以其为依托，形成一批科技创新高地，创生更多变革性高新技术，有力推动产品、产业升级和引领性发展，成为我国占据全球经济增长制高点的强大驱动力。同时，这些科学中心和知识创新高地也将成为全球高端人才的集聚地和国家复合型科技领军人才的造就地。

1）吸引更多领域战略科学家，以发展新型设施和提高设施水平为目标，开展相关的新思想、新原理、新技术研究，将基于“三新”的高性能设施的预先研究纳入国家重大科技基础设施建设规划。

2）从 2020 年到 2040 年的 4 个五年间，根据需求的紧迫性和国际竞争态势，依次部署建设一批（20 个左右）性能处于世界领先或前列、有能力抢占国际竞争战略制高点的设施。规划和建设中，应注重设施整体技术水平（而不是个别指标先进）和配套能力，使其建成后即可成为抢占国际创新高地的生力军。

（四）若干领域方向的重点布局

重大科技基础设施涉及的学科和领域众多，需要长期、广泛、深入地研究，才能厘清所涉领域的科学技术问题和合理布局。这里重点对重大科技基础设施在若干重点领域方向布局的基本原则和一些共性问题进行简要分析。

一是要分析现状，对领域布局的合理性、优势与差距、已有规模及其与需求的差距、性能先进性和国际竞争力、建设效益和产出水平等各方面作出准确的判断。只有找准起点，才能找对路径，达到预定目标。二是要确定科学合理的发展路径，只有通过比竞争对手更为高效的路径，才能实现从落后到领先的超越。由于设施的建设期长，规划布局必须考虑路径的前后衔接和关联。三是要加强顶层设计。要充分理解国家需求，深入分析发展态势，准确把握未来趋势。在此基础上，恰当选择实现国际领先目标的突破口、优先布局的重点领域方向。

1. 高能物理与核物理、天文学中针对科学前沿的专用研究装置

我国在这些领域已经拥有一批具有特色和特殊竞争优势、在相关科学前沿处于国际前列甚至领先地位的装置。近年又建成和部署建设若干世界领先的装置。2035 年前的进一步发展，应该从科学意义和已有基础两个方向考察，精心选择有限目标，适度增加投入力度，部署新装置的建设，从而巩固已有优势，扩大优势领域。与此同时，加强对“三新”研究和新设施预先研究的部署，为 2035 年后的发展做好准备。2035 年之后，待国家经济实力提高到新的水平，再追求扩大优势领域面，直至 2050 年达到全面领先水平。

应根据发展态势的新变化，适时适度调整布局，甚至包括具体设施的建设方案、技术路线及相应投资。当年 BEPCII 工程（北京正负电子对撞机重大改造工程）根据国际最新动向将建设方案调整为双环方案，以增加不多的投资，继续保持了竞争优势，是一个成功的案例。

2. 多学科平台型装置

多学科平台型装置主要包括同步辐射光源、散裂中子源、自由电子激光、综合极端条件实验装置等。目前在重大科技基础设施领域划分中将其归为材料领域。实际上，它们的应用极为广泛，覆盖生命与健康、资源生态环境、物质科学、新能源等诸多领域。

近十年，这类装置在我国有了很大的发展，运行和即将建成投入运行的装置达到 5 个，其中大部分达到国际先进水平。如瞄准世界前列的高性能自由电子激光和准衍射极限同步辐射光源已有部署，即将实施建设。

今后一个时期内，应集中精力建设好已部署的装置，做好已有装置配套的实验系统后续建设和设施的高效利用，及时安排散裂中子源二期建设和高能准衍射极限同步辐射光源的二期建设，并部署低能区高性能同步辐射光源等新建项目。待已部署装置建成投入运行后，再根据科技发展和应用需求，选择确定下一步发

展的目标。

3. 新兴应用领域的重大科技基础设施

在能源、资源生态环境、生命与健康、工程科学等领域，我国从“十二五”开始部署了一批设施建设项目。建成后，这些领域的面貌将有望改观。但总体上看，已部署设施先进性不够显著，支撑相关领域科技前沿创新发展的能力尚显不足。今后一方面要合理安排这些设施的能力扩充建设，另一方面要在新建布局中提高对设施性能的要求。

另外，这些领域在一些重要方向上设施的缺失应尽快填补。例如，能源领域的新能源研究设施、能源科学和环境科学交叉设施，生命与健康领域的研究资源共享利用的分布式设施等。这些设施在许多国家和地区都受到极大关注。以欧盟2016年研究基础设施路线图为例[5]，在能源领域布局了欧洲太阳能研究设施（EU-SOLARIS）、欧洲风能研究设施（WindScanner）、欧洲二氧化碳捕获和存储设施（ECCSEL）等；在生命与健康领域布局了生物数据库和生物分子资源设施（BBMRI）、生物信息设施升级（ELIXIR）、微生物资源设施（MIRRI）、海洋生物资源设施（EMBRC）等大量资源共享利用的分布式设施。这些情况都可以作为我们的参考和借鉴。

四、促进我国重大科技基础设施发展的战略举措和政策建议

（一）坚持国家统一规划建设重大科技基础设施

必须继续坚持国家主导，由国家统一规划和部署重大科技基础设施的建设，坚持国家科技发展的战略目标和用户需求导向相结合的原则，这也是国际上发达国家重大科技基础设施建设的通行规则。

重大科技基础设施的建设方案应当力求综合性能先进，符合国情，综合考虑用户群体、建设队伍和管理开放水平，加强论证，确保科学性、先进行、可行性。重大科技基础设施的规划必须考虑装置的全生命周期，在重视新装置的立项和建设的同时，必须统筹考虑它们的运行开放和维护、实验终端的建设以及升级改造。要认真部署和实施重大科技基础设施新建或改造升级的关键技术预研，这

是确保工程顺利建设、采用创新技术实现跨越发展和引领的关键。

积极探索地方政府参与重大科技基础设施建设的多种机制，调动各方积极性，加快我国重大科技基础设施的建设和应用水平。不应盲目追求设施单项指标的“世界第一”，避免一哄而上和低水平重复建设。

（二）重视已建成设施的研究和应用成果产出

目前，我国已建和在建重大科技基础设施的数量已处于世界前列，若干设施已经接近或处于国际先进水平。但多数平台型装置的谱仪数量和精度以及样品环境还不能满足用户需求，与发达国家的同类装置差距较大，而在科学研究、应用及产出方面的差距更为突出。

在继续部署新建大科学装置的同时，应当更加重视依托已建成的重大科技基础设施，加强原创性重大科学问题研究，促进重大科技成果产出，同时积极推动面向国家战略需求和国民经济主战场的重大应用成果产出。要加大对设施运行、研究和应用的支持，如尽快增建一些平台型装置的谱仪，并适时进行升级改造，保持其在国际上的先进性和竞争力。加强对已投入运行的大科学装置科学研究和应用成果的评估，定期评估（每 3–4 年一次）其运行水平、开放和管理水平、科学和应用产出、用户评价、经费情况、维护和改造升级需求等，特别注重检查立项时科学和应用目标的实现程度。

（三）设立大型科学研究平台二期工程“绿色通道”

对多学科交叉的大型科学研究平台（如同步辐射光源、散裂中子源等）的二期工程（建设更多的谱仪和光束线站、样品环境、实验室设施等）的立项设立“绿色通道”。这些二期工程项目往往不要征地，在环评方面一般也没有变化。所以，在这些大型科学研究平台投入运行并通过国家验收后，应可立即申请二期建设，尽快发挥更大作用，而不必作为新项目参与每个五年规划的项目竞争。

（四）推动国家层面的发展战略咨询常态化

加强国家层面的重大科技基础设施发展战略研究和决策咨询工作。以目前制定规划时成立的咨询委员会为基础，适时构建具有固定任期的常设咨询机构，形成常态化的咨询工作机制。其主要任务：一是定期对全国重大科技基础设施发展的状况，包括管理运行工作进行评估，针对存在的问题提出改进建议；二是适时对设施建成后的后续发展需求，包括扩充建设和升级改造等工作进行评估，提出安排建议；三是组织开展新建重大科技基础设施的规划论证和评审，提供咨询意见和建议。

研究编撰人员（按姓氏笔画排序）

陈和生　金　铎　阎永廉　彭良强　曾　钢

参 考 文 献

[1] 习近平．关于《中共中央关于制定国民经济和社会发展第十三个五年规划的建议》的说明．http://www.xinhuanet.com/fortune/2015-11/03/c_1117029621.htm [2017-08-26].

[2] 国家发展和改革委员会．国民经济和社会发展第十三个五年规划纲要．http://www.ndrc.gov.cn/zcfb/zcfbghwb/201603/P020160318573830195512.pdf [2016-3-18].

[3] Basic Energy Sciences Advisory Committee, U. S. Department of Energy. Directing Matter and Energy: Five Challenges for Science and the Imagination. https://digital.library.unt.edu/ark: /67531/metadc900793/ [2017-08-26].

[4] Basic Energy Sciences Advisory Committee, U. S. Department of Energy. Report of the BESAC Subcommittee on Future X-ray Light Sources. https://wenku.baidu.com/view/41c63ab1172ded630 b1cb659.html [2017-08-26].

[5] European Strategy Forum on Research Infrastructures. Strategy Report on Research Infrastructures-Roadmap 2016. http://www.esfri.eu/roamap-2016 [2017-08-26].

第二十二章　数据与计算平台

人类进入信息时代，信息技术与信息化不仅渗透到全社会各行各业，而且全面渗透到科技创新的各个领域，成为支撑和促进科技发展、提升国家科技竞争力的重要手段。长期以来，科学研究遵从实验观察、理论分析、计算模拟 3 种科研范式，现在迎来了以“数据密集型”为代表的第四范式。这四种范式相互促进，且以第四范式为更鲜活的特征，共同驱动当今科技迎来新一轮革命。在未来相当长一段时间里，数据与计算将推动各领域科学研究手段和方式的变革，成为突破重大科技问题的加速器与倍增器，成为驱动科技创新的基本动力“要素”。

2016 年 10 月 9 日，十八届中共中央政治局就实施网络强国战略进行第三十六次集体学习，习近平总书记发表了重要讲话，指出要“以数据集中和共享为途径，建设全国一体化的国家大数据中心”，推动高性能计算等研究与开发和应用取得重大突破[1]。党的十九大报告进一步强调要建设网络强国，并明确提出“推动互联网、大数据、人工智能和实体经济深度融合”。2017 年 12 月 8 日，十九届中共中央政治局就实施国家大数据战略进行第二次集体学习，习近平总书记主持学习时强调“推动实施国家大数据战略，加快完善数字基础设施，推进数据资源整合和开放共享，保障数据安全，加快建设数字中国，更好服务我国经济社会发展和人民生活改善”。这些都对我国的数据与计算科学的发展提出了明确要求，也为我国布局建设数据与计算平台、加快推进科研信息化进程指明了方向。

一、数据与计算平台的重大作用和意义

（一）数据与计算及其融合发展已成为国家科技竞争力的核心组成部分

在全球信息化快速发展的大背景下，数据成为人类社会发展进程中新的“石油”，成为世界各国争夺的重要基础性战略资源。谁掌握了数据资源，谁就掌握

了主动权，就可以在新一轮科技革命和产业变革中抢占先机。计算是产生、获取、分析、利用数据的重要工具，特别是高性能计算，更是当代科技竞争的战略制高点，集中体现了一个国家的综合实力。面对海量的数据资源，由计算性能和计算软件耦合形成的计算力正在成为挖掘和发挥数据价值的重要手段，数据资源与计算力的匹配程度则是发挥数据最大价值的关键。数据与计算深度融合并不断发展，已成为科技创新所必备的重要平台和工具，在推动各领域科技发展中发挥着重要的支撑作用，成为国家科技竞争力的关键要素。

美国为保持其全球科技及经济领先地位，在数据与计算领域先后提出并实施了一系列战略计划[2]，加强平台建设和研究与开发应用，如 2012 年制定的“大数据研究与开发计划”（Big Data Research and Development Initiative），2014 年发布的大数据白皮书（*Big Data*：*Seizing Opportunities*，*Preserving Values*），2016 年启动实施的“联邦大数据研究与开发战略计划”（The Federal Big Data Research and Development Strategic Plan），2015 年 7 月颁布的“国家战略性计算计划”（National Strategic Computing Initiative，NSCI）等。英国、德国、法国、日本等发达国家，也纷纷围绕数据与计算平台建设及研究与开发应用部署了相应的国家战略。

大数据

大数据（big data）是指需要新处理模式才能具有更强的决策力、洞察力和流程优化能力的海量、高增长率和多样化的信息资产。大数据概念最早由维克托·迈尔-舍恩伯格和肯尼斯·库克耶在《大数据时代》一书中提出。他们在该书中阐释了在大数据时代要用大数据思维去发掘大数据潜在价值的基本理念，即不用随机分析法（抽样调查）这样的捷径，而是采用所有数据进行分析处理。大数据有 4V 特点，即 volume（大量）、velocity（高速）、variety（多样）、value（低价值密度）。

（二）数据与计算深刻改变科技创新研究范式，加快推动重大成果产出

随着当今数据爆炸性增长，人类社会进入“大数据”时代，数据极大拓展了科技创新的研究深度和广度，科学研究呈现出数据密集和数据驱动的特征。大数

据将理论、实验、仿真等统一起来，形成了新的数据密集型计算，数据与计算成为一种新型的科学研究手段与方式，深刻改变了传统的科研模式，正驱动现代科学研究的迅猛发展。例如，空间天文、高能物理、深海探测等研究会产生海量的科学数据，及时深入分析这些数据，可为发现新的科学现象和规律提供强有力技术方法和手段。在生命科学和健康领域，以高通量药物筛选为例，到目前为止，已经有商业化合物分子3000多万个，药物靶标2000多个。如采用传统筛选方法几乎不可能完成，而采用大规模并行计算虚拟筛选的方式，则能够以较小的花费和较短的时间完成筛选。这将极大地促进药物研究与开发与创制，特别是给大规模暴发性急性传染病（如埃博拉出血热等）的药物研究与开发带来质的飞跃。数据与计算技术的飞速发展与广泛利用，将加速各学科领域产出重大科技成果，促进科学与技术的共同进步，支撑一系列科技瓶颈问题的解决。

（三）数据与计算成为推动经济社会发展的新引擎，有力推动产业变革和社会进步

数据与计算已成为信息产业中最具活力、潜力巨大的重要领域方向，是发展数字经济的关键要素。2015年，全球大数据核心产业产值已超过300亿美元，潜在规模超过8000亿美元[3]。有预测认为，到2020年，大数据将推动全球GDP增长超过2%。根据国际数据公司（IDC）2015年的统计，全球高性能计算市场规模在250亿美元，其中高性能计算机系统约占60%，软件和服务约占35%；据预测，2015–2020年高性能计算市场规模将以8.3%的年增长率增长，到2020年达到440亿美元[4]。

数据与计算在智能制造、过程工业、石油勘探开发、工程设计、天气预报、药物研究与开发等领域得到了广泛应用，成为建设现代化经济体系的重要支撑，大大推动了这些行业的发展和产业升级。例如，对过程工业中常见的反应器，通过大规模多尺度计算和大数据分析，可以实现工业过程的仿真，即“虚拟过程工程”。这将引发过程工业中操作调控、优化放大、故障诊断等工艺和过程的巨大变革。此外，随着大数据和高性能计算技术的快速发展，它们与传统行业不断渗透和深度融合，在人工智能、自动驾驶、金融商业服务、智慧医疗和智能制造等领域展现出广阔的前景，使生产过程更加绿色和智能，推动实体经济和数字经济融合发展。

另外，随着电子政务、智慧城市及“互联网+教育”等应用和推广，数据与计算在提升国家治理现代化水平与保障和改善民生等方面也发挥着越来越重要的作用，使得社会治理更加高效和普惠，也使得人们的生活越来越快捷和便利。

二、数据与计算平台发展现状及趋势

（一）国际数据与计算平台发展现状与特点

1. 科研数字基础设施

欧美等发达国家高度重视科研数字化基础设施建设，设立了一系列国家层面计划，以保持在国际竞争中的优势地位；并通过连接尽可能多的数字资源，共创共享，降低科研人员和工程师们使用数据和资源的门槛，提高数字化基础设施的使用效率。

美国能源部建立的高速科研专网 ESnet，将其所属国家实验室、高性能计算中心和研究所连接起来，并与 100 多个其他网络进行互联，形成面向国家重大任务的科研信息化基础设施体系，以便科学家们摆脱时间和地理位置的局限，随时随地、方便高效地利用能源部的研究设备和计算资源开展研究工作。

美国国家科学基金会（NSF）通过打造极限科学与工程发现环境 2.0（XSEDE 2.0），集成了全球最先进、最强大和最稳定的科研数字资源和服务环境，其连接着遍布全球的计算机、数据和研究人员，为材料、物理、化学、系统科学、大气科学、分子生物学等 60 多个学科方向的科学家建立了操作方便、可共享的单一虚拟系统，极大降低了科学与工程计算的门槛，提高了科研效率。2015 年，NSF 发布全国性的大数据区域创新中心网络（Big Data Hubs）和多个促进应用的大数据区域应用的辐条（Big Data Spokes），目的是打造一个灵活、可持续的国家级大数据创新生态系统，吸引更多大数据公私合作伙伴，帮助美国更好地融合大数据资源、技术等，服务于科技创新和解决社会挑战。

欧盟委员会于 2016 年推出“欧洲云计划”，将在未来 5 年增强并互联现有的科研基础设施成为“欧洲开放科学云”（European Open Science Cloud，EOSC），向欧洲 170 万名研究人员、7000 万名科学和技术专业人员，提供一个跨越学科领域和国界的虚拟科研环境，使其能够存储、共享和复用科研数据，推动欧盟科技界的协同创新。

联合国于 2009 年正式启动了“全球脉动”（Global Pulse）计划，旨在推动数字数据快速收集和分析方式的创新。联合国世界粮食计划署、经济合作与发展组织等国际机构也分别提出了利用大数据促进全球经济发展、刺激创新、提升生产力、造福人类的计划。

2. 高性能计算机

研究与开发百亿亿次（E 级，EFLOPS）高性能计算机，正成为美国、欧盟和日本等科技发达国家或地区及其科研机构的目标[5]。但国际上 E 级计算机的研制方案仍未确定，传统高性能计算技术已经无法满足 E 级系统的要求，必须在体系结构、处理器、存储器、节点间高速网络、操作系统和编程模型等方面有创新思路。

美国一直引领着高性能计算技术与技能的发展。2015 年 7 月，美国正式启动“国家战略性计算计划”（NSCI），旨在进一步巩固美国在高性能计算研究与开发与应用方面的领先地位。该计划提出要加快可实际使用的 E 级计算系统的交付，加强建模与仿真技术和数据分析计算技术的融合。同时，考虑到摩尔定律即将失效，美国能源部高级科学计算研究办公室（ASCR）开始考虑采取新行动来研究未来计算，如量子计算。2017 年 5 月，NSF 发布量子计算机项目指南，旨在开发全连接物理量子位的实用级量子计算机。2017 年 9 月，谷歌提出计划研究与开发 50 量子比特的量子计算机，以证明量子计算机拥有超越传统计算机的任务执行能力[6]。

日本文部科学省 2014 年春季开始部署研究与开发“E 级超级计算机”，其计算性能将是日本目前最快的超级计算机“京”性能的 100 倍，日本政府拟为此项目投入总额 1000 亿日元的研究与开发经费，力争在 2020 年前后完成研究与开发任务并投入使用。

“欧洲百亿亿次级软件计划”将联合产业界和政府机构，帮助用户在未来 10 年内从千万亿次（P 级，PFLOPS）超级计算提升至 E 级超级计算。“欧洲先进计算合作伙伴”（PRACE）计划部署一个泛欧 Peta-Scale 生态系统，并计划在 2020 年左右达到 E 级的运算性能。2011–2016 年，欧盟委员会共花费了超过 5000 万欧元用于 E 级计算相关研究项目，涵盖算法和应用开发、系统软件、能源效率、工具和硬件设计等多个方面。2017 年 3 月，德国、葡萄牙、法国、西班牙、意大利、卢森堡、荷兰 7 个欧盟成员国在罗马就高性能计算合作框架共同签署了一份声明，旨在携手研究与开发一个集成的世界级高性能计算基础设施，其可以联合欧洲数据与网络基础设施来提升欧洲的科学水平和产业竞争力。

3. 科学数据资源

欧美等发达国家一直将科学数据视为重要的战略资源，近几十年来一直利用其在科技领域的优势地位，获取大量科学数据资源，并通过部署一系列战略与计划进一步“瓜分”全球的科技数据资源。更应高度重视的是，由于科学数据的积累存在着马太效应，强者愈强，多者愈多，这也为发达国家巩固和发展其优势与垄断地位提供了较为便利的条件。

在生命科学领域，美国国立生物技术信息中心（National Center for Biotechnology Information）、欧洲分子生物学实验室（The European Molecular Biology Laboratory）和日本 DNA 数据银行（DNA Data Bank of Japan）汇聚全球数据，是目前国际上三大生物学数据库；欧美国家主导的全球生物多样性信息网络已经收录超过 3.5 万个数据集，整合 172 万多种生物种类信息，是目前全球最大的生物多样性信息服务机构。再比如，美国国家航空航天局于 1998 年开始发射对地观测卫星，开始对全球进行持续性的观测，目前数据累计超过 PB 级。2012 年，美国麻省理工学院、劳伦斯伯克利国家实验室以及哈佛大学等高校开始建设材料科学数据库，目前已收录材料数万种。国际上部分领域的权威数据库如表 22-1 所示。

表 22-1　国际上部分领域的权威数据库

研究领域	权威数据库/数据集	国家（地区）
基因组学	Genbank	美国
生物多样性	BHL	美国
天文学	CDS	法国
遥感学	MODIS/Landsat	美国
大气	WDCGG	日本
海洋	WOD	美国
核能	IAEA-NDS	美国、欧盟、日本、中国、俄罗斯
化学	ACS	美国
材料物理	MAtNavi	日本
医学	PDB	美国

国际上数据资源长期保存研究起源于20世纪90年代并持续至今，如美国国会通过立法明确国会图书馆建立国家数字信息基础结构和保存项目（NDIIPP），促使各界团体共担数字信息长期保存的责任，并寻找相关问题的全国性解决办法，以保证科学数据资源可长期维护和其内容可长期获取。类似的计划和项目还包括美国地理空间资源保存项目（GeoMAPP）、多备份资源保存项目（LOCKSS）等。

4. 数据与计算软件

数据管理软件从单个文件、关系型数据管理（如Oracle、MySQL等）朝着模式自由、易于复制、提供简单应用程序编程接口（API）以及支持海量数据的方向发展，以支持科学大数据的分析处理与高通量数据计算。如Google提出的GFS存储体系、BigTable管理模型与MapReduce处理模型，建立了支持横向扩展的应用架构。大数据处理技术在Spark、Hadoop等开源软件的快速发展中得到了长足的进步，出现了以MapReduce、MPP、Spark、Flink、Neo4j等为代表的计算框架，大数据分析从离线分析向在线分析乃至近实时分析、智能分析不断发展，出现了基于Hadoop的数据挖掘算法库Mahout、基于Spark的机器学习算法库MLib、大数据挖掘的SparkR、深度学习的Tensor Flow等。

应用软件作为高性能计算重要组成部分，承载着高性能计算机与领域应用之间的纽带。高性能应用软件的研究与开发是一个从能力型到普适型转变的长期过程，能力型应用软件经过一段时期的发展后，可用性、功能完备性和数值模拟置信度持续提升，逐渐被领域内用户认可，具备了普适推广应用价值。适应于市场和产业化的应用软件侧重于成熟技术集成创新，具备稳定的用户基础，具有完善的前后处理功能。长期以来，美国引领了全球高性能计算应用的发展，占据了高性能计算应用的战略科技制高点和全球较大比例的产业化市场份额。

异构计算机体系结构将成为未来E级计算的主流。未来计算性能的增加并不以运算更快的芯片形式出现，而在于使用更多的芯片，处理更多的复杂并行事件，通过大量、复杂的并行计算实现。复杂的内存层次结构和进程单元数提高了当前并行编程的极限，给复杂应用程序开发人员带来了巨大的挑战。许多新兴的体系结构不遵循常见的编程模式，实现快速并行的新方法将引领未来进步。并行框架的设计理念是基于组件化的开发思想，对用户屏蔽并行计算的细节，并促进共性算法的集成重用，促进复杂软件的共享和协同开发。

在过去几十年里，科研活动所使用的大部分模型仿真、数值模拟、数据管理与分析工具，基本都由美国、日本、欧洲等发达国家或地区所贡献[7]。各学科常用软件，几乎全部产生于美国、日本、欧洲等发达国家或地区（表22-2）。

表22-2　各学科常用软件

学科	类别	软件
信息	大数据管理、处理与分析	Oracle、MySQL、MongoDB、HBase、MPP、MapReduce、Spark、Neo4j、Mahout、MLib、SparkR、TensorFlow
	电子设计自动化	Protel、Altium Designer、PSPICE、multiSIM10
数学	通用	MATLAB
	统计分析	SPSS、Origin、SAS
	有限元分析	ANSYS、ADINA、ABAQUS、MSC
物理	多物理场耦合	MPCCI
	流体力学	Fluent
	工程模拟	ANSYS、Flac
化学	量子化学	Gaussian、ADF
	分子动力学	CHARMM、AMBER、NAMD、GROMACS
	蒙特卡罗	QMC
天文学	虚拟天文台	VOspec、Aladin
	数值模拟	Gadget
地学	遥感与地理信息系统	Erdas、ArcGis、Envi
	气候模式	MM5、CCM、WRF
	陆面过程模式	CLM、LSM
	海洋模式	POM、MOM、HYCOM、ROMS、FVCOM
生物学	基因组学	ArrayVision、Vector NTI suite、ORF Finder
材料学	第一原理	VASP、Abinit

发达国家还通过一系列计划保持在计算软件领域的优势地位。2017年5月，美国能源部公布了2018财年预算案，其中ASCR项目的预算为7.22亿美元，与2016年实际支出相比增加了16.3%，其重点是E级计算研究。为确保E级项目的可持续性，ASCR的预算还将继续支持应用数学、计算机科学、计算合作方面

的基础研究。2018 年，ASCR 将进一步增加对 E 级计算的投资，达到 3.46 亿美元，一方面为 2021 年至少能部署一套 E 级系统做好准备；另一方面，将支持 E 级计算应用项目，开发面向 E 级平台的软件栈，支持 E 级计算机开发所需的研究与开发活动。

目前，人工智能在数据和计算科学领域得到了越来越广泛的应用。例如，美国国家能源研究科学计算中心基于深度学习框架，在气候模拟中寻找极端天气事件；欧洲核子研究中心的数据和分析服务团队正尝试在大型强子对撞机的下一阶段实验中，使用深度学习算法来过滤初始数据，这样可能会发现许多新奇的物理学信号。数据驱动的科技创新时代正在到来，数据、算法和应用正在深度融合，形成基于数据的创新生态系统。

（二）我国数据与计算平台发展现状与特点

1. 科研数字基础设施

2016 年 8 月，中共中央办公厅、国务院办公厅印发《国家信息化发展战略纲要》，首次将科研信息化作为“创新公共服务，保障和改善民生”的关键内容纳入国家发展战略，提出要“加快科研信息化”，要求“建设覆盖全国、资源共享的科研信息化基础设施，提升科研信息服务水平”[8]。2016 年 12 月，国务院正式印发《“十三五”国家信息化规划》，将建设基于云计算的国家科研信息化基础设施、打造“中国科技云”作为“应用基础设施建设行动”的重要目标之一[9]。

中国国家网格（CNGrid）利用网格技术将国内的超级计算中心连接起来，使用者通过统一的中间件接口便可以访问各个超级计算中心的计算资源。目前该网格环境包含 17 家结点单位，汇聚 200PF 计算资源，引领着我国高性能计算环境建设，形成聚合高性能计算和事务处理能力的新一代信息基础设施试验床。当前，中国国家网格的运管中心是中国科学院计算机网络信息中心。

目前，相比欧美发达国家，我国缺乏全国性的数字化基础设施，信息化各元素的服务能力不相匹配，削弱了对科技创新的支撑作用和整体服务能力，导致我国科研信息化支撑服务能力与欧美发达国家整体上存在 1–2 个数量级的代差。而且，我国国家重大科技基础设施的信息化服务能力参差不齐，平均网络接入带宽不到 2Gbps、计算能力不到 100TFLOPS、存储能力不到 300TB，并且大多数缺乏自主、基础的专业分析软件。

2. 高性能计算机

近年来，在国家各类科技计划的投入下，我国高性能计算机的研究与开发能力显著提升，已经位于国际领先水平。如我国自主研制的“天河一号”“天河二号”“神威·太湖之光”，已多次蝉联全球超级计算机500强的冠军。在2017年11月最新公布的世界超级计算机500强中，中国不仅再次摘得桂冠，而且在500强席位数上以202席位居第一，美国143席位居第二[10]。在国家“十三五”高性能计算专项课题中，中国人民解放军国防科技大学、曙光信息产业有限公司和江南计算技术研究所同时获批进行百亿亿次超算的原型系统研制项目，形成了中国E级超算“三头并进”的局面。根据目前的进展情况，我国新一代百亿亿次超级计算机预计2020年研制成功并建成投用。除了在计算能力上的拓展，更重要的是技术上的突破，新一代百亿亿次超级计算机将在计算密度、单块计算芯片计算能力、内部数据通信速率等方面都取得极大提升，而且将是国内自主化率最高的超算系统，包括自主芯片、自主操作系统、自主运行计算环境等。

“神威·太湖之光”超级计算机

“神威·太湖之光”是由国家并行计算机工程技术研究中心研制、安装在国家超级计算无锡中心的超级计算机。它安装了40 960个中国自主研究与开发的“申威26010”众核处理器。峰值性能为12.5亿亿次/秒，持续性能为9.3亿亿次/秒。

2016年6月20日，在德国法兰克福世界超算大会上，“神威·太湖之光”超级计算机系统登顶世界超级计算机500强榜单（Top500）之首。根据2016年11月，2017年6月和2017年11月公布的全球超级计算机500强榜单，“神威·太湖之光”继续蝉联冠军，实现了“四连冠”。

在量子计算机的研究方面，我国于2016年就首次实现了10光量子纠缠操纵，随后在此基础上利用自主发展的综合性能国际最优的量子点单光子源，通过电控可编程的光量子线路，构建了针对多光子“玻色取样”任务的光量子计算原型机，速度比之前国际同行所有类似实验快了至少2.4万倍。2017年5月，世界上第一台超越早期经典计算机的单光子量子计算机在中国科学技术大学诞生。

3. 科学数据资源

2015年，国务院发布《关于促进大数据发展行动纲要》，明确提出推进科学大数据发展，构建科学大数据国家重大基础设施，实现对国家重要科技数据的权威汇集、长期保存、集成管理和全面共享[11]。2018年1月，中央全面深化改革领导小组第二次会议审议通过《科学数据管理办法》，强调加强和规范科学数据管理，要适应大数据发展形势，积极推进科学数据资源开发利用和开放共享。我国现有的科学数据资源平台主要包括国家科技基础条件平台及国家各部委数据库。科学技术部支持建设的国家科技基础条件平台，通过有效配置和共享整合参建单位708家，推动了我国的科技基础资源开放与共享。中国科学院自1986年启动科学数据库建设以来，现已建成总存储容量达52PB的全国性分布式存储环境——中国科学院数据云，覆盖中国科学院60余家单位，承载1340个科学数据库，其中部分数据库已在国内外产生广泛影响力。

2017年，中国科学院开始实施A类战略性先导科技专项“地球大数据科学工程”，旨在突破数据开放共享的瓶颈问题，实现资源、环境、生物、生态等领域分散的数据、模型与服务等的全面集成，形成多学科融合、全球领先的地球大数据与云服务平台，将构建大数据驱动的、全球最具影响力的数字地球科学平台(CASEarth)，全景展示和动态推演“一带一路”可持续发展过程与态势，实现对全景美丽中国可持续发展的精准评价与决策支持。

目前，我国科学数据平台的现状与我国在国际上日渐提升的科技地位严重不符。数据积累、整合和开放共享能力等方面还远远落后，现有平台存在数据碎片化、数据质量不高等问题，日积月累造成国内缺失权威科学数据库。其中，最重要的一个原因就是：由于对国际资源的信任和依赖程度远大于国内，大量优质科学数据在国际期刊发表学术论文的过程中流失到国外。例如，国际上三大生物学数据库有近半数的资源来自我国，而我国科技工作者又是这三大库的主要用户。另外，基于科学数据的科研创新成果也不够突出。目前，尚无具有国际领先的科学数据成果产出，科学数据资源利用严重不足，科学数据的分析和处理能力成为科研制胜的“短板”。

大数据驱动的科研虽已得到国内外的公认，但大部分领域的实际应用尚处于萌芽探索期。对我国而言，既是机遇又是挑战，如果能够抓住大数据的发展契机，我国科学界完全能够与国际同行并跑甚至领先。

4. 数据与计算软件

在数据管理软件方面，由于传统数据管理软件不能满足大数据管理和应用的快速处理需求，我国信息技术学术界、产业界积极参与世界大数据新技术的竞争，出现了达梦数据库高性能分析组件、人大金仓 K@ DBCloud、南大通用 GBase8a 集群产品、翰云数据库、神通 KStore 海量数据管理系统等代表性产品，在分析挖掘方面则出现了 Kylin 多维数据分析引擎、阿里“数加”平台、华为 FusionInsight、百分点数据公司 BD-OS 等产品，打破了国外企业垄断的局面。

在高性能计算基础软件方面，如高性能计算机并行文件系统、高性能计算机作业调度软件、科学研究基础算法库等方面，我国长期处于落后状态，绝大部分都采用国外软件算法，或进行改写而成。

在高性能计算应用软件方面，目前国际主流高性能计算软件均来自美、日、欧等国家或地区，我国大部分高性能计算的应用水平长期处于跟随状态，领域软件的评价体系均以国外为主导。

为打破我国高性能计算应用偏弱的局面，国家高技术研究发展计划（863 计划）“高效能计算机研制及应用服务环境”、国家重点研究与开发计划“高性能计算”重点专项等部署了一系列高性能计算应用课题，提高了我国高性能计算软件的应用水平，在若干应用领域具有了一定优势，包括核模拟、复杂电磁环境、飞行器设计与优化、复杂工程与重大装置优化设计、全球气候变化与天气预报、地球环境与资源勘探、生命科学、材料科学等。2016 年 11 月，在高性能计算应用领域的最高学术奖项——戈登·贝尔奖评选中，我国基于“神威·太湖之光”系统的 3 项全机应用入围，占全部入围数量一半。最终，由中国科学院软件研究所与清华大学、北京师范大学等合作的“千万核可扩展全球大气动力学全隐式模拟”摘得桂冠。2017 年 11 月，由清华大学等完成的“非线性地震模拟”，再次揽获该奖项。

戈登 · 贝尔奖

戈登·贝尔奖（Gordon Bell Prize），设立于1987年，是高性能计算应用领域的最高学术奖项，是该领域发展水平国际公认的重要标杆。2016年以前，戈登·贝尔奖基本上一直被美国和日本垄断。2016年，我国首次获得该奖项，实现零的突破；2017年，我国再次获奖，表明我国在高性能应用领域已逐渐迈入世界先进行列。

但总体上来说，我国的高性能计算基础和应用软件还相对落后，短期内打破发达国家在通用计算软件的垄断地位具有一定难度。随着科创中心和综合性国家科学中心、国家实验室以及一系列国家重大科技基础设施的启动，科研活动对数据与计算平台的需求将呈现爆炸式增长，科学与工程计算的分析和处理能力将成为明显的“短板”。

（三）数据与计算平台未来发展的主要趋势

1. 数据与计算平台将向高通量系统发展

近十几年来，我国各科研单位和大型企业构建了数据与计算平台，为业务开展提供了支撑，特别是在云计算技术日益成熟的条件下，纷纷构建云计算系统，解决对于数据与计算资源的迫切需求问题。当前基于云计算架构的数据与计算平台的构建，都基于高性能计算（HPC）能力进行设计，主要应对“算得快”的能力需求，即以计算（主要单元是CPU）为中心。但这也导致了数据计算过程的低效率（传统计算系统如数据中心资源利用率往往不到20%，因为在以计算为中心的数据流动过程中，数据存放要经过CPU 2次、计算经过CPU 2次、通信经过CPU 4次，是以数据内容分发为主的数据纵向流动）。

未来数据与计算平台的一个主要发展趋势是不仅仅追求在一定时间单元里要“算得快”，还要“算得多”，即以追求高通量计算为主的数据与计算系统。高通量计算引起的新变化是并发请求数量大幅增加、数据量急剧增加、数据流动增多、数据流动以横向为主，从而不仅“算得快”，而且“算得多”。这种计算应用领域特别适合互联网大数据处理、高通量生物测序等需要高吞吐计算的各个领域。

高性能计算与高通量计算

高性能计算也称为并行计算（parallel computing），是指在并行机上，将一个应用分解成多个子任务，分配给不同的处理器，各个处理器之间相互协同，并行地执行子任务，达到加速求解效果，或者求解大规模应用问题的目的。

高通量计算（high-throughput computing），是指使用大量计算资源，通过长期模拟来完成一个任务，任务的鲁棒性和可靠性成为研究重点，即通过不可靠的组件创建一个可靠的系统。

2. 信息技术领域的技术突破将带来数据与计算平台系统结构的深刻变化，进一步提升系统效能和服务能力

未来 30 年，随着信息技术的进一步发展，以超导、碳纳米管、片内光子通信芯片等为代表的新型材料和工艺的出现，计算和存储芯片的设计将产生革命性的变革，计算系统的能力将突破摩尔定律的制约，获得突破性进展。提高存储密度和存取速度是存储技术发展的主要方向，以磁阻随机存取存储器（MRAM）、相变存储（PCM）、电阻式存储器（ReRAM）为代表的非易失性存储器件的技术和工艺的不断演化和完善，将对存储系统性能、容量和计算与存储紧密耦合带来革命性的影响；巨磁阻（GMR）、垂直记录技术（PMR）和热辅助磁记录技术（HAMR）等关键技术的创新使得数据存储容量激增，但增长势头开始逐渐放缓。

目前，科学家们正在研究与开发复合材料来提高存储密度，如将含有镝和钴元素的薄膜溅射到具有纳米结构的基质膜上，以获得更快、更节能的超高密度的数据存储；同时，面向服务的异构存储融合架构正在快速发展。以光子通信为代表的超高速宽带通信技术的演变，将对计算机系统内部连接和系统之间的连接产生变革性的零延迟通信能力。以量子计算、生物 DNA 计算等为代表的非冯·诺依曼系统结构的计算机系统的诞生，也将带来计算模式的颠覆性影响。在此情景下，基于网络、数据和计算的系统平台性能的服务质量、体验质量以及计算和服务模式的变化将从量变实现质变，科学研究依存的系统平台将使网络传输速率、数据处理和计算

速度的制约极小化，数据与计算平台的系统效能和服务能力将大幅度提升。

3. 物联网和人工智能等技术泛化将使科学数据的获取以及智能化处理更加自动和便捷，数据与计算平台将促进科技重大问题的突破

随着基于声、光、电、磁、重等多种传感器件的日益微型化，万物互联的物联网技术以及计算智能进一步前置到网络边缘侧的边缘计算技术的日益成熟，科研人员使用的信息化基础设施将成为像水、电、气一样的便利的基础设施，可以随时随地满足科研人员开展科学研究的数据处理与计算需求，并且整体拥有成本（TCO）极低。

随着科学数据获取的泛在化，科学数据的积累将呈几何级数的增加。由于科学数据的大量积累，科学大数据的融合处理将成为非常重要的问题。随着未来的人工智能技术和应用的深入演化，基于认知激励的智能化信息处理在硬件体系结构和理论算法上的突破，将带动数据分析和计算模式的突破性发展，科学大数据的融合处理将找到一条捷径，智能化技术的发展将推动科学研究范式的进一步变革。大数据、边缘计算、云计算、人工智能等技术将会使科研数据的分析、计算更加智能化。未来科研过程将会融入更多的计算和数据的份额，而科学家将更加聚焦于破坏性创新的科学研究和技术开发的创造性思维的工作，聚焦于重大的科学和技术问题的突破。

三、我国数据与计算平台发展目标和布局

（一）数据与计算平台发展目标

数据与计算平台的发展目标是建设国际一流的科学计算中心和最权威的科学大数据平台，加强各领域科学研究与信息化的交叉融合，引领科研信息化和科研范式的变革与发展，全面提升科技创新能力，助力我国产生若干具有世界领先水平的重大科学发现与原创技术突破。

到 2020 年，构建并汇聚艾字节（EB）级存储与灾备环境、百亿亿次（EF）计算能力的信息化基础设施环境，确保平台安全、稳定持续运行；在物理、材料、能源、地球科学、气象科学、生命科学等学科领域打造 10 个以上国际权威科学数据库，实现拍字节（PB）级数据开放共享；在核物理、材料、气象科学等

领域打造一批自主研究与开发的国际领先的数据密集型应用软件和高性能计算软件，推动各领域和数据与计算的融合应用。

到 2035 年，构建并汇聚泽字节（ZB）级存储与灾备环境、2. 5EF 计算能力的信息化基础设施环境，整体可用率达 99. 9%；打造一批国际一流的大数据分析和高性能计算软件；在各学科领域打造 30 个以上国际权威科学数据库，实现 EB 级数据开放共享；在高能物理、地球科学、生命科学、海洋科学、工程科学等更多的领域拥有自主研究与开发的国际一流的数据密集型应用软件和高性能计算软件，大多数领域的数据与计算的融合应用达到国际领先水平。

到 2050 年，运行国际一流的、数据与计算性能按需获取的基础设施环境；在我国的科技优势领域建成大批国际权威科学数据库；在绝大多数科技领域拥有自主研究与开发的国际一流高性能计算软件，为我国成为科技强国提供有力的数据与计算平台支撑。

（二）数据与计算平台重点布局

1. 重点研究内容

（1）构建标准统一、安全可靠的数字基础设施

建设混合架构高性能计算系统、建设混合数据处理环境（通用计算+高通量计算）、建设分布式数据存储以及数据长期保存环境、建设高速科研广域网络、建设综合调度/网格环境汇聚国家级超算资源，加快建设新一代百亿亿次超级计算机，实现数据处理与计算能力、网络传输能力、科学数据容灾备份能力的大幅提升。

（2）汇聚国家科学数据资源，建设国家级科学大数据平台

建设国家科学大数据中心，形成领域内科学数据汇聚的制高点，加强科学数据库建设，打造领域内国际权威的科学数据库，强化科学数据的汇集、更新和深度挖掘，吸引国际科学数据向中国汇聚，形成国际领先水平的数据资源汇聚高地；面向不同领域探索科学数据共享模式，推动科学数据共享。

（3）构建综合调度管理平台，实现数据基础设施和资源的统一智能协同调度

实现异构高性能计算资源、网格计算资源、通用数据处理资源和云存储资源的优化整合，为用户提供一致化的数据与计算环境；与中国科技云综合调度平台接轨，实现信息化基础设施的一体化的资源调度与管理服务。

(4) 突破自主高性能计算和应用软件与大数据处理软件

集中优势力量，通过整合数学算法与学科领域的应用、模型及算法等，在通用中间件、高性能及高通量计算软件、数据处理与分析软件与数据可视化软件方面有所突破，提高计算科学和数据与计算平台对各领域科学研究的支撑。具体包括：开发面向分布式多源异构数据的数据管理、发布、集成、融合、服务的软件系统及工具集；基于科学数据全生命周期模型的大数据管理与处理系统；通用大数据处理与分析软件包；面向异构高性能、高通量计算系统的框架软件；大规模并行计算的工具库和领域相关基础软件包；面向异构、多源、多学科的科学数据可视化分析软件包；面向各学科领域研究与开发领域应用软件等。

2. 平台设计与实施

在具体设计与实施层面，数据与计算平台将紧密围绕国家重大科技创新领域和重大科技项目，结合综合性国家科学中心、国家实验室、重大科技创新领域以及国家重大科技基础设施等布局，建设若干个领域平台；综合考虑科技领域、产业发展和地域因素，在区域应用较集中的地区建设若干个区域平台。由一个核心的公共平台将领域平台和区域平台通过高速科研专网连接，在统一的基础设施框架下进行调度与管理，形成由一个公共平台和若干个领域/区域平台（1+M）组成的数据与计算平台整体构架（图 22-1），实现数据与计算资源、服务、应用的高度融合，加速我国重大科技创新。

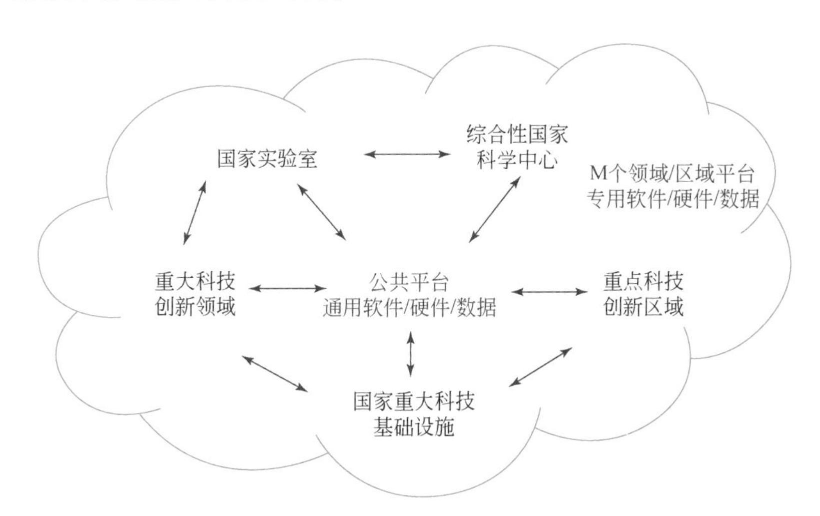

图 22-1 数据与计算平台整体构架

基于中国科技网（CSTNET），扩建和新建“五纵五横”的高速科研专用网络，全面连接我国各类科技创新要素，网络骨干带宽能力达到400Gbps或100Gbps，网络国际出口带宽达到100Gbps，为国家各科技创新单元提供安全、高速、稳定、智能的网络连接和应用支撑。通过国际科教合作计划与泛欧科研与教育数据网（GÉANT）、环球科教网络（GLORIAD）等国际主要科研与教育网络实现连通，对接国际科研信息化资源。

公共平台是“1+M”平台的核心，是数据与计算资源汇聚、调度、运管和安全保障平台。为各领域应用提供通用的计算、存储和灾备能力，是共性大数据分析、高性能计算、高通量计算、数据可视化软件和中间件的技术支撑和研究与开发平台。依托公共平台，打造一批国内一流的科学计算与大数据共性基础软件，面向各领域应用提供通用、易用的信息化基础设施环境；面向共性需求，为研究人员提供丰富的数据与计算算法与工具，并通过集成框架降低使用门槛，服务各领域科技创新；综合调度公共平台、领域平台、区域平台及各类国家级信息化基础设施资源，为研究人员提供一体化、可扩展的数据与计算应用环境。

领域平台是“1+M”平台的抓手，是领域专用计算和存储资源的汇聚平台与领域科学数据的汇聚中心。通过领域平台与公共平台的资源动态调度与科研交叉协作，为领域科技创新提供专用的数据与计算信息化环境，是领域专用的大数据分析与高性能及高通量计算软件研究与开发平台。需要学科领域专家与领域平台信息技术专家密切配合与协作，在相关领域中加强领域平台的理论研究、模型构建和数据与计算应用。针对领域应用中多时空尺度、多物理过程耦合的模型计算需求，研究与开发与领域计算紧密耦合的E级计算软件；针对TB至PB量级的多源数据计算可视化，解决由于数据处理能力和内存限制导致的可视化软件和方法无法处理大规模数据的问题，研究与开发高通量数据可视化算法；针对领域科研数据的应用特点，设计面向领域的科研流程驱动的大规模数据分析处理环境，通过流水线配置软件、算法实现科学数据任务的高通量汇聚、分发与执行；针对领域科学大数据的特点，解决多源异构数据的管理、关联与融合，通过深度挖掘，有效地形成新的知识，研究与开发面向领域科学应用的多源异构大数据分析软件。

区域平台根据区域内应用需求，汇聚区域内信息化基础设施资源，移植公共平台的部分软件环境，结合地区科研特点（计算密集型、数据密集型）部署相对通用的信息化的服务环境，实现区域内网络、存储、计算等资源的综合调度与管理，带动区域科研实力提升和区域科技创新。

为保证各平台之间的互联互通互操作，应制定指导整个数据与计算平台运行的技术接口标准与管理服务规范，各平台依据标准规范进行建设、管理与运行，确保平台之间可以相互调用、传递消息、相互操作。

四、促进我国数据与计算平台发展的战略举措和政策建议

为了实现建设科技强国的宏伟目标，数据与计算平台作为科技基础条件保障能力的重要组成部分，应加强顶层设计和统筹规划，加大资金和人才投入，加强政策倾斜力度，促进科研信息化和各学科领域深度融合。

（一）实施国家科研信息化重大示范计划，促进原始创新

围绕基础前沿交叉、材料、能源、生命与健康、海洋、资源生态环境、信息、空间等重大科技创新领域，特别是在我国具有优势的科技前沿以及国家经济社会发展急需的领域，依托数据与计算平台和国家科学大数据中心，实施国家科研信息化重大示范计划，针对领域应用特点，融合数据采集、传输、存储、处理、计算、分析、可视化等流程，为领域重大科技创新量身打造一体化的科研工作环境。加强各领域数据与计算相关算法、软件的研究与开发，在各领域培养若干支由学科领域科学家、算法研究人员、软件开发人员组成的研究与开发团队。通过领域应用软件研究与开发，支持和推动学科领域的原始创新，打破发达国家对核心软件的垄断。发展计算科学与数据科学知识体系，加强计算科学与数据科学理论研究与技术创新，推动领域科学与计算科学、数据科学融合发展，支撑科学技术实现跨越发展。

（二）加强国家科研信息化重大基础设施建设，打造“中国科技云”

加强顶层设计和统筹规划，部署推进国家科研信息化重大科技基础设施建设，引领科研范式的变革，全面提升科技创新支撑能力。以中国科技网为依托，国内对接中国教育网，国外对接欧美、亚太的高速科研学术专用网络，高速连接综合性国家科学中心、国家实验室、国家重点实验室、国家工程研究中心、国家技术创新中心、国家临床医学研究中心、国家科技资源共享服务平台、国家重大科技基础设施集群、国家野外科学观测研究站以及各级超算中心、数据中心等信息化基础设施，汇聚科技资源，研究与开发基础算法和软件框架，打造与各学科领域紧密结合的数据分析和高性能计算专业化环境。同时，建设智能资源调度与

管理平台，构建物理分布、逻辑统一的高性能计算、大数据分析和知识服务环境，打造可信可控、智能调度、开放共享、国际一流的“中国科技云”，形成国家级科技创新战略性基础设施，为国家科技创新提供友好、高效、智慧的信息化环境。在此基础上，加强运行保障体系建设，促进“中国科技云”可持续发展。

（三）共建共享，启动和推进国家科学大数据中心建设

依托“中国科技云”，建设适应大数据科研模式的科学大数据资源库，实现科学数据资源全生命周期的集中保存，加强数据资源安全管理和风险防控，并构建基于知识关系的数据关联网络，建设支撑跨学科交叉研究的大数据科学研究中心和具有大数据公共服务产品生产能力的科学大数据应用中心。推动国家公共财政支持的科研活动所产生和获取的科学数据全面开放共享和应用服务，研究与开发科学大数据公共服务产品，实现科学大数据和政府数据及其他数据的融合服务。以国家科学大数据中心的先行先试，探索全国一体化国家大数据中心建设、运行、管理、服务的路径和模式。

（四）完善和建立科研信息化政策和人才机制

出台有关科技资源共享法规、政策、制度和相关标准规范与实施细则，将科技资源共享上升到国家法律层面，为国家支持的各类科技资源开放共享提供制度和政策依据，促进各类科技资源的全面利用。

在有关学科和职业体系建设中，设置信息化交叉领域研究生培养机制，建立数据/计算科学家和工程师职业发展体系以及相关配套政策与制度。在我国五类科技计划中的“基地与人才专项”中设立“科研信息化专项”，重点支持科学数据资源建设和应用示范，支持领域科学家、数据/计算科学家以及 IT 工程师共同组成的领域交叉创新团队。

研究编撰人员（按姓氏笔画排序）

马俊才　王　凡　王小伟　王茂华　王彦棡　许海燕　杨　戟　邹自明　汪　洋
迟学斌　张林波　陈　刚　周园春　胡良霖　洪学海　廖方宇　黎建辉

参考文献

[1] 习近平．加快推进网络信息技术自主创新　朝着建设网络强国目标不懈努力．http://

www. xinhuanet. com/politics/2016-10/09/c_1119682204. htm [2016-10-09].

[2] 中国科学院. 中国科学院"十三五"信息化发展规划. 北京：中国科学院，2016.

[3] 白春礼. 大数据：塑造未来的战略资源. 电子政务，2017，(6)：1-6.

[4] 臧大伟，曹政，孙凝晖. 高性能计算的发展. 科技导报，2016，14：22-28.

[5] 廖方宇，汪洋，马永征，等. 国家科研信息化基础环境建设与实践. 中国科学院院刊，2016，6：639-646.

[6] Harrow A W，Montanaro A. Quantum computational supremacy. Nature，2017，549：203-209.

[7] 张亚平，谭铁牛，等. 国家科研信息化战略研究咨询报告. 北京：国家科研信息化发展战略研究项目组，2015.

[8] 中共中央办公厅，国务院办公厅. 国家信息化发展战略纲要. http://www. gov. cn/gongbao/content/2016/content_5100032. htm [2017-07-27].

[9] 国务院. "十三五"国家信息化规划. http://www. gov. cn/zhengce/content/2016-12/27/content_5153411. htm [2017-07-27].

[10] Top500 Org. Top500 List-November 2017. https://www. top500. org/lists/2017/11/ [2017-11-27].

[11] 国务院. 促进大数据发展行动纲要. http://www. gov. cn/zhengce/content/2015-09/05/content_10137. htm [2017-07-27].

缩略语对照表

ACI	美国竞争力计划
ADANES	加速器驱动先进核能系统
ADS	加速器驱动次临界系统
AI	人工智能
AMP	先进制造业伙伴关系计划
API	应用程序编程接口
AR	增强现实
ARS	法国皇家科学院
AS	法兰西科学院
ASCR	美国能源部高级科学计算研究办公室
AUV	自主式水下机器人
BDS	北斗卫星导航系统
BEIS	英国商业、能源与工业战略部
BEPC	北京正负电子对撞机
BMBF	德国联邦研究与技术部
BRAIN	推进创新神经技术脑研究计划
CAD	计算机辅助设计
CCSP	美国气候变化科学计划
CDN	内容分发网络
CEA	法国原子能与可替代能源委员会
CEPC	环形正负电子对撞机
CMB	宇宙微波背景辐射
CMOS	互补金属氧化物半导体
CNES	法国国家空间中心

CNRS	法国国家科研中心
CPT	电荷共轭-宇称-时间反演
CPU	中央处理器
CSNS	中国散裂中子源
CSTI	日本综合科学技术创新会议
CSTNET	中国科技网
CSTP	日本综合科学技术会议
DARPA	国防高级研究计划局
DESI	暗能量光谱仪器
DFG	德意志研究联合会
DNA	脱氧核糖核酸
DOOS	深海观测
DSP	数字信号处理
DSS	数字摄影测量系统
EAST	全超导托卡马克实验装置
EB	艾字节
EDA	电子设计自动化
EF	百亿亿次
EIA	美国能源信息署
ENSO	厄尔尼诺和南方涛动的合称
EOS	地球观测系统
EOSC	欧洲开放科学云
EP	巴黎综合理工大学
EPA	美国环境保护署
ES	专家系统
ESA	欧洲空间局
ESI	基本科学指标数据库
FAST	500 米口径球面射电望远镜
FE	未来地球计划
FhG	弗劳恩霍夫协会
FPGA	现场可编程门阵列

GDP	国内生产总值
GEO	地球观测组织
GEOSS	全球综合地球观测系统
GERD	国内研究与开发总经费
GIS	地理信息系统
GMR	巨磁阻
GOCO	政府所有-合同运营
GOOS	全球海洋观测
GPS	全球定位系统
GPU	图形处理器
GRAIL	重力勘测和内部研究实验室
HAMR	热辅助磁记录技术
HBP	人类大脑计划
HERD	宇宙线与暗物质探测设施
HGF	亥姆霍兹联合会
HPC	高性能计算
HXMT	硬 X 射线调制望远镜
IC	集成电路
ICT	信息通信技术
IDC	国际数据公司
IEA	国际能源署
IFREMER	法国海洋开发研究院
IGBP	国际地圈生物圈计划
IGCC	整体煤气化联合循环发电
IHDP	国际全球环境变化人文因素计划
ILC	国际直线加速器
IMI	美国制造业创新研究所
INRIA	法国国家信息与自动化研究院
INSERM	法国国家健康与医学研究院
IODP	综合大洋发现计划
IPCC	政府间气候变化专门委员会

ISS	国际空间站
ITER	国际热核聚变实验堆
JAXA	日本航空与宇航机构
JJ	约瑟夫森结
JSPS	日本学术振兴会
JST	日本科学技术振兴机构
KDUST	昆仑暗宇宙望远镜
LAMOST	大天区面积多目标光纤光谱天文望远镜
LBS	基于位置的服务
LHAASO	高海拔宇宙线观测站
LHC	大型强子对撞机
LIGO	美国激光干涉引力波天文台
LSST	大型综合巡天望远镜
METI	日本经济产业省
MEXT	日本文部科学省
MGI	材料基因组计划
MPG	马普学会
MR	混合现实
MRAM	磁阻随机存取存储器
MRC	英国医学研究理事会
MVA	制造业增加值
NAE	美国国家工程院
NASA	美国国家航空航天局
NEDO	日本新能源及产业技术综合开发机构
NIH	美国国立卫生研究院
NITRD	美国网络与信息技术研究计划
NNI	美国国家纳米科技计划
NNMI	美国国家制造业创新网络
NSCI	美国国家战略性计算计划
NSF	美国国家科学基金会
NSTC	美国国家科学技术委员会

OECD	经济合作与发展组织
OMB	美国管理与预算办公室
OSRD	美国科学研究与开发办公室
OST	英国科学技术办公室
PB	拍字节
PCAST	美国总统科技顾问委员会
PCM	相变存储
PCT	专利合作条约
PGC	原始生殖细胞
PMR	垂直记录技术
PRACE	欧洲先进计算合作伙伴
R&D	研究与开发
RAE	研究评估实践
RAM	随机存取存储器
REF	研究卓越框架
RIKEN	日本理化学研究所
RNA	核糖核酸
RS	遥感系统
SAR	合成孔径雷达
SCI	科学引文索引
SEMATECH	美国半导体制造技术科研联合体
SKA	平方公里阵列望远镜
SOOS	南大洋观测
SPPC	超级质子对撞机
SSRF	上海光源
STT	自旋转移力矩
TB	太字节
TCO	整体拥有成本
TRP	技术再投资计划
UKRI	英国研究与创新
VOCs	挥发性有机物

VR	虚拟现实
WCRP	世界气候研究计划
WGL	莱布尼兹联合会
WHO	世界卫生组织
WIMP	弱相互作用大质量粒子
XSEDE	美国极限科学与工程发现环境
ZB	泽字节

后　记

2016 年 5 月，党中央、国务院召开全国科技创新大会，习近平总书记在会上发出了建设世界科技强国的号召。作为国家高端科技智库，中国科学院认真学习贯彻党中央、国务院决策部署，及时组织研究力量，围绕“建设世界科技强国”这一重大战略，部署开展相关专题研究。2016 年 9 月，中国科学院设立“科技强国建设之路 · 中国与世界”战略研究项目，正式启动了本书的研究编撰工作。

全书研究编撰工作历时一年半，经过了整体框架研究与制订、文献资料挖掘与分析、领域战略研讨与咨询、章节分工起草与撰写、同行专家审阅与修改、书稿汇总编排与统稿、咨询专家评议与审阅、整体综合修改与完善等 8 个主要阶段，持续不断的咨询、研讨和修改工作贯穿全过程。期间，编委会和相关研究编撰组共召开不同范围、多个层次、各种类型的研讨会、咨询会、审稿会 60 余次，及时设计研究架构、凝练主要观点，讨论研究成果、协调工作进展，研究咨询意见、提出修改要求，保障了研究编撰工作的顺利推进。

本书初稿形成之际，正值党的十九大胜利召开。党的十九大从坚持和发展新时代中国特色社会主义、建设富强民主文明和谐美丽的社会主义现代化强国的战略高度，强调要坚定实施创新驱动发展战略，加快建设创新型国家，对我国建设世界科技强国提出了新的更高要求，也为本书的研究编撰工作进一步指明了方向。我们深入学习领会党的十九大精神，对标党的十九大作出的战略部署、提出的目标任务，对全书相关内容进行了系统修改和充实，努力体现以党的十九大精神统领世界科技强国建设的根本要求。

本书凝聚了众多专家学者的智慧和心血。在研究编撰过程中，180 位科技领域战略科学家和一线科研人员、科技战略和科技政策研究专家、科技文献情报专家、科技史研究专家、科技管理专家等，围绕“建设世界科技强国”这一重大战略及一系列重要问题，进行了广泛的文献调研、深入的研究分析、系统的谋划构建，为我国建设世界科技强国提供了一系列有重要价值的参考借鉴和具有科学性、系统性、前瞻性、针对性的战略举措及政策建议等。院内外 100 多位不同领域和类型的高水平专家，包括编委会成员与院学术委员会委员、学部主席团成员等咨询专家，应邀对相关研究成果和书稿进行了咨询评议与审阅把关，为保证研究编撰工作的高质量起到了重要作用。很多专家对我们的工作都给予了高度评价和热情鼓励，也提出了不少宝贵的修改意见和建议。对各方面提出的意见建议，编委会和相关编撰组进行了认真研究和采纳。

中国科学院对这项重大战略研究任务高度重视，院长、党组书记白春礼担任本书主编并欣然作序，院党组副书记、副院长刘伟平和副院长、党组成员张涛任副主编，对研究编撰工作给予了重要指导。各位院领导、院学术委员会委员、院机关有关部门负责人都参与了书稿审阅和咨询评议工作。本书研究编撰工作由中国科学院发展规划局具体组织实施，中国科学院文献情报中心承担了大量工作，众多研究单位承担了研究和编撰任务，科学出版社为本书的编印出版提供了高质量、高效率的支持。

围绕“建设世界科技强国”的战略研究是一项具有巨大挑战性的工作。全体编研同仁以参与这一研究工作为光荣使命和神圣责任，也深知这一任务的艰巨性和面临的诸多困难与挑战，大家分工协作、深耕细耘、反复研讨、数易其稿，倾注了很多心血，付出了巨大努力，个中甘苦，如鱼饮水冷暖自知。但毋庸讳言，我们的研究工作才刚刚起步，受研究能力和水平的限制，对这一重大战略问题的把握还有很多欠缺，对一些重要问题的研究和分析还比较肤浅，认识和理解也许会失之偏颇，加上研究项目时间节点的要求，还有很多研究工作来不及深入开展，一些研究成果和观点也还需要进一步推敲论证，因此难免会存在一些疏漏、不足甚至讹误之处。恳请各方面专家学者和广大读者给予理解，并提出宝贵的建设性意见和建议，以鼓励、指导和支持我们把这一重大战略研究工作持续深入开展下去，不断取得新的研究成果，为新时代我国加快建设创新型国家和世界科技强国建言献策、鼓呼促进。

值本书付梓之际，谨向所有参加研究编撰工作的同仁，向对研究编撰工作给予热情关心和指导的各位领导与专家，表示衷心感谢，并致以崇高敬意！

本书编委会
2017 年 12 月